Zur Wettbewerbsfähigkeit der Wasserkraft in liberalisierten Elektrizitätsmärkten

Europäische Hochschulschriften
Publications Universitaires Européennes
European University Studies

Reihe V
Volks- und Betriebswirtschaft

Série V Series V
Sciences économiques, gestion d'entreprise
Economics and Management

Bd./Vol. 3220

PETER LANG
Frankfurt am Main · Berlin · Bern · Bruxelles · New York · Oxford · Wien

Dominik Möst

Zur Wettbewerbsfähigkeit der Wasserkraft in liberalisierten Elektrizitätsmärkten

Eine modellgestützte Analyse dargestellt am Beispiel des schweizerischen Energieversorgungssystems

PETER LANG
Europäischer Verlag der Wissenschaften

Bibliografische Information Der Deutschen Bibliothek
Die Deutsche Bibliothek verzeichnet diese Publikation in der Deutschen Nationalbibliografie; detaillierte bibliografische Daten sind im Internet über <http://dnb.ddb.de> abrufbar.

Zugl.: Karlsruhe, Univ., Diss., 2006

D 90
ISSN 0531-7339
ISBN 3-631-55701-9

www.peterlang.de

Danksagung

Die vorliegende Arbeit befasst sich mit der Entwicklung eines Strommarktmodells zur Analyse der Wettbewerbsfähigkeit der schweizerischen Wasserkraftwerke in einem liberalisierten europäischen Elektrizitätsmarkt. Sie entstand während meiner Zeit als wissenschaftlicher Angestellter am Institut für Industriebetriebslehre und Industrielle Produktion (IIP) der Universität Karlsruhe (TH) in den Jahren 2002 bis 2005. Grundlage der Arbeit war ein umfangreiches Forschungsprojekt zur Analyse der Wettbewerbsfähigkeit der schweizerischen Wasserkraftwerke, das gemeinsam mit dem Centre for Energy Policy and Econmics (CEPE) der ETH Zürich durchgeführt und von der BKW FMB Energie AG, der KWO AG und dem Projekt- und Studienfonds der schweizerischen Elektrizitätswirtschaft (PSEL) finanziell unterstützt wurde. Ferner flossen Erfahrungen aus Forschungsvorhaben für Energieversorgungsunternehmen, die Volkswagen-Stiftung und die Europäische Union ein.

Dem Institutsleiter und Hauptreferenten, Herrn Prof. Dr. O. Rentz gilt mein herzlicher Dank für die stetige, fachliche Förderung und das entgegengebrachte Vertrauen. Für die Übernahme des Korreferats und die prüfende Durchsicht der Arbeit danke ich Herrn Prof. Dr. S. Berninghaus. Herrn Prof. Dr. W. Fichtner danke ich ebenso für die Übernahme des Korreferats und die kritische Durchsicht der Arbeit sowie für die zahlreichen anregenden Diskussionen, die fachliche Führung und das Teilen wertvoller Erfahrungen.

Darüber hinaus bedanke ich mich für die fruchtbaren Diskussionen und Anregungen im Rahmen des Forschungsprojektes bei allen Projektpartnern, insbesondere bei Herrn Prof. D. Spreng für die gewährten Freiheiten im Forschungsprojekt, sowie bei Herrn Markus Balmer für die freundschaftliche Zusammenarbeit und die prüfende Durchsicht des Manuskripts.

Für die zahlreichen Anregungen und Diskussionen bedanke ich mich bei allen Kolleginnen und Kollegen am Institut für Industriebetriebslehre und Industrielle Produktion (IIP) sowie am Deutsch-Französischen Institut für Umweltforschung (DFIU). Ganz besonders bedanke ich mich bei den ehemaligen und derzeitigen Kolleginnen und Kollegen aus meiner Arbeitsgruppe Energiesystemanalyse und Umwelt für die gute Zusammenarbeit und die freundschaftliche Unterstützung: Herrn Dr. M. Wietschel, Herrn Dr. M. Göbelt, Herrn Dr. M. Frank, Herrn Dr. N. Enzensberger, Frau Dr. A. Fleury, Frau Dr. I. Tietze-Stöckinger, Herrn J. Rosen, Herrn H. Perlwitz, Herrn M. Genoese, Herrn S. Cail, Frau A. Eßer und Herrn K. Fischer.

Für die prüfende Durchsicht des Manuskripts möchte ich mich ebenso bei Herrn Stefan Hirth, Herrn Stefan Wagner, Herrn Fabian Thomas und meinem Bruder Hansjörg Möst bedanken.

Nicht zuletzt gilt mein großer Dank meinen Eltern für ihre Unterstützung meines Lebensweges, sowie meiner Partnerin Margaretha für ihr Verständnis und ihre tatkräftige Unterstützung bei der Durchführung der Arbeit. Ihnen ist die Dissertation gewidmet.

Karlsruhe, im Mai 2006

Dominik Möst

Inhaltsverzeichnis

Abbildungsverzeichnis

Tabellenverzeichnis

Symbolverzeichnis

Im Folgenden werden die für die mathematische Beschreibung des Modells benötigten Indizes, Indexmengen, Modellparameter und Variablen definiert.

<u>Indizes</u>

ec	:=	Index für Energieträger, -formen und Stoffe
elektr	:=	Elektrischer Strom
exp	:=	Index der Senken der Graphenstruktur
imp	:=	Index der Quellen der Graphenstruktur
month	:=	Monatsindex (umfasst mehrere Zeitscheiben)
proc	:=	Index für Prozesse
prod, prod'	:=	Indizes für Produzenten
reg	:=	Indizes der Regionen
seas	:=	Zeitscheibenindex
sec	:=	Indizes der Sektoren
t	:=	Jahresindex
unit	:=	Index für Anlagen
„water"	:=	Energieträger (des Index *ec*)

<u>Indexmengen</u>

B	:=	Strombezugsmöglichkeiten (Börsenplätze im Ausland)
$BASEPROC_{SEASON}$	:=	Energiebereitstellungs- und -umwandlungsprozesse, für die ein strikter Grundlastbetrieb vorgegeben ist
$DEMPROC_{prod,ec}$	:=	Nachfrageprozesse nach *ec* eines Produzenten *prod*
EC	:=	Energieträger (inkl. Nutzenergieformen und Stoffe)
$EC_{non\text{-}seas}$	:=	Energieträger ohne saisonal differenzierte Betrachtung
EC_{seas}	:=	Energieträger mit saisonal differenzierter Nachfrage
EXP	:=	Senken der Graphenstruktur
$GENPROC_{prod,ec}$	:=	Stromerzeugungsprozesse des Produzenten *prod*, in denen zur Stromerzeugung der Energieträger *ec* eingesetzt wird
IMP	:=	Quellen der Graphenstruktur
$PROC$	:=	Prozesse
$PROC_{prod}$	:=	Prozesse des Produzenten *prod*
$PROC_{unit}$	:=	Prozesse der Anlage *unit*

PROD, PROD'	:=	Produzenten
$PROD_{hydro}$	:=	Produzenten vom Typ Wasserkraft
$PROD_{ST}$	:=	Produzenten vom Typ Speicher (Speichersee/Ausgleichsbecken)
REG	:=	Regionen
SEAS	:=	Zeitintervalle
SEC	:=	Sektoren
SPRING	:=	Frühjahrzeitintervalle
SUMMER	:=	Sommerzeitintervalle
T	:=	Perioden
UNIT	:=	Anlagen
WINTER	:=	Winterzeitintervalle

Modellparameter

$Avai_{unit,t}$	:=	Durchschnittliche Verfügbarkeit der Anlage *unit* in *t*
$BFH_{prod,prod'}$	:=	Bruttofallhöhe der Zentrale *prod'* (ausgehend von *prod*)
$Cfix_{unit,t}$	:=	fixe jährliche Betriebsausgaben für die Anlage *unit*
$Cfuel_{prod,ec,t}$	:=	Brennstoffkosten für die Belieferung von *prod* mit *ec* in *t*
$Cfee_{prod,prod',ec,t}$	:=	variable Abgabe/Steuer auf den Fluss (*prod*, *prod'*, *ec*)
$Cinv_{unit,t}$	:=	spezifische Investitionen für einen Zubau der/an der Anlage *unit* in der Periode *t* (als Annuitätswert einer Abschreibung über jeweils 80 Jahre)
$Cload_{unit,t}$	:=	Laständerungskosten der Anlage *unit*
$CCO_{2,t}$	:=	CO_2-Zertifikatspreis
$Cvar_{proc,t}$	:=	variable Betriebsausgaben des Prozesses *proc*
$Cwat_{unit,t}$	:=	Wasserzinse für die Anlage *unit*
$\delta_{prod',water}$	:=	Verhältnis aus einfließender Energie zu ausfließender Energie einer Einheit Wassers bei einer Zentrale *prod'* (Verhältnis der Fallhöhen)
$D_{reg,t,seas}$	:=	Nachfrage nach Nutzenergie in einer Region *reg*, in einem Jahr *t* und einer Zeitscheibe *seas*
$EP_{prod,prod',water,t}$	:=	Erwarteter Zufluss zu einem Speicher bzw. Produzenten *prod'*
$f_{proc,t,seas}$	:=	Lastkurve eines Nachfrageprozesses: Anteil der Zeitscheibe *seas* an der Gesamtjahresnachfrage
$FHmax_{prod,t}$	:=	Maximale Kapazität des Speichers *prod*

h_{seas}	:=	Stundenzahl, die auf die Zeitscheibe seas entfallen
h_{year}	:=	Jahresstundenzahl (8760h/a)
$No_{seas',seas}$	:=	Anzahl der Übergänge zwischen den Zeitscheiben *seas'* und *seas* innerhalb eines Jahres
$Pard\acute{e}_{month,prod}$	:=	Pardé-Koeffizienten für Zuflüsse zu Produzenten *prod* in Monat *month*
$p_{proc,seas}$	:=	Produktionseinbuße bei Konzessionserneuerung in [%]
$ProcEmiss\,CO_{2,proc,t}$	:=	Emissionsfaktor für Prozessemissionen
$R^{max}_{pr(sr/tr),unit,t}$	:=	Maximal mögliche Reserveleistung (unterschieden nach primärer, sekundärer, tertiärer Reserve) einer Anlage *unit*
$Rcap_{pr(sr/tr),reg,seas,t}$	:=	Erforderliche Reservekapazität (primär, sekundär, tertiär) einer Region *reg*
$RE\_TARGET_{reg,t}$	:=	Ausbauziel für die Nutzung regenerativer Energieträger in der Region *reg* und in der Periode *t* (bezogen auf die Energienachfrage) in [%] (alternativ zu $RenewTarget_{reg,t}$)
$RenewTarget_{reg,t}$	:=	Ausbauziel für die Nutzung regenerativer Energieträger in der Region *reg* und in der Periode *t* in [TWh]
$ResCap_{unit,t}$	:=	Bereits installierte, in der Periode *t* noch zur Verfügung stehende Kapazität der Anlage *unit*
$ResFHmax_{prod,t}$	:=	Maximale Kapazität des Speichers *prod*
$VlhMax_{proc,t}$	:=	Begrenzung der maximalen Volllaststundenzahl für den Prozess *proc* in der Periode *t*
$VlhMin_{proc,t}$	:=	Vorgabe der minimalen Volllaststundenzahl für den Prozess *proc* in der Periode *t*
α_t	:=	Diskontierungsfaktor
$\eta_{proc,t}$	:=	Wirkungsgrad des Prozesses *proc*
$\eta_{prod,prod',ec,t}$	:=	Übertragungswirkungsgrad des Flusses (*prod*, *prod'*, *ec*)
$\lambda_{proc,ec}$	:=	Anteil des Energieträgers *ec* am Gesamtinput bzw. Gesamtoutput des Prozesses *proc* (Konvention: negative Werte für Input, positive für Output)
$\Omega_{proc,t}$	:=	Stromerzeugungsäquivalenz-Zahl

<u>Positive Variablen</u>

$Cap_{unit,t}$	:=	Installierte Kapazität der Anlage *unit* in der Periode *t*
$DSM_{reg,t}$	:=	Niveau der Energieeinsparmaßnahmen einer Region *reg* in der Periode *t*

$FL_{prod,prod',ec,t}$	:=	Niveau des *ec*-Flusses von *prod* (*imp*) zu Produzenten *prod'* (*exp*) in der Periode *t* (Jahreswert)
$FL_{prod,prod',ec,t,seas}$	:=	Niveau des *ec*-Flusses von *prod* (*imp*) zu Produzenten *prod'* (*exp*) in der Zeitscheibe *seas* der Periode *t*
$LVup_{unit,seas',seas,t}$	:=	Laständerung (Hilfsvariable)
$LVdown_{unit,seas',seas,t}$	:=	Laständerung (Hilfsvariable)
$NewCap_{unit,t}$	:=	In der Periode *t* neu installierte Kapazität der Anlage *unit* (Zubau)
$PL_{proc,t}$	:=	Aktivitätsniveau des Prozesses *proc* in der Periode *t* (Jahreswert)
$PL_{proc,t,seas}$	:=	Aktivitätsniveau des Prozesses *proc* in der Zeitscheibe *seas* der Periode *t*
$R_{pr(sr/tr),unit,seas,t}$	:=	Vorhaltung/Bereitstellung von Reserveleistung (unterschieden nach primärer, sekundärer, tertiärer Reserve) einer Anlage *unit* in der Zeitscheibe *seas* der Periode *t*
$R_{ges,unit,seas,t}$	:=	Gesamte Reserveleistung einer Anlage *unit* in der Zeitscheibe *seas* der Periode *t*
$ST_{prod,t,seas}$	:=	Speicherfüllhöhe des Produzenten *prod* in der Periode *t* und Zeitscheibe *seas*
$NewFHmax_{prod,t}$	:=	Kapazitätserweiterung von Speichersee *prod* in der Periode *t*

Abkürzungsverzeichnis

ARE	Arbeitsgemeinschaft regionaler Energieversorgungsunternehmen
BDI	Bundesverband der deutschen Industrie
BFE	Schweizer Bundesamt für Energie
BWG	Schweizer Bundesamt für Wasser und Geologie
DSM	Demand-Side Management
EDF	Electricité de France
EEG	Erneuerbare-Energien-Gesetz
EEX	European Energy Exchange
EMG	Elektrizitätsmarktgesetz
EPR	European Pressurized Water Reactor
ETSO	European Transmission System Operators
EVU	Energieversorgungsunternehmen
KWK	Kraft-Wärme-Kopplung
LOLP	Loss Of Load Probability
RE	Erneuerbare Energien
SWEP	Swiss-Electricity-Price-Index
ÜNB	Übertragungsnetzbetreiber
VDEW	Verband der Elektrizitätswirtschaft
VDN	Verband der Netzbetreiber
VIK	Verband der Industriellen Energie- und Kraftwirtschaft
VKU	Verband kommunaler Unternehmen
SMC	System Marginal Costs
UCTE	Union for the Co-ordination of Transmission of Electricity
UVEK	Eidg. Departement für Umwelt, Verkehr, Energie und Kommunikation
VOLL	Value Of Lost Load

1 Einleitung

1.1 Ausgangslage und Problemstellung

In der Europäischen Union wurde im Jahr 1996 die Binnenmarktrichtlinie Elektrizität verabschiedet, die die schrittweise Liberalisierung der europäischen Energiemärkte eingeleitet hat. Die Liberalisierung und die damit einhergehende Internationalisierung der europäischen Energiemärkte führen zu einer grundlegenden Veränderung der bestehenden Marktstrukturen sowie des relevanten Wettbewerbsrahmens in der Energiewirtschaft, d.h. die Abkehr von monopolitisch strukturierten Energiemärkten mit abgegrenzten Versorgungsgebieten hin zu einem freien Wettbewerbsmarkt. Energieversorgungsunternehmen aber auch politische Entscheidungsträger stehen vor der Herausforderung, adäquate Wettbewerbsstrategien bzw. Politikansätze für die neuen Rahmenbedingungen zu entwickeln. Davon tangiert sind alle Unternehmensbereiche, wobei die Investitions- und Produktionsprogrammplanung in besonderem Maße betroffen ist. Dies liegt zum einen daran, dass die Investitionsplanung vor der Liberalisierung stark von der Monopolstellung der Energieversorgungsunternehmen beeinflusst war, zum anderen an der entscheidenden Bedeutung dieser Planungsaufgaben für den zukünftigen Unternehmenserfolg. In diesem Zusammenhang sind auch die größeren Unsicherheiten in einem liberalisierten Markt in Bezug auf die zukünftige Entwicklung wichtiger Einflussgrößen, wie bspw. die Elektrizitätspreise, zu nennen.

Als Konsequenz der neuen Rahmen- und Marktbedingungen werden branchenweit sich schnell amortisierende Kraftwerksprojekte favorisiert. Hierunter fallen meist gasbefeuerte Gas- und Dampfturbinenkraftwerke (GuD) anstelle nuklearer und kohlebefeuerter Großkraftwerke. So wurden bspw. in England/Wales seit Beginn der Liberalisierung ausschließlich Investitionen in Gaskraftwerke getätigt. Neben nuklearen und kohlebefeuerten Großkraftwerken sind auch Erneuerungs- und Ausbauprojekte von Wasserkraftwerken durch eine hohe Kapitalintensität und lange Amortisationsdauern charakterisiert. In wettbewerblichen Märkten sind Investoren häufig nicht bereit, die damit verbundenen Risiken zu tragen.

Angesichts der Unsicherheiten, die mit der Liberalisierung der Strommärkte in Europa einhergehen, hat u.a. die Schweiz ihren Elektrizitätsmarkt noch nicht liberalisiert. Die Schweiz ist zwar als Nicht-EU-Mitgliedsstaat durch die Binnenmarktrichtlinie Elektrizität nicht direkt betroffen, aber inmitten von Europa durch gegenseitige Beziehungen und die Reziprozitätsklausel der Binnenmarktrichtlinie Elektrizität dazu angehalten, den Strommarkt ebenfalls zu liberalisieren. In Diskussionen über die schweizerische Strommarktliberalisierung hat sich gezeigt, dass eine Beeinträchtigung der langfristigen Wettbewerbsfähigkeit der Wasserkraftwerke durch die Liberalisierung befürchtet wird. In diesem Zusammenhang ist die Wettbewerbsfähigkeit definiert als die Fähigkeit einer Branche bzw. einzelner Unternehmen, langfristige Erneuerungs- und Erhaltungsinvestitionen zu tätigen. Aufgrund von strengeren

Umweltauflagen und der hohen Kapitalintensität ist auch bei Erneuerungen und Neukonzessionierungen von Wasserkraftanlagen die Wirtschaftlichkeit nicht zwangsläufig gegeben. Erste Abschätzungen haben für die Schweiz ergeben, dass für ein Drittel der schweizerischen Wasserkraftwerke die Erneuerung aus betriebswirtschaftlicher Sicht nicht offensichtlich rentabel sein wird [Filippini et al. 2001]. Aufgrund der volkswirtschaftlichen, ökologischen und regionalpolitischen Vorteile der Wasserkraft gegenüber anderen Energien besteht der Wunsch, einer Verschlechterung der Wettbewerbssituation im internationalen (und nationalen) Energiemarkt entgegen zu wirken. Neben der hohen Kapitalintensität und den langen Amortisationsdauern zeichnen sich Wasserkraftwerke aber auch durch Vorteile aus, wie bspw. bei Speicherkraftwerken die Möglichkeit Spitzenlast- und Regelenergie bereitzustellen. Zudem ist die Wasserkraft eine erneuerbare Energiequelle, bei der die Stromerzeugung gut prognostiziert werden kann und die CO_2-frei ist.

Aufgrund der aufgezeigten Problematik unterliegen Erneuerungs- und Ausbauprojekte der Wasserkraft einer verstärkten Unsicherheit und strategische Entscheidungen der Investoren werden erschwert. Im Falle von Wasserkraftwerken zählen insbesondere die zukünftigen Elektrizitätspreise, die wiederum stark von der zukünftigen Zusammensetzung und Entwicklung des europäischen Kraftwerksparks abhängen, zu den wichtigsten Einflussfaktoren auf die Wirtschaftlichkeit der Ausbauvorhaben. Zur Entscheidungsunterstützung bei der Ausgestaltung des Investitionsprogramms besteht damit der Bedarf an einer Modellentwicklung, die die Auswirkungen unterschiedlicher unsicherer Parameter auf das schweizerische Energieversorgungssystem in einem europäischen Strommarkt analysiert.

1.2 Zielsetzung und Lösungsweg

Zielsetzung der vorliegenden Arbeit ist die Entwicklung einer Methodik zur quantitativen Analyse der langfristigen Wettbewerbsfähigkeit der Wasserkraft im liberalisierten europäischen Elektrizitätsmarkt und deren Anwendung auf das schweizerische Energieversorgungssystem. Aus der dargelegten Problemstellung und der Zielsetzung resultieren wesentliche Anforderungen an die zu entwickelnde Methodik. In dem zu entwickelnden Modell sollen Wasserkraftanlagen und -kaskaden detailliert im Rahmen einer systemtechnischen Abbildung des Versorgungssystems berücksichtigt werden, um Aussagen zur langfristigen Wettbewerbsfähigkeit dieser Anlagen ableiten zu können. Aufgrund der Internationalisierung der europäischen Energiemärkte und der zunehmend multiregional geprägten Marktstruktur sollen relevante europäische Staaten mitbetrachtet werden, um auch Auswirkungen der interregionalen Stromaustauschoptionen adäquat berücksichtigen zu können. Dabei sind intertemporäre Wechselwirkungen zwischen Investitions- und Produktionsentscheidungen (integrierte Systemausbau- und Kraftwerkseinsatzplanung) mit einzubeziehen. Des Weiteren soll die Methodik auch Preisinformationen für Elektrizität in einem langfristigen Betrachtungshorizont bereitstellen. Schließlich soll die vorliegende Arbeit eine Entscheidungsgrundlage für die Erneuerung und den Aus- und Rückbau von Wasserkraftwerken in der Schweiz liefern.

Um diese Zielsetzung zu erreichen, wird folgender Lösungsweg eingeschlagen:

Kapitel 2 gibt einen Überblick über die Rahmenbedingungen in einem liberalisierten Elektrizitätsmarkt. Im Mittelpunkt stehen hierbei Veränderungen in den Markt- und Wettbewerbsstrukturen, die zu Unsicherheiten in wettbewerblichen Elektrizitätsmärkten führen. Des Weiteren werden die Absatzmärkte für Elektrizität dargestellt und die Preisbildung im Elektrizitätssektor skizziert.

Die Rolle der Wasserkraft innerhalb der elektrischen Energieversorgung wird in Kapitel 3 beschrieben. Dabei werden die verschiedenen Wasserkraftwerkstypen vorgestellt sowie die wesentlichen Charakteristika der Anlagen dargelegt.

In Kapitel 4 wird das Schweizer Elektrizitätssystem beschrieben. Dabei werden auch unterschiedliche europäische Rahmenbedingungen und deren Auswirkungen auf die Schweiz mitbetrachtet. Zudem werden die rechtliche Ordnung und die finanzielle Bedeutung der Wasserkraft in der Schweiz vorgestellt.

Die Entwicklung und formale Beschreibung eines Elektrizitätsmarktmodells ist Gegenstand von Kapitel 5. Dabei steht insbesondere eine verbesserte Abbildung von Wasserkraftanlagen und -kaskaden im Vordergrund, mit dem Ziel einzelne Wasserkraftwerksprojekte adäquat abzubilden. Die gewählte Methodik dient zudem der integrierten Betrachtung aller Planungsaufgaben hinsichtlich Investitionsstrategien, Anlagenbetrieb und interregionalem Stromaustausch.

Kapitel 6 beschreibt die Struktur des entwickelten Modells und die verwendeten Daten. Im Modell wird der schweizerische Elektrizitätsversorgungssektor detailliert abgebildet, d.h. Erzeugungsanlagen sind zum Großteil als einzelne Anlagen modelliert. Relevante europäische Nachbarstaaten sind in dem Modell über eine technologieorientierte Abbildung anhand von Technologieklassen integriert.

Das im Rahmen dieser Arbeit entwickelte Modell wird in Kapitel 7 zur modellgestützten Bewertung des schweizerischen Kraftwerksparks herangezogen. Hierbei wird zuerst ein Referenzszenario zur zukünftigen Entwicklung des schweizerischen Energiesektors als Bezugspunkt vorgestellt. Anschließend werden die Ergebnisse der Szenariorechnungen vorgestellt und analysiert. Die Szenarien umfassen unterschiedliche Annahmen hinsichtlich der Gaspreise, der CO_2-Zertifikatspreise, der Nutzung der Kernenergie, der Nachfrageentwicklung, der Übertragungskapazitäten, der Windkraftentwicklung und der Regelenergie. Im Anschluss werden unsichere Parameter im Rahmen von Sensitivitätsanalysen variiert, um die Auswirkungen auf das schweizerische Energieversorgungssystem und die Wettbewerbsfähigkeit der Wasserkraft aufzuzeigen.

In Kapitel 8 werden die Schlussfolgerungen hinsichtlich des entwickelten Modells und der Modellergebnisse gezogen. Ein Ausblick auf zukünftige Forschungsvorhaben zeigt weitere Anwendungsbereiche für das entwickelte Modell auf. Zudem werden vielversprechende Weiterentwicklungsmöglichkeiten vorgestellt, die auf dem entwickelten Modell basieren. Als Ausblick wird ein Konzept zur Analyse wettbewerblicher Märkte auf Basis einer multiagentenbasierten Simulation entwickelt.

Die Arbeit endet mit einer Zusammenfassung in Kapitel 9.

2 Rahmenbedingungen in liberalisierten Elektrizitätsmärkten

2.1 Liberalisierung der europäischen Elektrizitätsmärkte

Bis Mitte der neunziger Jahre wurde die Monopolstellung von Energieversorgungsunternehmen (EVU) einerseits mit der Durchführung der öffentlichen Aufgabe der Elektrizitätsversorgung, andererseits mit der Existenz eines natürlichen Monopols (vgl. zur Definition z.B. [Ewers 1994, S. 185]) im Bereich der Energieversorgung begründet (vgl. [Fichtner et al. 2003]). Energieversorgern wurde auf regional abgegrenzten Märkten eine Monopolstellung eingeräumt, die durch so genannte Konzessions- und Demarkationsverträge abgesichert war. Um einen Missbrauch der Monopolstellung auszuschließen, waren die Energieversorgungsunternehmen verschiedenen Aufsichtsbehörden unterstellt, beispielsweise einer Aufsicht für die Strompreise sowohl für Tarifkunden als auch für Sondervertragskunden. Im Rahmen der Preisgenehmigung für Tarifkunden wurde die Kostenstruktur der Energieversorgungsunternehmen überprüft und unter Berücksichtigung des prognostizierten Stromabsatzes sowie eines angemessenen Gewinns die Elektrizitätspreise für die Tarifkunden festgelegt.

Diese Art der Regulierung führte allerdings zu Ineffizienzen, beispielsweise einem sehr hohen Kapitaleinsatz der Energieversorgungsunternehmen aufgrund des Averch-Johnson-Effektes [Averch et al. 1962]. Dieser Effekt tritt bei einer Regulierung auf, die eine angemessene Rendite zugrunde legt (sog. Rate of Return-Regulierung; obwohl in der Bundesrepublik streng genommen keine Rate of Return-Regulierung vorlag, wies die Praxis der Regulierung Parallelen zu diesem in den USA weit verbreiteten Ansatz auf (vgl. [Pfaffenberger 1993, S. 237 ff.])). Kritisiert wurde die Regulierung des Elektrizitätssektors auch von Unternehmen aus anderen Branchen angesichts des Vordringens der Energieversorgungsunternehmen in andere Märkte aus einer dem Wettbewerb enthobenen Position. Dies führte zum kritischen Hinterfragen der Existenz von natürlichen Monopolen im Bereich der Stromerzeugung. Denn aufgrund des technischen Fortschritts haben Economies of Scale der Großkraftwerke an Bedeutung verloren, sodass im Bereich der Erzeugung zwar noch immer irreversible Kosten existieren, aber keine Subadditivität der Kosten mehr vorliegt (vgl. [Schulz 1996, S. 64]). Von irreversiblen Kosten wird gesprochen, wenn Wettbewerber bei Markteintritt Infrastrukturmaßnahmen wie Leitungen, Netze oder Fahrwege aufbauen müssen, die für keinen anderen Zweck zu verwenden sind und deshalb einen geringen Liquidationswert besitzen (vgl. [Wietschel 2000, S. 70ff.]). In einem solchen Falle herrscht eine Asymmetrie in der Entscheidungssituation zwischen dem etablierten Marktakteur und dem Newcomer, da der etablierte Akteur generell auf Angebote, die mit nicht negativen Deckungsbeiträgen für ihn verbunden sind, eingehen wird. Generell kann festgestellt werden, dass mit Zunahme des Anteils der irreversiblen Kosten an den Gesamtkosten sowie der Schnelligkeit der Preisanpassung die Möglichkeit des Monopolunternehmens zu

Ineffizienzen zunimmt, da kein Marktzutritt potenzieller Konkurrenten befürchtet werden muss (vgl. hierzu [Schulz 1996, S. 75], [Drasdo et al. 1998, S. 26] und [Fichtner 2004, S. 45f]). In den Bereichen Stromtransport und -verteilung existieren deutlich höhere irreversible Kosten, und auch eine Subadditivität der Kostenfunktion kann für den Betrieb von Stromnetzen unterstellt werden. Demnach stellen Transport und Verteilung natürliche Monopole dar. Aufgrund der aufgezeigten Gründe wurde argumentiert, dass in der Stromerzeugung eine Regulierung nicht mehr notwendig sei.

Am 19. Februar 1997 trat die Binnenmarktrichtlinie Elektrizität in Kraft, auch als Richtlinie 96/92/EG des Europäischen Parlaments und des Rates vom 19. Dezember 1996 „betreffend gemeinsame Vorschriften für den Elektrizitätsbinnenmarkt" bezeichnet [EC 1996]. Mit der Binnenmarktrichtlinie Elektrizität setzte sich ein Konzept der schrittweisen Liberalisierung durch. Ziel der Richtlinie ist es, einen europäischen Markt für Elektrizität zu schaffen. Die Binnenmarktrichtlinie Elektrizität erlässt gemeinsame Vorschriften für die Elektrizitätserzeugung, -übertragung und -verteilung und regelt die Organisation und Funktionsweise des Elektrizitätssektors, den Marktzugang, die Kriterien und Verfahren für die Ausschreibungen und die Vergabe von Genehmigungen sowie den Betrieb der Netze. Die Richtlinie fordert explizit einen diskriminierungsfreien Netzzugang für alle Marktteilnehmer, eine vollständige Marktöffnung für Kunden in allen EU-Mitgliedsstaaten ab 01.07.2007, für Nicht-Haushalts-Kunden spätestens ab 01.07.2004, und die Einrichtung unabhängiger Regulierungsbehörden in allen Mitgliedstaaten. Neben der Schaffung eines europäischen Binnenmarktes[1] für Elektrizität werden eine Steigerung des Wettbewerbs und eine Steigerung der Effizienz in der Energieversorgung angestrebt. Die Richtlinie soll zu einer vergleichbaren Marktöffnung in den Mitgliedsstaaten führen. Die Umsetzung der Richtlinie in den Mitgliedsstaaten soll auf die Elemente der Binnenmarktrichtlinie ausgerichtet sein.

Im Rahmen des „Zweiten Benchmarkingberichts über die Vollendung des Elektrizitäts- und Erdgasbinnenmarkts" [EC 2002] zeigt sich die Europäische Kommission weitgehend zufrieden mit der Umsetzung der Richtlinie in den Mitgliedsstaaten. Auch im „Dritten Benchmarkingbericht" [EC 2004] wird ein Fortschritt bei der Entwicklung der Liberalisierung der Elektrizitätsmärkte festgestellt, der allerdings geringer ausfällt als erwartet. In dem Bericht wird hauptsächlich kritisiert, dass die Elektrizitätsmärkte noch zu stark von nationalen Unternehmen beherrscht werden. Im „Vierten Benchmarkingbericht" [EC 2005] wird insbesondere herausgestellt, dass ein europäischer Wettbewerbsmarkt vor dem Hintergrund steigender Primärenergieträgerpreise zukünftig noch wichtiger sein wird. Die in den Benchmarkingberichten angeführten Probleme sind für langfristige Betrachtungen von

[1] „Der Binnenmarkt umfasst einen Raum ohne Binnengrenzen, in dem der freie Verkehr von Waren, Personen, Dienstleistungen und Kapital gewährleistet ist." Vgl. [EC 1996 (deutsche Fassung), S. 1].

untergeordneter Bedeutung und es kann deshalb hinsichtlich langfristiger Fragestellungen von einem funktionierenden Strombinnenmarkt ausgegangen werden.

2.2 Absatzmärkte für Elektrizität

In Folge der Liberalisierung sind in den verschiedenen europäischen Ländern verschiedene Absatzmärkte für Elektrizität entstanden. Die Ware Strom besitzt die Eigenschaft, nicht in großem Umfang speicherbar zu sein. Dies bedeutet, dass Strom zu dem Zeitpunkt produziert werden muss, zu dem er verbraucht wird. Diese wesentliche Eigenschaft spiegelt sich in der Organisation der Märkte und der Ausgestaltung der handelbaren Produkte wider. Der Zeitraum zwischen Geschäftsabschluss und Lieferung des Stroms kann als wesentliches Kriterium zur Klassifikation der verschiedenen Strommärkte herangezogen werden. Weiterhin kann der physische Handel mit Strom, der eine tatsächliche Stromlieferung zum Gegenstand hat und zur Absicherung des Mengenrisikos dient, vom finanziellen Handel mit abgeleiteten Produkten (Derivaten), der zur Absicherung des Preisrisikos beiträgt, unterschieden werden.

Neben den im folgenden skizzierten Märkten für Fahrplanenergie und für Regelenergie kann noch der „Ökostrommarkt" als Absatzsegment für Elektrizität genannt werden. Im Gegensatz zu den beiden anderen Märkten stellt der „Ökostrommarkt" allerdings ein Nischensegment dar. Dennoch versuchen sich einige Unternehmen mit geeigneten Produkten ökologisch zu positionieren, um das Segment umweltbewusster Konsumenten zu bedienen. Dieses Segment ist bisher sehr klein, sodass Ziele, Strategien und der Energiemix für ökologische Angebote für diese Nische konzipiert werden[2].

2.2.1 Märkte für Fahrplanenergie

Bis zu einer Vorlaufzeit von derzeit knapp einem Tag plant ein Versorgungsunternehmen die Versorgung des voraussichtlichen Verbrauchs seiner Kunden in Form von Fahrplänen. Während ein Handel mit elektrischer Energie zu Zeiten regulierter Märkte vor allem der Kraftwerkseinsatzoptimierung diente, ist nun die Maximierung der eigenen Gewinne zum primären Ziel des Stromhandels geworden. Die elektrische Energie kann über Termin- und Spotmärkte oder auch über bilaterale Geschäfte gehandelt werden. Grundsätzlich können anhand des zeitlichen Vorlaufs zwei bzw. drei Märkte unterschieden werden:

---

[2] Je nach Zahlungsbereitschaft der Endkunden und der Nachfrage nach Ökostrom könnte sich dies mittelfristig ändern. Allerdings ist eine Abschätzung dieses potenziellen Marktes mit grossen Unsicherheiten verbunden. Eine Analyse des Marktpotenzials von Ökostrom und eine detaillierte Darstellung der Rahmenbedingungen für Ökostromprodukte (Zertifizierung, Marketing, etc.) ist nicht Ziel dieser Arbeit und es wird hierfür auf die Arbeiten von [Markard 1998], [Wüstenhagen 2000], [Dreher 2001], [Spreng et al. 2001], [Bratrich et al. 2001] und [Markard et al. 2001] verwiesen.

Spotmarkt: Am Spotmarkt wird Strom gehandelt, der in der Regel am Folgetag geliefert wird. Die Dauer der gehandelten Stromlieferungen geht dabei von einer Stunde bis zu einem Tag oder gar einer Woche.

Terminmarkt: Am Terminmarkt wird Strom gehandelt, dessen Lieferung Wochen, Monate oder Jahre in der Zukunft liegt. Die gehandelten Stromlieferungen umfassen dabei Lieferperioden von einem Monat bis zu einem Jahr. Ein Termingeschäft muss nicht notwendigerweise erfüllt werden, sondern kann bis zur zukünftigen Lieferung wieder glattgestellt werden (finanzieller Handel). Das finanzielle Termingeschäft dient im Wesentlichen zur Preisabsicherung.

Intra-Day-Markt: Neben den genannten Strommärkten und den im nächsten Abschnitt beschriebenen Regelenergiemärkten gibt es in manchen Ländern, z.B. Spanien oder Schweden, so genannte Intra-Day-Märkte. Hier wird der Strom gehandelt, der kurzfristig in einer der nächsten Folgestunden geliefert wird. Die Stromlieferungen reichen hier von einer Viertelstunde bis zu wenigen Stunden. Dieser Markt kann bzw. könnte die Lücke zwischen Spotmarkt (Day Ahead) und Regelenergiemarkt (siehe nächster Abschnitt) füllen und wäre insbesondere für den Ausgleich von Windenergieschwankungen von Bedeutung, da die Genauigkeit der Windenergieprognose mit zeitlich abnehmenden Vorlauf stark ansteigt (vgl. [Menzel et al. 2003, S. 58]).

Mit der Liberalisierung sind in den verschiedenen europäischen Ländern zahlreiche Strombörsen, wie bspw. UK-Pool, Nordpool, Swiss-Electricity-Price-Index (SWEP), Amsterdam Power Exchange (APX), Leipzig Power Exchange (LPX), European Energy Exchange (EEX) und die Powernext in Frankreich, entstanden. In der Schweiz repräsentiert der Swiss-Electricity-Price-Index (SWEP) die Großhandelspreise der während eines Tages getätigten Stromgeschäfte am Spotmarkt auf der Höchstspannungsebene. Aus Gründen der Liquidität wird der SWEP vorerst für die Mittagsstunde von 11 bis 12 Uhr des nächsten Werktages berechnet.

Der grenzübergreifende Handel von Fahrplanenergie ist möglich und wird auch intensiv genutzt. Die Schweiz ist beispielsweise in den Stromhandel mit den Nachbarländern stark eingebunden. Im Jahr 1997 wurden in der Schweiz nur ca. 23% der Importe durch kurzfristige Geschäfte getätigt, während langfristige Bezugsverträge ca. 76% ausmachten. Im Jahr 2001 wurden nur noch ca. 43% über langfristige Bezugsverträge und ca. 56% durch kurzfristige Geschäfte bestimmt, sodass ein Wechsel von langfristigen Bezugsverträgen hin zu kurzfristigen Geschäften beobachtbar ist (vgl. [BFE 2002, S. 38]).

2.2.2 Regelenergie und Regelenergiemärkte

Der für eine Regelzone zuständige Übertragungsnetzbetreiber ist für den sicheren und zuverlässigen Betrieb des Netzes und für die Verbindungen mit anderen Netzen verantwortlich. Zur Erhaltung der Funktionstüchtigkeit des Übertragungssystems erbringen die Übertragungsnetzbetreiber für die Netzkunden Systemdienstleistungen, die die Qualität der Stromversorgung maßgeblich bestimmen. Die wichtigsten dieser Systemdienstleistungen sind dabei die Betriebsführung, die Frequenzhaltung, die Spannungshaltung und der Versorgungswiederaufbau. Zur Erfüllung der Aufgabe Frequenzhaltung benötigen die Übertragungsnetzbetreiber im Sinne ihrer Systemverantwortung Regelleistung.

Zur Ausregelung von Ungleichgewichten, die durch erzeugungsseitige und/oder verbrauchsseitige Abweichungen von den prognostizierten Entnahme- und Einspeiseleistungen hervorgerufen werden, muss diese Regelleistung vorgehalten werden. Im Bedarfsfall muss die Regelleistung für die Frequenzhaltung und zur Aufrechterhaltung einer ausgeglichenen Leistungsbilanz kurzfristig abrufbar sein. Die vorgehaltenen Kraftwerke müssen daher entsprechend anpassungsfähig und flexibel sein, um auf kurzfristigen Bedarf ausreichend schnell reagieren zu können. Speicher-, Pumpspeicherkraftwerke und Gasturbinen ohne Wärmekraftkoppelung gehören zu den schnell regulierbaren Kraftwerken und können somit gut zur Bereitstellung von Regelenergie eingesetzt werden. Ungleichgewichte zwischen erwarterer Einspeisung und Entnahme treten aufgrund von Lastprognosefehlern, ungeplanten Kraftwerksausfällen oder durch Prognosefehler der Windenergieeinspeisung in Gebieten mit hohem Anteil an Windenergieleistung auf. Schätzungen des Regelenergiebedarfs in einer Regelzone sind im Allgemeinen ziemlich genau (Fehler bisher von max. 2-3%; vgl. [Ott et al. 2004, S. 42]). Der Regelenergiebedarf wird mit Erhöhung des Liberalisierungsgrades voraussichtlich ansteigen. Einerseits wird versucht, Kosten zu sparen, und andererseits ist aufgrund der vergleichsweise ungenauen Prognostizierbarkeit von Windenergieeinspeisungen mit einer Zunahme des Bedarfs an Regelleistung und -energie infolge des Ausbaus der Windenergie zu rechnen, insbesondere im Bereich der Minutenreserve[3].

Nach UCTE-Regeln (Union for the Co-ordination of Transmission of Electricity) werden Abweichungen sukzessive durch Primärregelleistung, Sekundärregelleistung und gegebenenfalls Minutenreserve ausgeregelt (vgl. [UCTE 2005] und [UCPTE 1998]).

Primärregelung: Die Primärregelleistung dient der Stabilisierung von Abweichungen der Netzfrequenz vom Sollwert bei Leistungsungleichgewichten zwischen Stromeinspeisungen in das und -entnahmen aus dem UCTE-Netz innerhalb von 30 Sekunden. Zu diesem Zweck werden im UCTE-Verbund 3000 MW an Primärregelleistung vorgehalten, wobei sich die Höhe an dem gleichzeitigen Ausfall von zwei großen, thermischen Kraftwerksblöcken orientiert. Der Anteil jeder Regelzone an den 3000 MW richtet sich nach dem Anteil der Regelzone an der jährlichen Erzeugung im

[3] Siehe u.a. [dena 2005], [Sontow 2000], [Dany 2004], [Ott et al. 2004], [Dany et al. 2003], [Bartels et al. 2005], [Möst et al. 2005d], [Rosen et al. 2004] und [Rosen et al. 2005].

gesamten UCTE-Gebiet[4]. Die Primärregelleistung muss deshalb kurzfristig zur Verfügung gestellt werden können. Diese wird unselektiv von allen UCTE-weit zur Verfügung stehenden Regeleinheiten durch Einsatz von Drehzahlreglern an den Turbinen bereitgestellt (vgl. [Oeding et al. 2004] und [Boderke et al. 2003, S. 2]). Die Summation der Primärregelleistungen aller an der Primärregelung beteiligten Turbinen ergibt die gesamte erforderliche Primärregelleistung.

Sekundärregelung: Der jeweilige Übertragungsnetzbetreiber ist für eine ausgeglichene Leistungsbilanz in seiner Regelzone verantwortlich. Zu diesem Zweck hält er in ausreichendem Umfang Sekundärregelleistung vor, die im Bedarfsfall spätestens nach 5 Minuten im vollen Umfang aktiviert sein muss. Zielsetzung der Sekundärregelung ist es, die Frequenz auf ihren Sollwert und die Übergabeleistungen auf die vereinbarten Werte zurückzuführen, damit die aktivierte Primärregelleistung wieder als Reserve zur Verfügung steht.

Die Sekundärregelung erfolgt durch Leistungsänderungen der im Teillastbetrieb befindlichen thermischen Einheiten und/oder durch Aktivierung von Wasserkraftwerken (vgl. [Boderke et al. 2003, S. 2]).

Tertiärregelung: Wenn große Leistungsbilanzstörungen abgedeckt werden müssen und durch die Primär- und Sekundärregelung nicht ausgeglichen werden können, wird die Tertiärregelung aktiviert. Die vorgehaltene Leistungsreserve (Minutenreserve) soll nach Eintritt eines Leistungsausfalls ohne Verzögerung eingesetzt werden können und muss spätestens nach 15 Minuten die Sekundärreserve abgelöst haben. Die Minutenreserve wird aus den unter Sekundärregelung laufenden thermischen Kraftwerken, ferner durch den Einsatz von Speicher- und Pumpspeicher-Kraftwerken sowie Gasturbinen bereitgestellt. Die Summe der Sekundärreserve und der manuell verfügbaren Minutenreserve muss mindestens so groß sein wie die größte Kraftwerksblockleistung im Netzgebiet, um die Frequenzabweichung eines Ausfalls der größten Erzeugungseinheit schnell genug ausregeln zu können.

Damit ein zuverlässiger Systembetrieb garantiert werden kann, muss ausreichend Regelleistung für alle drei Regelarten vorgehalten werden. In Deutschland schreiben hierfür die Übertragungsnetzbetreiber ihren Regelenergiebedarf aus und holen entsprechende Angebote ein. Im Rahmen einer Präqualifikation müssen potenzielle Anbieter nachweisen, dass die Anforderungen zur Gewährleistung der Versorgungssicherheit erfüllt werden können. Die Ausschreibungen sind hierbei nach der Regelenergiequalität (Primär-, Sekundär-, Tertiärregelung) und der Regelrichtung (positiv, negativ) getrennt sowie durch einen Leistungspreis (für die Leistungsbereitstellung während eines Zeitraumes) und den Arbeitspreis (für die effektiv beanspruchte

[4] Beispielsweise beträgt der Anteil des deutschen Regelblockes (zu diesem zählen neben den vier deutschen Regelzonen Teile Österreichs, Luxemburgs und Dänemarks) derzeit ca. 760 MW (vgl. [Jauch et al. 2003, S. 7]).

Regelenergie) charakterisiert[5]. Auch in anderen Ländern bestehen bereits Regelenergiemärkte, bspw. in Österreich, Frankreich, England und Skandinavien[6]. In der Schweiz haben sich die Verbundnetzunternehmen verpflichtet, Regelenergie bereitzustellen. Allerdings gibt es in der Schweiz bisher weder eine Preis-/Kosten-Regulierung noch einen Markt für Regelenergie (vgl. [Ott et al. 2004, S. 38]).

Ein grenzüberschreitender Regelenergiehandel scheitert gegenwärtig noch an technisch-organisatorischen Aspekten, wie z.B. unterschiedlichen Regelenergiearten, Vorhalte- und Abruffristen sowie der physikalischen Erfüllung der Regelenergielieferungen. Zur physikalischen Erfüllung der Lieferungen müssen an Engpassstellen im Übertragungsnetz entsprechende Leitungskapazitäten frei gehalten werden[7]. Allokationsverfahren für grenzüberschreitende Übertragungskapazitäten müssen somit eine aufeinander abgestimmte Vergabe von Übertragungsrechten für Fahrplan- und Regelenergie ermöglichen[8].

Die Ausgaben zur Bereitstellung der Regelenergie fließen einerseits in die Netznutzungsentgelte (Leistungspreisanteil) und andererseits in die Abrechnung der Übertragungsnetzbetreiber mit den Bilanzkreisverantwortlichen (Arbeitspreisanteil). Der Anteil der Regelenergie an den gesamten Übertragungsnetzentgelten beträgt in Deutschland über 40%. Das wertmäßige jährliche Marktvolumen an Regelenergie in Deutschland liegt bei insgesamt rund 1 Mrd. Euro (davon Primärregelenergie ca. 100 Mio. Euro, Sekundärregelenergie ca. 600 Mio. Euro und Minutenreserve ca. 300 Mio. Euro, vgl. [Parlasca 2003, S. 4])[9].

2.3 Investitionsentscheidungen in liberalisierten Elektrizitätsmärkten

Die Investitionsplanung von Energieversorgungsunternehmen zeichnet sich durch einige Besonderheiten aus. Diese bedingen den Einsatz entscheidungsunterstützender Instrumente und stellen spezielle Anforderungen an die Ausgestaltung der Instrumente. Die Investitionsplanung von Energieversorgungsunternehmen wird maßgeblich durch die Spezifika des Produktes Elektrizität sowie die Eigenschaften der technischen Anlagen, die zur Elektrizitätsproduktion eingesetzt werden, bestimmt.

Elektrizität zeichnet sich durch folgende Produktspezifika aus (vgl. [Hensing et al. 1998], [Wietschel 2000] und [Göbelt 2001]):

---

[5] Eine Ausnahme ist die Primärreserve, bei der lediglich ein Leistungspreis einzustellen ist.

[6] Ein Überblick über die Regelenergiemärkte in Europa findet sich in [Müller et al. 2002].

[7] Ein Überblick über Engpassstellen im europäischen Netz wird in [Haubrich et al. 2002] und [IAEW 2001] gegeben.

[8] Zu Konzepten zur Bewirtschaftung von Engpasskapazitäten und Erfahrungen mit Allokationsverfahren wird auf [ETG 2004], [Kraus 2001], [Werner 2004], [Bacher 2004], [Columberg 2004] verwiesen.

[9] Dies entspricht ca. 2% des Umsatzes aus dem gesamten Stromabsatz in Deutschland, der im Jahr 2002 bei rund 54 Mrd. Euro lag (vgl. [VDEW 2003, S. 11]).

- Elektrizität kann nur leitungsgebunden verteilt werden.
- Elektrizität kann in größerem Umfang nicht direkt, sondern nur durch Umwandlung in andere Energieformen gespeichert werden. Damit ergibt sich die Notwendigkeit, dass Erzeugung und Verbrauch zeitgleich stattfinden müssen.
- Elektrizität kann nur sehr eingeschränkt substituiert werden, und die Funktionsfähigkeit weiter Bereiche des privaten, öffentlichen und wirtschaftlichen Lebens in industrialisierten Ländern ist von einer zuverlässigen Verfügbarkeit von Elektrizität abhängig.
- Da Qualitätsmerkmale wie Spannungs- und Frequenzstabilität strengen Regeln unterliegen, kann Elektrizität auf den verschiedenen Spannungsebenen als homogenes Gut betrachtet werden. Zudem kann ins Netz eingespeiste Elektrizität dem Erzeuger nicht mehr zugeordnet werden.

Anlagen zur Umwandlung anderer Energieformen in elektrische Energie sind vor allem durch folgende Eigenschaften charakterisiert:

- Lange technische Nutzungsdauern, die sich bei der Mehrzahl der Anlagen im Bereich zwischen 15 und 40 Jahren bewegen. Bei Wasserkraftwerken betragen die Nutzungsdauern meist sogar 50 bis 60, teilweise sogar 80 Jahre.
- Eine hohe Kapitalintensität bei Investitionsprojekten mit zudem sehr langen Amortisationszeiten im Vergleich zu anderen Sektoren.
- Eine große Anzahl von alternativen Anlagentypen, die bei einer Investitionsentscheidung in Betracht gezogen werden müssen und die sich im Hinblick auf technische, wirtschaftliche und umweltrelevante Charakteristika unterscheiden.
- Anfallen von unerwünschten Kuppelprodukten, bspw. in Form von CO_2, Abwärme, verschiedenen Aschearten und Rauchgasen bei der Umwandlung fossiler Energieträger in Elektrizität.

Eine weitere Besonderheit stellt die Einbettung der Energieumwandlungsanlagen eines Unternehmens in ein unternehmensübergreifendes, vermaschtes Versorgungssystem dar, die wichtige Wechselwirkungen zwischen den Investitionsentscheidungen der verschiedenen Konkurrenten mit sich bringt. Zudem unterliegt der Energieversorgungssektor einer starken politischen Einflussnahme aufgrund der relevanten Beiträge zu einer Reihe von wichtigen Umweltproblemen. Die Notwendigkeit zur zeitgleichen Bereitstellung der nachgefragten Elektrizität erfordert Reservekapazitäten mit unterschiedlicher Reaktionszeit, um auf extrem kurzfristige Laständerungen im Sekunden- und Minutenbereich reagieren zu können.

Für die Planung von Investitionen in Energiebereitstellungsanlagen in liberalisierten Energiemärkten ergeben sich aus den Besonderheiten die folgenden Rückwirkungen (vgl. [Göbelt 2001], [Wietschel 2000] und [Fichtner 2004]):

- Aufgrund der langen technischen Nutzungsdauern der Anlagen im Energieerzeugungssektor sowie der durch die hohe Kapitalintensität bedingten langen Amortisationszeiten ist es notwendig, im Rahmen der Investitionsplanung Änderungen der Eingangsdaten und Rahmenbedingungen im Zeitverlauf zu berücksichtigen. Daraus folgt, dass dynamische Investitionsrechenverfahren eingesetzt werden sollten.
- Eine Investitionsplanung auf der Grundlage von Einzelentscheidungen über die Investitionsprojekte wird den gegebenen Anforderungen nicht gerecht. Die Identifikation eines technisch wie wirtschaftlich optimalen Investitionsprojekts erfordert die Berücksichtigung der Auswirkungen der entsprechenden Anlage auf den bestehenden und zukünftigen Kraftwerkspark. Dies ist nur im Rahmen einer Investitionsprogrammplanung mit langfristigem Zeithorizont (20 Jahre und mehr) realisierbar.
- Allerdings greift eine reine Investitionsprogrammplanung ohne Berücksichtigung der Produktionsplanung zu kurz, da bei einer solchen Vorgehensweise die Produktion und damit die Auslastung für jede Anlage ex ante vorgegeben werden muss. Ein Beispiel für eine solche Vorgehensweise ist die Einteilung der Zubauoptionen in Kraftwerksklassen, die sich hinsichtlich ihrer Auslastung unterscheiden. Typischerweise werden Spitzenlast-, Mittellast- und Grundlastkraftwerke unterschieden. Für diese Typen wird eine jeweils fixe Anzahl von Volllaststunden vorgegeben. Gegenüber diesen Verfahren bietet eine kombinierte Investitions- und Produktionsprogrammplanung, bei der eine abgestimmte Auslastung für jede Anlage endogen im Rahmen der Investitionsplanung bestimmt wird, beträchtliche Optimierpotenziale.
- Bei einer kombinierten Investitions- und Produktionsprogrammplanung der Energiebereitstellung müssen technische Anforderungen der zeitgleichen Versorgung und der Reservevorhaltung sowie energie- und umweltpolitische Vorgaben adäquat berücksichtigt werden. Wenn Modelle mit langfristigem Planungshorizont zur Entscheidungsunterstützung bei Investitionsentscheidungen herangezogen werden, werden häufig Eigenschaften der Einlastbarkeit von Anlagen vernachlässigt. [Kahn et al. 1992] zeigt, dass die Eigenschaften wie Laständerungsgeschwindigkeiten und Anfahrkosten bei der Investitionsplanung bzw. bei der Wirtschaftlichkeitsbewertung von Bedeutung sind, insbesondere bei hydrothermischen Kraftwerkssystemen.

Durch die Liberalisierung der Elektrizitätsmärkte fällt sowohl die Zuordnung des Kraftwerksparks zu einer bekannten Last als auch die Möglichkeit weg, die Preise unter staatlicher Aufsicht so zu gestalten, dass die mit der Versorgung verbundenen Kosten gedeckt werden[10]. Energieversorger befinden sich im liberalisierten Energie-

---

[10] Zentral ist hierbei eine langsame Marktöffnung, die es den Erzeugern erlaubt, über hohe Preise für gebundene Kunden zumindest einen Teil der im regulierten Markt getätigten Investitionen ohne

markt in einem freien Wettbewerb um eine nicht mehr eindeutig zugeordnete Nachfrage nach dem homogenen Gut Strom. Im Rahmen der Tageseinsatzplanung werden die Kraftwerke eines Erzeugers auf den eingerichteten Märkten in der Tages-Voraus-Planung gewinnmaximal eingeplant. Eine Konsequenz davon ist, dass insbesondere auf Poolmärkten die Kraftwerke zunehmend als Profit-Center betrieben werden. Durch die neuen Rahmen- und Marktbedingungen werden branchenweit sich schneller amortisierende Kraftwerksprojekte favorisiert (vgl. [Fichtner 2004, S. 41]). Hierunter fallen meist gasbefeuerte Gas- und Dampfturbinenkraftwerke (GuD) anstelle nuklearer und kohlebefeuerter Großkraftwerke (vgl. hierzu bspw. [Gattinger et al. 1999, S. 430]). So wurden bspw. in England/Wales seit Beginn der Liberalisierung ausschließlich Investitionen in Gaskraftwerke getätigt (vgl. [Bartsch et al. 2002, S. 6]). Mit den Erfahrungen aus liberalisierten Märkten wird in der Schweiz aufgrund der anstehende Strommarktliberalisierung befürchtet, dass der langfristige Erhalt der Wasserkraft aufgrund der hohen Kapitalintensität und der damit verbundenen langen Amortisationszeiten gefährdet ist.

Bei der strategischen Planung im Elektrizitätsbereich muss zukünftig zudem der europäische Wettbewerbsmarkt Berücksichtigung finden. Die Energieversorgungsunternehmen befinden sich nun mit ihrem jeweiligen Anlagenpark im freien Wettbewerb um eine im gesamten europäischen Versorgungssystem gemeinsam zu deckende Last. Dementsprechend sind bei den strategischen Planungen die Rückwirkungen der Handlungsweisen auf die anderen Teilnehmer zu berücksichtigen. Hierzu muss das Höchstspannungsnetz mit möglichen Engpässen berücksichtigt werden, das der großräumigen Übertragung elektrischer Energie dient. Da die Erzeugung – diskriminierungsfreier Netzzugang vorausgesetzt – kein natürliches Monopol darstellt (vgl. [Fritsch et al. 2001, S. 221] und [Wietschel 2000]) und Strom ein homogenes Gut repräsentiert, kann unterstellt werden, dass dieser Wettbewerb unter Kostenminimierungsgesichtspunkten geführt wird, wobei einzelne Kraftwerke nach Lastbereichen (Grund-, Mittel- und Spitzenlast) und Einsatzarten (Erzeugung und Reserve) differenzierte Aufgaben übernehmen.

2.4 Unsicherheiten in wettbewerblichen Elektrizitätsmärkten

In deregulierten Elektrizitätsmärkten sehen sich die Energieversorger mit einer neuen Situation konfrontiert. Der Wettbewerb, der nicht nur im Großkundenbereich, sondern auch bei den ehemaligen Tarifkunden wie Haushalten und Kleinverbrauchern eingetreten ist, zwingt die Unternehmen dazu, vorhandene wirtschaftliche Optimierpotenziale zu bestimmen und auszunutzen. Dies gilt sowohl für den operativen und taktischen Bereich, als auch für die strategischen Planungsaufgaben wie die Investitions- und Produktionsprogrammplanung. Nur durch deren optimale Ausgestaltung kann der langfristige wirtschaftliche Erfolg im wettbewerblichen Markt gesichert werden.

Verluste abzuschreiben. Für eine Übersicht über das Problem der nicht-amortisierbaren Investitionen (NAIs) im Falle der Schweiz wird auf [ECONCEPT 1997] verwiesen.

Grundsätzlich können im liberalisierten Markt folgende Akteure unterschieden werden (vgl. [Weber 2004]):

- Regulator
- Akteure in wettbewerblichen Märkten
  - Energieerzeugungsunternehmen
  - Händler
  - Vertriebsunternehmen
  - Holdings von vertikal integrierten Unternehmen
  - Elektrizitätsnachfrager
- Akteure in regulierten Märkten
  - Übertragungsnetzbetreiber
  - Verteilnetzbetreiber

Die langfristige Planung bei den einzelnen Akteuren ist hierbei im liberalisierten Markt durch das Auftreten von signifikanten Unsicherheiten in Bezug auf eine Reihe von wichtigen Einflussgrößen gekennzeichnet. An dieser Stelle soll nur auf die Unsicherheiten, die strategische Entscheidungen im Kraftwerkssektor betreffen, eingegangen werden. Zu nennen sind hier vor allem die Marktpreise für Elektrizität, die Primärenergieträgerpreise und die CO_2-Zertifikatspreise. Auch die Unsicherheiten bzgl. der Entwicklung und Struktur der Nachfrage und das Verhalten der Wettbewerber gewinnen an Relevanz. Weitere Unsicherheiten betreffen die zukünftige Ausgestaltung der Rahmenbedingungen des liberalisieren Marktes, u.a. die Einführung umweltpolitischer Vorgaben, technologische Entwicklungen und die Verfügbarkeit von Anlagen. Darüber hinaus haben auch die Deregulierung der Gasmärkte sowie die Liberalisierung der Strommärkte in anderen europäischen Ländern einen Einfluss auf die heimischen Elektrizitätsmärkte.

Im Folgenden wird auf die Unsicherheiten in wettbewerblichen Elektrizitätsmärkten eingegangen, die insbesondere für strategische Entscheidungen und für die Prognose langfristiger Strompreise von Relevanz sind (vgl. u.a. [Göbelt 2001] und [Weber 2004]). Um zu robusten Lösungen bei einer Investitionsentscheidung zu gelangen, müssen die Risiken, die mit einer Entscheidungssituation verbunden sind, bei der Entscheidungsfindung adäquat berücksichtigt werden. Zu diesem Zweck wird bereits in den folgenden Abschnitten darauf eingegangen, inwiefern diese Unsicherheiten in dem in Kapitel 5 entwickelten Energiesystemmodell berücksichtigt werden können.

2.4.1 Marktpreise von Primärenergieträgern

Weltweit wird der Großteil der Elektrizität aus einem der folgenden Primärenergieträger erzeugt: *Braunkohle, Steinkohle, Gas, Öl, Uran* und *Wasser*.

Die Brennstoffpreise für Kernkraftwerke hängen von der zukünftigen Entwicklung des *Uranmarkts* ab. Belastbare Prognosen sind für diesen Markt jedoch aufgrund verschiedener Besonderheiten schwer zu erstellen. Der eingeschränkte Wettbewerb sowie die politische Einflussnahme behindern eine freie Preisbildung (vgl. [IEA 2001b, S. 149]). Des Weiteren existiert praktisch kein freier Handel. Dies hat zwei Gründe: einerseits wegen bestehenden Bedenken bzgl. der Lieferung von *Uran* für Nuklearwaffen und andererseits wegen der Komplexität der nuklearen Wertschöpfungskette, die langfristige Verträge zur Sicherung der hohen Investitionen benötigt. Der Preis für Uran ist von seinem historischen Tiefstand im Jahr 2000 mit 6,5 bis 7 US-$/lb U_3O_8 auf 20 US-$/lb U_3O_8 im Dezember 2004 angestiegen. Der Einfluss des Uranpreises auf die Stromerzeugungskosten ist aufgrund der Kostenstruktur bei der Kernenergie aber eher gering und liegt bei deutlich weniger als 5% der Gesamtkosten – bei den Kernbrennstoffkreislaufkosten beträgt der Anteil des Urans rund 10%. Die Reichweite der Kernbrennstoffe liegt laut Szenarien der OECD-NEA weit oberhalb heutiger Planungszeiträume, d.h. Kernbrennstoffe sind für mehrere hundert Jahre verfügbar bzw. können verfügbar gemacht werden (vgl. [Tromm et al. 2005]).

Braunkohle leistet einen wichtigen Beitrag zur Elektrizitätserzeugung in vielen Ländern. Gemessen an ihrem Anteil an der gesamten Stromerzeugung stellt Braunkohle in Deutschland die wichtigste heimische fossile Energiequelle dar. *Braunkohle* ist gegenüber Steinkohle durch einen deutlich niedrigeren Heizwert gekennzeichnet (u.a. aufgrund ihres hohen Wassergehalts), der einen ökonomischen Transport auf sehr kurze Strecken begrenzt. Braunkohlekraftwerke werden daher in der Regel in unmittelbarer Nähe der Gruben errichtet. In den bestehenden Versorgungsstrukturen stellen sie kostengünstige, jedoch auch emissionsintensive Grundlastkraftwerke dar. Ihre Rolle in einem optimierten System (u.a. unter CO_2-Gesichtspunkten) hängt damit entscheidend von ihrer relativen Kostenstruktur im Vergleich zu anderen, emissionsärmeren Technologien ab. Nationale oder internationale Märkte für *Braunkohle* existieren aus den genannten Gründen praktisch nicht. Die Braunkohlegewinnungskosten sind daher die zentrale Größe dieser Entscheidung.

Steinkohle, Öl und *Erdgas* werden auf nationalen und internationalen Märkten (Weltmärkten) gehandelt. Marktpreise an verschiedenen lokalen Märkten sollten normalerweise nicht stärker als die nötigen Transportkosten voneinander abweichen. Regionale Bezugskosten ergeben sich damit aus Weltmarktpreisen zuzüglich verschiedener Transportzuschläge. Neben den Weltmarktpreisen und den jeweiligen Transportzuschlägen sind Brennstoffpreise in der Realität auch stark durch Steuern und staatliche Subventionen geprägt. Hintergrund dieser politischen Einflussnahme sind zum einen Umweltpolitikstrategien, die auf eine Verteuerung emissionsintensiver Brennstoffe abzielen, zum anderen struktur- und wirtschaftspolitische Maßnahmen zur Stützung heimischer Industriezweige[11].

Der Steinkohlepreis weist eine geringere Volatilität auf als der Öl- und Gaspreis. Dies kann darauf zurückgeführt werden, dass Steinkohle meist auf Basis langfristiger Verträge geliefert wird und somit häufig auch nur monatliche Preise ausgewiesen werden. Ein Grund für die langfristigen Verträge ist, dass Steinkohle von verschiedenen Förderregionen meist nicht ohne technische Änderungen am Kraftwerk, die notwendig sind, um unterschiedliche Kohlequalitäten (bspw. Heizwert, Schwefelgehalt, Anteil an Aschen / unverbrennbaren Bestandteilen, etc.) auszugleichen, verfeuert werden kann.

Der Erdgaspreis ist momentan in Kontinental-Europa relativ stark an den Erdölpreis gebunden. Dies liegt hauptsächlich an der unterstellten Substitutionskonkurrenz und dem hieraus resultierenden wettbewerblichen Preisbildungskonzept der Anlegbarkeit. Dies bedeutet, dass der anlegbare Gaspreis grundsätzlich in einer wirtschaftlichen Vergleichsrechnung bestimmt wird, wobei diese sich an den konkreten Verhältnissen – unter besonderer Berücksichtigung des Konkurrenzenergieträgers – des jeweiligen Verbrauchers orientiert[12]. Die Preisstruktur von Erdgas folgt der von Erdöl mit einer ca. neun Monate langen zeitlichen Verzögerung und einer geringeren Volatilität. Selbst der britische Gasmarkt, der als Wettbewerbsmarkt angesehen wird, zeigt eine starke Korrelation zwischen Erdöl- und Erdgaspreis[13]. Des Weiteren zeigen Erdgaspreise saisonale Zyklen, die auf die begrenzte Speicherbarkeit von Gas und die stark saisonale Gasnachfrage, die aus dem Bedarf zur Wärmebereitstellung resultiert,

---

[11] Der polnische Steinkohlebergbau z.B. beschäftigte 2001, obwohl insgesamt hoch defizitär, noch rund 147.000 Personen (vgl. [Gruß et al. 2002, S. 62]). Eine plötzliche Schließung der Zechen hätte regionalwirtschaftlich verheerende Folgen. In den vergangenen Jahren wurden zwar bereits zahlreiche unwirtschaftlich betriebene Zechen geschlossen (1952 existierten in Polen 70 Zechen, 2001 nur noch 42). Auch viele der gegenwärtig noch bestehenden Bergwerke werden längerfristig nicht am Markt bestehen können. Die strukturellen Anpassungsprozesse in den betroffenen Regionen benötigen jedoch eine gewisse Zeit, die über einen staatlich subventionierten Weiterbetrieb der Zechen gesichert wird. Ähnliches ließ sich auch lange Jahre in der Bundesrepublik Deutschland beobachten. 1997 wurden die Beihilfen für den Kohlebergbau mit Verabschiedung des Steinkohlebeihilfegesetzes deutlich gekürzt und zugleich die Umstrukturierung des deutschen Steinkohlebergbaus mit der Zusammenführung der Steinkohleaktivitäten aller deutschen Bergbauunternehmen in der Deutschen Steinkohle AG vorangetrieben (vgl. [Brabeck et al. 1999, S. 36] und [Hufschmied 2002]).

[12] Insofern ist das Prinzip des anlegbaren Gaspreises nicht an eine bestimmte Konkurrenzenergie gebunden. Häufig wird von Heizöl als relevantem Substitutionskonkurrenten ausgegangen. Der Gaspreis ist anlegbar bzw. wettbewerbsfähig, wenn ein Gasverbraucher unter Berücksichtigung der Anwendungsvor- und -nachteile sowie der sonstigen Vor- und Nachteile des Gases nicht schlechter gestellt ist als bei Verwendung des engsten Konkurrenzenergieträgers (vgl. [Schulz 1996, S. 236ff]).

[13] Für den Erdgaspreis wird häufig das Prinzip der Anlegbarkeit als preisbestimmend angesehen: Die Preisobergrenze bildet der Preis des Substitutionskonkurrenten, meist Heizöl. In stärker liberalisierten bzw. weiter entwickelten Gasmärkten, wie beispielsweise in den USA und Großbritannien, liefern die Grenzkosten der Bereitstellung Preissignale. Wesentliche Kennzeichen für die deutsche Gaswirtschaft sind der weitgehende Ausschluss von Gas-zu-Gas-Wettbewerb durch horizontale und vertikale Demarkationsverträge und die Konzessionsverträge (ausschließliche Wegerechte) sowie die Integration von Handel und Transport und das Vorhandensein mehrerer Zwischenhandelsstufen, wie Ferngas-, Regional- und Ortsgasgesellschaften (vgl. [Schulz 1996, S. 216]).

zurückzuführen sind. Der Ausschluss des direkten Wettbewerbs wird weitgehend mit den Besonderheiten der Gasversorgung begründet. Diese umfassen die hohen spezifischen Investitionen, die mit der Exploration, Förderung und dem weiträumigen Transport von Erdgas verbunden sind. Die Preisbildung im Gasbereich nach dem Prinzip der Anlegbarkeit, die durch die Substitutionskonkurrenz bestimmt ist, kann grundsätzlich als wettbewerbsorientiert bezeichnet werden (vgl. [Schulz 1996, S. 376ff]).

Bei der Stromerzeugung auf Basis fossiler Energieträger entstehen Kohlendioxidemissionen. So verursacht ein Großteil der CO_2-Emissionen der Energieversorgungssektor (abhängig von der Kraftwerksstruktur). Die CO_2-Emissionen in diesem Bereich gehen in erster Linie auf die Verbrennung fossiler Brennstoffe in Heizwerken und (Heiz-) Kraftwerken zurück. Deshalb müssen neben den Primärenergieträgerpreisen zukünftig auch die CO_2-Zertifikatspreise bzw. CO_2-Emissionsrechte bei Entscheidungen im Elektrizitätssektor mitberücksichtigt werden. Die Unsicherheiten bzgl. der Entwicklung des Zertifikatspreises sind sehr groß. Dies ist insbesondere darauf zurückzuführen, dass einerseits der Markt noch relativ jung ist und damit wenige Erfahrungen vorliegen und andererseits die vorgegebenen Politikziele langfristig noch nicht exakt definiert sind. Die CO_2-Zertifikatspreise sind zwar keine Primärenergieträgerpreise, führen aber aufgrund der unterschiedlichen spezifischen Emissionsfaktoren der Primärenergieträger zu deren Verteuerung. Für eine Diskussion der Implikationen für die vom europäischen Zertifikatehandel betroffenen Unternehmen wird auf [Fichtner 2004] verwiesen.

In dem in Kapitel 5.7 entwickelten Modellansatz wird den Unsicherheiten, die aus Primärenergieträgerpreisen resultieren, mit Szenario- und Sensitivitätsanalysen Rechnung getragen.

2.4.2 Entwicklung der Stromnachfrage

Die jährliche Stromnachfrage ist in vielen europäischen Ländern in den letzten Jahren nur gering angestiegen. Dennoch weisen die Zuwachsraten verschiedener europäischer Länder deutliche Unterschiede auf (vgl. Abbildung 2.1). Insbesondere bei langfristigen Betrachtungen müssen Unsicherheiten des Anstiegs der Stromnachfrage berücksichtigt werden. In der Regel werden hierfür Szenarioanalysen verwendet.

Neben der jährlichen Stromnachfrage stellt auch die Veränderung der Struktur der Lastkurve eine Unsicherheit dar. Industriesektoren und Nachfragergruppen weisen meist charakteristische Lastkurven auf. Eine Verschiebung des Anteils an bestimmten Industrien in einem Land bzw. einer Region führt somit zu einer Veränderung der Struktur der Nachfrage. Des Weiteren können Veränderungen im Nachfrageverhalten, u.a. durch technologische Entwicklungen, auch zu einer veränderten Struktur der Lastkurve führen.

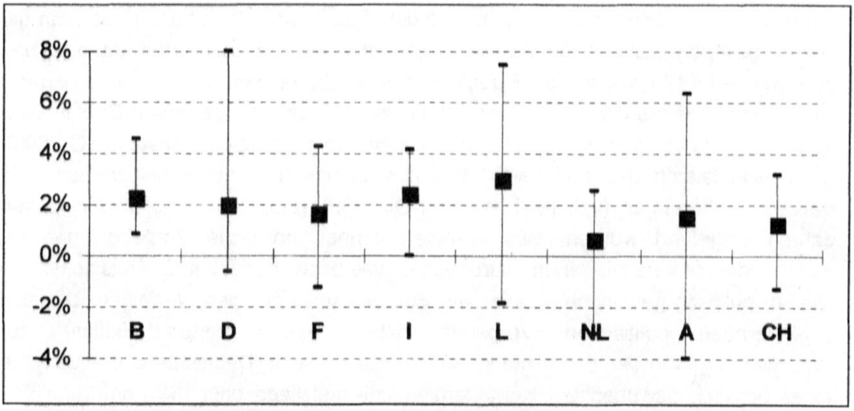

Abbildung 2.1: Minimale, maximale und durchschnittliche jährliche Zuwachsraten 1991-2004 der Stromnachfrage in ausgewählten europäischen Ländern (Quelle: Eigene Berechnungen auf Basis von UCTE[14])

2.4.3 Verhalten der Wettbewerber

Aus der Sicht eines Akteurs, beispielsweise eines Energieerzeugers, birgt das Verhalten der Wettbewerber Unsicherheiten. In liberalisierten Elektrizitätsmärkten werden die Akteure das Ziel haben, ihren Gewinn zu maximieren. Um dieses Ziel zu erreichen, können die Wettbewerber allerdings unterschiedliche Handlungsoptionen bzw. Strategien verwenden. Kurzfristig können die Akteure auch andere Zielsetzungen, wie beispielsweise die Erhöhung des Marktanteils, verfolgen. Aufgrund unvollständiger Informationen über die Daten, Zielsetzungen und Vorhaben der Wettbewerber besteht somit eine Unsicherheit über das Verhalten der Wettbewerber.

Weder die Unsicherheit bzgl. unvollständiger Information noch strategisches Verhalten von Akteuren wird in dieser Arbeit näher betrachtet. In dem später beschriebenen Energiesystemmodell wird eine regionen-, akteurs- und technologieübergreifende Zielfunktion einer Minimierung aller entscheidungsrelevanten Systemausgaben verwendet. Diese stellt gegenüber der von unterschiedlichen Strategien geprägten, realen Marktsituation eine Vereinfachung dar. Zur kritischen Reflexion der gewählten Methodik wird auf Kapitel 6.11 verwiesen.

2.4.4 Politische und regulatorische Rahmenbedingungen

Politische und regulatorische Rahmenbedingungen sind von großer Bedeutung für die Elektrizitätsbranche. In den letzten Jahren hat sich gezeigt, dass die Veränderungen der politischen und regulatorischen Rahmenbedingungen durch die Ein-

[14] Die Daten sind den Online-Statistiken der UCTE unter www.ucte.org entnommen.

führung von Wettbewerb noch nicht beendet sind. Die Unsicherheiten betreffen die zukünftige Ausgestaltung der Rahmenbedingungen des liberalisierten Marktes, beispielsweise im Hinblick auf die Regelung des Netzzuganges, die Ausgestaltung der Regelenergiemärkte und die Einführung umweltpolitischer Vorgaben. In Deutschland zeigt sich dies beispielsweise durch das Erneuerbare-Energien-Gesetz [EEG 2000], die Ausgestaltung des nationalen Allokationsplanes und die verschiedenen Verbändevereinbarungen (vgl. [BDI 1996], [BDI 1999], [BDI 2001]) die in den letzten Jahren eingeführt wurden. Des Weiteren können politische Vorgaben genannt werden, die mit verschiedenen Instrumenten, wie bspw. handelbaren Emissionszertifikaten, politisch gewünschte Ziele, wie Emissionsminderungen, verfolgen. Die sich verändernden politischen Vorgaben haben einen großen Einfluss auf Entscheidungen in der Elektrizitätsbranche, wie bspw. in Deutschland die Vorgabe eines politisch gewünschten Kernenergie(nicht-)ausstiegs oder die Förderung von erneuerbaren Energien. Auch in der Schweiz steht der Schritt zu einem liberalisierten Energiemarkt bevor, und in Diskussionen über die Gesetzesentwürfe hat sich gezeigt, dass Unsicherheiten befürchtet werden, die dazu führen könnten, dass die Wettbewerbsfähigkeit und damit der langfristige Fortbestand der Wasserkraft gefährdet sind (vgl. [Bodmer et al. 2001]).

Unsicherheiten durch politische und regulatorische Rahmenbedingungen in Energiesystemmodellen können praktisch nur indirekt durch Szenarioanalysen untersucht werden. Eine endogene Modellierung von politischen Unsicherheiten ist praktisch nicht möglich, da politische Entscheidungsprozesse keinen objektiven und vor allem auch nicht ermittelbaren Wahrscheinlichkeiten folgen.

2.4.5 Technologische Entwicklungen

Langfristig stellen insbesondere technologische Entwicklungen eine wesentliche Unsicherheit für den Elektrizitätsmarkt dar. An dieser Stelle können als Beispiel die CO_2-Abscheidung oder dezentrale Energieerzeugungstechnologien, wie beispielsweise Brennstoffzellen, genannt werden, die Auswirkungen auf die Erzeugung, Übertragung und die Verteilung von elektrischer Energie haben können (vgl. bspw. [Sander 2004]). Aber auch die Entwicklung von Großtechnologien, wie beispielsweise die Kernfusion, stellt eine zukünftige Option der Energieversorgung dar. Der erste Forschungsfusionsreaktor mit Elektrizitätsauskopplung ist laut [Hamacher et al. 2001] für die Jahre 2040 bis 2050 geplant.

Absehbarere technologische Entwicklungen, wie beispielsweise die Verbesserungen von Wirkungsgraden bei konventionell-thermischen Anlagen oder geringere Stromgestehungskosten bei Windkraftanlagen, können in Energiesystemmodellen auf unterschiedliche Weise abgebildet werden. Eine Möglichkeit stellt die Integration von so genannten Lernkurven dar, mit deren Hilfe technologische Trends und Entwicklungen abzubilden versucht werden. Kritisch anzumerken bei der Integration von

Lernkurven ist, dass Lernraten nur schwer abgeschätzt werden können, und somit die Unsicherheit weiterhin in anderer Form besteht.

Folgende Teilaspekte von technologischen Entwicklungen und Innovationen können unterschieden werden:

Inventionen, also die eigentlichen Erfindungen und Umsetzungen neuer Technologien, können in Energiesystemmodellen rein exogen über die prognostizierte (hypothetische) Verfügbarkeit einer Technologie ab einem bestimmten Zeitpunkt modelliert und über Szenarien variiert werden.

Die Innovation (als technologiespezifischer Fortschritt) kann in Energiesystemmodellen semi-endogen berücksichtigt werden, indem Zubauoptionen sich in späteren Perioden mit unterstellten technologiespezifischen Verbesserungen wirtschaftlicher realisieren und/oder mit erhöhter Brennstoffeffizienz und/oder verminderten Emissionsfaktoren betreiben lassen. Grundlage für die Angaben zum zeitlichen Verlauf der zu erwartenden Verbesserungen der Energiewandlungsprozesse im Modell sind Abschätzungen in Studien und von Experten aus dem Bereich der Energiewandlungs- und Kraftwerkstechnik[15].

Der dritte Teilaspekt des Innovationsprozesses, die Diffusion (also der Verbreitung und Durchdringung von Innovationen), wird in Energiesystemmodellen vollständig endogen abgebildet und kann als eine besondere Stärke dieser Modelle betrachtet werden. Die Entwicklung unterschiedlicher innovativer Technologien kann in Konkurrenz der Technologien untereinander und mit etablierten, sich ebenfalls verbessernden Technologien berechnet werden. Darüber hinaus ermöglichen die räumlich sehr weit gefassten Systemgrenzen eines interregionalen Modellierungskonzepts eine Ermittlung der Durchdringung einzelner Technologien nicht nur auf nationaler Ebene, sondern im internationalen Kontext bei vollständig integrierter Berücksichtigung des interregionalen Strommarktes.

2.4.6 Anlagenverfügbarkeit

Generell können bei Erzeugungsanlagen folgende Hauptursachen bei der Anlagenverfügbarkeit unterschieden werden:

- Geplante Nicht-Verfügbarkeit für Instandsetzungs- und Revisionstätigkeiten
- Kraftwerksausfall durch unvorhergesehene Vorfälle bei der Produktion
- Nicht-Verfügbarkeit von natürlichen Energieträgern (insbesondere Wasser, Wind und Photovoltaik)

---

[15] Eine weitergehend endogenisierte Abbildung technischer Fortschritte (etwa durch vom Durchdringungsgrad einer Technologie abhängige Senkung der Investitionen und Betriebskosten o.ä.) resultiert in einem nicht-linearen Optimierungsproblem oder ist mit der Einführung weiterer ganzzahliger Variablen verbunden. Die Formulierung eines solchen Problems lässt sich durchaus realisieren, allerdings ist hierbei eine Lösbarkeit mit vertretbarem Rechenaufwand nicht zu erwarten, weshalb bei Energiesystemmodellen meist auf eine weitergehende Endogenisierung verzichtet wird.

Für thermische Anlagen gelten nur die beiden erst genannten Ursachen für Nicht-Verfügbarkeiten. Die technische Verfügbarkeit von thermischen Anlagen ist meist höher als 85 %, wobei der größte Teil der Nicht-Verfügbarkeit geplant ist. Lediglich 5 % sind auf ungeplante Ausfälle zurückzuführen (vgl. [VGB 1998] und [VGB 2000]). Insbesondere Nuklearanlagen weisen sehr hohe technische Verfügbarkeiten auf, die auf die hohen Sicherheitsanforderungen zurückzuführen sind.

Für Wasserkraftwerke und erneuerbare Anlagen ist vor allem das Dargebot der natürlichen Energie eine wesentliche Ursache für die Verfügbarkeit. Aus diesem Grund ist eine Unterscheidung zwischen technischer Verfügbarkeit und der Gesamtverfügbarkeit, welche das Vorhandensein des Energieträgers enthält, notwendig. Die Gesamtverfügbarkeit wird dabei meist in Volllaststunden (VLH) angegeben. Die technische Verfügbarkeit bei Wasserkraftanlagen ist generell sehr hoch. Dies ist nicht nur durch die technische Robustheit zu begründen, sondern auch dadurch, dass die Überholung der Anlagen in die lastschwachen Perioden gelegt werden kann. Bei Wasserkraftanlagen mit mehreren Maschinensätzen können für Reparaturzwecke einzelne Turbinen vorübergehend stillgelegt werden, während die restlichen weiterhin Strom produzieren können. Das Leistungsdargebot ist bei Laufwasserkraftanlagen vom verfügbaren Zufluss und bei Speicheranlagen vom gespeicherten Volumen abhängig. Die technische Verfügbarkeit beträgt bei Wasserkraftanlagen meist zwischen 90% und 97% und liegt somit deutlich über den Verfügbarkeitswerten von Wärmekraftwerken (vgl. [Giesecke et al. 1993, S. 33]). Die Gesamtverfügbarkeit wird fast ausschließlich durch das Vorhandensein des Energieträgers bestimmt. Die durchschnittliche Volllaststundenzahl bei Laufwasserkraftwerken in Deutschland liegt bei ca. 5500 Stunden, in der Schweiz bei ca. 5000 Stunden. Bei Speicherkraftwerken in der Schweiz liegt die Volllaststundenzahl bei ca. 2600 Stunden [Filippini et al. 2001, S. 56]. Insbesondere bei Speicherkraftwerken, aber auch bei Laufwasserkraftwerken, ist die Volllaststundenzahl stark standortabhängig und ist auf das unterschiedliche Wasserdargebot zurückzuführen.

Auch bei Windkraftanlagen ist die Gesamtverfügbarkeit zu einem Hauptteil durch das Vorhandensein des Energieträgers bestimmt. Aufgrund der Nutzung von Windenergiestandorten mit geringerem Winddargebot sank die durchschnittliche Volllaststundenzahl in Deutschland in den letzten 10 Jahren, obwohl sich die Ausnutzung des Winddargebotes durch technologische Entwicklungen erhöhte. Gegenwärtig liegen die Volllaststundenzahlen bei Onshore-Windkraftanlagen im Bereich von ca. 1600 VLH und bei Offshore-Windkraftanlagen wird aufgrund des erhöhten Winddargebotes von ca. 3300-4000 VLH ausgegangen (vgl. [dena 2005, S. 229f] und [BWE 2004]).

Nicht geplante Anlagenausfälle wirken sich vor allem auf kurzfristige Entscheidungen und Strompreise aus und können damit zu hohen Volatilitäten der Strompreise führen. Zwar wirken sich Nicht-Verfügbarkeiten auch auf langfristige Planungen aus, allerdings ist hier die stochastische Komponente weniger von Bedeutung, so dass durchschnittliche Verfügbarkeiten aus Vergangenheitsdaten abgeschätzt werden können. Dabei müssen allerdings Änderungen der Struktur des Versorgungssystems, wie bspw. der Anstieg der Erzeugungsleistung aus fluktuierenden Energieträgern, und deren Auswirkungen auf das langristige Verhalten der Strompreise, berücksichtigt werden.

2.4.7 Marktpreise für Elektrizität

Strompreise und deren Entwicklung stellen einen wesentlichen Einflussfaktor für zahlreiche Entscheidungsprobleme im Elektrizitätssektor dar. Sowohl der Anlageneinsatz als auch Investitionsentscheidungen sind stark von den Elektrizitätspreisen abhängig. Im Gegensatz zu den bisher genannten Unsicherheiten sind zukünftige Strompreise meist direkt von Entwicklungen und Veränderungen, die aus den genannten Unsicherheiten resultieren, betroffen. In den folgenden Abschnitten wird deshalb auf Strompreise und deren Eigenschaften näher eingegangen.

Mit der Liberalisierung sind in den verschiedenen europäischen Ländern zahlreiche Strombörsen entstanden (siehe auch Abschnitt 2.2). Die ersten transparenten und vor allem unabhängigen Preisnotierungen in der Bundesrepublik Deutschland für den Großhandelsmarkt wurden durch den Start der beiden nationalen Strombörsen zur Verfügung gestellt. Die Leipzig Power Exchange (LPX) und die in Frankfurt stationierte European Energy Exchange (EEX) haben ihren Handel im Juni 2000 bzw. im August 2000 begonnen. Im August 2002 fusionierten schließlich beide Strombörsen zu einer unter dem gleichbleibenden Namen EEX der Frankfurter Börse, allerdings mit Hauptsitz in Leipzig[16]. Seit dem Handelsbeginn zeigten die Preisnotierungen ein für Strompreise typisches Verhalten (vgl. [Kramer 2002], [Barz 1999] und [Pilipovic 1998]). In den meisten Elektrizitätsmärkten ist das Verhalten der Strompreise auf Großhandelsebene (Spotmarkt) durch folgende Eigenschaften charakterisiert[17]:

- starkes zyklisches Verhalten (Tages-, Wochen- und Saisonzyklen),
- (preisabhängige) hohe Volatilitäten,
- oszillierendes Preisverhalten um einen Langzeit-Mittelwert (*mean reversion*),
- plötzliche Preisveränderungen ohne langsame Preisannäherung (*regime shifts*) und
- häufige aufwärts- und abwärtsgerichtete Preissprünge.

Die hohen Volatilitäten[18] der Strompreise sind zum Großteil auf die bereits angesprochene Nicht-Speicherbarkeit von Elektrizität zurückzuführen. Zu jedem Zeitpunkt

---

[16] Vgl. http://www.eex.de

[17] Vgl. [Federico 2002], [Johnson et al. 1999], [Kramer et al. 1999], [Barz 1999]

[18] Strompreise weisen unter allen gehandelten Waren mit die höchsten Volatilitäten aufweisen (vgl. bspw. [Pilipovic 1998]).

müssen Angebot und Nachfrage identisch sein, und Nicht-Verfügbarkeiten von Anlagen können zu Kapazitätsengpässen führen, durch die Strompreise stark ansteigen können. Gegenwärtig kann die elektrische Energie nur in sehr begrenztem Umfang wirtschaftlich gespeichert werden. Elektrische Energie wird heutzutage hauptsächlich über den Umweg der Umwandlung von elektrischer Energie in potenzielle Energie gespeichert. Hierfür kommen Pumpspeicherkraftwerke häufig zum Einsatz. Des Weiteren kann elektrische Energie in bestimmtem Umfang auch durch Speicherkraftwerke vorgehalten werden. Die Speicherbarkeit des Wassers hat somit einen Einfluss auf das Preisverhalten der Elektrizität, das sich dann eher wie für eine speicherbare Ware verhält. In diesem Zusammenhang ist zu erwähnen, dass Erzeugungssysteme mit einem hohen Anteil an Wasserkraft, wie bspw. der skandinavische Elektrizitätsmarkt (Nordic power market), deutlich geringeren kurzfristigen Preisfluktuationen unterliegen.

Die preisabhängige Volatilität ist insbesondere auf die überproportionale Zunahme (in den meisten Erzeugungssystemen) der Grenzkosten mit der Last zurückzuführen. Daher schwanken die Preise für Grundlast weniger stark als für Spitzenlast. Mittelfristig bewegen sich die Strompreise um einen Mittelwert, der durch die Grenzkosten der vorhandenen Kapazitäten und das Angebot vorgegeben ist (mean-reversion). Kurzfristig ist mit Abweichungen von diesem Pfad zu rechnen, u.a. wegen kurzfristiger Schwankungen in Angebot (Kraftwerksausfall, strategisches Bietverhalten, ...) und Nachfrage (Temperatur, Niederschlag, ...). In diesem Zusammenhang ist auch ersichtlich, dass die Volatilitäten für kurzfristige Kontrakte weit über denen für langfristige Kontrakte liegen, da die den kurzfristigen Preis beeinflussenden Faktoren (Wetter, Anlagenverfügbarkeit, Netzengpässe, ...) nur innerhalb eines kurzen Planungshorizontes prognostizierbar sind. Langfristig wird durch die Veränderung des Angebots (Kapazitätsanpassung) und der Nachfrage (strukturelle Änderungen) aus dem Mean-Reversion- ein Random-Walk-Prozess (vgl. [Kramer 2002]).

2.5 Zur Preisbildung im Stromsektor

Bereits die Ankündigung der Liberalisierung hatte aufgrund der erwarteten Rationalisierungsmassnahmen Preiseffekte zur Folge, die eigentliche Marktöffnung führte dann zu weiteren Preissenkungen insbesondere für Industriekunden (vgl. hierzu bspw. [VIK 2002]). Im Tarifkundenbereich fielen die Strompreissenkungen deutlich geringer aus als auf Großhandelsebene. Denn während Strom aufgrund seiner Homogenität auf der Großhandelsebene durchaus als Commodity charakterisiert werden kann, spielen bei Tarifkunden auch andere Gründe eine Rolle. Außerdem führt der hohe Anteil von Durchleitungsentgelten und von Abgaben, bspw. (Öko-)Steuern und Umlagen insbesondere in der Bundesrepublik Deutschland, im Strompreis dazu, dass der vom Wettbewerb abhängige variable Anteil des Preises für das Produkt Strom nur einen kleinen Anteil des Gesamtwertes darstellt (vgl. [Haupt et al. 2001]). In diesem Zusammenhang sind auch die Auswirkungen des

Erneuerbare-Energien-Gesetzes [EEG 2000] und des Kraft-Wärme-Kopplungsgesetzes [KWK-Gesetz 2002] anzuführen, die aufgrund des faktischen Zwangs zur Aufnahme von Strom aus diesen Anlagen zu einer Re-Regulierung führen.

Im europäischen Verbundnetz kann auf der höchsten Spannungsebene (Großhandelsebene) Elektrizität als homogenes Gut betrachtet werden. Qualitätsmerkmale, die in vielen anderen Märkten vorhanden sind, sind bei Elektrizität unter anderem durch die Vorgabe von strengen Regeln, bspw. zur Spannungs- und Frequenzstabilität, auf ein Minimum reduziert (vgl. Abschnitt 2.2.2 und [VDN 2003b], [UCPTE 1998] und [UCTE 2004a]). Dadurch ist es auch eher unwahrscheinlich, dass der momentan beobachtete Preiswettbewerb von einem Qualitätswettbewerb bspw. hinsichtlich der Versorgungssicherheit abgelöst werden kann. Die Versorgungssicherheit ist eine Systemdienstleistung und liegt damit nicht allein in der Verantwortung einer Einzelunternehmung, sodass die Grenzen eines Qualitätswettbewerbes relativ eng gesteckt zu sein scheinen. Da Strom ein homogenes Gut repräsentiert und die Erzeugung kein natürliches Monopol darstellt[19], kann unterstellt werden, dass dieser Wettbewerb, diskriminierungsfreier Netzzugang vorausgesetzt, aufgrund der Bestreitbarkeit des Marktes unter Kostenminimierungsgesichtspunkten geführt wird, wobei einzelne Kraftwerke nach Lastbereichen (bspw. Grund-, Mittel- und Spitzenlast) beziehungsweise Einsatzarten differenzierte Aufgaben übernehmen [Fichtner 2004, S. 41]. Die von diesem Markt ausgehenden kurzfristigen Knappheitssignale werden aber auch auf anderen Spannungsebenen unter Berücksichtigung der Kosten der zusätzlich zu erbringenden Dienstleistungen von großer Bedeutung sein, da sie die Kostensituation auf der Stromerzeugungsebene am besten widerspiegeln. So zeigen auch empirische Untersuchungen auf der Basis von Kundenbefragungen (vgl. bspw. [Meyer 1997] für Europa oder [Löbbe et al. 1997] für Deutschland) eine ausschließlich preisbetonte Versorgung. Die Existenz eines preisbetonten Wettbewerbs wird damit begründet, dass Strom auf einem Markt mit vielen Anbietern und Nachfragern eine hohe Homogenität aufweist. Unterstellt man die für das Modell der Vollkommenen Konkurrenz reklamierten Prämissen[20], so ergeben sich aus dem Zusammenspiel von Angebot und Nachfrage der Gleichgewichtspreis und die Gleichgewichtsmenge[21]. Eine alleinige Preiserhöhung eines Anbieters hätte den Verlust seines gesamten Absatzes zur Folge, eine Preisunterbietung die Vereinigung der gesamten Nachfrage, was angesichts des geringen Marktanteils und der daraus folgenden geringeren Betriebsgröße als unrealistisch angesehen werden kann (vgl. hierzu bspw. [Krelle 1976]). Ein solches Modell der Vollkommenen

[19] Vgl. [Fritsch et al. 2001, S. 221] und [Wietschel 2000, S. 70ff.]

[20] Das gehandelte Gut ist homogen, es existiert eine Vielzahl von Konkurrenten, alle Marktteilnehmer sind perfekt informiert, alle Anbieter haben Zugang zur selben Produktionstechnologie und der Marktzutritt ist frei.

[21] Demgegenüber ist die Monopolistische Konkurrenz dadurch gekennzeichnet, dass zwar so viele Anbieter mit relativ geringem Marktanteil auftreten wie im Modell der Vollkommenen Konkurrenz, die Homogenitätseigenschaften des Vollkommenen Marktes aber nicht mehr gegeben sind.

Konkurrenz galt lange Zeit als Leitbild der Wettbewerbspolitik und eine möglichst große Annäherung an diesen Referenzzustand schien erstrebenswert[22]. Zwar weist das Modell der Vollkommenen Konkurrenz wegen seiner Einfachheit und Geschlossenheit unbestrittenerweise gewisse Vorzüge auf, als universales Referenzmodell und Beurteilungskriterium für wettbewerbliche und nicht wettbewerbliche Bereiche kann es aber nicht dienen [Schulz 1996, S. 52].

Darüber hinaus kann ins Netz eingespeiste Elektrizität dem Erzeuger nicht mehr zugeordnet werden, sodass auch keine Präferenzen eines Elektrizitätsabnehmers für einen bestimmten Erzeuger vorliegen. Als Ausnahme ist die Möglichkeit zu nennen, Produktdifferenzierungen vorzunehmen (z.B. über den Umweltschutz), einer zunehmenden Kundenorientierung (z.B. über das Angebot zusätzlicher Dienstleistungen), in Kooperations- und Konzentrationsstrategien und der Schaffung eines Markenimages[23]. EVU bieten beispielsweise seit einigen Jahren so genannte grüne Angebote („Grünen Strom") für umweltfreundlich erzeugten Strom an[24]. Verschiedene Umfragen zu grünen Angeboten in Deutschland verdeutlichen allerdings deren sehr geringe Teilnehmerquoten (vgl. [Markard 1998], [VDEW 1999], [Dreher 2001]). Allerdings haben ökologische Produkte heute bereits auf anderen Märkten eine Nische erobert oder teilweise den Übergang zum Massenmarkt geschafft, wie beispielsweise die Bio-Lebensmittel[25]. In [Wüstenhagen 2000] werden Wege, die ökologische Stromprodukte von der Nische zum Massenmarkt führen können, aufgezeigt. Die Frage, ob „Grüner Strom" eine lohnenswerte Strategie für Wasserkraftbetreiber ist, wird in [Spreng et al. 2001] für die Schweizer Wasserkraft diskutiert. Die Antwort fällt differenziert aus: „Grüner Strom" kann eine sinnvolle Strategie für

---

[22] Eine gewisse Abkehr von diesem Leitbild wurde u. a. durch einen Beitrag von Sraffa [Sraffa 1926] eingeleitet. Eine positive Neubewertung von Marktunvollkommenheiten brachte schließlich ein Aufsatz von Clark [Clark 1940]. Insbesondere gingen von dem von Clark geprägten Workable-Competition-Ansatz entscheidende Impulse auf die Entwicklung der Forschungseinrichtung der „Industrial Organisation" aus (vgl. hierzu [Schulz 1996, S. 19ff.]).

[23] Als bekanntes Beispiel kann hierfür in der Bundesrepublik Deutschland Yello Strom (http://www.yellostrom.de/) genannt werden.

[24] Hierfür werden prinzipiell drei Modelle herangezogen: Tarif-, Spenden- und oder Beteiligungsmodelle. Bei Tarifmodellen wird ein Aufpreis auf die bezogene Strommenge erhoben, der die zusätzlichen Kosten einer „grünen" Stromerzeugung decken soll. Demgegenüber werden bei Beteiligungsmodellen die Kunden Miteigentümer an den betreffenden Anlagen und entsprechend ihrem Anteil an den Kapitalrückflüssen bzw. der Stromproduktion beteiligt. Über Spendenmodelle zahlen Stromkunden in einen Fonds ein, aus dem heraus regenerative Energieprojekte finanziert werden.

[25] Bio-Lebensmittel waren lange Zeit ein klassisches Nischenprodukt. In den letzten Jahren erhöhte sich in Deutschland, Österreich und Schweiz der Marktanteil von bestimmten Bio-Lebensmittel erheblich. Allerdings besteht hier ein entscheidender Unterschied zu dem Produkt Strom. Die höhere Qualität der teureren Bio-Lebensmittel kommt primär der Gesundheit des Käufers zugute, d.h. ein eigennütziges Motiv. Beim Bezug von Strom aus regenerativen Energien profitiert die Allgemeinheit, bspw. durch Luftreinhaltung, Klimaschutz und Ressourcenschonung. D.h. der Einzelne profitiert von seinen erhöhten Zahlungen nicht stärker als diejenigen, die ihren Strom zu günstigeren Tarifen einkaufen.

einzelne Wasserkraftbetreiber sein[26]. Allerdings haben sich solche Produktdifferenzierungsstrategien bislang – hauptsächlich aufgrund der homogen Produkteigenschaften des Handelsgutes Strom – kaum durchsetzen können. Insbesondere auf Höchstspannungsebene haben diese Marktsegmente keine Bedeutung.

Hinsichtlich der zur Preisbildung herangezogenen Kosten zeigen aktuelle Untersuchungen, dass sich in Europa die Marktpreise auf der höchsten Spannungsebene an den kurzfristigen Grenzkosten der Stromerzeugung orientieren (vgl. bspw. [Wietschel et al. 2002, S. 123 f.], [Weber 2004, S. 60ff.], [Kramer 2002, S. 91ff.]). Eine solche Preispolitik ist in Europa zumindest so lange zu erwarten, wie relevante Überkapazitäten existieren, d.h. für ca. die nächsten zehn Jahre. Reichen die zu erwartenden Spotpreise auf einem liberalisierten Markt nicht aus, um über die variablen auch die fixen Kosten eines Kraftwerkes zu decken, so bedeutet dies lediglich, dass die Zeit für Kraftwerksneubauten noch nicht gekommen ist (vgl. [Kreuzberg 1999, S. 53]).

2.6 Merit-Order-Kurve und graphische Analyse

Unter der Annahme, dass vollkommener Wettbewerb vorliegt und der Spotmarkt effizient funktioniert, wird Elektrizität von den Erzeugern kostenminimal zur Befriedigung der Gesamtnachfrage bereitgestellt. Wird die Elektrizitätsnachfrage als preisunelastisch angenommen[27], ergeben sich die Preise aus den marginalen Erzeugungskosten der letzten Anlagen, um die Nachfrage zu befriedigen. In Abbildung 2.2 ist auf der linken Seite der Zusammenhang von Erzeugungskapazität und marginalen Erzeugungskosten (MC) in geordneter Reihenfolge graphisch dargestellt. Jede Stufe der Angebotsfunktion stellt einen Kraftwerksblock mit konstanten variablen Erzeugungskosten dar. Diese Darstellung wird als Merit-Order-Kurve bezeichnet. Mit ansteigender bzw. abnehmender Last setzen Kraftwerke mit höheren bzw. niedrigeren Erzeugungskosten den Marktpreis. Mit den Änderungen der Last im Tagesverlauf ändern sich somit auch die Marktpreise für Strom. Der Zusammenhang zwischen Last-, Merit-Order- und Preiskurve ist auf der rechten Seite in Abbildung 2.2 dargestellt.

[26] Zur Zertifizierung von Ökostrom für Wasserkraftanlagen wird auf [Bratrich et al. 2001] verwiesen.

[27] In einem kurzfristigen Zeithorizont kann die Nachfrage als nahezu preisunelastisch angesehen werden, wie in einigen Arbeiten gezeigt wurde (vgl. [Weber 2004, S. 33], [Barlow 2002] und [Rentz et al. 1999]). In einem langfristigen Zeithorizont ist diese Annahme allerdings kritisch zu prüfen. Einige empirische Studien zeigen, dass in einem längerfristigen Zeitraum die Preiselastizität von Elektrizität signifikant negativ ist (vgl. [Dennerlein 1990], [Dahl et al. 1994]).

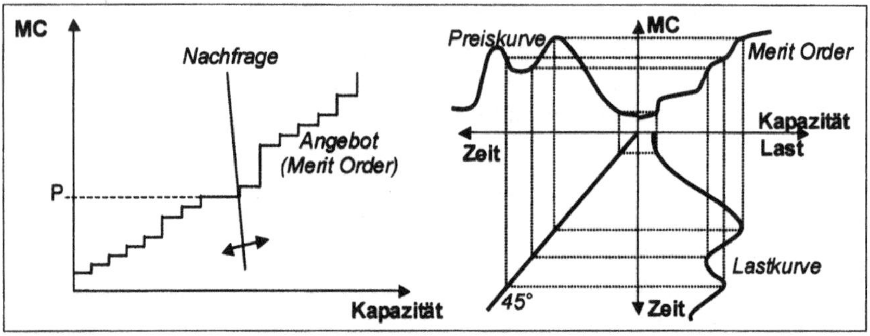

Abbildung 2.2: Zusammenhang zwischen Last-, Merit-Order- und Preiskurve

In der vereinfachten und „statischen" Darstellung werden allerdings Veränderungen in der Merit-Order-Kurve beispielsweise durch die oben beschriebenen Unsicherheiten (Primärenergiepreise, Anlagenverfügbarkeit etc.) nicht mitberücksichtigt. Des Weiteren sind Eigenschaften zur Einlastbarkeit von Anlagen vernachlässigt. [Kahn et al. 1992] zeigen, dass diese Eigenschaften, wie bspw. Laständerungsgeschwindigkeiten und Anfahrkosten, bei der Ableitung von Preisinformationen von Bedeutung sind. In [Kreuzberg 2001, S. 17f.] werden Auswirkungen von verschiedenen Eigenschaften, die die Einlastbarkeit von Anlagen betreffen, auf die Systemgrenzkosten aufgezeigt.

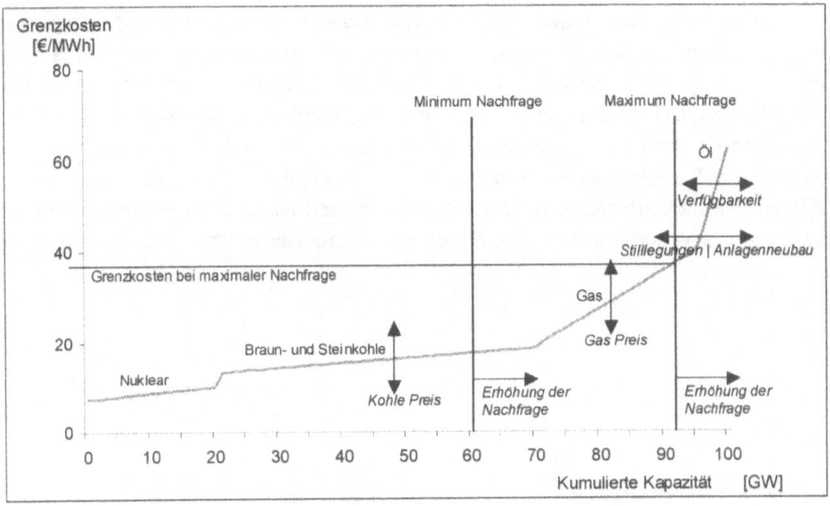

Abbildung 2.3: Schematische Merit-Order-Kurve in Deutschland und Einflüsse (vgl. [Möst et al. 2004])

Neben der Einlastbarkeit haben u.a. auch die Preise der Primärenergieträger, die Verfügbarkeit von Anlagen, der Anlagenzubau und die Stilllegung von Anlagen einen

Einfluss auf die Merit-Order-Kurve. In Abbildung 2.3 sind ausgewählte Einflüsse auf die Merit-Order-Kurve in Deutschland schematisch dargestellt. Die verschiedenen skizzierten Einflüsse betreffen unterschiedliche Abschnitte der Merit-Order-Kurve. Bspw. wirken sich geringe Braun- und Steinkohlepreise eher auf die Preise für Grundlast aus. Der Anlagenneubau dagegen wirkt sich in Abhängigkeit der zugebauten Technologie auf die gesamte bzw. nur einen Teil der Merit-Order-Kurve aus.

Eine graphische Analyse von Strompreisen und Netzeinspeisungen lässt einen Zusammenhang zwischen den beiden Größen erkennen. Die Strompreise der einzelnen Stunden des Jahres 2004 sind in Abbildung 2.4 in Abhängigkeit der Netzeinspeisungen für das Sommer- und Winterhalbjahr dargestellt. Mit steigender Netzeinspeisung nehmen die Strompreise zu. Im Sommerhalbjahr ist die Merit-Order-Kurve im Vergleich zum Winterhalbjahr nach links verschoben, d.h. bei gleich hoher Netzeinspeisung ist der Preis im Sommer höher als im Winter. Die Verschiebung der Merit-Order-Kurven kann hauptsächlich durch Revisionen[28], die meist in den Sommermonaten stattfinden, erklärt werden. Neben der Verschiebung lässt sich in Abbildung 2.4 auch die um ca. 7 GW höhere Maximalleistung im Winterhalbjahr erkennen. Zudem treten bei hohen Netzeinspeisungen häufiger Strompreisausreißer auf, die einerseits durch strategisches Verhalten bei knappen Kapazitäten und anderseits durch kapazitative Engpässe begründet werden können.

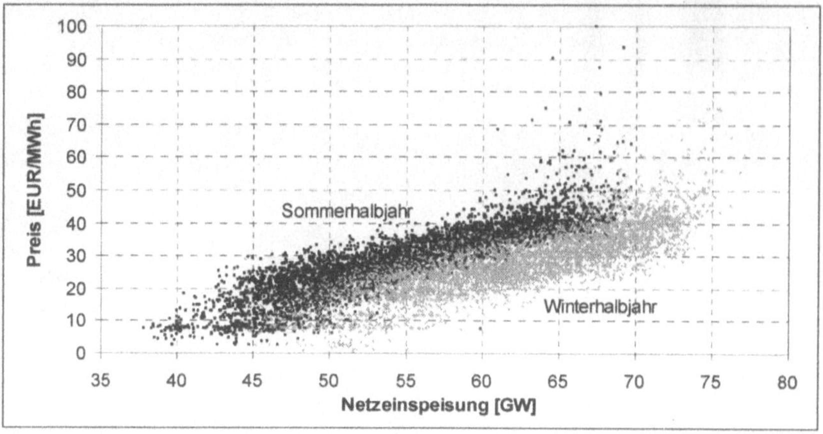

Abbildung 2.4: Strompreis und Netzeinspeisung in Deutschland im Sommer- und Winterhalbjahr 2004
(Quelle: Eigene Berechnungen basierend auf [EEX 2005], [VDN 2005], [EnBW 2005], [EON 2005], [RWE 2005] und [Vattenfall 2005])

[28] Neben Revisionen können auch niedrigere Wasserstände und höhere Temperaturen dazu führen, dass einerseits die Anlagen nicht mit voller Leistung betrieben werden können oder anderseits sich die Wirkungsgrade der Anlagen verschlechtern.

3 Wasserkraft im liberalisierten Elektrizitätsmarkt

3.1 Wasserkraftnutzung in Europa

Der Beitrag der Wasserkraft zur Stromerzeugung variiert in den verschiedenen Ländern in Europa beträchtlich zwischen 0% bspw. in den Niederlanden und 99% in Norwegen (vgl. Tabelle 3.1). Diese Unterschiede sind hauptsächlich auf geographische Rahmenbedingungen zurückzuführen. Die größten Wasserressourcen Europas und folglich auch das größte Wasserkraftpotenzial befinden sich in den Alpenländern und in Skandinavien. Der Großteil des wirtschaftlichen Potenzials im Alpenraum wird bisher schon genutzt, sodass mit keinem bzw. nur einem geringen Zuwachs der Stromerzeugung aus Wasserkraft in den Alpen zu rechnen ist. Die Ausbaumöglichkeiten der Wasserkraft in den Alpen werden mit ca. 6-11% bezogen auf die heutige Produktion aus Wasserkraftwerken geschätzt [Wyer 2002, S. 5]. Die weltweite Stromproduktion aus Wasserkraft hat seit 1980 im Durchschnitt um ca. 2,3%/a zugenommen, während der gesamte Strombedarf um ca. 3,1%/a gestiegen ist (vgl. [Lehner et al. 2005], [EC 2000a]). Für den Zeitraum von 1990 bis 2020 wird der weltweite jährliche Zuwachs der Stromerzeugung aus Wasserkraft auf 2,4% (vgl. [Voigtländer et al. 1999]) bis 3,6% (vgl. [EURELECTRIC 1997) geschätzt. Die höchsten Zuwachsraten werden vor allem für Entwicklungs- und Schwellenländer prognostiziert, während für Europa nur von einem Wachstum unter 1%/a ausgegangen wird [Voigtländer et al. 1999].

Tabelle 3.1: Wasserkraftnutzung zur Stromerzeugung in Europa (Quellen: [EUROSTAT 2002], [UCTE 2004b], [NORDEL 2001])

Land	Verbundnetz	Jährliche Erzeugung aus Wasserkraft		Land	Verbundnetz	Jährliche Erzeugung aus Wasserkraft	
		[TWh]	[%]			[TWh]	[%]
Belgien	UCTE	1,7	2,1	Slowenien	UCTE	3,5	28,0
Deutschland	UCTE	23,6	4,8	Spanien	UCTE	31,4	16,1
Frankreich	UCTE	66,9	13,3	Polen	CENTREL	4	2,8
Griechenland	UCTE	4,1	9,0	Slowakei	CENTREL	5	17,5
Italien	UCTE	50,3	19,2	Tschechien	CENTREL	2,3	3,4
Jugoslawien	UCTE	13,2	32,0	Ungarn	CENTREL	0,2	0,4
Kroatien	UCTE	5,8	59,0	Dänemark	NORDEL	0,0	0,0
Luxemburg	UCTE	0,9	77,1	Finnland	NORDEL	12,6	18,9
Niederlande	UCTE	0,0	0,0	Island	NORDEL	6,0	84,1
Österreich	UCTE	42,2	78,0	Norwegen	NORDEL	122,1	99,4
Portugal	UCTE	11,6	30,9	Sweden	NORDEL	70,4	46,8
Schweiz	UCTE	37,8	57,9	**EU15**		**331,6**	**14,0**

3.2 Typologisierung der Wasserkraftwerke

In Wasserkraftanlagen wird die potenzielle und kinetische Energie des Wassers über mechanische in elektrische Energie umgewandelt, wobei in der Regel die potenzielle Energie den Hauptteil bei der Stromerzeugung bildet. Die Wasserkraftwerke können hierfür nach verschiedenen Kriterien, bspw. Ausbau, Betrieb, Fallhöhe, Leistung etc., unterschieden werden (vgl. Tabelle 3.2). Auf eine detaillierte Beschreibung der Ausprägungen nach den verschiedenen Kriterien wird an dieser Stelle verzichtet und auf [Giesecke et al. 2003] und [Egre et al. 2002] verwiesen. Lediglich die Unterscheidung nach dem Betrieb und der Wasserbewirtschaftung der Wasserkraftanlage, nach denen prinzipiell drei bzw. vier Wasserkrafttypen unterschieden werden können, soll kurz vorgestellt werden (vgl. [Giesecke et al. 2003]).

Laufwasserkraftwerke (LKW) haben keinen eigenen Speicher und verarbeiten die Zuflüsse laufend. Laufwasserkraftwerke haben deshalb i.d.R. nur geringe Möglichkeiten zur Änderung der Produktionsmenge. Überschreitet die ankommende Wassermenge den Ausbaudurchfluss, muss diese ungenutzt abgeführt werden. Eine Speicherung durch die Wehranlage, die für den Wasseraufstau erforderlich ist, ist gar nicht bzw. kaum erzielbar. Schwankungen der Erzeugungsleistung über einen Tag sind sehr gering, zwischen einzelnen Jahreszeiten können sie jedoch erheblich variieren. Laufwasserkraftwerke werden meist zur Deckung der Grundlast eingesetzt. Charakteristisch für Laufwasserkraftwerke ist ein großer Ausbaudurchfluss bei relativ geringen Fallhöhen (vgl. [Giesecke et al. 2003]).

Speicherkraftwerke (SKW): Das zufließende Wasser wird gespeichert so lange freies Speichervolumen verfügbar ist und bei Bedarf zur Bereitstellung elektrischer Energie genutzt. Unterschieden werden kann prinzipiell nach dem Speichervolumen bezogen auf die Leistung. Je nach Entleerungsdauer eines Speichers bei Abarbeitung mit der vollen Kraftwerksleistung wird zwischen Tagesspeichern (bis zu 6 Stunden), Wochenspeichern (zwischen 6 und 25 Stunden), Saisonspeichern (bis zu 500 Stunden), Jahresspeichern (über 500 Stunden) oder Überjahresspeichern (mehrjährige Wasserdargebotsaufnahme bzw. -abgabe) unterschieden (vgl. [Giesecke et al. 1993]). Neben rein natürlichen Zuflüssen kann das Wasser den Speicherseen auch durch so genannte Zubringerpumpen bspw. aus Seitentälern zugeführt werden.

Reine Umwälzwerke nutzen nur Wasser zur Bereitstellung von elektrischer Energie, das vorher von einem tiefer gelegenen in ein höher gelegenes Speicherbecken gepumpt wurde. Pumpen und Turbinen sind in der Regel an dasselbe Unter- bzw. Oberbecken angeschlossen. Die zum Pumpen benötigte elektrische Energie wird in der Regel in Schwachlastleisten bezogen und in Form von hydraulischer Lageenergie (potenzieller Energie) gespeichert. In Spitzenlastzeiten wird die hydraulische Lageenergie wieder in elektrische Energie umgewandelt. Die Umwandlung von elektrischer Energie aus Schwachlastzeiten zu elektrischer Energie in Spitzenlastzeiten wird häufig auch als Energieveredlung bezeichnet. Dabei ist allerdings zu berücksichtigen, dass mit der Umwandlung von elektrischer Energie aus Schwachlastzeiten zu elektrischer Energie in Spitzenlastzeiten in Umwälzwerken Verluste von ca. 20% bis 35% verbunden sind.

Pumpspeicherkraftwerke (PSKW) sind eine Kombination aus reinem Umwälzwerk und Speicherkraftwerk. Es wird deshalb auch häufig von Pumpspeicherkraftwerken mit natürlichem Zufluss gesprochen. Speicher- und Pumpspeicherwerke zeichnen sich generell durch im Vergleich zu thermischen Kraftwerken sehr geringe Anfahrzeiten im Minutenbereich und sehr hohe Laständerungsgeschwindigkeiten aus, wodurch eine hohe Einsatzflexibilität gegeben ist (vgl. [Giesecke et al. 1993]).

Im Folgenden werden diese Kategorien übernommen, wobei die reinen Umwälzkraftwerke zu der Kategorie der Pumpspeicherkraftwerke hinzugerechnet werden.

Tabelle 3.2: Typologisierung der Wasserkraft (Quelle: in Anlehnung an [Giesecke et al. 1994, S. 21])

Kriterium	Ausprägung		
Ausbau	Flusskraftwerk	Talsperrenkraftwerk	Umleitungskraftwerk
Betrieb	Laufkraftwerke	Speicherkraftwerke	Pumpspeicherkraftwerke
Fallhöhe	Niederdruckanlagen (1-20 m)	Mitteldruckanlagen (20-100 m)	Hochdruckanlagen (>100 m)
Leistung	Kleinkraftwerke (<1 MW)	Mittelkraftwerke (1-100 MW)	Großkraftwerke (>100 MW)
Turbinenart	Überdruck		Gleichdruck
Turbinentyp	Kaplan	Francis	Pelton

3.3 Wasserkraftkaskaden

Zusammenhängende Wasserkraftwerkssysteme bilden sich vor allem in Gebieten größerer Flusssysteme. Das Unterbecken des einen Wasserkraftwerks wird zum Oberbecken des nächsten. Die dann zusammenhängenden Kraftwerkssysteme werden als Kraftwerkskaskaden bezeichnet. In den Alpen finden sich einige solcher zusammenhängender Kraftwerkssysteme. In Abbildung 3.1 ist zur Veranschaulichung das Kraftwerkssystem der Kraftwerke Oberhasli dargestellt. Abhängig von den räumlichen Gegebenheiten und der historischen Entwicklung (Kraftwerksbau) des Kraftwerkssystems können mehrere Abflüsse verschiedener Wasserkraftzentralen zum Zufluss eines tiefer gelegenes Kraftwerkes werden. Umgekehrt ist es auch möglich, dass der Abfluss eines Kraftwerkes bspw. in einem Speichersee mündet, aus dem zwei Wasserkraftzentralen das Wasser beziehen.

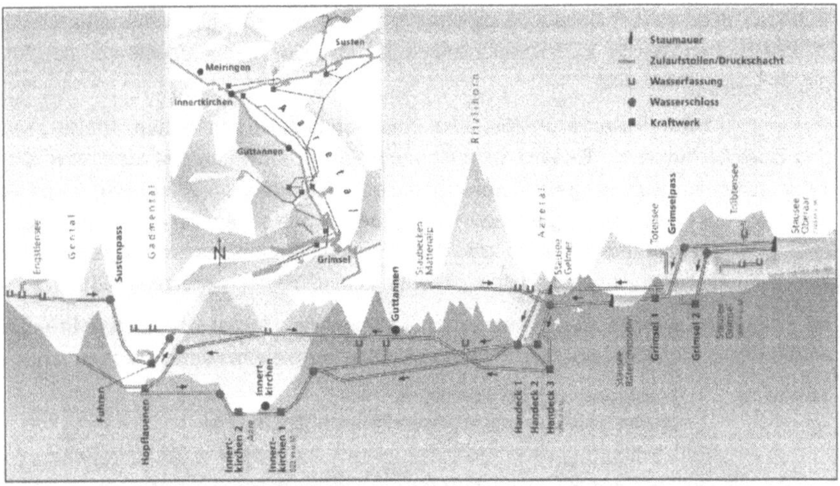

Abbildung 3.1: Veranschaulichung einer Kraftwerkskaskade am Beispiel der Kraftwerke Oberhasli (KWO) (Quelle: http://www.grimselstrom.ch/)

In Kraftwerkskaskaden ist der Zufluss im flussabwärts gelegenen Kraftwerk vom Abfluss der nächsten, flussaufwärts gelegenen Kraftwerke abhängig, wobei die Fließzeit des Wassers zwischen den Kraftwerken zu berücksichtigen ist. Dies kann insbesondere im Fall von relativ kleinen Speichern an den flussabwärts gelegenen Kraftwerken Restriktionen für den Kraftwerksbetrieb bedeuten. Kraftwerkskaskaden sind somit eine besondere Herausforderung für die Modellierung, da bspw. ein Speichersee an mehrere Kraftwerke angeschlossen sein kann bzw. ein Kraftwerk von mehreren Seen Wasser pumpen oder turbinieren kann. Insbesondere beim Kraftwerksbetrieb, wenn bspw. im Frühjahr die Schneeschmelze beginnt und innerhalb kurzer Zeit viel Wasser anfällt, muss sichergestellt werden, dass diese Mengen durch vorheriges Leer-Pumpen oder Leer-Turbinieren der entsprechenden Seen aufgefangen werden können, um die natürlichen Zuflüsse bestmöglich zu nutzen.

3.4 Stromgestehungskosten

Im Folgenden werden die Gestehungskosten der Wasserkraftwerke basierend auf [Filippini et al. 2001] dargestellt. In [Filippini et al. 2001, S. 34ff] sind die Gestehungskosten von verschiedenen Wasserkraftwerktypen aus einer Stichprobe von 46 Kraftwerken in der Schweiz analysiert.

Bei der Wasserkraft sind außer den Energiekosten für Pumpstrom alle Kosten als fix anzusehen, da sie vom Kraftwerksbetreiber durch den kurz- und mittelfristigen Kraftwerkseinsatz nicht oder nur in geringem Umfang beeinflusst werden können. Die Energiekosten (variable Kosten der Stromproduktion) betragen im Durchschnitt der

Unternehmen in der Stichprobe lediglich ca. 1% der Gesamtkosten. Den größten Anteil an den Gesamtkosten haben die Kapitalkosten (Abschreibungen, Fremdkapitalzinsen und Dividenden) mit durchschnittlich ca. 46% der Gesamtkosten. Wasserzinse und direkte Steuern, sowie die fixen Kosten (Personal- und Betriebskosten) verteilen sich ungefähr zu gleichen Teilen mit einem Anteil von 26% bzw. ca. 24 % an den Gesamtkosten (vgl. [Filippini et al. 2001]). Speicherkraftwerke und Pumpspeicherkraftwerke haben im Durchschnitt mit ca. 52% bzw. ca. 59% einen höheren Anteil an den Kapitalkosten als der Durchschnitt aller Wasserkraftwerke. Der Anteil der variablen Kosten (Energiekosten) bei Pumpspeicherkraftwerken beträgt ca. 3%. Alle anderen Wasserkraftwerke haben aufgrund der fehlenden Pumpmöglichkeit vernachlässigbare Energiekosten. Die prozentuale Aufteilung der Gestehungskosten der verschiedenen Kraftwerkstypen basierend auf der Stichprobe in [Filippini et al. 2001] sind in Tabelle 3.3 dargestellt.

Tabelle 3.3: Prozentuale Aufteilung der Gestehungskosten der verschiedenen Kraftwerkstypen in der Schweiz (Quelle: basierend auf [Filippini et al. 2001, S. 37])

	Kapitalkosten *(Abschreibungen, Fremdkapitalzinsen, Dividenden)*	Fixe Kosten *(Personal- und Betriebskosten)*	Wasserzinse, direkte Steuern	Variable Kosten *(Energiekosten)*
	in [%]			
Insgesamt (N=46)	**49**	**24**	**26**	**1**
Speicherkraftwerk mit Pumpen (N=12)	59	17	21	3
Speicherkraftwerk (N=11)	52	21	27	0
Hochdruck-, Niederdruck-Laufkraftwerke und kleine Wasserkraft (N=23)	39	31	29	0

Die durchschnittlichen Gestehungskosten der Stichprobe der Wasserkraftwerke in der Schweiz betragen ca. 5,8 Rappen/kWh, dies entspricht ca. 39 €/MWh[29]. Kleinere Wasserkraftwerke mit einer Leistung zwischen 1 und 10 MW haben mit ca. 3,7 Rp./kWh (ca. 25 €/MWh) die tiefsten Gestehungskosten, insbesondere weil Abschreibungen und Steuern geringer sind. Die Gestehungskosten von Laufkraftwerken sind mit ca. 4,6 Rp./kWh (ca. 31 €/MWh) ebenfalls relativ niedrig. Erwartungsgemäß haben Speicher- und Pumpspeicherkraftwerke höhere Gestehungskosten, welche ca. 6,5 Rp./kWh (ca. 43 €/MWh) bzw. ca. 7,8 Rp./kWh (ca. 52 €/MWh) betragen. In Abbildung 3.3 sind die durchschnittlichen Gestehungskosten der verschiedenen Wasserkrafttypen dargestellt.

[29] Bei einem Umrechnungskurs von 1,5 CHF/EUR. In der gesamten Arbeit wird dieser Umrechnungskurs verwendet.

Generell variieren auch innerhalb einer Kategorie die Gestehungskosten erheblich (vgl. [Filippini et al. 2001]). Die Unterschiede in den Gestehungskosten werden insbesondere durch die heterogenen Standort-Bedingungen verursacht. Dies betrifft einerseits die Produktionsbedingungen, die je nach Standort verschieden sein können und sich somit über die Produktionsmenge auf die Gestehungskosten auswirken. Andererseits sind auch die spezifischen Investitionen von Standort zu Standort verschieden, da die örtlichen Verhältnisse individuelle Lösungen bei der Errichtung der Anlagen bedingen. Beispielhaft seien hier einige Einflussfaktoren genannt: Topografie, Geologie, Hydrologie, Geschiebeführung, Infrastruktur etc.

Die Kapitalkosten machen den größten Anteil an den Stromgestehungskosten aus. Der größte Teil der Investition bei einer neuen Wasserkraftanlage wird für die Errichtung der baulichen Anlagen (Krafthaus, Stauanlage, Zuleitung etc.) mit ca. 35% bis 60% an der gesamten Investition benötigt. Grunderwerb, Bauzinsen und indirekte Bauausgaben (Ausgaben für Planung, Gutachten, Baugrubenuntersuchungen etc.) liegen in der Regel zwischen 25% und 40% der gesamten Investition. Die Ausgaben für die elektromechanischen Einrichtungen (Generator, Transformator, Schaltanlage etc.) betragen in der Regel zwischen 10% und 15% (vgl. [Giesecke et al. 1994, S. 38f]).

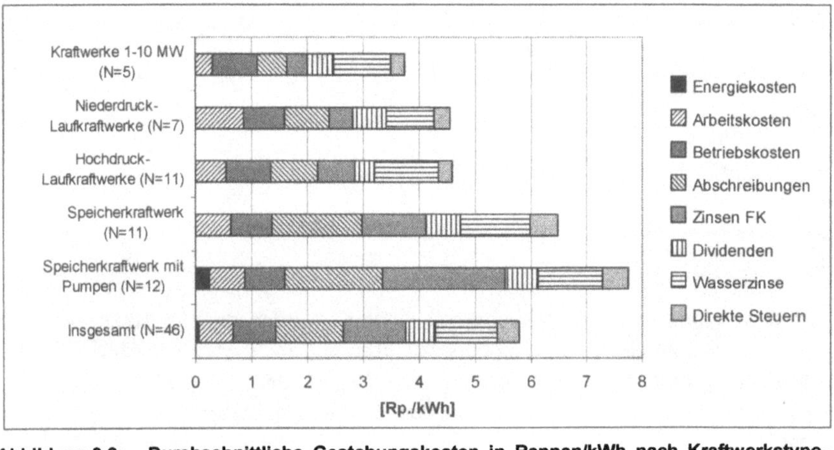

Abbildung 3.2: Durchschnittliche Gestehungskosten in Rappen/kWh nach Kraftwerkstypologien (Quelle: [Filippini et al. 2001, S. 37])

Die Stromgestehungskosten können für einen einfachen Vergleich mit anderen Kraftwerkstypen herangezogen werden. Dabei ist zu berücksichtigen, dass unterschiedliche Kostenkomponenten – variable Kosten, fixe Kosten, investitionsabhängige Kosten – zur Kalkulation der Stromgestehungskosten herangezogen, in einer Größe verrechnet und verglichen werden. In Abbildung 3.3 sind die Stromgestehungskosten für Kraftwerksneubauten von verschiedenen Kraftwerkstypen im Vergleich basierend auf [VGB 2004] dargestellt. Die in [VGB 2004] angegebenen Gestehungskosten für Wasserkraft liegen in der gleichen Größenordnung wie in der Stichprobe in [Filippini et al. 2001] und weisen eine ähnlich hohe Schwankungsbreite auf. Wasserkraftwerke mit guten Standortbedingungen (bzw. niedrigen Gestehungskosten) weisen Gestehungskosten in einer gleichen Größenordnung wie Kernenergie, Braunkohle- und Steinkohlekraftwerke auf (vgl. Abbildung 3.3). Die durchschnittlichen Gestehungskosten von Speicher- und Pumpspeicherkraftwerken in [Filippini et al. 2001] liegen in einer Größenordung der Gestehungskosten von Gaskraftwerken. Allerdings muss dabei berücksichtigt werden, dass die unterschiedlichen Wasserkrafttechnologien aufgrund ihrer technischen Gegebenheiten mit unterschiedlichen konventionellen Erzeugungsoptionen im Wettbewerb stehen, d.h. Laufwasserkraftwerke in der Regel mit Grundlasttechnologien und Speicher- und Pumpspeicherkraftwerke mit Spitzenlasttechnologien. Aus der Abbildung 3.3 ist auch ersichtlich, dass die Stromerzeugung aus erneuerbaren Energien (mit Ausnahme der bestehenden Wasserkraftanlagen), wie Windenergie, Biomasse, Geothermie und Photovoltaik, deutlich höhere Gestehungskosten aufweist als konventionelle Erzeugungsoptionen und somit in der Regel nur mit Hilfe staatlicher Förderprogramme wettbewerbsfähig ist. Um dem neuen Produktionsfaktor CO_2-Emission Rechnung zu tragen, ist in der Abbildung 3.3 zusätzlich ein Preisaufschlag für den CO_2-Emissionausstoß in Höhe von 15 € / t CO_2 berücksichtigt[30]. Die Bepreisung von CO_2-Emissionen erhöht insbesondere die Stromgestehungskosten von Braunkohle- und Steinkohlekraftwerken aufgrund der hohen spezifischen Emissionsfaktoren, aber auch die von Gaskraftwerken die Stromgestehungskosten.

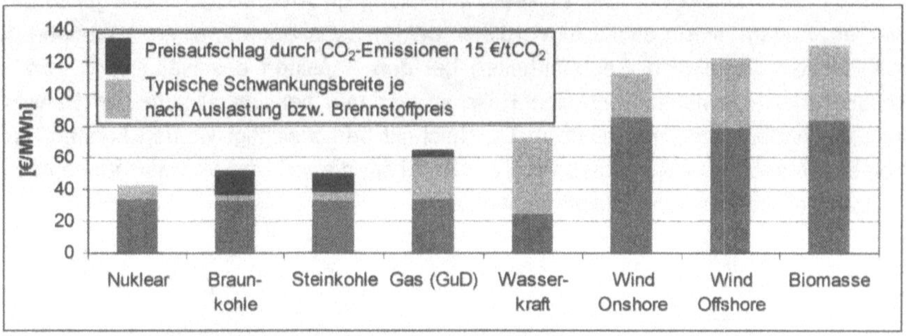

Abbildung 3.3: Stromgestehungskosten für Kraftwerksneubauten (Quelle: Ergänzte Darstellung basierend auf [VGB 2004, S. 14])

30 Mit der durch [UNFCCC 1997] und [EC 2003a] eingeführten Begrenzung der zulässigen CO_2-Emissionen wird das ehemals freie Gut Emissionsrecht politisch induziert verknappt. Mit der Verknappung geht als notwendige Konsequenz auch eine Preisbildung einher, die eine Bewirtschaftung dieser Ressource als Produktionsfaktor erfordert (vgl. [Fichtner 2004]). Die anderen Treibhausgase sollen aufgrund ihrer begrenzten Relevanz für den Energiesektor an dieser Stelle nicht betrachtet werden.

3.5 Externe Kosten

Die Nutzung der Wasserkraft (und anderer Erzeugungstechnologien) wirkt sich auf die Umwelt und das sozio-ökonomische System aus. Diese Auswirkungen haben einen Wert, sei dies im positiven Sinn als Nutzen oder im negativen Sinn als Schaden. In beiden Fällen wird die Auswirkung als externer Effekt bezeichnet. In diesem Abschnitt wird nur auf die externen Kosten eingegangen[31]. Im nächsten Abschnitt werden die Mehrzweckaufgaben der Wasserkraft vorgestellt, die einen Teil der externen Nutzen darstellen. Externe Kosten sind Beeinträchtigungen oder Schäden, welche durch eine Aktivität hervorgerufen und Dritten (meist der Allgemeinheit) zugefügt werden, ohne dass diese vom Verursacher dafür entschädigt werden[32]. Das bekannteste Beispiel eines externen Effektes im Energiebereich, welches internalisiert[33] werden soll, sind die Auswirkungen der CO_2-Emissionen. Deren Internalisierung soll in Form einer Verknappung des bisher freien Gutes CO_2-Emission, mit der eine Preisbildung einhergeht, stattfinden. Externe Effekte können die Funktionsfähigkeit von Märkten beinträchtigen und zentrale Annahmen des Modells der vollständigen Konkurrenz verletzen (vgl. [Fritsch et al. 2001]). Allerdings stellt die monetäre Bewertung der externen Effekte eine schwierige Aufgabe dar.

Bei der Wasserkraftnutzung können externe Effekte in der Bauphase (Lärmbelästigung/Luftschadstoffe durch Maschinentätigkeit, Landschaftsveränderung, etc.), im Normalbetrieb (Lebensräume, Landschaftsveränderungen, Gewässerdurchgängigkeit, etc.) und bei Störfällen (Dammbruch, Flutwelle) unterschieden werden.

Dem Thema Externalitäten der Wasserkraftnutzung wurde bisher wenig Beachtung geschenkt (vgl. auch [Hauenstein et al. 1999]). Dies kann vermutlich daran liegen, dass die externen Kosten der Wasserkraftnutzung generell als gering eingeschätzt werden. Zudem ist ein effektiver Vergleich bei der Wasserkraft nur am Einzelobjekt möglich, da die lokalen Gegebenheiten bei den Aspekten des Natur- und Landschaftsschutzes eine maßgebende Rolle spielen und bei den allgemeinen Bewertungsmethoden somit meist nur im Durchschnitt berücksichtigt werden können. Im Folgenden werden einige Ergebnisse der Arbeiten, die sich mit externen Kosten der Wasserkraft beschäftigen, zusammengefasst.

[31] Einen Hauptteil der externen Nutzen stellen die Mehrzweckaufgaben der Wasserkraft dar, auf die im nächsten Abschnitt eingegangen wird.

[32] Zur Definition des Begriffs externe Kosten siehe bspw. [EC 1995], [Friedrich et al. 1997], [Fleury 2005] oder [Hauenstein et al. 1999].

[33] Unter Internalisierung externer Kosten werden im Allgemeinen Maßnahmen verstanden, die geeignet sind, externe Effekte auf ein Maß zu reduzieren, das nach Abwägung von Nutzen und Kosten gesamtwirtschaftlich anzustreben ist. Durch die Internalisierung soll erreicht werden, dass die externen Kosten im privaten Entscheidungskalkül der Wirtschaftakteure berücksichtigt und so Fehlallokationen vermieden werden. Aus Effizienzgründen sollten die externen Kosten möglichst verursachergerecht zugerechnet werden (vgl. [Friedrich et al. 1997]).

In [Masuhr et al. 1993] werden die externen Effekte aufgrund pauschaler Schätzungen ermittelt, allerdings unter Vernachlässigung des externen Nutzens. Die externen Kosten der Speicherkraftwerke werden mit ca. 0,26 bis 0,8 Cent/kWh und die der Laufwasserkraftwerke mit ca. 0,1 bis 0,34 Cent/kWh für die Normalbetriebsphase angegeben (vgl. [Masuhr et al. 1993]). Für Störfälle werden zusätzlich mit ca. 0,05 Cent/kWh bei Laufwasserkraftwerken und mit ca. 0,087 Cent/kWh bei Speicherkraftwerken gerechnet.

In [ECONCEPT 1996] werden die externen Kosten im gesamten Energie- und Verkehrsbereich ermittelt. Durch den breiten Betrachtungsbereich fallen die Aussagen bezüglich der Wasserkraft relativ knapp aus. Die externen Kosten der Wasserkraft werden dort mit ca. 0,1 bis 0,3 Cent/kWh für Laufwasserkraftwerke und 0,4 bis 1 Cent/kWh für Speicherkraftwerke angegeben. Zusätzlich werden Risiken durch Grossunfälle der Wasserkraft mit ca. 0,09 Cent/kWh als externe Kosten veranschlagt.

In [Hauenstein et al. 1999] werden anhand von einzelnen Fallbeispielen von Wasserkraftwerken in der Schweiz die externen Effekte der Wasserkraftnutzung in der Schweiz hochgerechnet. Die Arbeit stellt eine umfassende Beurteilung der externen Effekte der Wasserkraftnutzung in der Schweiz dar. Für Laufwasserkraftwerke werden die externen Kosten in der Betriebsphase mit ca. 0,25 bis 0,27 Cent/kWh und in der Bauphase mit ca. 0,01 bis 0,05 Cent/kWh angegeben. Die externen Kosten sind in der Betriebsphase bei Speicherkraftwerken mit ca. 0,02 bis 0,03 Cent/kWh und in der Bauphase mit ca. 0,08 bis 0,1 Cent/kWh ausgewiesen.

In Tabelle 3.4 sind die externen Kosten der Wasserkraftnutzung der beschriebenen Arbeiten zusammengefasst. Diese liegen alle in einer ähnlichen Größenordnung. Generell kann festgehalten werden, dass die externen Kosten der Wasserkraftnutzung deutlich geringer (ungefähr um den Faktor 10) sind als die bei der Produktion von Strom aus fossilen Energieträgern.

Tabelle 3.4: Externen Kosten der Wasserkraftnutzung

	Laufwasserkraftwerke			Speicherkraftwerke		
	[Masuhr et al. 1993]	[ECONCEPT 1996]	[Hauenstein et al. 1999]	[Masuhr et al. 1993]	[ECONCEPT 1996]	[Hauenstein et al. 1999]
	in [Cent/kWh]					
Bauphase			0,01-0,05			0,08-0,1
Betriebsphase	0,1-0,34	0,1-0,3	0,25-0,27	0,26-0,8	0,4-1	0,02-0,03
Störfälle	0,05			0,087	0,06	

Für eine Übersicht über die ökologische Qualität der Wasserkraft im Vergleich zu anderen Stromerzeugungsoptionen mit Hilfe von anderen Bewertungsmethoden, wie bspw. Ökoinventare, Umweltbewertungspunkte, etc., wird auf [ECONCEPT 1999] verwiesen.

3.6 Mehrzweckaufgaben

Viele Wasserkraftanlagen erfüllen unterschiedliche infrastrukturelle Aufgabenstellungen und dienen damit in seltenen Fällen allein der Nutzung der Wasserkraft und damit der Erzeugung von elektrischer Energie. Sind mit der Wasserkraftnutzung andere von den natürlichen Gegebenheiten abhängende Aufgaben zu erfüllen, so werden diese als Mehrzweckaufgaben bezeichnet. Je nach ursprünglicher Anforderung können die Wasserkraftnutzung das primäre Ziel und die zusätzlich zu übernehmenden Aufgaben einen Nebennutzen darstellen. Gleichermaßen kann auch das zur Verfügung stehende Potenzial des Wassers als Nebennutzen einer anderen notwendigen Maßnahme verwendet werden. Wenn die Mehrzweckaufgaben nicht entschädigt werden, stellen diese einen externen Nutzen der Wasserkraft dar.

Zu den Mehrzweckaufgaben der Wasserkraftnutzung zählen (vgl. [Heimerl 2001] und [Marx 2003]):

- der **Hochwasserschutz** durch die Schaffung von künstlichem Speicherraum und damit die zeitlich verzögerte Abgabe von starken Wasserzuflüssen nach starken bzw. lang andauernden Niederschlagsereignissen;
- die Bereitstellung von **Trink- und Brauchwasser** durch Talsperren;
- die Sicherstellung der **Schifffahrt** durch die Regulierung von Fließgewässern mit Hilfe von kaskadenförmig angeordneten einzelnen Staustufen;
- die **Regulierung der Grundwasserstände** durch die Dämpfung der Wasserspiegelschwankungen mit Hilfe von Staubauwerken und durch Reduzierung der Sohleintiefung mit Hilfe von Stützschwellenbauwerke;
- die Abgabe von **Mindestwasser** an den Unterlauf des Gewässers durch den Wasserrückhalt während höherer Zuflüsse, bspw. zum Erhalt der biologischen Funktionsfähigkeit und Durchgängigkeit eines Fließgewässers;
- die Förderung der **biologischen Vielfalt**, indem Fließgewässer künstlich aufgestaut werden und so neue Wasserflächen und Uferzonen entstehen, die die Ausbildung einer neuen Artenvielfalt gestatten;
- die Schaffung von **Freizeit- und Erholungsraum**.

Die Erfüllung dieser Mehrzweckaufgaben und der Wasserkraftnutzung wirft bei jedem Wasserkraftprojekt immer ökonomische, ökologische und soziale Fragestellungen auf, die im konkreten Einzelfall in einer umfassenden Beurteilung berücksichtigt werden sollten (vgl. [Heimerl 2001]).

3.7 Nutzungsaspekte von Wasserkraftanlagen

3.7.1 Regelfähigkeit und Betriebsarten

Im Vergleich zu thermischen Kraftwerken sind Wasserkraftwerke sehr gut regelbar. Häufige Lastwechsel verursachen keine nennenswerten Schäden an den Turbinen (vgl. [Giesecke et al. 2003]). Insbesondere für die Sekundärregelung sind Speicherkraftwerke sehr gut geeignet, da sie kurze Anfahrzeiten aufweisen. Die Primärregelleistung kann von thermischen Kraftwerken und Wasserkraftwerken mit den entsprechend notwendigen technischen Charakteristiken bereitgestellt werden. In thermischen Kraftwerksblöcken wird die Primärregelleistung durch Öffnen der Drosselventile vor der Turbine aus der im Kessel gespeicherten Dampfenergie bereitgestellt[34] (vgl. [Oeding et al. 2004]). Bei Wasserkraftwerken kann das schnelle Öffnen der Ventile auch zu einem kurzen Einbruch der Leistung führen. Aufgrund der Massenträgheit bleibt kurzfristig der Volumenstrom in der Druckrohrleitung und somit auch die zur Verfügung stehende Energie zum Antrieb der Turbine konstant, sodass das Kraftwerk nur mit einer entsprechenden Verzögerung zu einer Primärregelung beitragen kann. Bei Überdruckturbinen führen Laständerungen zu Geschwindigkeitsänderungen in Druckrohrleitungen. Die Druckänderungen bewirken und somit zu Druckstößen in der Rohrleitung führen. Eine Beschreibung von Druckstößen findet sich bspw. in [Schröder 1999, S. 216]. Bei Gleichdruckturbinen (Pelton) greifen Strahlablenker ein, wenn bei plötzlicher Lastverminderung die Maschine schnell nachgeregelt werden soll und der Druckstoß in der Zuleitung ein bestimmtes Maß nicht überschreiten darf.

Neben der Bereitstellung von kurzfristig abgerufener Energie können Wasserkraftwerke meist auch gut zur Bereitstellung von Blindleistung[35] verwendet werden. Der Betreiber des Übertragungsnetzes ist dafür verantwortlich, dass die Betriebsspannung in den einzelnen Netzknoten in definierten Bereichen gehalten wird. Blindleistung wird von allen Elementen des Netzes je nach Betriebszustand bereitgestellt oder aufgenommen, was die Netzspannung anhebt bzw. absenkt. Da sich Blindleistung nur über wenige Kilometer (ca. 200 km) übertragen lässt, ist die Spannungshaltung eine Aufgabe, die regional innerhalb der betreffenden Netzbereiche ausgeglichen werden muss[36]. Synchronmaschinen von Pumpspeicherwerken können in bestimmten Grenzen entsprechend ihrem Wirkleistungsfaktor Blindleistung erzeugen (vgl. [Giesecke et al. 2003]). Solange die Generatoren im Phasenschieberbetrieb laufen, darf die Turbine nicht mit Wasser beaufschlagt sein, da sonst erhöhte Ver-

---

[34] Gilt nur im Festdruckbetrieb. Beim Gleitdruckbetrieb sind die Turbinenventile voll geöffnet und eine Momentanreserve kann somit nicht bereitgestellt werden (vgl. [Oeding et al. 2004, S. 183]).

[35] Als Blindleistung wird der Leistungsanteil eines Wechselstromkreises bezeichnet, der keine nutzbare Arbeit verrichten kann.

[36] Aus diesem Grunde ist nicht davon auszugehen, dass sich in einem liberalisierten Markt ein Markt für die Bereitstellung von Blindleistung etablieren wird.

luste durch Reibung vorhanden sind. Die in allen Betriebsarten verfügbare Blindleistung von Pumpspeicherwerken erspart bzw. verringert die anderweitige Bereitstellung von Blindleistung durch zusätzliche Kompensationseinrichtungen. (vgl. [Giesecke et al. 1993]). Der Übergang zwischen den verschiedenen Betriebsarten von Wasserkraftwerken, wozu neben Pump- und Generatorbetrieb auch der Phasenschieberbetrieb gehören kann, geht schnell vor sich. Je nach Auslegung der Anlage benötigt der Betriebsartenwechsel höchstens eine Minute[37] (vgl. [Oeding et al. 2004]). Wasserkraftwerke haben im Vergleich zu thermischen Kraftwerken sehr geringe Anfahrzeiten und sehr hohe Laständerungsgeschwindigkeiten von 1,5 bis 2,5% der Leistung pro Sekunde und weisen dadurch eine hohe Einsatzflexibilität auf (vgl. [Raabe 1986]). Damit sind sie auch besonders gut zur Bereitstellung von Spitzenlast und für die Bereitstellung von Sekundär- und Tertiärregelung geeignet.

Die Stromerzeugung aus Wasserkraftwerken ist abhängig von dem Wasserdargebot und damit abhängig von natürlichen Faktoren wie Niederschlag und Temperatur (Schneeschmelze). In der Schweiz produzieren die Laufkraftwerke im Winterhalbjahr ca. 36% und im Sommerhalbjahr ca. 64% ihrer Jahreserzeugung, die Speicherkraftwerke ca. 47% im Winter und 53% im Sommer (vgl. [BFE 2004b, S. 16]). In [Filippini et al. 2001, S. 56] wird die Verfügbarkeit der kumulierten Leistung für die verschiedenen Wasserkrafttypen separat analysiert und festgestellt, dass „... die über Speichermöglichkeiten verfügende Wasserkraft der Schweiz in ihrer Gesamtheit klar auf die Deckung der Spitzenlast ausgerichtet ist. Es wird versucht während der ganzen Spitzenlastzeit im Sommer wie im Winterhalbjahr eine möglichst hohe kumulierte maximal mögliche Leistung zu Verfügung zu haben. Im Winterhalbjahr ist diese Ausrichtung auf Spitzenlast stärker als im Sommerhalbjahr. Im Sommerhalbjahr ist jedoch ein bedeutend höherer Prozentsatz der totalen kumulierten Leistung über die ganze Spitzenlastzeit verfügbar. Dazu ist zu bemerken, dass das Band der Spitzenlastzeiten im Sommer mit 2,3 Stunden wesentlich schmaler ist als im Winter mit 6,4 Stunden. Die Pumpspeicherkraftwerke sind im Vergleich zu den Speicherkraftwerken weniger auf die Spitzenlast ausgerichtet. Sie sind im Allgemeinen auf eine niedrigere Leistung ausgebaut als die Speicherkraftwerke." (vgl. [Filippini et al. 2001, S. 57]).

Durch die Verknüpfung von Wasserkraftwerken (Laufwasserkraftkaskaden) besteht zusätzlich die Möglichkeit, um kurzfristig größere Strommengen zur Verfügung zu stellen, diese im so genannten Durchlaufspeicherbetrieb zu betreiben. Bspw. kann im Fall eines Kopf- oder Zwischenspeichers in Zeiten eines erhöhten Strombedarfes (oder Strompreises) mehr Wasser aus dem Speicher in den Flusslauf gegeben werden, sodass bei allen Kraftwerken der Kraftwerksstufe mehr Wasser zur Verfügung steht (vgl. [Giesecke et al. 1993]). Die Mehrproduktion durch den erhöhten

[37] In einem der größten in Deutschland gebauten Pumpspeicherkraftwerke, im Kraftwerk Wehr, mit vier Synchronmaschinen mit je 300 MVA, in dem zwischen Synchronmaschine und Turbine eine Überholkupplung eingesetzt wurde, benötigt der Betriebsartenwechsel höchstens eine Minute (vgl. [Oeding et al. 2004, S. 109]).

Durchfluss wird durch wasserwirtschaftliche Restriktionen (Speicherkapazität, Wasserspiegelabsenkung des Speichers, Wasserspiegelschwankung im Flussbett, Kapazität der Kraftwerke, etc.) beschränkt. Zudem erfordert die im Durchlaufspeicherbetrieb erhöhte Wassermenge höhere Turbinenausbaudurchflüsse der Laufwasserkraftwerke.

Auch ohne Speicher können bei reinen Laufwasserkraftwerken in einer Kette grundsätzlich zwei Varianten beim Betrieb unterschieden werden. Im so genannten Kippbetrieb werden alle Kraftwerke in einer Kette mit einem erhöhten Turbinendurchfluss im Vergleich zum Normalbetrieb betrieben. Es steht somit kurzfristig eine erhöhte Leistung der gesamten Kraftwerkskette zur Verfügung. Allerdings entsteht bei jedem Kraftwerk im Oberwasser ein Entnahmesunk und im Unterwasser ein Füllschwall, wodurch Fallhöhenverluste auftreten, die die Energieausbeute verringern (vgl. [Giesecke et al. 1993]). Im Gegensatz dazu wird im Schwellbetrieb die Leistung der Turbine des jeweiligen nächsten Kraftwerks erst erhöht, wenn die Schwallwelle vom obenliegenden Kraftwerk angekommen ist. Dadurch sind der Entnahmesunk und der Füllschwall geringer als im Kippbetrieb und somit auch die Fallhöhenverluste. D.h. die Energieausbeute ist dadurch höher, allerdings ist die Gesamtleistung der Kraftwerkskette (kurzfristig) niedriger (vgl. [Giesecke et al. 1993])[38].

3.7.2 Kraftwerkseinsatz im liberalisierten Markt

Betreiber von thermischen Anlagen bieten in der Theorie unter der Annahme eines vollkommenen Marktes ihre Erzeugungskapazitäten zu ihren variablen Erzeugungskosten an. Bei Wasserkraftwerken sind die variablen Erzeugungskosten in der Regel nahezu null. Allerdings ist ein Anbieten der Erzeugungskapazitäten von Wasserkraftanlagen mit den variablen Kosten aufgrund des begrenzt zur Verfügung stehenden Primärenergieträgers (im Gegensatz zu thermischen Anlagen) nicht sinnvoll. Laufwasserkraftwerke werden immer Energie entsprechend dem zur Verfügung stehenden Wasserdargebot produzieren, da das zufließende Wasser in der Regel nicht oder nur in geringem Umfang gespeichert werden kann. Betreiber von Speicherkraftwerken werden hingegen versuchen das insgesamt zur Verfügung stehende Wasser (unter Berücksichtigung von wasserwirtschaftlichen Restriktionen) zu den zukünftig höchsten Preisen abzusetzen, um ihren Gewinn zu maximieren. D.h. der Einsatz der Speicherkraftwerke wird mit Hilfe der Opportunitätskosten[39] bzw. des Schattenpreises des Wassers ermittelt. Einerseits müssen hierzu die wasserwirtschaftlichen Restriktionen (Zuflüsse, Abflüsse, Speicherstand etc.) für den

[38] Der Betrieb der einzelnen Kraftwerke und der gesamten Staustufe unterliegt dabei unterschiedlichen Nutzungsanforderungen (Schifffahrt, Hochwasserschutz, Ökologie, etc.), die berücksichtigt werden müssen. Zur Bewirtschaftung solcher Staustufenketten und zur Gewährleistung eines optimalen Betriebes werden entsprechende Simulationswerkzeuge und numerische Simulationen eingesetzt (vgl. [Celan 2002], [Theobald et al. 2002], [Theobald 2000], [Theobald 1999]).

[39] Unter Opportunitätskosten werden Kosten verstanden, die dadurch entstehen, dass Möglichkeiten (Opportunitäten) zur maximalen Nutzung von Ressourcen nicht wahrgenommen wurden.

gewählten Planungshorizont bekannt sein bzw. abgeschätzt werden. Hierzu können Erfahrungswerte aus vergangenen Jahren herangezogen und Prognosen über Zuflüsse in Abhängigkeit von Niederschlag und Temperatur erstellt werden. Andererseits müssen die zukünftigen Preise für den Planungszeitraum abgeschätzt werden. Diese können bspw. mit entsprechenden Prognoseverfahren (vgl. Abschnitt 5.2) geschätzt oder/und aus Forward-Preisen abgeleitet werden.

Werden die erwarteten Preise für den Planungszeitraum nach der Größe absteigend geordnet, ergibt sich die Preisdauerlinie. Das im Speicher enthaltene Wasser kann zur Bereitstellung von elektrischer Energie in den teuersten Stunden verwendet werden. Die Stunde h_S, bei der die im Speicher „enthaltenen Speicherstunden" bei maximaler Turbinierung aufgebraucht sind, setzt den so genannten Schattenpreis p^*. Dieser Preis bildet die Preisuntergrenze für das Anbieten der Erzeugungskapazität. Stellt sich am Spotmarkt ein geringerer Preis ein, sollte nicht turbiniert werden, da erwartet wird, dass noch genügend Stunden mit einem höheren Preis kommen werden, um die zur Verfügung stehende Wassermenge zu turbinieren und somit einen größeren Gewinn zu realisieren. In Abbildung 3.4 ist das Vorgehen zur Bestimmung des so genannten Schattenpreises graphisch veranschaulicht. Durch die Preisvorgabe wird dem im Speicher enthaltenen Wasser ein monetärer Wert zugewiesen, der auch als Wasserwert bezeichnet wird und der eine Prognose der zukünftig zu erwartenden Einnahmen widerspiegelt. In einem vollkommenen Markt liegen die Wasserwerte im Bereich der Grenzkosten der thermischen Kraftwerke, die durch die Wasserenergie verdrängt werden. In einem liberalisierten Markt spiegeln die Wasserwerte die Einschätzung der Marktpreisentwicklung wider. In einer Monopolsituation liegen die Wasserwerte im Bereich der vermiedenen Kosten der thermischen Kraftwerke, die durch die Wassermenge verdrängt werden, da das Ziel die Minimierung der Gesamtausgaben des Kraftwerkparks ist.

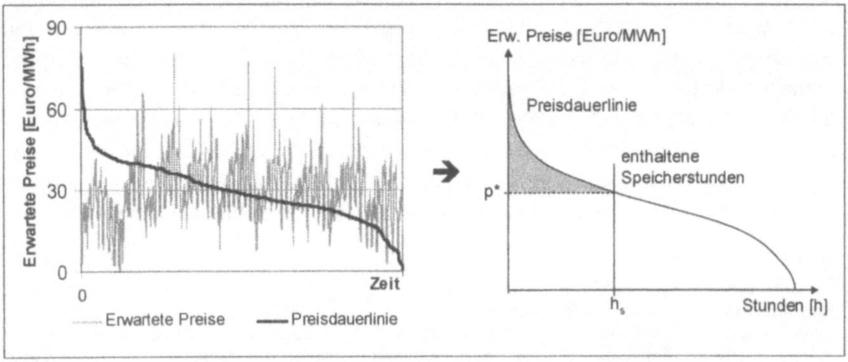

Abbildung 3.4: Kraftwerkseinsatz auf Basis der Schattenpreise bei Speicherkraftwerk

Die beschriebene Berechnung stellt nur ein vereinfachtes Vorgehen dar, den Schattenpreis bzw. den Kraftwerkseinsatz zu bestimmen, und dient an dieser Stelle der Veranschaulichung des Wasserkraftwerkseinsatzes auf Basis der Wasserwertes. Bei dem Verfahren werden verschiedene Restriktionen u.a. für den Kraftwerksbetrieb (Kaskadenstrukturen, Schwall/Sunk-Problematik, zukünftige Zuflüsse, Reservebereithaltung, etc.) nicht berücksichtigt. Zur Planung des Einsatzes von Wasserkraftwerken werden in der Regel Wasserkraftwerkseinsatzmodelle verwendet, bei denen die Wasserwerte bspw. im Rahmen von Energieeinsatzmodellen bestimmt werden[40] (vgl. hierzu auch Kapitel 5.3).

3.8 Auswirkungen der EU-Wasserrahmenrichtlinie auf die Stromerzeugung aus Wasserkraft

Für den Betrieb einer Wasserkraftanlage ist i.d.R. eine wasserrechtliche Genehmigung erforderlich. Durch die EU-Wasserrahmenrichtlinie [EC 2000c] ist zukünftig davon auszugehen, dass bei der Genehmigung von Neuanlagen oder der Wiedergenehmigung (Verlängerung) von bestehenden Anlagen die umweltbezogenen Auflagen noch weitergehend sein werden, als dies bisher nach jeweiligem Recht bereits der Fall war. Dies kann dazu führen, dass sowohl Neugenehmigungen als auch Wiedergenehmigungen aufgrund der Vielzahl der zu erbringenden Zusatzmaßnahmen, die mit zusätzlichen Ausgaben verbunden sind, für den Betreiber nicht wirtschaftlich realisiert werden können (vgl. u.a. [Heimerl 2005b] und [Heimerl 2005a]). Im folgenden wird kurz auf die Auswirkungen relevanter Richtlinien, insbesondere die der EU-Wasserrahmenrichtlinie, eingegangen.

Die bisher im Bereich Gewässerschutz existierenden Richtlinien in der EU zielen praktisch ausschließlich auf die Vermeidung und Reduzierung von Stoffeinträgen in die Gewässer ab. Die Gewässerstruktur (Morphologie) war bisher nicht Bestand von Richtlinien. Mit der EU-Wasserrahmenrichtlinie soll ein Konzept des Gewässerschutzes eingerichtet werden, welches alle gewässerrelevanten Einflussfaktoren, d.h. sowohl chemisch-physikalische als auch hydromorphologische Aspekte, berücksichtigt.

Nach Inkrafttreten der Wasserrahmenrichtlinie sollen bis spätestens 15 Jahre danach die Gewässer einen guten Zustand erreichen (vgl. Art. 4 Abs. 1). Der Grundgedanke des guten Zustandes ist dabei der, dass ein Gewässer zwar genutzt werden darf, aber nur in einer Weise, die die ökologischen Funktionen nicht wesentlich beeinträchtigten. Weitere Ziele neben dem Erreichen des guten Zustandes der Gewässer sind die Förderung einer nachhaltigen Wassernutzung und die Minderung von Überschwemmungen und Dürren. Der gute Zustand wird zum Teil durch chemische Parameter definiert, bei Oberflächengewässern aber vor allem durch ökologische

[40] Vgl. hierzu u.a. [Edwards 2003], [Ripper 2000], [Ripper et al. 1999], [Nießen 1998], [Scott et al. 1996], [Flechner 1995], [Doorman et al. 1995], [Jürgens 1994], [Rivera 1990], [Johannesen et al. 1989], [Schröder 1988].

Kriterien, d.h. es ist zu prüfen, inwieweit die aquatischen Lebensgemeinschaften eines Oberflächengewässers durch menschliche Einflüsse beeinträchtigt sind (vgl. [Bunge et al. 2003, S. 15]). Für die Wasserkraftnutzung ist von Bedeutung, dass auch Veränderungen der Hydromorphologie, z.B. Unterbrechungen der Durchgängigkeit, des Gewässerbettes oder des Fließverhaltens die Einstufung des Gewässers beeinflussen, soweit dadurch auch die aquatischen Lebensgemeinschaften beeinträchtigt werden. Somit sind für die Wasserkraftnutzung vor allem Belastungen in den Bereichen der Strömungsregulierung und der Gewässermorphologie relevant. Um innerhalb eines Flusseinzugsgebiets[41] ein umfassendes, in sich stimmiges Konzept zur Erreichung des guten Zustandes zu etablieren, ist für die einzelnen Flusseinzugsgebiete jeweils ein Bewirtschaftungsplan[42] aufzustellen.

Neben der EU-Wasserrahmenrichtlinie betreffen auch die **Umweltverträglichkeitsrichtlinie**[43] als übergreifende Regelung und die **Flora-Fauna-Habitat-Richtlinie (FFH-RL)**[44] als naturschutzrechtliche Regelung die Errichtung und das Betreiben von Wasserkraftwerken. Für eine Darstellung der Auswirkungen der beiden Richtlinien auf die Wasserkraft wird auf [UBA 2001, S. 11ff] verwiesen.

---

[41] Als räumlicher Rahmen wird die „Flussgebietseinheit" geschaffen. Deren Fläche entspricht einem Einzugsgebiet oder einer Gruppe von hydrographischen Einzugsgebieten sowie den zugehörigen Grundwasservorkommen und Küstengewässern. In jeder Einheit gibt es eine zuständige Behörde, welche die Planung festlegt und die für die Umsetzung der Maßnahmen verantwortlich ist, die zum Erreichen der Ziele notwendig sind.

[42] Die Flussgebietseinheiten sollen in zwei Etappen geplant werden: Vorausgehende Erarbeitung des Ist-Zustandes der Lebensräume (physikalische Kennzahlen, Umwelteinflüsse durch menschliche Aktivitäten, ökonomische Analyse) und Erstellen eines Maßnahmenprogramms zum Erreichen des guten Zustandes (gesetzliche Bestimmungen und zusätzliche Maßnahmen – Anregungen, freiwillige Abkommen).

[43] Richtlinie des Rates vom 27. Juni 1985 über die Umweltverträglichkeitsprüfung bei bestimmten öffentlichen und privaten Projekten [EC 1985], Richtlinie geändert durch Richtlinie 97/11/EG vom 3. März 1997 zur Änderung der Richtlinie 85/337/EWG über die Umweltverträglichkeitsprüfung bei bestimmten öffentlichen und privaten Projekten vom 14. März 1997 [EC 1997a]

[44] Die Flora-Fauna-Habitat-Richtlinie dient der Erhaltung der natürlichen Lebensräume sowie der wildlebenden Tiere und Pflanzen [EC 1992]. Dies hat für die Wasserkraft zur Folge, dass künftig bei Maßnahmen in geschützten Gebieten eine FFH-Verträglichkeitsprüfung durchgeführt werden muss.

4 Das Schweizer Elektrizitätssystem

Der europäische und der schweizerische Energiesektor sind gegenwärtig strukturellen Umgestaltungen und regulatorischen bzw. politischen Steuerungsmaßnahmen ausgesetzt. Diese führen zu grundlegenden Änderungen des Wettbewerbsumfeldes der Energieversorgungsunternehmen. Davon sind auch die schweizerischen Wasserkraftwerke betroffen. Da die Schweiz nicht Mitglied der EU ist, unterliegt sie somit auch nicht den Regelungen der Binnenmarktrichtlinie Elektrizität. Allerdings ist die Schweiz inmitten von Europa eine wichtig Drehscheibe des Stromhandels. Sowohl Import als auch Export an Elektrizität liegen in einer Größenordnung der Inlandsnachfrage. Der Außenhandel der Schweiz dient u.a. dazu, den Einsatz des schweizerischen Kraftwerksparks zu optimieren. In den letzten Jahren wies die Schweiz jedes Jahr einen Ausfuhrüberschuss von Elektrizität auf. Eine große Mehrheit von Politik und Wirtschaft ist der Überzeugung, dass mit einer Marktöffnung im Elektrizitätsbereich und damit durch Wettbewerb die Effizienz der Branche erhöht werden kann (vgl. bspw. [Schib 2003]).

Im Folgenden sollen die Strukturen des schweizerischen Elektrizitätsmarktes, der Kraftwerkspark, die energie- und umweltpolitischen Rahmenbedingungen der Stromerzeugung, die Rahmenbedingungen für die Nutzung der Wasserkraft und die Erneuerungs- und Ausbaupotenziale der Wasserkraft in der Schweiz kurz aufgezeigt werden.

4.1 Strukturen der Elektrizitätswirtschaft

In der Schweiz sind rund 1170 Unternehmen im Elektrizitätssektor tätig, wovon der überwiegende Teil (rund 940) in der Übertragung und Verteilung der Elektrizität engagiert ist. In Deutschland existiert etwa die gleiche Anzahl an Verteilwerken, obwohl dessen Bevölkerung rund 12-mal größer ist als in der Schweiz. Von der Größenordnung vergleichbare Staaten wie Dänemark und Österreich haben ca. 105 bzw. ca. 130 Verteilunternehmen. Der schweizerische Sektor der Stromverteiler ist zudem sehr heterogen[45]. Die größten Unternehmen beliefern rund 100.000 Kunden, die kleinsten nur rund 500. Zudem ist die Branche durch die hohe Beteiligung der öffentlichen Hand an den Unternehmen charakterisiert. So ergibt sich für die Elektrizitätsindustrie ein Anteil von ca. 75% der öffentlichen Hand am gesamten Grundkapital. Ca. 14% sind im privaten Eigentum und ca. 10% werden von ausländischen Gesellschaften kontrolliert (vgl. [Schib 2003]). Der Elektrizitätsmarkt wird durch die Übertragungsnetzbetreiber bzw. die so genannten Überlandwerke dominiert: Aare Tessin AG für Elektrizität (ATEL), BKW FMB Energie AG (BKW), Centralschweizerische Kraftwerke (CKW), Elektrizitäts-Gesellschaft Laufenburg AG (EGL), Energie Ouest Suisse SA (EOS), Elektrizitätswerk der Stadt Zürich (EWZ) und Nordost-

[45] Eine detailliertere Darstellung der Strukturen findet sich in [Weltert 1990].

schweizerische Kraftwerke AG (NOK). Ein Überblick über die gegenwärtigen Eigentumsverhältnisse der Überlandwerke findet sich in [Credit Suisse 2004].

Die ETRANS war seit 2000 der Koordinator des Regelblocks der Schweiz und war für die Koordination des Netzbetriebs und die Abwicklung des Handels zuständig[46]. Seit Anfang 2005 ist die SWISSGRID für die Führung und den Betrieb des schweizerischen Übertragungsnetzes verantwortlich. Alle UCTE-Länder sind in Regelzonen und Regelblöcke eingeteilt. Die Schweiz ist ein Regelblock und besteht aus 6 Regelzonen. Diese sind identisch mit den Versorgungsgebieten der Übertragungsnetzbetreiber, wobei die CKW und EGL eine gemeinsame Regelzone bilden. Neben der Schweiz sind Deutschland und Italien eigene Regelblöcke, bestehend aus verschiedenen Regelzonen. Im Gegensatz dazu ist Frankreich eine Regelzone, die zusammen mit Spanien einen Regelblock bildet. Vor der Liberalisierung der Elektrizitätsmärkte existierte pro Regelzone meist ein großes, integriertes Unternehmen, das für den Netzbetrieb wie auch für Produktion und Handel zuständig war.

Im liberalisierten Markt ist der Netzbetreiber durch das Unbundling für die Regelzone verantwortlich, hat aber keine eigenen Produktionsanlagen mehr. Darum muss bspw. Regelenergie vom Übertragungsnetzbetreiber zugekauft werden. In Deutschland schreiben bspw. die Übertragungsnetzbetreiber Ihren Regelenergiebedarf aus, und die Marktteilnehmer bieten Leistungspreise (für die Leistungsbereitstellung) und Arbeitspreise (für die effektiv in Anspruch genommene Regelenergie), getrennt nach positiver und negativer Regelrichtung[47] (vgl. auch Kapitel 2.2.2).

In der Schweiz gibt es bisher noch keinen Markt für Regelenergie. Die einzelnen Regelzonenbetreiber stellen nach einem Verteilschlüssel ihren Anteil der Regelleistung zur Verfügung. Dabei entspricht die Summe der Regelleistungen genau dem Anteil, den die Schweiz gemäß UCTE-Anforderung bereitzustellen hat. Im Entwurf des Bundesgesetzes über die Stromversorgung ist vorgesehen, dass die Netzbetreiber die Bereitstellung der Reserveleistungskapazität koordinieren. Somit ist es wahrscheinlich, dass in der Schweiz zukünftig auch ein Markt für Regelenergie eingerichtet wird.

4.2 Übersicht über den Kraftwerkspark

Wasserkraftwerke haben in der Schweiz traditionell einen hohen Anteil an der Stromerzeugung. Der Anteil der Wasserkraft an der Stromerzeugung in der Schweiz lag in den letzten 20 Jahren zwischen 55% und 63%. Im Jahr 2002 haben Laufwasser-

---

[46] Vor 2000 war die EGL für die Koordination der Netze zuständig. Im Jahr 2000 wurde die neu gegründete ETRANS als Netzkoordinator für gemeinsame Aufgaben der schweizerischen Übertragungsebene zuständig.

[47] In Deutschland gibt es vier Regelenergiemärkte (entsprechend den Übertragungsnetzbetreibern). Die Grundprinzipien für Ausschreibung, Vergabe und Abruf der Regelenergie sind in allen Regelzonen in Deutschland ähnlich, allerdings bestehen Unterschiede in Fristen, Mindestmengen etc. Auch in anderen europäischen Märkten bestehen Regelenergiemärkte, bspw. in Norwegen, Frankreich, Großbritannien, Schweden, Österreich (vgl. [Müller et al. 2002]).

kraftwerke mit ca. 29% und Speicherkraftwerke mit ca. 27% zur Stromerzeugung beigetragen (vgl. [BFE 2002]). Neben der Wasserkraft stellt im schweizerischen Energieversorgungssystem die Kernenergie eine wichtige Energiequelle dar. Der Anteil der Kernenergie an der gesamten Stromproduktion betrug in der Schweiz im Jahr 2002 ca. 40%. Mit einer installierten Netto-Leistung von 3220 MW wurden im Jahr 2002 ca. 25,6 TWh an elektrischer Energie aus Kernkraftwerken erzeugt. Die mittlere Arbeitsausnutzung der Atomkraftwerke ist in der Schweiz mit ca. 92% sehr hoch und stellt einen Spitzenwert im internationalen Vergleich dar (vgl. [BFE 2002]).

Die zentrale Rolle des schweizerischen Energiesystems im europäischen Strommarkt wird bei der Betrachtung des Ein- und Ausfuhrsaldos im Vergleich zur Inlandsnachfrage ersichtlich. Im Jahr 2002 wurden ca. 51 TWh an elektrischer Energie exportiert und ca. 47 TWh importiert (vgl. [BFE 2002]). Damit lagen sowohl Export als auch Import in einer Größenordnung der Inlandsnachfrage der Schweiz, die im Jahr 2002 ca. 54 TWh betrug. Der hohe Stromaustausch der Schweiz mit den Nachbarländern ist auf zwei Gründe zurückzuführen. Einerseits wird Strom insbesondere aus Frankreich und Deutschland nach Italien durch die Schweiz geleitet, sodass sich hohe Durchleitungsmengen ergeben. Andererseits ist der Stromaustausch im Tagesverlauf stark schwankend. Die Schweiz importiert Strom in den Nacht- und Morgenstunden, in erster Linie aus Frankreich und Deutschland. In den Mittagsstunden mit höherer Last exportiert die Schweiz dann Spitzenlaststrom in die Nachbarregionen. Es ist aber darauf hinzuweisen, dass in den Wintermonaten in der Schweiz in der Summe Strom importiert werden muss. Obwohl die Außenhandelsbilanz über ein ganzes Jahr positiv ist, sind einige Wintermonate durch Einfuhrüberschüsse gekennzeichnet. Die in diesen Monaten anfallenden Einfuhrüberschüsse sind durch knappe hydrologische Verhältnisse und das saisonale Verbrauchsprofil bedingt. Dennoch wird an den einzelnen Tagen der Wintermonate versucht, während der Spitzenlastzeit Strom zu exportieren, während in den Schwachlastzeiten Strom, insbesondere zur Speicherung mit Hilfe von Pumpspeicherkraftwerken, importiert wird. Mit einer Optimierung des Importes wird Wasser im Speicher gespart, um zu geeigneten Zeiten zu produzieren und zu exportieren. Nicht alle umliegenden Länder importieren aus der Schweiz bzw. exportieren in die Schweiz. Italien importiert bspw. zu allen Tageszeiten ganzjährig Strom aus der Schweiz, wobei der Energiefluss meist durch die Übertragungskapazitäten der Hochspannungsleitungen limitiert ist. Dagegen liefert Frankreich fast zu allen Zeiten Strom in die Schweiz. Die Elektrizitätsbilanz der Schweiz im Jahr 2002 ist in Abbildung 4.1 dargestellt.

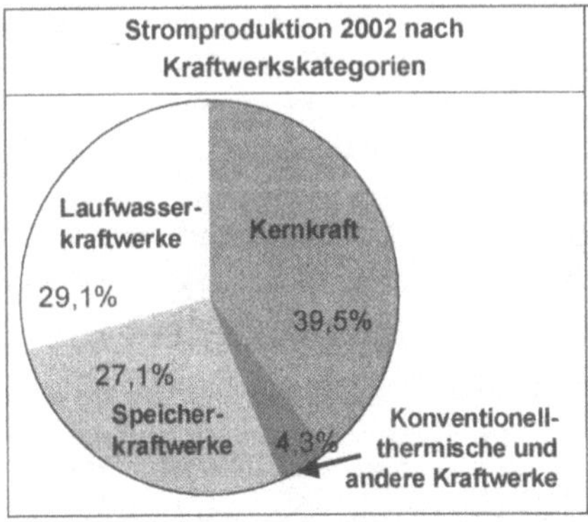

Elektrizitätsbilanz 2002

	[TWh]
Produktion	62,5
Endverbrauch	54,0
Pumpenergienachfrage	2,2
Einfuhr	47,1
Ausfuhr	51,6
Ausfuhr-/Einfuhrsaldo	4,5
Übertragungs- und Verteilverluste	4,0

Abbildung 4.1: Stromproduktion und Elektrizitätsbilanz der Schweiz im Jahr 2002 (Quelle: [BFE 2002, S. 9f])

4.3 Energie- und umweltpolitische Rahmenbedingungen im Elektrizitätssektor

4.3.1 Elektrizitätsmarktgesetz und Bundesgesetz über die Stromversorgung

Die Schweiz als Nicht-EU-Mitglied ist nicht verpflichtet, die europäische Binnenmarktrichtlinie Elektrizität umzusetzen. Dennoch wird sie durch die Richtlinie angesprochen, da Länder, die EU-Mitgliedsstaaten nicht den gleichen Marktzutritt gestatten, von diesen ausgeschlossen werden können (Reziprozitätsklausel). Über die Frage der Reziprozität mit der EU wird seit 1998 verhandelt. Die grenzüberschreitende Durchleitung von Elektrizität zwischen der Schweiz und den EU-Mitgliedsstaaten soll auf der Grundlage des Freihandelsabkommens[48] vom 22. Juli 1972 geregelt werden (vgl. [Wyer 2002, S. 265ff]). Die Europäische Gemeinschaft und die Schweiz sind Partner des Freihandelsabkommens und des Energie-Charta-Vertrages[49]. Die Schweiz kann sich vom europäischen Energiemarkt nicht abschotten und die internationale Verflechtung im Bereich des Energierechts ist somit logische Folge. Darum richtete die Schweiz das Elektrizitätsmarktgesetz (EMG) als Ordnungsrahmen für die schweizerische Elektrizitätswirtschaft auf die Elektrizitätsbinnenrichtlinie der EU aus.

[48] Das Freihandelsabkommen der Schweiz und der EWG (in Kraft seit dem 1.1.1973) regelt insbesondere den Verzicht auf Zölle und zollgleiche Abgaben sowie auf mengenmäßige Handelsbeschränkungen und Maßnahmen gleicher Wirkung (vgl. [Wyer 2002, S. 266]).

[49] Der Energie-Charta-Vertrag vom 17. Dezember 1994 ist seit dem 16. April 1998 in Kraft. Er betrifft Investitionen sowie den Handel mit Energie innerhalb der OECD-Staaten, den Staaten der ehemaligen Sowjetunion sowie den mittel- und osteuropäischen Staaten. Die Unterzeichnerstaaten verpflichten sich zur Gewährung der Freiheit der Durchfuhr und zur Nichtdiskriminierung für den Transit von Energie (vgl. [Cottier et al. 1998]).

Der Entwurf des EMG des Eidgenössischen Departements für Umwelt, Verkehr, Energie und Kommunikation (UVEK) wurde im Dezember 2000 als Gesetz verabschiedet, um in einer Volksabstimmung darüber zu befinden. Mit Ausnahme des Marktöffnungsrhythmus war dieses mit der Binnenmarktrichtlinie Elektrizität [EC 1996] kompatibel (vgl. [Wyer 2002, S. 261]). Der Marktöffnungsgrad sollte in den ersten drei Jahren nach Inkrafttreten tiefer als in der Binnenmarktrichtlinie sein, nachher aber auf das Niveau der EU-Richtlinie angehoben werden. Das Gesetz bezweckte, die Voraussetzungen für einen wettbewerbsorientierten Elektrizitätsmarkt zu schaffen. Zentrale Elemente des Gesetzes waren die Gewährleistung einer nichtdiskriminierenden Durchleitung von Elektrizität und ein ungehinderter Netzzugang.

Die Auswirkungen einer erhöhten inländischen und ausländischen Konkurrenz nach der Marktöffnung wären am meisten bei der Stromerzeugung spürbar geworden und hätten u.a. Wasserkraftanlagen getroffen (vgl. [Bodmer et al. 2001], [Filippini et al. 2001], [Wyer 2002]). In der Schweiz wurde befürchtet, dass eine Marktöffnung zu einer Minderung der Erlöse der Wasserkraftanlagen führen könnte (vgl. [Wyer 2002]). Deshalb hätte der Bund laut EMG zum Schutz der Wasserkraftwerke während 10 Jahren nach Inkrafttreten des Gesetzes in Ausnahmefällen Darlehen zu Selbstkosten des Bundes ausrichten können, falls die Betreiber wegen der Öffnung des Elektrizitätsbinnenmarktes vorübergehend nicht in der Lage gewesen wären, die betriebswirtschaftlichen Amortisationen vorzunehmen. Nach der Publikation wurde gegen das Gesetz das Referendum ergriffen. Das Elektrizitätsmarktgesetz (EMG) wurde am 22. September 2002 in einer Abstimmung vom Schweizer Volk abgelehnt.

Darauf hat das UVEK eine Expertenkommission zur Erarbeitung einer neuen Elektrizitätswirtschaftsverordnung eingesetzt. Aus dem Scheitern des EMG und der Erkenntnisse über den Strom-Blackout[50] in Italien im September 2003, welcher eine Labilität der schweizerischen Position im europäischen Strommarkt offenbarte, sollten Lehren gezogen werden (vgl. [NZZ 2005]). Das daraufhin erarbeitete Bundesgesetz über die Stromversorgung [StromVG 2004] soll im Jahr 2007 in Kraft treten. Unbestritten in der Diskussion ist die Bildung einer gesamtschweizerischen Netzgesellschaft, die bereits nach der Strompanne in Italien in Eigenregie durch die schweizerischen Netzbetreiber unter dem Namen „Swissgrid" gegründet wurde. Umstritten sind gegenwärtig einerseits noch das Vorgehen bei den Öffnungsschritten des Marktes, andererseits die Fördermodelle für Erneuerbare Energien (vgl. auch Kapitel 6.8).

Im Entwurf des Bundesgesetzes über die Stromversorgung (StromVG) sind verschiedene Maßnahmen vorgesehen, welche auch die Wasserkraft betreffen (vgl. [BFE 2004a] und „Änderung bisherigen Rechts" in [StromVG 2004]):

---

[50] Vgl. [BFE 2003] und [Imhof 2004].

- Die Erzeugung von Elektrizität aus bestehenden Wasserkraftwerken mit einer Leistung von mehr als 1 MW ist bis zum Jahr 2030 mindestens auf dem Stand der Erzeugung im Jahr 2000 zu halten.
- Der Anteil der inländischen Elektrizitätserzeugung aus erneuerbaren Energien am Endverbrauch von Elektrizität ist bis zum Jahr 2030 auf 77% zu erhöhen.

Um diese Ziele zu erreichen, sind in einer ersten Phase (bis 2012) freiwillige Maßnahmen geplant, und falls die Ziele nicht erreicht werden, sind der Einsatz von staatlichen Maßnahmen, wie bspw. Quoten/Zertifikate oder Einspeisevergütung, vorgesehen. Zudem besteht für Netzbetreiber die Verpflichtung, Elektrizität aus erneuerbaren Neuanlagen (Biomasse und Geothermie) abzunehmen und in ihr Netz einzuspeisen.

Hinsichtlich langfristiger Fragestellungen kann auch in der Schweiz von einem liberalisierten und wettbewerblichen Markt ausgegangen werden.

4.3.2 Politische Diskussion zur Kernenergienutzung

Nach dem Ausbau der Wasserkraft bis in die 60er Jahre entstand in der Schweiz ein breiter Konsens zur Nutzung der Kernenergie und zum Verzicht auf den Bau von Ölkraftwerken aus Gründen der Luftreinhaltung, um den rasch wachsenden Stromverbrauch zu befriedigen. Allerdings führte das groß angelegte Kernenergieprogramm zu einem zunehmenden politischen Widerstand und mehreren Volksabstimmungen. Das Schweizer Volk hat 1979, 1984, 1990 und 2003 grundsätzlich ja zur Kernenergie gesagt, wobei im Jahr 1990 ein Moratorium angenommen wurde, das für 10 Jahre den Bau neuer Kernkraftwerke verbot. Aufgrund der lokalen politischen Opposition und der geringen Rentabilitätserwartung wurde zudem auf den Bau des Kernkraftwerkes Kaiseraugst im Jahr 1988 offiziell verzichtet[51].

Im Jahr 2000 ist das von Volk und Ständen am 23. September 1990 angenommene Moratorium für den Bau neuer Kernkraftwerke abgelaufen. Vor Ablauf des Moratoriums wurden im September 1999 zwei neue Volksinitiativen zur Kernenergie eingereicht. Mit der Initiative „Moratorium Plus" sollte das frühere Moratorium um weitere 10 Jahre verlängert und auch auf die Erhöhung der Leistung bei bestehenden Anlagen ausgedehnt werden. Zudem sollte ein referendumspflichtiger Bundesbeschluss erforderlich sein, um die Betriebsdauer der jeweiligen Kernkraftwerke von 40 Jahre um weitere 10 Jahre zu verlängern. Mit der zweiten Initiative „Strom ohne Atom" sollten die Kernkraftwerke Beznau 1, Beznau 2 und Mühleberg zwei Jahre nach der Annahme vom Netz genommen werden, die Kernkraftwerke Gösgen und Leibstadt spätestens nach jeweils 30 Betriebsjahren[52]. Darüber hinaus sollte die

[51] Der Werde- und Sterbegang des 1966 in Angriff genommen Projektes des Baus des Kernkraftwerkes Kaiseraugst wird in [Kupper 2003] detailliert beschrieben.

[52] Im Hinblick auf die beiden Volksinitiativen wurden die volkswirtschaftlichen Auswirkungen eines Kernenergieausstiegs der Schweiz in [Pfaffenberger et al. 2000] und der Kernenergieersatz durch

Wiederaufbereitung der Brennstäbe verboten werden. Die Initiative „Strom ohne Atom" wurde mit 66,3% und die Initiative „Moratorium Plus" mit 58,4% in der Volksabstimmung vom 18. Mai 2003 abgelehnt[53]. Somit gehört die Schweiz zu den Ländern in Europa, die sich die Option der Stromerzeugung aus Kernenergie weiter offen halten.

Die Regierungen der verschiedenen europäischen Staaten vertreten gegenwärtig sehr unterschiedliche Positionen zur zukünftigen Kernenergienutzung. Während Staaten wie Frankreich auch weiterhin auf die Kernenergie als wichtigen Bestandteil ihres Energieträgermixes setzen, betreiben andere Länder[54] wie zum Beispiel Deutschland den gezielten Ausstieg aus der Kernenergienutzung[55]. Von den acht Kernenergie nutzenden EU-Staaten haben insgesamt fünf ein Kernenergiemoratorium beschlossen bzw. angekündigt; neben Deutschland sind dies Schweden, Spanien, die Niederlande und Belgien (vgl. [Taylor 2002, S. 2]). Frankreich, Finnland und Großbritannien halten sich die Kernenergie hingegen als Zukunftsoption weiter offen. Finnland bereitet zur Zeit den Neubau eines fünften Reaktors vor.

Die in den letzten Jahren an Bedeutung gewinnende Klimaschutzdiskussion könnte die Rolle der Kernenergie in Europa neu definieren. Für die Energieversorgungsunternehmen ist jedoch gerade bei dieser Technologie, die durch extrem hohe Anfangsinvestitionen sowie lange Projektlaufzeiten gekennzeichnet ist, ein langfristiger Planungsrahmen von zentraler Bedeutung, der nicht in allen Ländern gegeben ist.

4.3.3 Klimapolitische Rahmenbedingungen

Auf internationaler Ebene hat sich die Völkergemeinschaft mit der UN-Klimarahmenkonvention von Rio de Janeiro (1992) sowie dem auf der dritten Konferenz der Vertragsstaaten der Klimarahmenkonvention angenommenen Protokoll zur Emissionsminderung verpflichtet. So sollen die Gesamtemissionen der sechs Treibhausgase (THG) Kohlendioxid (CO_2), Methan (CH_4), Distickstoffoxid (N_2O), wasserstoffhaltige Fluorkohlenwasserstoffe (HFC), perfluorierte Kohlenwasserstoffe (PFC, insbesondere CF_4 und C_2F_6) und Schwefelhexafluorid (SF_6) in den so genannten Annex-I Staaten (d.h. Industrie- und Transformationsländer) um durchschnittlich

---

forcierten Ausbau von Photovoltaik, Kraftwärmekopplung und Verbesserung der Effizienz bei der Stromnutzung in [Pfaffenberger et al. 2001] analysiert.

[53] Vgl. Bundesratsbeschluss über das Ergebnis der Volksabstimmung vom 18. Mai 2003.

[54] [IEA 2001b, S. 226] gibt einen Überblick über Reaktoren in OECD Ländern, die aus nicht-ökonomischen Gründen, d.h. einem politisch bedingten Kernenergieausstieg bzw. Sicherheitsbedenken, stillgelegt wurden.

[55] In Deutschland wurde dieser Ausstieg mit der Unterzeichnung der „Vereinbarung zwischen der Bundesregierung und den Energieversorgungsunternehmen vom 14. Juni 2000" offiziell beschlossen [BMU 2000b]. Die Vereinbarung sieht eine Begrenzung der in deutschen Kernkraftwerken zu erzeugenden Reststrommenge auf 2623,3 TWh ab dem 01.01.2000 vor. Gleichzeitig wird ein Neubau weiterer Kernkraftwerke ausgeschlossen.

5,2% gegenüber dem Niveau des Jahres 1990 reduziert werden. Die Schadenswirkung („Global Warming Potential") der fünf Nicht-CO_2-Emissionen lässt sich in CO_2-Äquivalenten ausdrücken (vgl. hierzu auch [Ardone 1999]), wobei in der Europäischen Union ca. 82 % der so gewichteten Treibhausgasemissionen auf CO_2 entfallen (vgl. [EEA 2004a, S. 18]). Dieser hohe Anteil führt dazu, dass CO_2 häufig in den Mittelpunkt der Klimaschutzpolitikgestaltung gestellt wird.

Im Rahmen des so genannten EU-Burden-Sharings ist die europäische Minderungsverpflichtung von 8% (aus dem Kyoto-Protokoll; entspricht etwa 340 Mio. t CO_2-Äquivalente) individuell auf die verschiedenen Länder der EU heruntergebrochen worden. So wurde der Bundesrepublik Deutschland ein Minderungsziel von 21% zugewiesen, was etwa drei Viertel der gesamten Minderungsverpflichtung der EU entspricht[56].

Um die Minderungsverpflichtungen zu flexibilisieren, sind im Kyoto-Protokoll drei Mechanismen für internationale Kooperationen im Klimaschutz formuliert. Im Bereich der projektbezogenen Mechanismen können durch *Joint Implementation* (JI) und Clean Development Mechanisms (CDM) die Emissionsminderungen, die in Gastländern realisiert wurden, dem investierenden Annex-I-Land zugeschrieben werden. Das dritte Instrument *Emission Trading* (ET) sieht einen internationalen Handel mit Emissionsrechten vor. Das Konzept des Emission Trading hat die Europäische Kommission mit ihrem „Grünbuch zum Handel mit Treibhausgasemissionen in der Europäischen Union" [EC 2000b] aufgegriffen und es wurde mit Inkrafttreten der Richtlinie über ein System für den Handel mit Treibhausgasemissionszertifikaten [EC 2003a] am 25.10.2003 für alle Mitgliedsstaaten rechtlich verbindlich. Zur Erreichung des EU-Minderungsziels hat die Kommission die Einrichtung eines auf die EU begrenzten Emissionsrechtehandelssystems eingerichtet[57]. Ein zentraler Unterschied des europäischen Politikansatzes im Vergleich zum Kyoto-Protokoll ist, dass der europäische Emissionshandel nicht auf Länder- sondern auf Unternehmensebene stattfindet. Hierzu wurden alle Mitgliedsstaaten verpflichtet, bis zum 31.3.2004 nationale Zuteilungspläne (Allokationspläne) zu veröffentlichen, aus denen hervorgeht, wie viele Emissionszertifikate die jeweiligen Mitgliedsstaaten in der ersten Handelsperiode 2005 – 2007 zuzuteilen beabsichtigen und wie diese Zertifikate auf die Anlagen verteilt werden sollen.

Die mit dieser Begrenzung einhergehende Bewirtschaftung des bisher freien Produktionsfaktors Emissionsrecht (vgl. hierzu auch [Fichtner 2004] und [Enzensberger

---

[56] Unabhängig davon wollte die Bundesregierung bis zum Jahr 2025 25% ihrer Emissionen des Treibhausgases CO_2 einsparen. Für spätere Verpflichtungsperioden werden sich diese Minderungsziele noch entsprechend vergrößern. In der Bundesrepublik Deutschland wird bspw. ein Minderungsziel von 40% im Jahr 2020 bezogen auf die Emissionen des Jahres 1990 angestrebt.

[57] Dieser Politikansatz ist allerdings zunächst vom weiteren Verlauf der Ratifizierungsverhandlungen des Kyoto-Protokolls losgelöst. Im Falle des In-Kraft-Tretens des Kyoto-Protokolls ist eine Kopplung des europäischen Systems mit dem im Rahmen des Kyoto-Protokolls anvisierten globalen Handel vorgesehen.

2003]) wird für alle emissions- und energieintensiven Unternehmen dabei eine einschneidende Veränderung ihrer Geschäftsgrundlage mit sich bringen.

Ca. 27 % der CO_2-Emissionen innerhalb der EU werden derzeit vom europäischen Energieversorgungssektor verursacht, der damit die größte Emittentengruppe darstellt. In Deutschland verursacht der Energieversorgungssektor sogar ca. 38% der gesamten CO_2-Emissionen [UBA 2004] und stellt damit die größte Emittentengruppe dar. Die CO_2-Emissionen in diesem Bereich stammen hauptsächlich aus der Verbrennung fossiler Brennstoffe in Heizwerken und (Heiz-)Kraftwerken. Über die Eigenschaften als Hauptemittent kommt dem Energieversorgungssektor auch aufgrund seiner charakteristischen Struktur eine besondere Bedeutung im Rahmen der Politikgestaltung zu: Die Hauptemissionsquellen sind mit den fossil befeuerten Großkraftwerken in ihrer Gesamtzahl überschaubar, die Eigentümer der Anlagen sind bekannt und die jeweiligen Emissionen sind im Vergleich zu anderen Industriesektoren mit relativ geringem Aufwand bilanzierbar. Zudem weisen Studien zur Implementierung eines möglichen internationalen Emissionsrechtehandels besonders günstige Minderungspotenziale im Bereich des Energiesektors aus[58], weshalb der Energieversorgungssektor in Bezug auf die Implementierung effektiver Klimaschutzmaßnahmen im Mittelpunkt des Interesses der politischen Entscheidungsträger steht.

Die Schweiz als Nicht-EU-Mitgliedsstaat ist nicht von den Minderungsverpflichtungen des EU-Burden-Sharings betroffen. Im Kyoto-Protokoll ist die Schweiz eine Verpflichtung von 8% eingegangen. Im Mai 2000 wurde vom Bundesrat das Gesetz über die Senkung der CO_2-Emissionen in Kraft gesetzt. Laut dem Gesetz muss die Schweiz ihren CO_2-Ausstoß bis zum Jahr 2010 um 10% bezogen auf das Jahr 1990 mindern[59]. Dieses Ziel soll in erster Linie mit freiwilligen Maßnahmen erreicht werden. Genügen diese Maßnahmen nicht, kann eine Lenkungsabgabe eingeführt werden. Diese Maßnahmen würden zu einer Verteuerung der thermischen Energie führen und würden somit die Konkurrenzfähigkeit der Wasserkraft erhöhen. Ob und wann die CO_2-Abgabe in der Schweiz eingeführt wird, ist noch offen. Auch die Höhe einer eventuellen Abgabe ist unbekannt und lediglich auf 210 CHF/t CO_2 beschränkt.

Im Rahmen der später beschriebenen Modellrechnungen werden CO_2-Emissionen der Stromerzeugung durch die Vorgabe von unterschiedlichen CO_2-Zertifikatspreisen bepreist (vgl. hierzu Kapitel 6.9).

---

[58] Vgl. [Krause 1999], [Capros et al. 2000] und [IPTS 2000].

[59] In [BUWAL 2005] sind die Emissionsperspektiven der Schweiz dargestellt mit dem Ziel die „Ziellücke“ bei den CO_2-Emissionen ohne Maßnahmen darzustellen. In [Prognos 2002] wird für verschiedene Parameter (wie bspw. Weltmarktpreise für Energieträger, Wirtschaftswachstum, etc.) die Entwicklung der CO_2-Emissionen in der Schweiz untersucht. Für verschiedene Maßnahmen zur CO_2-Emissionsminderung (wie bspw. CO_2-Abgabe, Klimarappen, etc.) sind in [BFE 2005] die Auswirkungen auf die CO_2-Emissionen ermittelt.

4.3.4 Politische Rahmenbedingungen zur Stromerzeugung aus erneuerbaren Energien

Regenerative Energiebereitstellungstechnologien sind gegenwärtig noch durch Kostennachteile gegenüber den konventionellen Technologien gekennzeichnet (vgl. [Kaltschmitt et al. 2003]). Deshalb finden sie in der Investitionsplanung der Energieversorgungsunternehmen in der Regel wenig Beachtung. Um die Entwicklung regenerativer Energieprojekte dennoch voranzutreiben, bedarf es eines künstlich zu schaffenden finanziellen Anreizes für potenzielle Investoren. Dies wird durch verschiedene umweltpolitische Instrumente wie Quotensysteme, Ausschreibungsmodelle oder die z.B. in Deutschland genutzten Einspeisetarife erreicht[60].

Für den Ausbau der regenerativen Energieträger existieren verschiedene Politikziele auf nationaler wie auch auf europäischer Ebene. Mit der im September 2001 verabschiedeten Richtlinie 2001/77/EG zur Förderung der Stromerzeugung aus erneuerbaren Energiequellen im Elektrizitätsbinnenmarkt [EC 2001] werden für jeden Mitgliedsstaat der Europäischen Union eigene Entwicklungsziele, die die gegebene Ausgangssituation (insbesondere bestehende Wasserkraftwerke) sowie vorhandene Potenziale berücksichtigen, formuliert. Für Deutschland ist eine Erhöhung des Anteils der regenerativen Energieträger an der Stromerzeugung von 4,5 % im Jahr 1997 auf 12,5 % im Jahr 2010 vorgesehen. Die deutsche Bundesregierung übernimmt für die mittelfristige Zielsetzung das EU-Ziel von 12,5 % im Jahr 2010. Längerfristig ist eine weitere Erhöhung dieses Anteils um ca. 10 % pro Jahr geplant: 20 % im Jahr 2020 und 50 % im Jahr 2050 (vgl. z.B. [BMU 2000a, S. 72]).

Die Politik konzentriert ihre Bemühungen gegenwärtig in erster Linie darauf, Investitionsanreize zu schaffen, um den politisch angestrebten Ausbau regenerativer Energieträger voranzutreiben. Die zunehmend an Bedeutung gewinnende Frage, wie die Versorgungssysteme ausgestaltet werden müssen, um diese fluktuierende Leistung aufnehmen zu können, wird dabei in der Regel nicht betrachtet.

Unter den Förderbedingungen in der Bundesrepublik Deutschland stellte und stellt vor allem die Windenergie unter Kostengesichtspunkten die interessanteste Alternativen mit großen Entwicklungspotenzialen (Winddargebot an freien Standorten) dar. Dies hat zu einem signifikanten Ausbau der Nutzung der Windenergie geführt. Auch in anderen europäischen Ländern (bspw. Spanien, Dänemark) hat die Windenergienutzung in den letzten Jahren massiv zugenommen.

Die Richtlinie 2001/77/EG zur Förderung der Stromerzeugung aus erneuerbaren Energien hat keinen direkten Einfluss auf das Energiesystem der Schweiz. Allerdings wirkt sich die Richtlinie einerseits auf die politische Diskussion in der Schweiz und andererseits durch veränderte Strukturen in Anrainerstaaten indirekt auf das schwei-

[60] Eine Klassifikation der verschiedenen umweltpolitischen Instrumente findet sich in [Dreher 2001, S. 7ff] und [Vries et al. 2003].

zerische Energiesystem aus. In der Vernehmlassungsantwort der Arbeitsgemeinschaft für dezentrale Energieversorgung (ADEV) zum Bundesgesetz über die Stromversorgung wird bspw. formuliert: „... dass sich die Schweiz im Bereich des gezielten und mit wirksamen Maßnahmen verbundenen Ausbaus der Stromerzeugung aus erneuerbaren Energiequellen bereits in einem erheblichen innereuropäischen Rückstand befindet." (vgl. [ADEV 2004]). In der politischen Diskussion werden u.a. Rahmenbedingungen für den gezielten Ausbau der Stromerzeugung aus erneuerbaren Energien im Energiegesetz gefordert, um u.a. die heimische Wasserkraft zu stärken. Neben der politischen Diskussion resultieren die Auswirkungen auf das Energiesystem der Schweiz aus dem Sachverhalt, dass die angrenzenden Energiesysteme durch den verstärkten Einsatz fluktuierender erneuerbarer Energieerzeuger Änderungen unterliegen, die sich auf die Energiesysteme der angrenzenden Länder auswirken. An dieser Stelle ist vor allem der zunehmende Bedarf an Regelkapazitäten zu nennen. Da Wasserkraftwerke aus technischer Sicht für Regelungs- und Reservezwecke gut einsetzbar sind, stellt sich vor diesem Hintergrund die Frage, ob der ansteigende Bedarf an Regelenergie für die schweizerische Wasserkraft neue Marktchancen eröffnet.

In den Modellrechnungen wird einerseits dem ansteigenden Bedarf an Regelkapazitäten Rechnung getragen (vgl. Kapitel 5.8.3.6 zur Abbildung der Reservekapazitäten und Kapitel 7.5.8 zu den Auswirkungen eines erhöhten Reserveleistungsbedarfs) und andererseits in Szenariorechnungen die Bedeutung der regenerativen Energien für das schweizerische Energiesystem analysiert (vgl. Kapitel 7.5.9).

4.4 Politische und rechtliche Rahmenbedingungen für die Nutzung der Wasserkraft

In den folgenden Abschnitten werden einige politische und rechtliche Rahmenbedingungen dargestellt, die für die Wasserkraft in der Schweiz von Bedeutung sind.

4.4.1 Nutzungsberechtigte und Nutzungsdauer der Wasserkraft in der Schweiz

Die Hoheit über die Gewässer umfasst das Recht, über die Gewässer zu verfügen und die Nutzung zu regeln. Über die Wasservorkommen in der Schweiz verfügen die Kantone[61]. Die Kantone bzw. Gemeinden können die Wasserkraft ihrer Gewässer selbst nutzen oder das Nutzungsrecht durch **Konzession** Dritten verleihen. Dabei sind sie berechtigt, sich an den Kraftwerksunternehmen zu beteiligen.

Mit jeder Konzessionserteilung für eine Wassernutzung werden Vorschriften aufgestellt über den Umfang der Nutzung, über die damit verbundenen Rechte, Auflagen und Pflichten, die vor und bei der Nutzung zu beachten sind, und über die Leistungen, die der Begünstigte bei der Erteilung und bei der Nutzung zu erbringen hat.

---

[61] Art. 76 Abs. 4 Bundesverfassung der Schweizerischen Eidgenossenschaft vom 18. April 1999

Die Konzession[62] wird für höchstens 80 Jahre von der Eröffnung des Betriebes an erteilt. Allerdings können die Kantone auch eine geringere Höchstdauer festsetzen[63] (vgl. [Wyer 2002]).

Ist eine Konzession abgelaufen, entfällt das verliehene Nutzungsrecht und die volle Verfügungsfähigkeit des berechtigten Gemeinwesens tritt wieder auf (vgl. [Wyer 2002]). Allerdings besteht ein Unterschied zwischen dem Nutzungsrecht und dem Schicksal der Wasserkraftanlage. Erlischt das Nutzungsrecht, kann das Gemeinwesen über die Wasserkraft verfügen. Die auf privatem Boden errichteten Anlagen verbleiben im Besitz des Eigentümers, während die auf öffentlichem Boden stehenden Anlagen an das Gemeinwesen übergehen. Sollten die auf öffentlichem Boden stehenden Anlagen weiter genutzt werden, muss das Gemeinwesen dem Konzessionär eine angemessene Vergütung leisten. Hat das Gemeinwesen das **Heimfallrecht**, so steht ihm nach Art. 67 Wasserrechtsgesetz die Befugnis zu, die errichteten Anlagen, einschließlich der Turbinen mit Gebäuden, und den zum Betrieb des Wasserkraftwerkes genutzten Boden unentgeltlich an sich zu ziehen. Wasserrechtliche Gestattungen für Wasserkraftnutzungen zum Zweck der Stromerzeugung enthalten als Nebenbestimmung häufig eine so genannte Heimfallklausel. Die Heimfallklauseln sehen vor, dass der Konzessionär nach Ablauf des Befristungszeitraumes der gestatteten Wassernutzung durch die Behörde verpflichtet werden kann, die wasserbautechnischen Anlagen (Wehre, Schleusen etc.), die Wasserkraftmaschinen (z.B. Turbinen), die dem Kraftwerk dienenden Grundstücke sowie die elektrischen Anlagen (Generatoren, Leitungen etc.) teils unentgeltlich, teils gegen eine mehr oder weniger deutlich unter dem Verkehrswert liegende Entschädigung auf den Staat zu übertragen (vgl. [Hendler 2000]). Die Heimfalllast, d.h. die teils entgeltliche, teils unentgeltliche Überlassung von Werkanlagen, ist rechtlich nicht bloß als zeitliche Begrenzung der Nutzungsdauer zu verstehen, sondern sie stellt eine Schuldverpflichtung dar, die der Konzessionär freiwillig eingegangen ist und die Teil der vertraglichen Komponente der Konzession bildet[64]. Neben der Weiterführung des Wasserkraftwerks kann als Alternative grundsätzlich die Anlage nur stillgelegt werden mit der Anordnung von Maßnahmen zur Wiederherstellung des vorherigen Gewässerzustandes (vgl. [Wyer 2002]).

Für eine Erneuerung oder wesentliche Änderung einer Konzession gelten die Bestimmungen über die erstmalige Erteilung. Als wesentliche Änderungen gelten

[62] Art. 58 Wasserrechtsgesetz

[63] In der überwiegenden Anzahl der Kantone wird die bundesrechtliche Höchstdauer von 80 Jahren übernommen.

[64] Dem Staat soll ein Ausgleich für Unterhaltslasten zuteil werden, die auf ihn nach Beendigung der Stromerzeugung durch den Konzessionär zukommen, weil die errichteten wasserbautechnischen Anlagen, insbesondere Stauanlagen, aus Gründen der Wasserwirtschaft weiterhin erhalten und betrieben werden müssen. Bei Gegenständen die nicht wasserwirtschaftlich, sondern energiewirtschaftlich bedeutsam sind, hat das Gericht die Heimfallklausel in Deutschland als rechtswidrig erklärt (vgl. [Hendler 2000, S. 159]).

insbesondere die Nutzung von neuem oder anderem Wasser und die Erhöhung der nutzbaren Fallhöhe oder der Nutzwassermenge (vgl. [Wyer 2002, S. 38]). Laut Art. 58a Abs. 2 Wasserrechtsgesetz muss das Gesuch um Erneuerung der bestehenden Konzession mindestens 15 Jahre vor deren Ablauf gestellt werden. Die zuständigen Behörden entscheiden mindestens 10 Jahre vor Ablauf der Konzession, ob sie grundsätzlich zu einer Erneuerung bereit sind (vgl. [Wyer 2002]). Deshalb werden Erneuerungen und wesentliche Änderungen der Anlagen meist bis zum Ende der Konzession aufgeschoben. Bevor eine Behörde über Planung, Errichtung oder Änderung eine Anlage entscheidet, die die Umwelt erheblich belastet, prüft sie die Umweltverträglichkeit. Erfasst werden hierbei Speicher und Laufkraftwerke sowie Pumpspeicherkraftwerke mit mehr als 3 MW. Durch die Umweltverträglichkeitsprüfung (UVP) wird festgestellt, ob das Projekt den bundesrechtlichen Vorschriften über den Schutz der Umwelt entspricht[65].

4.4.2 Wasserzinse und sonstige finanzielle Verpflichtungen gegenüber der öffentlichen Hand

Der Wasserzins in der Schweiz ist eine öffentliche Abgabe für die mit einer Konzession eingeräumte Sondernutzung an einem öffentlichen Gewässer (vgl. [BWG 2002a]). Die Regelung des Wasserzinses ist obligatorischer Inhalt der Konzession. Die Abgabe ist grundsätzlich jährlich wiederkehrend und während der gesamten Konzessionsdauer zu bezahlen. Die Wasserzinse werden mit Hilfe der maßgeblichen mittleren mechanischen Bruttoleistung (in kW) bestimmt[66]. Die mittlere Bruttoleistung [*kW*] wird aus dem Produkt der Fallbeschleunigung [m/s^2], der mittleren jährlichen nutzbaren Wassermenge [m^3/s] und dem nutzbaren Gefälle [*m*] berechnet[67]. Die ermittelte mechanische Bruttoleistung multipliziert mit dem jeweiligen kantonalen Wasserzinssatz ergibt den jährlich zu entrichtenden Wasserzins. Der Wasserzins ist somit aufgrund der gesetzlich festgelegten Berechnungsgrundlage unabhängig von der Produktion der Wasserkraftanlagen. Er ist damit ein fixe Abgabe der Wasserkraftwerke.

Seit seiner Einführung im Jahr 1918 ist der Wasserzins sechs mal erhöht worden (vgl. hierzu [BWG 2002a, S. 12f]). Die letzte Anpassung aus dem Jahr 1996 bestimmt das heute geltende Wasserzinsmaximum von 80 CHF pro kW Bruttoleistung. Im Rahmen der letzten Erhöhung sind Kraftwerke bis zu einer Bruttoleistung von 1000 kW von der Wasserzinspflicht befreit. Zwischen 1000 und 2000 kW Bruttoleistung steigt der Höchstsatz linear bis auf den Maximalsatz an. Die verfügungsberechtigten Gemeinwesen sind im Rahmen der Gesetzgebung des Bundes frei in der

---

[65] Art. 3 Abs. 1 und 2, Verordnung über die Umweltverträglichkeitsprüfung

[66] Die Berechnung des Wasserzinses geht aus dem Bundesgesetz über die Nutzbarmachung der Wasserkräfte (Wasserrechtsgesetz) Art. 51 und den ausführenden Regelungen in der Wasserzinsverordnung vom 12. Februar 1918 hervor.

[67] Mit der Dichte von Wasser ergibt sich ein Wert in Kilowatt.

Erhebung der Wasserzinse. Die meisten Kantone schöpfen dabei die vorgegebene Obergrenze voll aus. Allerdings gibt es in den Kantonen eine große Vielfalt an gesetzlichen Bestimmungen, welche die Erhebungen von Wasserzinsen und wasserkraftspezifischen Abgaben regeln (vgl. hierzu [Banfi et al. 2004, S. 7ff], [Wyer 2002, S. 27ff] und [BWG 2002a]).

Neben den Wasserzinsen bestehen weitere finanzielle Verpflichtungen der Kraftwerksbetreiber gegenüber der öffentlichen Hand, die eng an die Nutzung der Wasserkraft gebunden sind. Dabei handelt es sich um Konzessionsgebühren und Pumpwerkabgaben.

Die Konzessionsgebühr ist eine einmalige Abgabe für die Erteilung der Rechte zur Wasserkraftnutzung. Hierzu existieren im Bundesrecht keine Vorschriften. In den meisten Kantonen ist die Gebühr abhängig von der Bruttoleistung. Die Konzessionsgebühr ist in den Kantonen unterschiedlich hoch und liegt meist zwischen 10 und 80 CHF/kW (vgl. [Banfi et al. 2004, S. 19]).

Die Pumpwerkabgabe (-steuer) wird auf die Energiemenge erhoben, welche für die wiederholte Verwendung von Wasser aus öffentlichen Gewässern in Pumpen benötigt wird. Somit ist sie eine Abgabe auf die künstlich produzierte Wasserkraft (vgl. [Banfi et al. 2004, S. 17]). Die Pumpwerkabgabe ist zwar gesetzlich verankert, wird allerdings nur in einzelnen Kantonen tatsächlich erhoben. Im Kanton Bern beträgt die Pumpwerksteuer bspw. 2 CHF pro kW installierter Pumpleistung.

Im Jahr 2001 betrugen die Gesamteinnahmen der öffentlichen Hand aus Abgaben der Elektrizitätswirtschaft insgesamt ca. 776 Mio. CHF, davon entfielen ca. 271 Mio. CHF auf direkte Steuern und ca. 505 Mio. CHF auf Einnahmen aus Wasserrechtsabgaben und Konzessionsgebühren (vgl. [BFE 2002, S. 44]).

Die Wasserkraft und in Folge die Einnahmen aus dieser konzentrieren sich in der Schweiz vor allem auf die Gebirgskantone Graubünden, Wallis und Tessin. Diese Kantone weisen erhebliche Anteile (insgesamt ca. 60%) an der gesamtschweizerischen Wasserkraftproduktion auf (Graubünden ca. 22%, Wallis ca. 27% und Tessin ca. 11%) (vgl. [BWG 2002b]). Die Einnahmen aus Wasserrechtsabgaben und Konzessionsgebühren der drei Kantone beliefen sich auf ca. 247 Mio. CHF und ca. 93 Mio. CHF an Steuereinnahmen aus der Wasserkraft. In Tabelle 4.1 sind die Einnahmen aus Wasserzinsen und Steuereinnahmen aus der Wasserkraft in Mio. CHF sowie der Anteil an den gesamten Steuereinnahmen von ausgewählten Kantonen dargestellt. In den Kantonen Graubünden, Wallis und Uri betragen die Einnahmen aus der Wasserkraftnutzung über ca. 10% der gesamten kantonalen Steuereinnahmen, im Kanton Uri beträgt dieser Anteil sogar ca. 22,2%[68].

[68] Die Einnahmen aus der Wasserkraftnutzung der Kantone und Gemeinden ist räumlich sehr ungleichmäßig verteilt. Eine Darstellung und Analyse der regionalen Bedeutung der Wasserkraft findet sich in [Banfi et al. 2004, S. 29ff].

Der Wasserzins belastet die Wasserkraft in der Schweiz im Durchschnitt mit ca. 1,2 Rappen/kWh (8 €/MWh), die direkten Steuern mit ca. 0,6 Rappen/kWh. Dies entspricht einem Anteil von ca. 26% an den gesamten Stromgestehungskosten der Wasserkraftwerke (vgl. [Banfi et al. 2004, S. 52][69]). Im Durchschnitt beträgt der Anteil der Wasserzinse an den Gestehungskosten ca. 21% und derjenige der Steuern ca. 5%.

Tabelle 4.1: Wasserzins- und Steuereinnahmen aus der Wasserkraft in Mio. CHF und Anteil an den gesamten Steuereinnahmen von ausgewählten Kantonen (Quelle: in Anlehnung an [Banfi et al. 2004, S. 26 u. 27])

	Wasserzinse	Steuereinnahmen aus der Wasserkraft	Wasserzinse	Steuereinnahmen aus der Wasserkraft	Prozentualer Anteil der Wasserkrafteinnahmen an den gesamten Steuereinnahmen	
	Kantone		Gemeinden		Kantone	Gemeinden
Graubünden	51	39,8	44,7	12,2	16,35	10,77
Wallis	70,7	12,3	40,6	13,3	11,68	8,08
Tessin	39,7	6,3	0	8,8	3,41	1,00
Uri	17,4	1,5	2	1,8	22,16	6,45
Glarus	4,7	0,6	4,6	0,2	3,24	13,09
Nidwalden	1,3	0,02	0	0,03	1,42	0,03
Obwalden	1,5	0,03	1,5	0,06	3,14	1,68
Bern	32,7	1,3	0	2,6	1,14	0,09
Insgesamt	**219**	**61,9**	**93,4**	**39,0**	**4,68**	**2,56**

Da die Abgaben der Unternehmen für Wasserzinse nur von der Bruttoleistung abhängen, kann es sein, dass zwei Wasserkraftwerke mit der gleichen Bruttoleistung gleich hohe Wasserzinse zu entrichten haben, auch wenn sie Unterschiede in den Investitions- und Betriebskosten aufgrund von Standortcharakteristika aufweisen. Durch eine Deregulierung des Elektrizitätsmarktes geht die Monopolstellung der schweizerischen Elektrizitätswerke verloren und somit auch die kostenbasierte Preisfestsetzung, die in einer Monopolsituation vorherrschend war. Dies bewirkt, dass ein Wasserkraftwerk an einem Standort, der höhere Investitions- und Betriebskosten erfordert, durch die Konzessionsabgaben eine geringere Rendite erwirtschaftet als ein zweites Wasserkraftwerk mit der gleichen Bruttoleistung und „besseren“ Standortcharakteristika. Das System zur Berechnung der Wasserzinsabgabe ist zwar einfach im Vollzug, weist aber laut [Banfi et al. 2004] Nachteile auf, welche insbesondere bei einer Liberalisierung der Elektrizitätsmärkte spürbar werden könnten. Deshalb schlagen sie eine alternative Bepreisung der Wasserkraftnutzung auf Basis der Ressourcenrente vor (siehe hierzu u.a. [Banfi et al. 2004], [Samuelson et al.

---

69 Hierbei ist allerdings zu beachten, dass der Anteil an den gesamten Stromgestehungskosten auf Basis einer Stichprobe von 54 Anlagen in der Schweiz ermittelt wurde. Des Weiteren ist zu beachten, dass innerhalb von Wasserkraftkategorien und Unternehmenskategorien beachtliche Unterschiede zwischen den Unternehmen und den Wasserkrafttypen auftreten können.

1995], [Endres et al. 2000] und [Tietenberg 2000]). Die Ressourcenrente ist die Differenz zwischen den Erträgen eines Gutes, welches mit natürlichen Ressourcen produziert wird, und den Kosten, welche bei der Umwandlung der natürlichen Ressource in das entsprechende Gut, im vorliegenden Falle die Umwandlung von Wasserkraft in Elektrizität, anfallen. Zur Diskussion der alternativen Bepreisung der Wasserkraft wird auf [Banfi et al. 2004] verwiesen.

4.4.3 Auswirkungen der Wasserrahmenrichtlinie auf das Wasserrecht der Schweiz

Die Schweiz als Nicht-EU-Mitglied ist nicht verpflichtet, die EU-Wasserrahmenrichtlinie umzusetzen. Sie ist aber dennoch von der Wasserrahmenrichtlinie betroffen. Die Ziele und Maßnahmen der EU-Staaten sollen innerhalb von Flussgebietseinheiten umgesetzt werden. Wenn eine Flussgebietseinheit über das Gebiet der Gemeinschaft hinausgeht, bemühen sich die Mitgliedsstaaten um eine geeignete Koordinierung mit den entsprechenden Nicht-Mitgliedsstaaten. Bezüglich der Wasserrahmenrichtlinie ist die schweizerische Gesetzgebung laut [Wyer 2002, S. 225] EU-konform. In einzelnen Punkten sind die schweizerischen Bestimmungen strenger als die der EU. Laut [Wyer 2002] wird es in Zukunft unter anderem darum gehen, auf internationaler Ebene die Grundlagen besser aufeinander abzustimmen[70].

Der Schutz der Gewässer findet in der Schweiz sowohl bei der Erteilung als auch bei der Erneuerung des Wassernutzungsrechts Berücksichtigung. Hierzu ist das Instrument die Umweltverträglichkeitsprüfung (UVP). Im Vordergrund stehen hierbei u.a. die Restwassermengen und die Wahrung des Fischbestandes und seiner Lebensart. Erfasst werden Speicher-, Pumpspeicher- und Laufkraftwerke mit mehr als 3 MW Leistung. Änderungen bestehender Anlagen sind wesentliche Umbauten, Erweiterungen oder Betriebsänderungen und unterliegen einer UVP.

Das Neubauprojekt (Neukonzessionierung) Kraftwerk Rheinfelden ist das erste Kraftwerk, für das eine Umweltverträglichkeitsbericht erstellt wurde (vgl. [Fust 2005]). Mit dem Projekt müssen 65 ökologische Schutz-, Erhaltungs- und Ausgleichsmaßnahmen realisiert werden, wie bspw. die Durchflutung der Gwildfläche, einer Flusssohle aus (Muschelkalk-) Felsen und Klüften, unterhalb des Wehrs. Hierfür ist bei dem Konzessionsprojekt neben einem Maschinenhaus am Schweizer Ufer mit vier Rohrturbinen-Generatoren eine Dotierturbine für die Durchflutung der Gwildfläche vorgesehen (vgl. [Fust 2005]).

---

[70] So wird die Schweiz z.B. den Rheinanliegerstaaten Informationen zu liefern haben, die zur Erstellung der Bewirtschaftungspläne gemäß Wasserrahmenrichtlinie für das Rheineinzugsgebiet erforderlich sind. Die Bewirtschaftungsplanung setzt eine einheitliche schweizerische Bestandsaufnahme in den Gewässereinzugsgebieten voraus. Hierfür müssen erst die Voraussetzungen durch den Schweizer Bund geschaffen werden.

4.4.4 Restwassermengen

Die Sicherung angemessener Restwassermengen in einem Fließgewässer unterhalb einer Entnahmestelle soll zur Erfüllung qualitativer Anforderungen beitragen. Zu den Anforderungen zählen u.a. die Wasserqualität der Oberflächengewässer, ein ausgeglichener Grundwasserhaushalt, die Artenvielfalt bei Tieren und Pflanzen, die Erhaltung einheimischer Fischpopulationen und die Erhaltung der Gewässer als Landschaftselement (vgl. [EC 2000c]).

Gesetzesgrundlage bildet das Bundesgesetz über den Schutz der Gewässer (GSchG), welches im Mai 1992 verabschiedet wurde. Die in Artikel 31 GSchG vorgegebene Restwassermenge wird im Fall der Wasserkraftwerke spätestens bei einer Neukonzessionierung wichtig. Konzessionserneuerungen und wesentliche Änderungen bestehender Anlagen kommen rechtlich der Errichtung einer neuen Anlage gleich (vgl. Kapitel 4.4.1). Deshalb muss zukünftig theoretisch von einem Zustand des Gewässers ausgegangen werden, wie er vorliegen würde, wenn noch nie eine Konzession erteilt worden wäre. Die Restwassermenge muss erhöht werden, wenn die Anforderungen nach Artikel 31 GSchG nicht erfüllt sind. Die Kantone können auch aus eigener Initiative die Mindestwassermengen erhöhen, wobei eine Abwägung der unterschiedlichen Interessen gegen und für eine Wasserentnahme stattfinden soll (Art. 33 GSchG). D.h. bei der Bestimmung der angemessenen Restwassermengen muss gegensätzlichen Interessen Rechnung getragen werden: einerseits den wirtschaftlichen Interessen des Kraftwerksbetreibers und andererseits den Interessen des Umweltschutzes. Um trotz der Interessensabwägung die Übernutzung der Gewässer zu verhindern, wurden die Mindestrestwassermengen als untere Grenze festgelegt (vgl. [BUWAL 2000, S. 9]). Allerdings werden im Art. 32 GSchG auch Ausnahmen von den Mindestrestwassermengen genannt. Diese betreffen hauptsächlich Wasserkraftwerke über 1700 m ü. M. und somit in der Regel Gewässer ohne Fische im Gebirge, bei denen eine entsprechende Wasserführung infolge seitlicher Zuflüsse unterhalb der Wasserentnahme nach einer gewissen Distanz wieder gewährleistet ist (vgl. [BUWAL 2000, S. 49]).

Für die Wasserkraftwerke können die Bestimmungen zur Mindestrestwassermenge mit einer erheblichen Reduktion der Produktion und somit der Erlöse verbunden sein. Die Einbußen der Produktion hängen stark von den spezifischen Verhältnissen der Standorte der Kraftwerke ab. Die Auswirkungen auf die Energieproduktion wurden bisher lediglich allgemein und in wenigen Arbeiten abgeschätzt (vgl. hierzu [Elektrowatt 1987b], [Elektrowatt 1991], [SGS 1996], [KOWA 1993] und [SWV 1987])[71]. Nach Ablauf der bestehenden Konzessionen im Jahr 2070 werden Einbussen in der Größenordnung von rund 1900 GWh für die Anwendung des Art. 31 erwartet und Einbussen von 2600 bis zu 5000 GWh, wenn zusätzlich Art. 33 berück-

[71] Für eine Übersicht über die Ergebnisse der Schätzungen wird auf [Ott et al. 2004, S. 77ff] verwiesen.

sichtigt wird. Die durch Modernisierungen, Erneuerungen und Erweiterungen erwartete Mehrproduktion kann die erwarteten Ertragseinbußen nicht kompensieren (vgl. [Filippini et al. 2001, S. 19]).

Die angenommenen Produktionseinbußen für die später beschriebene Modellanwendung (vgl. Kapitel 6.3.1.5) sind in Kapitel 6.3.1.5 beschrieben und in Tabelle 6.4 zusammengefasst.

4.4.5 Schwall- und Sunkproblematik

Neben der Restwassermenge kann auch zukünftig die Schwall- und Sunkproblematik an Bedeutung gewinnen. Starke und schnelle Abflussschwankungen werden als Schwall- und Sunkerscheinungen bezeichnet. Der Schwall bezeichnet den künstlich erhöhten Abfluss eines Fließgewässers während des Turbinierens eines Wasserkraftwerks, der Sunk die Niedrigwasserphase. Der Wechsel zwischen den Abflusszuständen wird als Schwallbetrieb bezeichnet (vgl. [BUWAL 2003, S. 3]). Die starken Wasserstandsänderungen wirken sich insbesondere auf die Lebensbedingungen von Fauna und Flora in Gewässern aus (vgl. hierzu [BUWAL 2003, S. 3ff]). Die Schwallproblematik hat in liberalisierten Märkten, durch die Bestrebungen der Speicherkraftwerke, die Produktion stärker auf Spitzenenergie und zur Bereitstellung von Regelenergie auszurichten, an Bedeutung gewonnen. Die Schwallproblematik ist bisher gesetzlich nicht geregelt, kann aber bei Neukonzessionierung im Rahmen der Umweltverträglichkeitsprüfung Berücksichtigung finden[72].

In dem in dieser Arbeit entwickelten Modell können Restriktionen, die aus der Schwall- und Sunkproblematik resultieren, über zusätzliche Gleichungen, die den Anlagenbetrieb limitieren, berücksichtigt werden (vgl. Kapitel 5.8.3.10).

4.5 Erneuerungs- und Erweiterungspotenziale der Wasserkraft

Prinzipiell wird der Ausbau heimischer Wasserkraft häufig mit den folgenden Vorteilen in Zusammenhang gebracht (vgl. [TIWAG 2005][73], [BFE 2004a]): Stärkung der energiepolitischen Autonomie und standortpolitischen Handlungsfähigkeit, Schaffung hochwertiger Arbeitsplätze, Sicherung von Wertschöpfung und Strukturentwicklung in der eigenen Region und die Verbesserung der außenwirtschaftlichen Bilanz.

Das zusätzlich wirtschaftlich nutzbare Wasserkraftpotenzial lässt in der Schweiz allerdings nur noch einen sehr begrenzten Spielraum offen. In den letzten Jahren

---

[72] Für Kraftwerksbetreiber besteht die Möglichkeit freiwillige Maßnahmen durchzuführen, insbesondere im Rahmen von Konzessionsverhandlungen. Die Dämpfung der Abflussschwankungen kann mit unterschiedlichen Maßnahmen geschehen, wie bspw. naturnah gestaltete, flussbauliche Maßnahmen (geschlängelte Uferlinien, lokalen Flussaufweitungen, etc.), wasserbaulichen Maßnahmen (Rückhaltebecken, etc.) und Maßnahmen zur Reduktion des Schwalls (höhere Restwassermengen, Dämpfung der Schwallspitzen, etc.) (vgl. [BMU 2005]).

[73] In [TIWAG 2005] werden mögliche Standorte künftiger Wasserkraftwerke in Tirol (Österreich) von nicht ausgebauten Wasserkraftressourcen – teilweise in Form alternativer Entscheidungsvarianten – zur Diskussion gestellt.

wurden verschiedene Schätzungen über das Ausbaupotenzial der Wasserkraft in der Schweiz oder in einigen Kantonen durchgeführt[74]. In der aktuellsten Schätzung [BFE 2004a] wird das technische Ausbaupotenzial in der Schweiz auf ca. 7570 GWh pro Jahr mit einem Winteranteil von 4700 GWh angegeben bei einer derzeitigen mittleren jährlichen Produktionserwartung von ca. 35 000 GWh aus Wasserkraft. Bei der Ermittlung des technischen Potenzials werden vier Ausbauarten unterschieden und das entsprechende Ausbaupotenzial geschätzt (vgl. [BFE 2004a]):

- Ausrüstungsersatz: 970 GWh (Wirkungsgradverbesserungen bei fälligem Ersatz, größere Maschinen bei Ersatz und Erhöhung der Ausbauwassermenge)
- Flusskraftwerke: 200 GWh (Gefälleerhöhungen durch Stauerhöhungen und Ausbaggerungen)
- Umbauten und Erweiterungen (nicht realisierter Projekte): 940 GWh und
- Neubauten (nicht realisierter Projekte): 5460 GWh.

Neben der Ermittlung des technischen Ausbaupotenzials wurde auch eine Prognose der Wasserkraft unter Berücksichtigung von verschiedenen möglichen Szenarien in [BFE 2004a] vorgenommen. Hierfür wurden 20 Treiber ermittelt, die anhand des Einflusses auf das Ausbaupotenzial und die Steuerbarkeit charakterisiert wurden (vgl. [BFE 2004a, S. 75]). Den größten Einfluss auf die Umsetzung des Ausbaupotenzials mit der geringsten Steuerbarkeit (Beeinflussbarkeit) hat der „Treiber" zukünftige Elektrizitätspreise[75]. Förderbeiträge haben einen ebenso hohen Einfluss auf die Umsetzung des Potenzials, lassen sich aber im Gegensatz zu Elektrizitätspreisen sehr gut steuern. Es stellt sich somit die Frage, ob bei zukünftig zu geringen Elektrizitätspreisen nicht über eine entsprechende Förderung der Wasserkraft zur Realisierung des Ausbaupotenzials in der Schweiz (bspw. ähnlich wie im Erneuerbaren-Energien-Gesetz in Deutschland) nachgedacht werden sollte. Neben den beiden genannten Treibern werden auch die folgenden entweder mit hoher Steuerbarkeit oder mit großem Einfluss auf das Ausbaupotenzial charakterisiert [BFE 2004a]: Standorte, Wasserzinse, CO_2-Abgaben, Restwassermengen, Versorgungssicherheit, Regelenergiebedarf und Liberalisierung. Auf Basis von fünf verschiedenen Szenarien und mit Hilfe der Einflüsse der entwickelten Treiber auf die Umsetzung der Ausbaupotenziale wurden die Realisierungen der einzelnen Ausbaupotenziale ermittelt. Die Entwicklung der Ausbaupotenziale in Abhängigkeit der Szenarien ist in Abbildung 4.2 dargestellt (vgl. [BFE 2004a]). Im Referenzfall wird von einer zusätzlichen Jahresproduktion von ca. 3500 GWh bis ins Jahr 2030 ausgegangen.

---

[74] Siehe hierzu [BFE 2004a], [Elektrowatt 1987a], [Elektrowatt 1987c], [KOWA 1993] und [SWV 1987].

[75] Auch hierdurch wird die Notwendigkeit zur Modellierung der Strompreise unterstrichen.

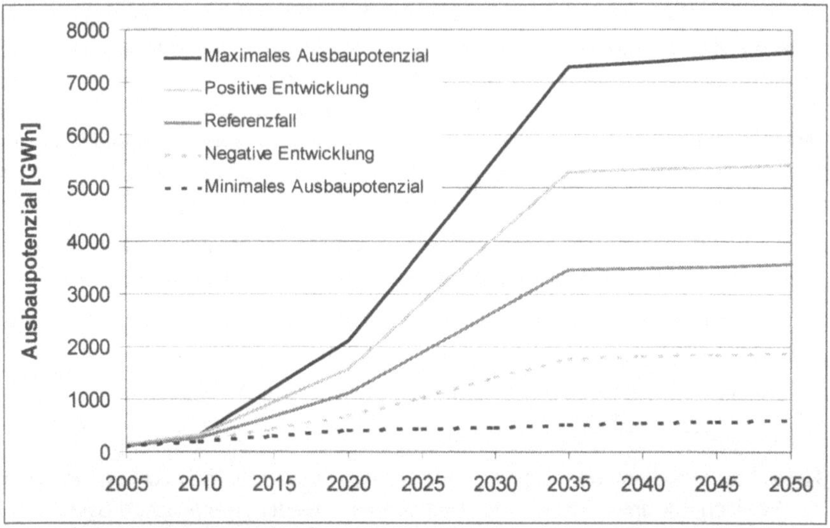

Abbildung 4.2: Ausbaupotenzial der Jahresproduktion der schweizerischen Wasserkraft (Quelle: [BFE 2004a, S. 85])

5 Entwicklung eines hydro-thermischen Energiesystemmodells

Nach einer Differenzierung der Planungsaufgaben von Energieversorgungsunternehmen werden existierende Ansätze zur Kraftwerksausbauplanung, zur Abbildung der Wasserkraft und zur Strompreisprognose in diesem Kapitel vorgestellt und diskutiert. Auf Basis der vorgestellten Modelle wird ein Anforderungsprofil abgeleitet und das PERSEUS-HYDRO-Modell nach diesem Profil entwickelt.

5.1 Planungsebenen bei Energieversorgungsunternehmen

Aufgrund der speziellen Eigenschaften der Ware Elektrizität stellt die Planung von Energieversorgungssystemen eine komplexe Aufgabe dar. Die Lösung dieser Aufgabe wird in der Regel durch Zerlegung der Aufgabenstellung in Teilprobleme ermöglicht. [Flechner 1995] unterscheidet hinsichtlich der zeitlichen Differenzierung die Ausbauplanung, die Betriebsplanung und die Betriebsführung (vgl. Tabelle 5.1). Entscheidungen über Systemerweiterungen, Investitionen und zukünftig zu verfolgende Technologielinien werden in der Kraftwerksausbauplanung bis zu 30 Jahre im voraus getroffen. Um langfristige Planungsaufgaben durchführen zu können, bedarf es Prognosen bspw. zur Nachfrage- und Maximallastentwicklung, zu zukünftigen Brennstoffpreisen, Elektrizitätspreisen und geplanten Stilllegungen für das analysierte Versorgungsgebiet. In der Standortplanung liegt ein weiteres Teilgebiet langfristiger Planungsaufgaben[76]. Während in der Ausbauplanung leistungs- und arbeitsabhängige Ausgaben berücksichtigt werden müssen, können leistungsabhängige Ausgaben die Betriebsplanung und Betriebsführung nicht mehr beeinflussen. Die optimale Aufteilung der einsetzbaren Kraftwerkskapazitäten zur Deckung der prognostizierten Energienachfrage unterliegt der langfristigen Kraftwerkseinsatzplanung (Revisionsplanung), in der u.a. Termine für die planmäßige Wartung festgelegt werden (vgl. [Curtius 1985]). Aufgabe der Energieeinsatzplanung ist es, über einen Planungshorizont von meist einem Jahr[77] den Betrieb des Erzeugungssystems ausgabenminimal zu planen. Sie ermöglicht die optimale Aufteilung der zu verbrauchenden und zu erzeugenden Energiemengen auf die einzelnen Zeitbereiche und Erzeugungseinheiten. In der Kraftwerkseinsatzplanung[78] werden der Anfangszustand

[76] Hierzu existieren erste Ansätze die räumliche und geographische Einflussfaktoren mit Hilfe von GIS-Systemen bestimmen und diese in langfristige Energiesystemen berücksichtigen (vgl. u.a. [Cremer 2005]).

[77] Entspricht meist dem längsten Gültigkeitszeitbereich aller zeitintegraler Nebenbedingungen (vgl. [Jürgens 1994])

[78] Es existieren eine Anzahl von Lösungsansätzen bei der Kraftwerkseinsatzplanung, die auf unterschiedlichen Methoden der Zerlegung der Gesamtaufgabe beruhen und die unterschiedliche mathematische und heuristische Verfahren enthalten. Zur Lösung werden die klassische Dekomposition in thermisches und hydraulisches Teilsystem, die mathematische Dekomposition nach und die Dekomposition durch Lagrange-Relaxation vorgeschlagen. Ein quantitativer Vergleich der verschiedenen Verfahren für hydrothermische Erzeugungssysteme findet sich in [Jürgens 1994]. Zur Lösung der Modelle zur Tageseinsatzplanung ist die Lagrange-Relaxation am besten geeignet und auch am weitesten verbreitet (vgl. [Jürgens 1994, S. 108] und [Hobbs et al. 2001, S. 2]).

und die Vorgaben aus Revisions- und Energieeinatzplanung berücksichtigt. Für einen Zeitbereich, der sich über einen Tag bis zu einer Woche erstrecken kann, wird festgelegt, welche Erzeugungseinheiten wann und mit welcher Leistung betrieben werden sollen.

Tabelle 5.1: Planungsaufgaben bei EVU (in Anlehnung an [Jürgens 1994] und [Flechner 1995])

Planungshorizont	Planungsaufgaben
30-50 a	Kraftwerksausbauplanung
1-5 a	Revisionsplanung (Langfrst. Kraftwerkseinsatzplanung)
	Energieeinsatzplanung (Mittelfrst. Kraftwerkseinsatzplanung)
1-7 d	Kraftwerkseinsatzplanung
< 6 h	Momentanoptimierung und Einsatzmodifizierung

Während Revisions-, Energieeinsatz- und Kraftwerkseinsatzplanung zur Betriebsplanung gerechnet werden, gehören Momentanoptimierung und Einsatzmodifizierung zur Betriebsführung. In der Momentanoptimierung und Einsatzmodifizierung werden Vorgaben der kurzfristigen Einsatzplanung verändert, falls geänderte Prognosen dies erforderlich machen.

5.2 Existierende Ansätze zur Entscheidungsunterstützung bei der Planung des Kraftwerksausbaus

Bei Energieversorgungsunternehmen werden Modelle zur Entscheidungsunterstützung bei der Entwicklung von Unternehmensstrategien auf verschiedenen Planungsebenen eingesetzt[79] (vgl. Tabelle 5.1). Grundsätzlich kann festgestellt werden, dass die Anzahl der entscheidungsunterstützenden Instrumente für die Investitions- und Produktionsprogrammplanung von EVU im Vergleich zu Modellen für kurzfristige Planungsaufgaben gering ist (vgl. [Verstege et al. 1997] und [Göbelt 2001]). Dies kann u.a. dadurch begründet sein, dass erstens in den liberalisierten Märkten Überkapazitäten vorhanden sind und deshalb der Bedarf sich Gedanken über die längerfristigen Anforderungen und Perspektiven für Kraftwerksinvestitionen im Wettbewerb zu machen, eher geringer war. Zweitens stellt die Abbildung der Investitionsentscheidung in Modellen keine triviale Aufgabe dar. Existierende Ansätze für die verschiedenen Planungsaufgaben von EVU werden in [Lüth 1997, S. 9ff.] und [Wietschel 2000, S. 120 ff.] beschrieben. Dabei wird auch auf Modelle für die Investitionsprogrammplanung eingegangen. Diese werden in der Energiewirtschaft in der Regel als Modelle zur Kraftwerks- oder Kapazitätsausbauplanung bezeichnet. Eine Klassifikation von Energiemodellen für langfristige sektorspezifische Analysen findet

[79] Vgl. u.a. [VDI 1994], [VDI 1997], [VDI 2001], [VDI 2003], [VDI 2005]

sich in [Enzensberger 2003, S. 42ff.]. In [Graeber 2002, S. 30ff.] wird ein Überblick über angewandte Verfahren bei Modellen zur Kraftwerksausbauplanung und Netzausbauplanung elektrischer Energieversorgungssysteme gegeben.

Grundsätzlich können zur Bewertung von einzelnen Kraftwerksinvestitionen auch einfachere Verfahren, wie die Kapitalwertmethode herangezogen werden (vgl. [Filippini et al. 2001, S. 91ff.]). Hierfür ist es allerdings notwendig, die zukünftigen Erträge und somit die zukünftigen Strompreise zu kennen bzw. abzuschätzen. D.h. neben der Investitionsrechnung müssen entsprechende Modelle zur Preisprognose angewendet werden und entsprechende Preisinformationen liefern. In [Weber 2001] wird eine Methodik entwickelt, die die ‚Mark-to-Market' Bewertung in die Investitionsrechnung integriert. Zukünftige Elektrizitätspreise werden über stochastische Prozesse als mean-reversion Prozesse modelliert. Mit Hilfe der Preisprozesse werden die zukünftigen Deckungsbeiträge in Abhängigkeit der variablen Produktionskosten einer Erzeugungstechnologie geschätzt. Um auch die Unsicherheiten bzgl. der Primärenergieträgerpreise zu berücksichtigen, werden zusätzlich die Primärenergieträgerpreise über stochastische Prozesse abgebildet. Der Vorteil des Verfahrens liegt in der expliziten Berücksichtigung der Unsicherheit der Preisentwicklung und der Analyse des Beitrags einzelner Kraftwerksinvestitionen zum gesamten Risiko-Portfolio.

5.3 Existierende Ansätze zur Abbildung von Wasserkraft

Aufgrund der verschiedenen Eigenschaften von thermischen Anlagen und Wasserkraftwerken kommen häufig spezielle Modelle zur Abbildung der Wasserkraft in den verschiedenen Planungsebenen zum Einsatz. Im Folgenden werden existierende Ansätze zur Modellierung der Wasserkraft skizziert. Die Anzahl der Modelle zur Entscheidungsunterstützung bei langfristigen Planungsaufgaben speziell für Wasserkraftwerke ist gering. Wie bei den im vorangehenden Abschnitt beschriebenen Modellen zur Entscheidungsunterstützung existieren für Wasserkraftanlagen deutlich mehr Modelle für mittel- und kurzfristige als für langfristige Planungsaufgaben.

Zur Entscheidungsunterstützung bei der Investitionsplanung bei Wasserkraftwerken wird in [Filippini et al. 2001, S. 91ff] ein Modell vorgestellt, welches den Barwert von einzelnen Kraftwerksprojekten ermittelt. Hierzu wird zwischen Bau- und Nutzungsphase unterschieden. Als Eingangsparameter sind hierfür u.a. der langfristige Strompreis und die Produktionsstruktur des bewerteten Kraftwerkes notwendig. Sowohl Strompreis als auch Produktionsstruktur werden hierfür auf sechs verschiedene Lastperioden aufgeteilt. Die Produktion in den verschiedenen Lastperioden, die je nach Kraftwerkskategorie unterschiedlich sein kann, wird mit den exogen vorgegebenen Strompreisen multipliziert. Mit den daraus resultierenden jährlichen Einnahmen und den Ausgaben (Investition und Betriebskosten) wird der Gegenwartswert der Investition berechnet, der dann als Entscheidungsgrundlage herangezogen werden kann. Neben der Kapitalwertmethode wird neuerdings häufig auch die Realoptionspreismethode zur Beurteilung von Investitionen herangezogen. Aufgrund der schwierigen Operationalisierbarkeit hat diese Methodik bei der Bewertung von Investitionsprojekten im Kraftwerkssektor, insbesondere bei Wasserkraftprojekten, bisher keine praxisrelevante Anwendung gefunden.

Im Gegensatz zur Investitionsplanung (Kraftwerksausbauplanung) existieren zur Abbildung des Kraftwerkseinsatzes von Wasserkraftwerken zahlreiche Ansätze[80]. Je nach Anwendungsgebiet weisen die Modelle und die zur Lösung angewendeten Verfahren deutliche Unterschiede auf. Der Einsatz der Wasserkraftwerke orientiert sich im liberalisierten Markt nicht mehr an der kostengünstigen Lastdeckung, sondern hat die Maximierung des Erlöses zum Ziel, sodass in der Regel eine Kraftwerkseinsatz- und Handelsplanung simultan durchgeführt wird (vgl. [Doorman et al. 1995]). Aus diesem Grund wird mit verschiedenen Methoden versucht, die zukünftig zu erwartenden Strommarktpreise abzuschätzen und daran den Wasserkrafteinsatz zu orientieren. In der mittel- bis langfristigen Energieeinsatzplanung werden häufig stochastische Wasserzuflüsse nicht betrachtet (vgl. [Rivera 1990]), während diese bei der kurzfristigen Kraftwerkseinsatzplanung (Tageseinsatzplanung) berücksichtigt werden (vgl. u.a. [Flechner 1995], [Jürgens 1994], [Ripper 2000], [Ripper et al. 1999], [Scott et al. 1996]). Hydrologische Verknüpfungen und Fallhöhenänderungen als Funktion des Wasserfüllstandsverlaufes werden in der Regel sowohl bei den kurz- als auch bei den langfristigen Kraftwerkseinsatzmodellen (Energieeinsatzplanung) abgebildet. Je nach Detaillierungsgrad werden in den kurzfristigen Tageseinsatzplanungsmodellen zudem noch die nichtlinearen Abhängigkeiten des Wirkungsgrades von Fallhöhe und Durchfluss berücksichtigt[81]. In der Energieeinsatzoptimierung in [Rivera 1990] stellen zudem Wasserverluste durch Verdunstung und Versickerung bei einem geographisch weit ausgedehnten Kraftwerkssystem einen Einflussfaktor dar. In [Ripper 2000] wird ein Verfahren vorgestellt, dass eine Energieeinsatzoptimierung mit einer Tageseinsatzoptimierung kombiniert. Dabei können die beiden Planungsebenen entweder über eine Mengen- oder eine Preisvorgabe zusammengeführt werden. Bei dem Prinzip der Mengenvorgabe werden der Kraftwerkseinsatzplanung die von der Energieeinsatzplanung berechneten Entnahmemengen oder Zielpegelvorgaben der Speicherseen vorgegeben. D.h. es werden Speicherstände übergeben, die für verschiedene Zeitpunkte eingehalten werden müssen. Um den starren Mengenvorgaben einen Freiraum innerhalb der Kraftwerkseinsatzplanung zu ermöglichen, werden in einigen Ansätzen Strafkosten für Abweichungen von den Zielvorgaben berücksichtigt. Neben den Mengen können auch Preise vorgegeben werden. Diese Methode wird als Wasserwert-Methode (Water Value Method)

---

[80] Vgl. hierzu u.a. [Edwards 2003], [Ripper 2000], [Ripper et al. 1999], [Nießen 1998], [Scott et al. 1996], [Flechner 1995], [Doorman et al. 1995], [Jürgens 1994], [Rivera 1990], [Johannesen et al. 1989], [Schröder 1988].

[81] Die Zusammenhänge können aus einer „Muschelkurve" abgelesen werden, einem Erzeugungskennlinienfeld, in dem Wirkungsgrad und abgegebene Leistung in Abhängigkeit von Fallhöhe und Durchfluß eingezeichnet sind (vgl. [Giesecke et al. 2003]).

bezeichnet. Von der Energieeinsatzplanung wird eine Preisfunktion übergeben, die in Abhängigkeit von erreichbaren Endvolumina, den Deckungsbeitrag für den nicht durch die kurzfristige Einsatzplanung abgedeckten restlichen Zeitraum der Energieeinsatzplanung beschreibt. In der Kraftwerkseinsatzplanung kann dann mit der Funktion des Speicherendvolumens der Deckungsbeitrag (durch Festlegung der Fahrweisen der hydrothermischen Anlagen und des Stromhandels) maximiert werden. Die Zielvolumenvorgaben haben den Vorteil, dass die Plausibilität der ermittelten Zielvolumina durch Vergleich mit historischen Pegelständen einfach zu überprüfen ist, während die Steuerung mit Wasserwertvorgaben eine schnelle Bewertung von Kauf- und Verkaufsangeboten ermöglicht (vgl. [Ripper 2000, S. 83]). In [Doege et al. 2005] wird ein mehrstufiges stochastisches Modell zum Risikomanagement von Kraftwerksportfolios vorgestellt, in dem Wasserkraftwerke mit hydrologischen Verknüpfungen und stochastischen Zuflüssen abgebildet werden. Dabei wird gezeigt, wie Volumenrisiken mit einer entsprechenden Kraftwerkseinsatzstrategie gehedgt werden können.

Neben den skizzierten Modellen zur Energie- und Tageseinsatzplanung mit dem Ziel der Gewinnmaximierung werden zudem noch Modelle eingesetzt, die die Wechselwirkungen zwischen dem Betrieb der Kontrollbauwerke wie Turbinen und Wehre und den Strömungsverhältnissen in den Stauräumen analysieren. Beim automatisierten Betrieb staugeregelter Flüsse werden die Abflüsse an den Staustufen aufgrund von Wasserstands- und Zuflussinformationen sowie einzuhaltenden Betriebsvorschriften gesteuert. Bei der Festlegung der Automatisierung bzw. des Automatisierungsgrades werden zur Beantwortung der sich ergebenden Fragen häufig numerische Simulationen der Staustufenketten herangezogen. Durch verschiedene Anfordungen und Randbedingungen, wie bspw. Hochwasserschutz, Energieerzeugung, Trinkwasserversorgung, etc., ergeben sich für die Bewirtschaftung der Staustufenkette unterschiedliche Betriebsstrategien, die Untersuchungen und Analysen der Strömungsverhältnisse im Zusammenspiel mit den Kontrollbauwerken (Wehre, Turbinen) erforderlichen machen. Ziel der hierfür eingesetzten Simulationen ist es, für eine Staustufenkette geeignete Betriebsstrategien zu bestimmen (vgl. [Theobald 1999]). Grundlage sind hydrodynamisch-numerische (HN-) Modelle, mit denen die Abflussverhältnisse in einer Stauhaltung simuliert werden (vgl. [Theobald 1999], [Celan 2002], [Theobald et al. 2002]).

5.4 Existierende Ansätze zur Modellierung von Strompreisen

Wie bereits im zweiten Kapitel beschrieben, stellen Strompreise eine wesentliche Unsicherheit sowohl bei operationalen als auch bei strategischen Entscheidungen in liberalisierten Elektrizitätsmärkten dar. Es existieren eine Vielzahl von Modellansätzen, die Marktpreise für Strom analysieren, ableiten oder prognostizieren. Die Modellansätze können einerseits bzgl. des Prognosehorizontes (kurzfristig bis langfristig) unterschieden werden, andererseits lassen sich die Ansätze in vier Klassen unterteilen: Fundamentalanalytische Modelle, finanzmathematische Modelle, spieltheoretische Modelle, statistische und ökonometrische Modelle.

5.4.1 Fundamentalanalytische Modelle

In fundamentalanalytischen Modellen wird versucht, die Strompreise auf Basis fundamentaler Einflüsse zu erklären. Es wird davon ausgegangen, dass der Marktpreis langfristig durch Fundamentalfaktoren und nicht durch die Psychologie des Marktes bestimmt wird. Eine Abweichung des Marktpreises von dem fundamental bestimmbaren Wert wird in der Regel durch Informationsasymmetrien und Marktunvollkommenheiten begründet (vgl. [Kramer et al. 1999]).

Zur Ableitung von Strompreisen auf Basis fundamentaler Einflüsse kommen meist optimierende Verfahren zur Anwendung. Optimierende Energiesystemmodelle, wie die später in dieser Arbeit vorgestellte Modellentwicklung, sind den fundamentalanalytischen Modellen zuzurechnen. In optimierenden Energiesystemmodellen wird das reale Energieversorgungssystem mit den wesentlichen (system)technischen Charakteristiken abgebildet. Dies sind u.a. die technischen Eigenschaften der Kraftwerke, Kapazitäten, Brennstoffkosten, Einspeisung von Elektrizität aus Kraft-Wärmekopplung und erneuerbaren Energien, Übertragungskapazitäten und die Elektrizitätsnachfrage. Die Marktpreise für Strom werden auf Basis der Angebots- und Nachfragefunktion unter Berücksichtigung technischer Eigenschaften abgeleitet[82].

Mit optimierenden Energiesystemmodellen können sowohl kurz- als auch langfristige Planungshorizonte betrachtet werden. In Abhängigkeit des Planungszeitraumes sind die verwendeten Modellparameter mit Unsicherheiten behaftet. Um Unsicherheiten bei der Analyse zu berücksichtigen, werden die entsprechenden Modellparameter (bspw. Primärenergieträgerpreise, Stromnachfrage, technische und ökonomische Daten von Technologien) in Szenario- oder/und Sensitivitätsanalysen variiert.

Beispiele von in den letzten Jahren entwickelten und angewendeten fundamentalanalytischen Modellen finden sich u.a. in [Müsgens 2004], [Weber 2004], [Enzensberger 2003], [Kramer 2002], [Borchert 2003], [Kreuzberg 2001], [Kreuzberg et al. 2001] und [Möst et al. 2004].

---

82 Zur Ableitung von Preisinformationen in optimierenden Energiesystemmodellen wird auf Abschnitt 5.9.2 verwiesen.

5.4.2 Finanzmathematische Modelle

Finanzmathematische Modelle wurden ursprünglich zur Analyse von Wertpapier- und Zinsmärkten entwickelt. Anschließend wurden einige der entwickelten Modelle auch auf Elektrizitätsmärkte angewendet. Dabei sind die Eigenschaften der Ware Strom, insbesondere die Nicht-Speicherbarkeit, zu berücksichtigen. Gegenüber fundamentalanalytischen Verfahren haben finanzmathematische Modelle den Vorteil, dass nur wenige Daten zur Modellierung der Zielgröße (Strompreis) benötigt werden. Im einfachsten Fall wird nur eine Zeitreihe der vorherzusagenden Variablen benötigt. Finanzmathematische Modelle eignen sich, um das Verhalten des Strompreisprozesses zu beschreiben und werden häufig zur Optionsbewertung und Risikoanalyse verwendet (vgl. [Federico et al. 2005]).

In finanzmathematischen Modellen werden die Preise mit Hilfe von stochastischen Prozessen modelliert. Strompreise werden anders als Wertpapierkurse mittelfristig einem Mean-Reversion- und langfristig einem Random-Walk-Prozess folgen. Mittelfristig folgen die Preise einem stabilen Preispfad, der durch die Grenzkosten der vorhandenen Kapazitäten und das Angebot vorgegeben ist. Kurzfristig können die Preise von diesem Pfad abweichen, mittelfristig wird sich der Preis aber immer wieder auf diesen Pfad zu bewegen. Für kurzfristige Kontrakte ist die Volatilität größer als die für langfristige, da die den kurzfristigen Preis beeinflussenden Faktoren (Kapazitätsangebot, Leitungsengpässe, Nachfrage) nur innerhalb eines kurzen Planungshorizontes bekannt bzw. prognostizierbar sind. Langfristig wird durch die Veränderungen vorhandener Kapazitäten sowie Änderungen der Nachfrage aus dem Mean-Reversion- ein Random-Walk-Prozess.

In ersten und einfachen Ansätzen wird die geometrisch Brown'sche Bewegung[83] zur Beschreibung von Spotpreisen verwendet. Modelle basierend auf einer geometrisch Brown'schen Bewegung enthalten einerseits eine deterministische Komponente, die die Preisentwicklung in Abhängigkeit eines oder mehrerer Parameter, bspw. der Zeit, modellieren. Andererseits wird eine konstante Volatilität der stochastischen Komponenten angenommen, die dazu führt, dass die Preisunsicherheit mit dem betrachteten Zeithorizont zunimmt, d.h. in weiter Zukunft liegende Werte werden unsicherer als nahe. Um die Diskrepanz zwischen Daten und der Beschreibung durch Modelle zu verringern, werden in der Literatur mehrfaktorielle Mean-Reversion-Prozesse mit Integration von Sprungkomponenten (Jump-Diffussion models) zur Modellierung der Strompreise vorgeschlagen[84].

Entwicklungen und Anwendungen von finanzmathematischen Ansätzen für den Elektrizitätssektor finden sich in [Amend 2000], [Barlow 2002], [Barz 1999], [Blanco

---

[83] Für eine mathematische Beschreibung der geometrisch Brown'schen Bewegung wird u.a. auf [Hull 2000] verwiesen.

[84] Vgl. [Barz 1999], [Schwartz 1997], [Johnson et al. 1999] und [Pilipovic 1997].

et al. 2001], [Bunn 2004], [Duffie et al. 1998], [Federico et al. 2005], [Federico et al. 1999], [Johnson et al. 1999], [Pilipovic 1997], [Schwartz 1997], [Weber 2004].

5.4.3 Spieltheoretische Modelle

Auf einem deregulierten Strommarkt lassen sich verschiedene Marktakteure mit unterschiedlichen Aufgaben (Erzeugung, Transport, Systembetrieb, Verteilung, Marktkoordination, Verkauf) identifizieren. Jeder der Akteure verfolgt in der Regel das Ziel, seinen Gewinn zu maximieren. In einem Markt mit unvollständigem Wettbewerb ist das strategische Verhalten der Akteure von Interesse. Hierfür bieten sich spieltheoretische Modelle an.

Spieltheoretische Modelle werden hauptsächlich zur Analyse von Wettbewerbsverhalten und Marktmacht und deren Einfluss auf den Strompreis herangezogen. Schwerpunkt ist hierbei die Analyse der Bedeutung von Marktmacht in oligopolistischen Strukturen. Eine Klassifikation der verschiedenen spieltheoretischen Ansätze findet sich in [Smeers 1997], [Kahn 1998], [Hobbs 2001], [Weber 2004] und [Ventosa et al. 2005]. Grundsätzlich lassen sich die traditionellen Oligopolmodelle nach der Art der strategischen Variablen der Spieler unterscheiden (vgl. [Remme et al. 1999]). Bei einem Bertrand-Gleichgewicht wird unterstellt, dass die Entscheidungsvariable der Spieler der Preis ist. Dagegen wird bei einem Cournot-Gleichgewicht angenommen, dass die Entscheidungsvariable der Spieler die abgesetzte Menge ist. Dieses Gleichgewicht erscheint bei einer langfristigen Betrachtung sinnvoll, da ein Erzeuger seine abgesetzte Menge durch Kapazitätszubau in gewinnmaximierender Weise steuern kann. Hierfür sind allerdings negative Preiselastizitäten der Nachfrage notwendig[85]. Das Bertrand-Gleichgewicht bietet sich bei der Analyse des kurzfristigen Marktes an. Da Strom nur in sehr begrenztem Umfang speicherbar ist, ist der Erzeuger kurzfristig daran interessiert, seinen erzeugten Strom am Markt abzusetzen. Hierzu unterbietet er seine Konkurrenten, solange der Preis über seinen marginalen Erzeugungskosten liegt und seine Kapazität ausreicht, um die Nachfrage zu decken.

Das Konzept der Supply Function Equilibria-Modelle vereint die beiden Strategiearten, das in den 90er Jahren von [Klemperer et al. 1989] zur Analyse alternativer Ausgestaltungsformen eines Spotmarktes für Elektrizität genutzt wurde und in verschiedenen Arbeiten angewendet und erweitert wurde[86]. Das Nash-Gleichgewichts[87]

[85] In vielen Arbeiten herrscht Einigkeit, dass negative Preiselastizitäten in einem langfristigen Zeitraum beobachtet werden können, während kurzfristig praktisch keine Preiselastizität der Elektrizitätsnachfrage vorhanden ist (vgl. [Wietschel et al. 1997b], [Dahl et al. 1994], [Dennerlein 1990]).

[86] Vgl. [Green et al. 1992, S. 933], [Bolle 1992, S. 94], [Hogan 1997], [Baldick et al. 2001], [Bolle 2001] und [Day et al. 2002].

[87] Das Nash-Gleichgewicht wird über Bietstrategien erreicht, die dem einzelnen Anbieter unter Berücksichtigung des Marktverhaltens der anderen Marktteilnehmer einen maximalen Gewinn

wird jeweils für einzelne Zeitpunkte ermittelt. Intertemporale Effekte, wie mehrperiodige Investitionsentscheidungen, oder technische Restriktionen, wie Anfahr- oder Laständerungskosten, bleiben unberücksichtigt. Solche Effekte sind bei der Ermittlung geeigneter Angebotskurven in vorgelagerten Berechnungen zu berücksichtigen. Ergebnisse des Verfahrens sind die sich einstellenden Marktpreise und Absatzmengen der einzelnen Anbieter. Ziel des Modelleinsatzes ist es, eine gegebene oder skizzierte Marktsituation hinsichtlich möglicher, wettbewerbsverzerrender Kooperationsstrategien zwischen den Anbietern zu analysieren und zu bewerten.

Bei den meisten der entwickelten Modelle stehen qualitative Aussagen im Vordergrund. Quantitative Ergebnisse werden meist zur Illustration verwendet. Dies ist auch in dem Zusammenhang zu sehen, dass die meisten Arbeiten im Vorfeld geplanter Marktrestrukturierungen entwickelt wurden und somit eher eine Entscheidungsunterstützung für den Regulator als für Energieversorger leisten. Für den Einsatz bei Energieversorgungsunternehmen bieten die gegenwärtigen Modelle wenig konkrete Anwendungsmöglichkeiten.

5.4.4 Statistische und ökonometrische Modelle

Im Gegensatz zu den bisher sehr stark theoretisch fundierten Modellansätzen, basieren statistische und ökonometrische Modelle sowie „technische" Analysen stärker auf empirischen Erkenntnissen. Ökonometrische und statistische Modelle versuchen die Schwankungen des Strompreises durch indirekte Faktoren[88], wie bspw. die Temperatur, die Jahreszeit, die Helligkeit und die Tageszeit zu beschreiben. Obwohl in statistischen und ökonometrischen Untersuchungen die Strompreise häufig auch über stochastische Prozesse modelliert werden, sind diese von finanzmathematischen Ansätzen dennoch zu unterscheiden. In finanzmathematischen Ansätzen steht der stochastische Prozess zur Modellierung des Strompreises im Vordergrund, während bei statistischen Modellen die indirekten Faktoren zur Erklärung der Preisschwankungen herangezogen werden. Statistische und ökonometrische Modelle zur Analyse von Strompreisen finden sich u.a. in [Federico et al. 2000], [Federico 2002] und [Federico et al. 2005].

Als weitere Instrumente zur Preisprognose können Expertensysteme und „technische" Analysen genannt werden, die aus dem Bereich des Aktienhandels an der Börse stammen und versuchen Preisbewegungen auf der Basis historischer Daten zu antizipieren. Kursmuster und Verhaltensweisen von Kursverläufen sollen erkannt werden, um sie für die Prognose zu nutzen. Allerdings ist es äußerst schwierig, insbesondere in einem sich entwickelnden Markt wie dem Strommarkt, eine

---

ermöglichen. Verlässt ein einzelnes Unternehmen diesen Gleichgewichtszustand, kann es seinen Gewinn nicht erhöhen (vgl. [Riechmann 2002]).

[88] Die Faktoren werden an dieser Stelle als indirekt bezeichnet, da bspw. die Temperatur einen Einfluss auf die Nachfrage hat. Letztendlich beeinflusst aber die Höhe der Nachfrage den Strompreis und nicht die Temperatur.

„technische" Analyse als verlässliche Handelsunterstützung zu nutzen (vgl. [Kozlowski 2005]). Ein Überblick über die „technische" Analyse wird in [Kozlowski 2005] gegeben.

5.5 Anforderungsprofil an ein Modell zur Analyse der Wettbewerbsfähigkeit der Wasserkraft

Aus den Ausführungen der vorigen Kapitel wird ersichtlich, dass einerseits der Prognose der langfristigen Strompreise eine zentrale Funktion zukommt und andererseits der Kapazitätsausbauplanung, die zudem eine detaillierte Abbildung der Wasserkraftwerke ermöglicht. Entsprechend ist eine Methodik zu entwickeln, die sowohl eine Strompreisprognose als auch eine Bewertung von Kraftwerksinvestitionen bei Wasserkraftwerken unter Berücksichtigung des Anlageneinsatzes zulässt. Insbesondere sollen in dem Modell Wasserkraftanlagen und –kaskaden detailliert im Rahmen einer systemtechnischen Abbildung des Versorgungssystems berücksichtigt werden, um Aussagen zur langfristigen Wettbewerbsfähigkeit dieser Anlagen ableiten zu können. Ferner soll das Planungsmodell durch eine integrative Betrachtungsweise folgende Anforderungen miteinbeziehen: die einfache Möglichkeit zur Anpassung an geänderte Rahmenbedingungen (z.B. Primärenergieträgerpreise, politische Restriktionen, wie bspw. Emissionshandel), die gleichzeitige Berücksichtigung der Kraftwerkseinsatz- und Kraftwerksausbauplanung, die Einhaltung technischer Randbedingungen, die sich aus dem physikalischen Eigenschaften des Systems ergeben, die Integration von saisonalen Lastverläufen, die Integration von Emissionsentwicklungen, die Behandlung von Planungsunsicherheiten mittels Sensitivitätsanalysen und ein Ausgleich zwischen Genauigkeit und Aufwand (z.B. Speicher- und Rechenzeitbedarf).

Aus diesem Grund bieten sich Modelle an, die die Systemausbauplanung (Kapazitätsausbauplanung) mit einer Kraftwerkseinsatzplanung integrieren. Für die Modellentwicklung soll damit zunächst die isolierte Entwicklung eines langfristigen Energiesystemmodells im Vordergrund stehen mit dem Wasserkraftwerke und –kaskaden detailliert modelliert werden können. Im Rahmen dieser Arbeit kommt den Energiesystemmodellen PERSEUS-EVU und PERSEUS-CERT (**P**rogramme Package for **E**mission **R**eduction Strategies in **E**nergy **U**se and **S**upply – **E**nergieversorgungs**u**nternehmen bzw. **cert**ificate trading)[89] eine besondere Bedeutung zu. Die Arbeit bildet eine Basis für die durchgeführten Erweiterungen und Weiterentwicklungen für den Einsatz zur Analyse der Wettbewerbsfähigkeit der Wasserkraft in liberalisierten Energiemärkten. Im Folgenden sollen die optimierenden Energiesystemmodelle kurz vorgestellt werden, die als Vorläufer des in dieser Arbeit entwickelten PERSEUS-HYDRO (**P**rogramme Package for **E**mission **R**eduction Strategies in **E**nergy **U**se and **S**upply –**Hydro** Power) Modells anzusehen sind.

[89] Vgl. [Fichtner 1999], [Göbelt 2001] und [Enzensberger 2003].

5.6 Optimierende Energiesystemmodelle als Vorläufer des entwickelten PERSEUS-HYDRO-Modells

Optimierende Energiesystemmodelle werden häufig in der Politikberatung und zur Unternehmensplanung bei Energieversorgungsunternehmen eingesetzt. In der Regel handelt es sich hierbei um Energie- und Stoffflussmodelle, die das reale Energieversorgungssystem in Form eines gerichteten Graphen nachbilden. Sie sind durch eine stark technologiebasierte Abbildung des realen Energieversorgungssystems gekennzeichnet und werden deshalb häufig auch als ingenieurwissenschaftliche Modelle bezeichnet. Aufgrund der detaillierten Abbildung der Energieumwandlungsprozesse anhand techno-ökonomischer Charakteristika können die durch exogene Einflüsse, wie bspw. höhere Brennstoffpreise und/oder Politikmaßnahmen, induzierten technische Veränderungsprozesse nachvollzogen werden. Auslöser für die Intensivierung der Entwicklung und des Einsatzes derartiger Modelle waren die beiden Ölkrisen in den 70er Jahren. Die Motivation für die Anwendung bestand dementsprechend darin, die Abhängigkeit der Industrienationen von importiertem Mineralöl durch eine Umgestaltung der nationalen Energiesysteme zu verringern. Später wurden viele dieser Modelle erweitert, um die Berücksichtigung der Umweltauswirkungen der Energieumwandlung zu ermöglichen. Dabei standen vor allem die Emissionen von Schwefeldioxid (SO_2) und Stickoxiden (NO_X) im Vordergrund.

Bekannt und international weitverbreitet sind u.a. die Modelle MARKAL (Market Allocation Model, vgl. [Fishbone et al. 1981]), EFOM (Energy Flow Optimisation Model, vgl. [Finon 1974] und [Van der Voort et al. 1984]) und MESSAGE (Model for Energy Supply System Alternatives and their General Environmental Impact, vgl. [Agnew et al. 1979], [Messner 1984] und [Messner et al. 1999]). Die Basismodelle wurden im Rahmen verschiedener internationaler Forschungsvorhaben in verschiedenen Forschungseinrichtungen weiterentwickelt[90].

In den frühen siebziger Jahren wurde am Institut Economique et Juridique de l'Energie (IEJE) in Grenoble das Energieflussmodell EFOM konzipiert (vgl. [Finon 1974]). Dieses Modell wurde zur Analyse von Minderungsstrategien für SO_2-, NO_X- und später auch CO_2-Emissionen zum Energieflussmodell EFOM-ENV mit integriertem Umweltmodul weiterentwickelt (vgl. [Van der Voort et al. 1984], [Rentz et al.

[90] Einen Überblick über die Modellentwicklungen wird innerhalb der MARKAL-Modellgruppe in [Seebregts et al. 2002] und innerhalb der PERSEUS-Modellfamilie, die auf dem EFOM-Modell aufbaut, in [Wietschel et al. 1997c] gegeben. Ein Überblick über gegenwärtige Energiemodelle in verschiedenen Forschungseinrichtungen in der Bundesrepublik Deutschland findet sich in [MEX I 1999], [MEX II 2002], [MEX III 2004], [MEX IV 2004]. In den verschiedenen Modellexperimenten steht jeweils die Anwendung der Modelle auf entsprechende Fragestellungen im Vordergrund und es werden die Modellergebnisse der verschiedenen Modelle verglichen. In [MEX I 1999] werden strukturelle und gesamtwirtschaftliche Effekte des Klimaschutzes unter einer nationalen Perspektive analysiert. In [MEX II 2002] werden die Auswirkungen des Kernenergieausstiegs, in [MEX III 2004] die Rolle der erneuerbaren Energieträgern und in [MEX IV 2004] der Beitrag der deutschen Energiewirtschaft zum europäischen Klimaschutz mit verschiedenen Energiemodellen und energiewirtschaftlichen Systemanalysen analysiert.

1990]). Mitte der 80er Jahre wurde das Modell zur Entwicklung von Minderungsstrategien für Säurebildner eingesetzt, um damit einen Beitrag zur Politikberatung in den Problemfeldern der Versauerung und Überdüngung von Böden zu leisten. Die Ergebnisse sind u.a. in die Grenzwertsetzung für SO_2 und NO_x bei Kraftwerken sowie in die Protokollverhandlungen auf Ebene der europäischen Wirtschaftskommission der UN eingeflossen, die letztendlich zur Unterzeichnung des Oslo-Protokoll geführt haben (vgl. [Haasis et al. 2004]). Zielsetzung des EFOM-ENV Modells zur strategischen Politikberatung ist es, unter Berücksichtigung möglicher Investitionsalternativen und deren Interdependenzen systematisch Optimierpotenziale aufzuzeigen. Im EFOM-ENV Modell wird hierzu das gesamte Energiesystem eines Landes von den Ressourcen über verschiedene Energieumwandlungsstufen bis hin zur Endenergie in einem konsistenten Ansatz abgebildet. Mit Hilfe des Modells wird ausgehend von der jetzigen Versorgungsstruktur die ausgabenminimale Struktur des zukünftigen Energiesystems berechnet, um den prognostizierten Energiebedarf befriedigen zu können (vgl. [Fichtner 1999]).

Auf der Grundlage des EFOM-ENV Modells entstand am Institut für Industriebetriebslehre und Industrielle Produktion der Universität Karlsruhe (TH) die Modellfamilie PERSEUS (**P**rogramme Package for **E**mission **R**eductions **S**trategies in **E**nergy **U**se and **S**upply) im Verlauf von zahlreichen Studien und Promotionsvorhaben (z.B. [Ruß 1994], [Oder 1994], [Jattke 1996], [Wietschel 1995], [Lüth 1997], [Schöttle 1998], [Fichtner 1999], [Ardone 1999], [Göbelt 2001], [Dreher 2001], [Frank 2003], [Enzensberger 2003], [Fleury 2005], [Tietze-Stöckinger 2005]). Die PERSEUS Modelle lassen sich als technologiebasierte optimierende Energie- und Stoffflussmodelle klassifizieren. Die verschiedenen Module der PERSEUS-Modellfamilie unterscheiden sich sowohl hinsichtlich der verwendeten methodischen Ansätze als auch in Bezug auf die untersuchte Fragestellung. Die wichtigsten methodischen Unterscheidungsmerkmale der verschiedenen Modelle sind dabei das eingesetzte Optimierungsverfahren, die verwendete Zielfunktion sowie das Aggregationsniveau der Eingangsdaten. In Bezug auf das Anwendungsgebiet unterscheiden sich die Modelle vor allem in Hinblick auf die im Zentrum der Analyse stehende Fragestellung sowie den betrachteten Bilanzraum. Ein Überblick über die derzeit verfügbaren methodischen und anwendungsorientierten Module der PERSEUS-Modellfamilie findet sich in Tabelle 5.2.

Tabelle 5.2: Module der PERSEUS-Modellfamilie (in Anlehnung an [Göbelt 2001, S. 15])

	Anwendungen	Quellen
Methodische Module		
Optimierungsverfahren		
Lineare Programmierung	Verschiedene Länder, Stadtwerke Karlsruhe und Rottweil, RWE Energie AG, EDF	u.a. [Fichtner 1999]
Dekompositions-Algorithmus	u.a. Deutschland, Russland, Indonesien	u.a. [Ardone 1999], [Morgenstern 1991]
Iterative Optimierung	Deutschland	[Wietschel 1995]
Gemischt-ganzzahlige lineare Programmierung	u.a. Stadtwerke Karlsruhe und Rottweil, RWE Energie AG, Industriegebiet Rheinhafen Karlsruhe, Slowenien, Schweiz	[Lüth 1997], [Fichtner 1999], [Göbelt et al. 2001], [Frank 2003], [Möst et al. 2004]
Stochastische lineare Programmierung	Energieversorgungsunternehmen (EVU)	[Göbelt et al. 2000b], [Göbelt 2001]
Zielfunktion		
Ausgabenminimierung	Verschiedene Länder, Regionen u. EVU	u.a. [Fichtner 1999]
Gewinnmaximierung	Energieversorgungsunternehmen	[Göbelt et al. 2000a], [Göbelt 2001]
Goal-Programming	Frankreich	[Fleury 2005]
Anwendungsorientierte Module		
Einsatzschwerpunkt		
Emissionsminderungsstrategien	Verschiedene Länder, Baseline Bestimmung	[Ardone 1999]
CO_2-Zertifikatemarkt	EU25	[Enzensberger 2003]
LCP/IRP-Strategien	Stadtwerke Karlsruhe und Rottweil	[Schöttle 1998]
Analyse flexibler Instrumente zum Klimaschutz	Deutschland, Russland, Indonesien, Indien	[Ardone 1999]
Externe Kosten	Deutschland, Slowenien, Frankreich	u.a. [Lüth 1997], [Fleury 2005]
Kapazitätsausbau- und -rückbauplanung	Stadtwerke Karlsruhe und Rottweil, RWE Energie AG, Wingas GmbH	[Fichtner 1999]
Anlagen-Contracting	Stadtwerke Karlsruhe und Rottweil	[Wietschel et al. 1999]
Bewertung umweltpolitischer Instrumente	Deutschland, Baden-Württemberg	[Dreher 2001]
Entwicklung von Nachhaltigkeitsstrategien	Frankreich	[Rentz et al. 2003], [Fleury 2005]
Ausgestaltung von Energienetzwerken	Industriegebiet Rheinhafen Karlsruhe, europäischer Gasmarkt	[Frank 2003], [Perlwitz et al. 2005]
Erneuerbare Energien	Europa, Schweiz	[Rentz et al. 2005], [Rosen et al. 2005], [Möst et al. 2005a]
Bilanzraum		
Nationenübergreifend	Europa	[Enzensberger 2003]
Nation	Verschiedene Länder	[Ardone 1999]
Region	Norddeutschland, Baden-Württemberg	[Dreher 2001]
Sektor	Holzoberflächenbehandlung	[Wietschel et al. 1997a]
Unternehmen	Stadtwerke Karlsruhe und Rottweil, RWE Energie AG, Wingas GmbH	[Fichtner 1999]
Unternehmensübergreifend	Industriegebiet Rheinhafen Karlsruhe, Kooperationen im Energiebereich	[Frank 2003], [Tietze-Stöckinger 2005]

Der ursprünglich nationale Bilanzraum wurde einerseits sukzessive bis auf die Ebene einzelner Energieversorgungsunternehmen und andererseits bis zu einem internationalen Bilanzraum weiter differenziert. Die Zielsetzung entwickelte sich parallel hierzu von der Energieplanung und Technologiebewertung über die Entwicklung von Treibhausgasminderungsstrategien bis hin zur strategischen Planung eines Unternehmens (siehe Abbildung 5.1).

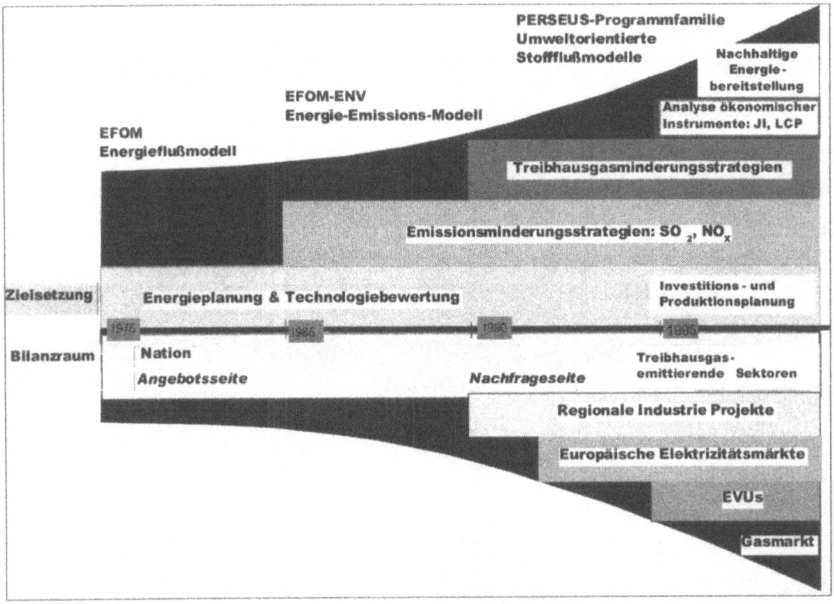

Abbildung 5.1: Die Entwicklung der PERSEUS Programmfamilie

5.7 Kurzdarstellung des entwickelten Modellansatzes

Aufbauend auf Erfahrungen mit dem Modell PERSEUS-EVU[91] und dem PERSEUS-CERT-Modell[92] bei der Analyse von Fragestellungen auf liberalisierten Märkten wird im Rahmen dieser Arbeit das Energie- und Stoffflussmodell PERSEUS-HYDRO entwickelt, welches die Entscheidungssituation bei Wasserkraftwerken nachbildet. PERSEUS-HYDRO ist ein regionales Energie- und Stoffflussmodell zur Abbildung und Analyse des schweizerischen Energieversorgungssektors unter alternativen Rahmenbedingungen. Die Methodik des PERSEUS-Modells ist so erweitert, dass eine detaillierte Abbildung von Wasserkraftwerken (Pumpspeicher-, Speicher- und Laufwasserkraftwerke) möglich ist. Die Abbildung von Wasserkraftkaskaden ist im

[91] Vgl. [Fichtner 1999] und [Göbelt 2001]

[92] Vgl. [Enzensberger 2003]

Modellansatz realisiert indem Wasserströme (-verknüpfungen) berücksichtigt werden. Des Weiteren ist die Methodik bei der Berücksichtigung von Pumpspeicheranlagen dahingehend verbessert, dass nun eine freie Optimierung des Turbinier- und Pumpprozesses möglich ist.

Der gewählte Optimierungsansatz integriert die Systemausbauplanung mit einer Kraftwerkseinsatzplanung. Die Systemausbauplanung bezieht alle Zubauentscheidungen für Neubauanlagen ein, u.a. auch die Entscheidung für Konzessionsverlängerungen von Wasserkraftanlagen. Die Kraftwerkseinsatzplanung hingegen regelt, welche der zur Verfügung stehenden Anlagen zu welchem Zeitpunkt in welchem Betriebsmodus und in welchem Umfang zur Deckung der Gesamtenergienachfrage beitragen sollen.

Das entwickelte Modell dient im Wesentlichen der Analyse der folgenden Fragestellungen:

- Entwicklung der Kapazität der schweizerischen Kraftwerksanlagen vor dem Hintergrund der Nachfrage- und Import-/Exportentwicklung
- Rolle der unterschiedlichen Wasserkraftwerke in der zukünftigen Energieversorgung der Schweiz
- Zukünftige Entwicklung des schweizerischen Strommarkts hinsichtlich Strompreisentwicklungen und Stromaustauschcharakteristika zwischen Nachbarregionen
- Anforderungen für die Stromübertragung und den Netzausbau
- Einfluss verschiedener Rahmenannahmen, wie bspw. Primärenergiepreisentwicklungen, auf das schweizerische Energieversorgungssystem

Der methodische Ansatz des PERSEUS-HYDRO Modells basiert auf einer mehrperiodigen, gemischt-ganzzahligen linearen Optimierung. Zielfunktion ist die Minimierung aller auf das Basisjahr diskontierten entscheidungsrelevanten Systemausgaben. Technische, ökonomische und ökologische Restriktionen dienen der problemadäquaten Erfassung wesentlicher systemtechnischer Charakteristika des realen Energieversorgungssystems.

Treibende Größe des Modells ist die exogen vorgegebene Stromnachfrage. Diese wird in Form von Lastkurven an typischen Tagen abgebildet. Zur Deckung der Nachfrage können sowohl bereits existierende Anlagen als auch Neuanlagen eingesetzt werden. Die jeweils möglichen Betriebsmodi der Anlagen sind im Modell mit einer detaillierten techno-ökonomischen Parametrisierung hinterlegt. Im Rahmen der Systemoptimierung wird eine – unter Berücksichtigung gegebener systemtechnischer Restriktionen – ausgabenminimale Versorgungsstruktur zur Deckung der vorgegebenen Last ermittelt.

Die Abbildung des realen Energieversorgungssystems basiert auf einer in Kapitel 6.1 näher beschriebenen Graphenstruktur, die die wesentlichen Charakteristika der Versorgungsstrukturen leitungsgebundener Medien widerspiegelt. Wichtige Aspekte sind hierbei die Berücksichtigung von Wasserzuflüssen, von Wasserflüssen zwischen Zentralen sowie die Stromaustauschbeziehungen zu den Nachbarstaaten.

Neben einer adäquaten Wiedergabe der relevanten Netzstrukturen ist auch im Energieumwandlungsbereich eine realitätsnahe Abbildung der tatsächlichen Produktionsmöglichkeiten von zentraler Bedeutung. Unterschiedliche Kraftwerkstechnologien zeichnen sich nicht nur durch unterschiedliche spezifische Investitionen, fixe und/oder variable Betriebsausgaben aus. Sie weisen auch im technischen Betrieb stark unterschiedliche Charakteristika hinsichtlich Laständerungsfähigkeit und ihrer Flexibilität zur Nutzung unterschiedlicher Betriebsweisen auf, wie bspw. Pumpen und Turbinieren bei Pumpspeicherzentralen. Solche Zusammenhänge werden über die Aufnahme entsprechender technischer Restriktionen in das Modellgleichungssystem abgebildet (siehe Kapitel 5.8.3).

Die Optimierungsvariablen des Modells sind die Kapazitäten und Aktivitäten der modellierten Energieumwandlungstechnologien sowie die Niveaus der Energie- und Stoffflüsse in das System (Inputflüsse) und innerhalb des Systems (Intermediärflüsse). Die Kapazitätsvariablen umfassen alle Zubau- sowie ökonomisch motivierte Rückbauentscheidungen, die Aktivitätsvariablen den Einsatz der modellierten Kraftwerke. Die Variablen der Energie- und Stoffflüsse umfassen alle Entscheidungen hinsichtlich der eingesetzten Energieträger und der Weiterleitung der verschiedenen Energieformen. Im vorliegenden Fall betrifft dies auch den Energieträger Wasser und somit auch die Speicherung von Wasser. Wesentliches Merkmal der mehrperiodigen Bottom-up-Modellierung ist die Berücksichtigung intertemporaler Zusammenhänge wie etwa des Einflusses einer Investitionsentscheidung auf die in Folgeperioden zur Verfügung stehenden Kraftwerkskapazitäten.

Die Datenverwaltung und -aufbereitung für das PERSEUS Modell basiert auf einer relationalen Datenbank, in der sowohl die Struktur des betrachteten Energiesystems als auch alle notwendigen Daten, z.B. Daten zu den Energieumwandlungstechnologien und zum prognostizierten Nachfrageverlauf, in konsistenter Form abgelegt sind (Ein Überblick über die Datenbank wird in [Göbelt 2001] gegeben). Das Modell ist in der Programmiersprache GAMS (***G**eneral **A**lgebraic **M**odelling **S**ystem*) implementiert (vgl. [Brooke et al. 1998]).

5.8 Mathematische Beschreibung des Modells

5.8.1 Modellelemente, Parameter und Variablen

Die Abbildung der realen Energieversorgungssysteme im Energie- und Stofffluss-modell PERSEUS-HYDRO entspricht einem gerichteten Graphen. Energie- und Stoffflüsse stellen die Kanten des Graphen dar. Die Knoten repräsentieren verschiedene Produzenten bzw. Anlagen, d.h. (abstrakte) Akteure, die Energie- und/oder Stoffformen bereitstellen, umwandeln, nachfragen, speichern oder lediglich durchleiten. Die Knoten dienen demnach der Modellierung von Erzeugern, deren jeweiligen Kraftwerkparks und von Speicherbecken. Sie dienen ferner der Modellierung von Netzknoten, die zur Nachbildung realer Netzstrukturen verwendet werden, und Endenergienachfragern. In der Modellarchitektur werden insgesamt fünf verschiedene hierarchische Ebenen unterschieden (vgl. Abbildung 5.2).

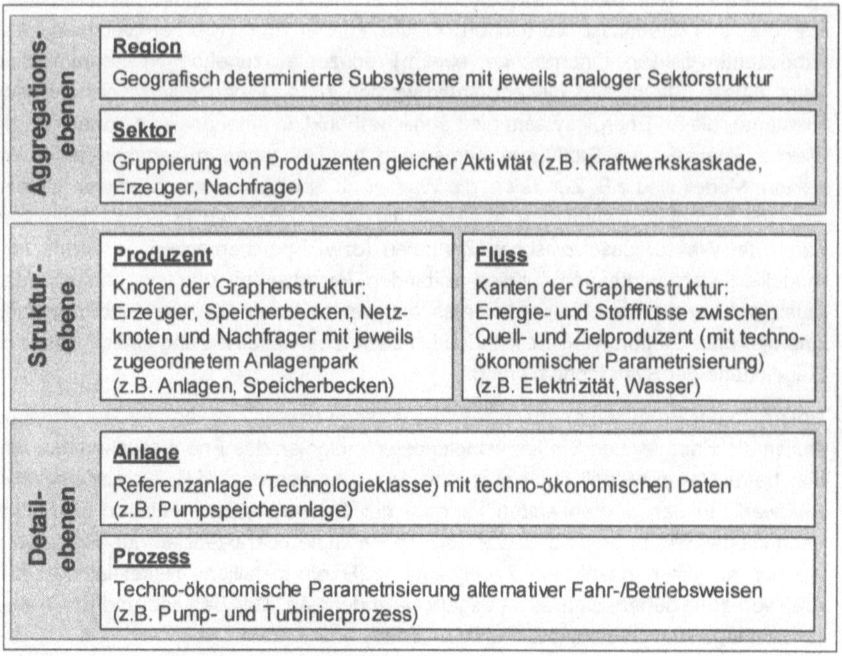

Abbildung 5.2: Hierarchie der Datenstruktur und Modellelemente

Die oberste Ebene der Datenhierarchie bilden die Regionen (*reg* ∈ *REG*)[93], die das Gesamtsystem in geografisch determinierte Subsysteme gliedern. Ein solches Subsystem beschreibt das Energieversorgungssystem eines europäischen Landes.

Die zweite Ebene der Datenhierarchie bilden die Sektoren (*sec* ∈ *SEC*), deren Funktion im Wesentlichen in der geeigneten Strukturierung der verschiedenen Elemente des abgebildeten Energiesystems liegt. Eine sinnvolle Einteilung eines typischen Modells unterscheidet z. B. zwischen den Bereichen Kraftwerkspark, Übertragungssystem (Netz) und Nachfrage auf Sektorenebene. In PERSEUS-HYDRO wird noch zusätzlich in der Schweizer Modellregion nach Unternehmen auf Sektorenebene unterschieden. Regionen und Sektoren sind Aggregationsebenen über der eigent-

---

93 *reg* bezeichnet den Indix der Regionen und *REG* die Indexmenge der Regionen.

lichen Strukturebene des Modells. Sie gruppieren Produzenten zu höher aggregierten, aus der jeweiligen Fragestellung abgeleiteten Einheiten. Nach streng hierarchischem Aufbau ist jeder Sektor eindeutig einer einzigen Region, und jeder Produzent einem einzigen Sektor zugeordnet.

Das Energiesystem wird durch ein Netzwerk abgebildet. Darin entsprechen die „Produzenten" den Netzwerksknoten ($prod \in Prod$). Diese Knoten werden durch Energie- und Stoffflüsse verbunden. Flüsse können nur zwischen verschiedenen Produzenten fließen. Innerhalb der einem Produzenten zugehörigen Elemente sind keine Flüsse erlaubt. Aus diesem Grund werden in den Produzenten typischerweise Elemente, die im Energiesystem eine ähnliche Funktion innehaben und daher häufig gleiche Energie- und Stoffflüsse aufnehmen bzw. abgeben, zusammengefasst. In diesem Modell sind z.B. Zentralen, die Wasser an Speicherbecken oder weiter unten liegende Zentralen weiterleiten, zwangsläufig als Produzenten (Knoten) abgebildet, damit die Wasserflüsse zwischen Zentralen (bzw. Speicherbecken und Zentralen) modelliert werden können. Flüsse verbinden Produzenten und sind anhand des Quellproduzenten, des Zielproduzenten und der transportierten bzw. übertragenen Energie- oder Stoffart ($ec \in EC$) eindeutig beschrieben. Die Nutzung eines Flusses ist Gegenstand der Systemoptimierung.

Unterhalb der Produzentenebene sind die Anlagen ($unit \in Unit$) angeordnet. Anlagen stellen die Energie- und Stoffumwandlungstechnologien des Energiesystems dar. Im hier betrachteten Modell steht eine Anlage in der Schweiz i.d.R. für ein einzelnes Kraftwerk. In den angrenzenden Ländern der Schweiz stellen Anlagen im Modell Technologieklassen dar. Sämtliche eine Technologie charakterisierende Parameter, die sich auf die Kapazität der Technologie (z. B. die installierte Nettoleistung eines Kraftwerks) beziehen, sind auf Anlagenebene definiert. Der Bestand und der Zubau einer Anlage sind Gegenstand der Optimierung.

Die Prozessebene ($proc \in PROC$), die unterste Ebene der Datenhierarchie des PERSEUS-HYDRO Modells, dient dazu, einer Anlage mehrere verschiedene Betriebsweisen zuordnen zu können. Ein typisches Beispiel für die Notwendigkeit einer solchen Modellierungsoption ist eine Pumpspeicherzentrale. Ein solches Kraftwerk kann neben dem Turbinier-Betrieb auch im Pump-Betrieb eingesetzt werden. Ein weiteres Beispiel ist die Abbildung eines Kraftwerks, das alternativ mit verschiedenen Energieträgern bzw. Energieträgerkombinationen befeuert werden kann. Innerhalb der Prozesse findet die eigentliche Umwandlung der Energie- und Stoffflüsse statt. Sämtliche Parameter, die sich auf die Aktivität einer Technologie – z. B. die in einem Kraftwerk geleistete Arbeit – beziehen, werden auf der Prozessebene vereinbart.

Die für die anschließende mathematische Beschreibung des Modells benötigten Indizes, Indexmengen, Modellparameter und Variablen sind im Symbolverzeichnis aufgeführt.

5.8.2 Zielfunktion

Im PERSEUS-HYDRO Modell werden die Systemausgaben unter der Restriktion der zu deckenden exogen vorgegebenen Last minimiert. Der Zielfunktionswert ergibt sich aus der Summe aller auf das Basisjahr diskontierten, entscheidungsrelevanten Ausgaben (siehe Gleichung (5.1)).

Der erste Summenterm beinhaltet alle Brennstoffausgaben, Durchleitungsentgelte und anderen Ausgaben, die sich aus der Bereitstellung, dem Transport und der Durchleitung von Energie- und Materialströmen ergeben. Im zweiten Term sind die variablen Kosten der Energieumwandlung, die Laständerungskosten, sowie die Ausgaben für CO_2-Emissionen bei exogen vorgegebenem CO_2-Zertifikatspreis enthalten. Der dritte Term umfasst alle Ausgaben auf Anlagenebene: Investitionen, fixe Betriebsausgaben und Wasserzinse.

$$\min \sum_{t\in T}\alpha_t \cdot \left[\begin{array}{l} \left[\begin{array}{l} \sum\limits_{imp\in IMP}\sum\limits_{ec\in EC}\sum\limits_{prod\in PROD} FL_{imp,prod,ec,t}\cdot C{fuel}_{prod,ec,t} \\ +\sum\limits_{prod\in PROD}\sum\limits_{ec\in EC}\sum\limits_{prod'\in PROD'}\left(FL_{prod,prod',ec,t}\cdot \left(C{var}_{prod,prod',ec,t}+C{fee}_{prod,prod',ec,t}\right)\right) \end{array} \right] \\ +\sum\limits_{seas\in S}\sum\limits_{proc\in PROC}\left(\begin{array}{l} PL_{proc,t,seas}\cdot C{var}_{proc,t} + \\ (LVup_{proc,seas-1,seas,t}+LVdown_{unit,seas-1,seas,t})\cdot Cload_{proc,t} \\ +PL_{proc,t,seas}\cdot ProcEmiss_{CO_2,proc,t}\cdot C_{CO_2,t} \end{array} \right) \\ +\sum\limits_{u\in U}\left[\begin{array}{l} Cap_{unit,t}\cdot (C{fix}_{unit,t}+C{wat}_{unit,t})+ \\ NewCap_{unit,t}\cdot C_{inv_{unit,t}} \end{array} \right] \end{array} \right] \tag{5.1}$$

Die Zielfunktion der Minimierung aller entscheidungsrelevanten Systemausgaben hat wichtige Konsequenzen hinsichtlich des implizit zugrunde gelegten Marktverständnisses und der im Rahmen der Modellanalysen ausgewiesenen Preisinformationen bezüglich der Strompreise. An dieser Stelle soll zunächst nur der modellierungstechnische Aspekt der integrierten Lösung zweier in anderen Modellen häufig getrennter Optimierungsprobleme skizziert werden. In Kapitel 6.11 wird der Ansatz einer kritischen Reflexion unterzogen. Im Einzelnen handelt es sich hierbei um die Planungsbereiche Systemausbauplanung und Anlageneinsatzplanung. Ein Anlagenzu- bzw. -rückbau beeinflusst direkt den Lösungsraum der Anlageneinsatzplanung durch die Änderung der zur Verfügung stehenden Anlagen. Der Anlageneinsatz wiederum wirkt sich ebenso auf den Bedarf des Anlagenzu- bzw. –rückbaus aus.

5.8.3 Nebenbedingungen

Im folgenden werden ausgewählte Nebenbedingungen beschrieben, welche für die integrierte Planungsleistung die technischen, ökologischen und ökonomischen Restriktionen des Energieversorgungssystems in Gleichungsform abbilden.

5.8.3.1 Deckung der Nachfrage nach Energie- und Stoffflüssen

Die treibende Kraft des PERSEUS-HYDRO Modells ist die Befriedigung der Nachfragen nach Energie- und Stoffflüssen. Dazu wird mit Hilfe der Nebenbedingung (5.2) sichergestellt, dass der Output eines bestimmten Energie- bzw. Stoffflusses zu jedem Zeitpunkt $t,seas$ in jeder Region reg größer oder gleich der exogen vorgegebenen Nachfrage $D_{reg,t,seas}$ nach diesem Energie- und Stofffluss ist.

$$FL_{prod,exp,t,seas} \geq D_{reg,t,seas} \quad \forall prod \in Prod; \forall seas \in S; \forall t \in T \tag{5.2}$$

5.8.3.2 Energie- und Stoffflussbilanzgleichungen

Ein wichtiges Grundgerüst eines Energie- und Stoffflussmodells wird von den Bilanzierungsgleichungen gebildet, die sicherstellen, dass die Energie- bzw. Stoffbilanz an jedem Knoten des Netzwerks, welches das modellierte Energiesystem repräsentiert, eingehalten wird. Die so genannte Bilanzgleichung ist erfüllt, wenn die Summe der in einen Produzenten einfließenden Energie- und Stoffflüsse X_{ein} unter Berücksichtigung des Wirkungsgrades mit der Summe an herausfließenden Flüssen X_{aus} übereinstimmt.

Die linke Seite der Gleichung (5.3) umfasst alle Zuflüsse (aus den Quellen des Graphs IMP sowie aus anderen Netzknoten $PROD_{prod,ec}$, die über Flüsse mit dem betrachteten Produzenten verbunden sind), ergänzt um die Erzeugung im betrachteten Produzenten selbst. Die rechte Seite umfasst alle Weiterleitungen zu anderen Produzenten oder Senken sowie den Verbrauch durch den Produzenten selbst (d.h. Umwandlung in andere Energieformen). Zusätzlich zu der skizzierten Gleichung auf Jahresebene (5.3), wird eine entsprechend angepasste zweite Bilanzgleichung (5.4) für Energieträger, die einer saisonalen Betrachtung unterliegen (bspw. für Strom und Wasser) verwendet. Die Gleichung (5.4) ist zusätzlich erweitert, um im Rahmen von ausgewählten Knoten[94] Stoffströme zu speichern. Da der Stoffstrom Wasser ausschließlich als Energieträger definiert wurde, der einer saisonalen Betrachtung unterliegt, muss in der Gleichung (5.3) auf Jahresebene keine Möglichkeit der Speicherung von Stoffströmen in den Knoten berücksichtigt werden.

[94] Die Möglichkeit der Speicherung von Stoffströmen wurde nur für Knoten erlaubt, die einen Speichersee oder ein Ausgleichsbecken nachbilden.

$$\sum_{imp \in IMP} FL_{imp,prod,ec,t} + \sum_{prod' \in PROD_{prod,ec}} FL_{prod',prod,ec,t} + \sum_{proc \in GENPROC_{prod,ec}} PL_{proc,t} \cdot \lambda_{proc,ec}$$

$$= \sum_{exp \in EXP} FL_{prod,exp,ec,t} + \sum_{prod' \in PROD'_{prod,ec}} FL_{prod,prod',ec,t} + \sum_{proc \in DEMPROC_{prod,ec}} PL_{proc,t} \cdot \frac{\lambda_{proc,ec}}{\eta_{proc,ec}}$$

$$\forall t \in T; \quad \forall prod \in PROD; \quad \forall ec \in EC_{non-seas} \tag{5.3}$$

$$\sum_{imp \in IMP} FL_{imp,prod,ec,t,seas} + \sum_{prod' \in PROD_{prod,ec}} FL_{prod',prod,ec,t,seas}$$

$$+ \sum_{proc \in GENPROC_{prod,ec}} PL_{proc,t,seas} \cdot \frac{\lambda_{proc,ec}}{(1 - p_{proc,seas})} + ST_{prod,t,seas-1}$$

$$= \sum_{exp \in EXP} FL_{prod,exp,ec,t,seas} + \sum_{prod' \in PROD'_{prod,ec}} FL_{prod,prod',ec,t,seas}$$

$$+ \sum_{proc \in DEMPROC_{prod,ec}} PL_{proc,t} \cdot \frac{\lambda_{proc,ec}}{\eta_{proc,ec}} \cdot f_{proc,t,seas} + ST_{prod,t,seas}$$

$$\forall t \in T; \quad \forall prod \in PROD; \quad \forall ec \in EC_{seas}; \quad \forall seas \in SEAS; \tag{5.4}$$

Um zu gewährleisten, dass der Jahreswert einer Prozessnutzung mit der Summe der Werte für die einzelnen Zeitscheiben übereinstimmt, wird in Gleichung (5.5) gefordert, dass diese beiden Werte übereinstimmen. Eine analoge Forderung wird auch für die Flussnutzung in einer entsprechenden Gleichung für Flüsse sichergestellt.

$$\sum_{seas \in SEAS} PL_{proc,t,seas} = PL_{proc,t} \qquad \forall t \in T; \quad \forall proc \in PROC \tag{5.5}$$

5.8.3.3 Beschränkung von Energie- und Stoffflüssen

Sämtliche im PERSEUS-HYDRO auftretenden Flüsse können sowohl nach oben als auch nach unten beschränkt werden. Auch die Festlegung eines festen Flussniveaus ist möglich. Diese Beschränkungen können sich dabei zum einen auf die gesamte während eines Jahres anfallende Energie bzw. Stoffmenge beziehen, zum anderen ist es möglich, das Flussniveau in einzelnen Zeitintervallen bzw. Zeitsegmenten[95] zu beschränken. Aufgrund der Tatsache, dass die Flussniveaus Variablen des Optimierungsproblems sind, ist es nicht notwendig, für die Beschränkung einzelner Flüsse explizit Gleichungen in das Modell zu integrieren. Vielmehr werden die oberen

[95] Als Zeitsegment wird die Kombination eines Zeitintervalls und einer Periode bezeichnet (Bsp.: Zeitintervall: Winterwerktag von 8:00 bis 11:00 Uhr, Periode: Jahr 2005, entsprechendes Zeitsegment: Winterwerktag von 8:00 bis 11:00 Uhr im Jahr 2005).

bzw. unteren Schranken ($FLMIN_{prod,prod',ec,t,seas}$; $FLMAX_{prod,prod',ec,t,seas}$) oder das Flussniveau $FLLEV_{prod,prod',ec,t,seas}$ direkt den entsprechenden (Fluss-)Variablen zugewiesen.

5.8.3.4 Kapazitätsrestriktionen

Auch die Kapazitätsentwicklung des Anlagenparks ist im beschriebenen Modell Gegenstand der Optimierung. Hierzu wird zwischen Bestandsanlagen und Zubauoptionen unterschieden. Da die Kapazitäten von Energie- und Stoffumwandlungstechnologien Variablen des Optimierproblems sind, entspricht die Vorgehensweise bei der Beschränkung von Anlagenkapazitäten derjenigen bei der Beschränkung von Energie- und Stoffflüssen. Auch in diesem Fall werden obere bzw. untere Schranke ($MINCAP_{unit,t}$; $MAXCAP_{unit,t}$) oder ein festes Kapazitätsniveau $RESCAP_{unit,t}$ direkt als Vorgabe für die entsprechende Variable definiert. Da die Kapazitätsvariablen im Gegensatz zu den Flussvariablen nicht saisonal differenziert sind, sondern jeweils für eine Periode definiert werden, sind auch die Beschränkungen nur auf Periodenebene möglich.

Zum einen kann also die Gesamtkapazität einer Anlage restringiert werden. Zum anderen ist es über entsprechende Gleichungen auch möglich, den maximalen Zubau einer Anlage bzw. einer Gruppe von Anlagen innerhalb einer Periode oder über den gesamten Betrachtungszeitraum durch etwaige Zubaulimitierungen $MAXADD_{unit,t}$ zu beschränken. Dies kann bspw. verwendet werden, um Konzessionsverlängerungen von Einzelanlagen nur in ausgewählten Perioden zu ermöglichen.

5.8.3.5 Beschränkung der Prozessnutzung

Auch die Aktivitätsniveaus $PL_{proc,seas,t}$ der einer Anlage zugeordneten Prozesse stellen Variablen des Optimierproblems dar und können dementsprechend unmittelbar limitiert werden. Jede Prozesstätigkeit ist durch die installierte Kapazität und die angenommene durchschnittliche Verfügbarkeit der jeweiligen Anlage begrenzt. Gleichung (5.6) gewährleistet diese Limitierung für Prozesse mit saisonaler Betrachtung. Gleichung (5.7) stellt die analoge Restriktion für Prozesse ohne saisonale Betrachtung dar.

$$Cap_{unit,t} \cdot Avai_{unit,t} \cdot h_{seas} \geq \sum_{proc \in PROC_{unit}} \left(PL_{proc,seas,t} \cdot \Omega_{proc,t} \right) \quad (5.6)$$

$$\forall t \in T; \quad \forall unit \in UNIT; \quad \forall seas \in SEAS$$

$$Cap_{unit,t} \cdot Avai_{unit,t} \cdot h_{year} \geq \sum_{proc \in PROC_{unit}} \left(PL_{proc,t} \cdot \Omega_{proc,t} \right) \quad (5.7)$$

$$\forall t \in T; \quad \forall unit \in UNIT$$

Darüber hinaus lassen sich für alle Prozesse minimale und/oder maximale Volllaststunden ($VLHMIN_{proc,t}$; $VLMAX_{proc,t}$) definieren. Dies wird in Gleichung (5.8) für den

Fall minimaler Volllaststunden sichergestellt. Gleichung (5.9) legt dies analog für die Vorgabe maximaler Volllaststunden fest.

$$\frac{VlhMin_{proc,t}}{h_{year}} \cdot Cap_{unit_{proc,t}} \leq PL_{proc,t} \cdot \Omega_{proc,t} \qquad \forall proc \in PROC; \forall t \in T \tag{5.8}$$

$$\frac{VlhMax_{proc,t}}{h_{year}} \cdot Cap_{unit_{proc,t}} \geq PL_{proc,t} \cdot \Omega_{proc,t} \qquad \forall proc \in PROC; \forall t \in T \tag{5.9}$$

Die reale Lastkurve kann durch die flexible Einteilung der Zeitintervalle im Modell recht genau nachgebildet werden. Daher ist es nicht notwendig, eine exogene Klassifizierung von Kraftwerkstechnologien in Anlagen für den Grund-, Mittel- und Spitzenlastbetrieb vorzunehmen. Die verschiedenen Kraftwerkstechnologien werden im PERSEUS-HYDRO Modell auf Basis der verschiedenen technischen und wirtschaftlichen Parameter eingelastet. Das Laständerungsverhalten wird mit Hilfe von zwei Gleichungen berücksichtigt. Gleichung (5.10) fordert, dass die Leistung, mit der eine bestimmte Anlage in einer bestimmten Betriebsweise (Prozess) gefahren wird, innerhalb einer ganzen Jahreszeit oder eines ganzen Jahres konstant gehalten wird.

$$\frac{PL_{proc,seas,t}}{h_{seas}} = \frac{\sum_{seas \in SEAS} PL_{proc,seas,t}}{\sum_{seas \in SEAS} h_{seas}} \tag{5.10}$$

$$\forall proc \in BASEPROC_{SEASON}; \quad \forall seas \in SEAS; \ \forall t \in T$$

In Abhängigkeit vom Detaillierungsgrad der Intervalleinteilung kann durch modifizierte Versionen von Gleichung (5.10) ein Grundlastbetrieb auch für ausgewählte Teilmengen von Zeitintervallen, die bspw. einer Jahreszeit entsprechen, vorgegeben werden. Der saisonale Grundlastzwang kann insbesondere für Kraftwerke verwendet werden, die über den Tag mit gleicher Leistung produzieren, deren Produktion jedoch je nach Jahreszeit variiert. Dies ist i.d.R. bei Laufwasserkraftwerken der Fall.

In den meisten Fällen ist jedoch eine differenziertere Betrachtung der Laständerungsmöglichkeiten notwendig. [Fichtner 1999, S. 75] hat hierzu maximale Laständerungsgeschwindigkeiten als technische Restriktion in das Modell integriert. Im hier entwickelten Modell werden statt dessen Laständerungskosten hinterlegt. Hierzu wird der Lastwechsel zwischen zwei Zeitscheiben erfasst und mit der Anzahl der Übergänge zwischen diesen beiden Zeitscheiben $No_{seas-1,seas}$ gewichtet (vgl. [Enzensberger 2003]). Diese kumulierte Laständerung geht anschließend – mit den Laständerungskosten der betreffenden Anlage gewichtet – in die Zielfunktion der zu minimierenden entscheidungsrelevanten Ausgaben ein. Die Erfassung der Laständerung mittels zweier positiver Variablen ($LVup_{unit,seas-1,seas,t}$, $LVdown_{unit,seas-1,seas,t}$) anstelle einer freien Variable dient der Bildung des Betrags des Wertes der Laständerung[96].

$$LVup_{unit,seas-1,seas,t} - LVdown_{unit,seas-1,seas,t} =$$

$$No_{seas-1,seas} \cdot \left(\sum_{proc \in PROC_{unit}} \left(\left(\frac{PL_{proc,seas,t}}{h_{seas}} - \frac{PL_{proc,seas-1,t}}{h_{seas-1}} \right) \cdot \frac{1}{\eta_{proc,t}} \right) \right) \quad (5.11)$$

$$\forall t \in T; \quad \forall seas \in SEAS; \quad \forall unit \in UNIT$$

Für jede Technologieklasse lassen sich so deren charakteristische Laständerungskosten berücksichtigen, die von marginalen Werten, im Falle von Speicher- oder Pumpspeicherkraftanlagen, bis hin zu sehr hohen Werten, im Falle mancher Kernkraftwerke, reichen können.

5.8.3.6 Abbildung von Reservekapazität

Die Gewährleistung einer sicheren Elektrizitätsversorgung ist eine der grundlegenden Aufgaben der Energiewirtschaft. Selbst kurzfristige Ausfallzeiten können bei Unternehmen und Haushalten zu erheblichen Problemen, sowohl technischer als auch ökonomischer Art, führen. Deshalb gibt es auf den verschiedenen Niveaus der Elektrizitätswirtschaft festgelegte Vorgaben über die bereitzuhaltenden Reservekapazitäten, die im Falle eines unplanmäßigen Ausfalls anderer Kapazitäten kurzfristig zum Einsatz kommen können. Der jeweils für die Regelzone zuständige Übertragungsnetzbetreiber (ÜNB) ist im Rahmen seiner Verantwortung für einen zuverlässigen Systembetrieb für eine ausreichende Vorhaltung von Regelleistung zuständig (vgl. [UCPTE 1998]). Abhängig von nationalen bzw. internationalen Regelungen können verschiedene Arten von Reserve, die von den Erzeugern bereitgestellt werden, unterschieden werden. Nach UCTE[97]-Regeln (vgl. [UCTE 2004a] und [UCPTE 1998]) und gemäß des TransmissionCode 2003 in Deutschland ([VDN 2003c]) werden dabei Abweichungen sukzessive durch Primärregelleistung, Sekundärregelleistung und gegebenenfalls Minutenreserve ausgeregelt (vgl. hierzu auch Kapitel 2.2.2).

Da die Lösbarkeit von komplexen Modellen durch Restriktionen bei der Hard- und Software sowie der Rechenzeit beschränkt ist, wird in Energiesystemmodellen häufig auf eine direkte Modellierung von Primär- und Sekundärregelleistung verzichtet oder sie wird durch eine vereinfachte Abbildung berücksichtigt. Auch bei der Modellierung von Minutenreserve werden meist vereinfachende Annahmen getroffen.

Mit der Zunahme der Windenergiekapazität geht auch ein erhöhter Bedarf an Regelleistung einher (vgl. u.a. [dena 2005], [Sontow 2000] und [Dany 2004]). Da die

[96] Vgl. [McCarl et al. 1997] zur Bildung des Betrages in linearer Optimierungsmodellen.

[97] Union for the Co-ordination of Transmission of Electricity

Wasserkraft aus technischer Sicht sehr gut zur Bereitstellung von Regelreserve geeignet ist, werden in dem entwickelten Modell die wesentlichen Aspekte der Bereitstellung von Reserveleistung (insbesondere durch alpine Wasserkraft) möglichst genau abgebildet, um im Hinblick auf die Auswirkungen der Integration von Windenergie die systemtechnischen Änderungen adäquat berücksichtigen zu können. Im Folgenden werden unterschiedliche Ansätze zur Abbildung der Reserveenergie vorgestellt.

Die einfachste Option, die benötigte Reserveleistung in optimierenden Energiesystemmodellen zu berücksichtigen, besteht in der Verwendung eines Verfügbarkeitsfaktors $Avai_{unit,t}$. Durch die Angabe eines Verfügbarkeitsfaktors kleiner eins für die modellierten Energieumwandlungstechnologien wird die zu jedem Zeitpunkt verfügbare Leistung entsprechend gemindert. Um eine bestimmte Last bzw. die Höchstlast im Modell zu decken, muss somit mehr Leistung installiert werden, da der Verfügbarkeitsfaktor die zu jedem Zeitpunkt verfügbare Leistung mindert. Bei nationalen Energiemodellen ist dieser Ansatz weit verbreitet. Der Nachteil dieser Modellierung liegt darin, dass die Anlagen stets nur mit dem der Verfügbarkeit entsprechenden Anteil an der installierten Leistung maximal betrieben werden können. Dies gilt auch zu Zeiten, in denen eine Anlage voll verfügbar ist. Als Folge dessen müssen unter Umständen andere Anlagen höher ausgelastet oder zusätzlich betrieben werden. Durch die resultierende, nicht realitätsgetreue Einlastung können sich Fehler bei der Berechnung der variablen Ausgaben und der Ausgaben für Brennstoffe ergeben.

Aus diesem Grund wird häufig ein alternatives Verfahren zur Gewährleistung einer ausreichenden Reserveleistung verwendet. Hierzu wird ein Faktor angegeben, um den die gesamte im betrachteten Energiesystem installierte Leistung über der maximalen Last liegen muss. Bei diesem Verfahren können zusätzlich bestimmte Kapazitäten, deren Leistung nicht gesichert zur Verfügung steht, wie z. B. Solar- oder Windkraftanlagen, von der Berechnung der entsprechenden Gesamtleistung ausgeschlossen werden. Gleichung (5.12) gewährleistet, dass die installierte Kapazität zu jedem Zeitpunkt die kumulierte Last im System in jeder Region reg um den vorgegebenen Faktor $(1+Reserve)$ übersteigt. Mit dem Faktor wird somit die verbleibende Leistung modelliert, die durch Revisionen, Ausfälle oder die Vorhaltung von Reserven für Systemdienstleistungen nicht zur Verfügung steht[98].

$$\frac{(1+Reserve)}{h_{seas}} \cdot \left(\sum_{proc \in DEMPROC_{reg,elektr}} PL_{proc,seas,t} \cdot \Omega_{proc,t} \right) \leq \sum_{unit \in GENUNIT} \left(Cap_{unit,t} \cdot Avai_{unit,t} \right) \quad (5.12)$$

$$\forall seas \in SEAS; \quad \forall t \in T; \quad \forall reg \in REG$$

98 Zur Abschätzung der einzelnen Kategorien kann bspw. [VDN 2003a] herangezogen werden.

Neben diesem Ansatz ist in dem entwickelten Modell noch folgender Ansatz realisiert: Die Gleichung (5.13) stellt die Reservevorhaltung sicher. Diese Restriktion kann prinzipiell für die Bereitstellung von Primär- (pr), Sekundär- (sr) und Tertiärregelung (tr) verwendet werden. Auf die Abbildung der Primär- und Sekundärregelleistung wird in dem entwickelten Modell aufgrund der Rechenzeitproblematik verzichtet. Demzufolge wird die Gleichung nur für die Abbildung der Tertiärreserve verwendet. Die Höhe der Reservekapazität $Rcap_{pr(sr/tr),reg,seas,t}$ in den einzelnen Regionen wird für die jeweiligen Reservearten gemäß den derzeit empfohlenen UCTE Regeln[99] bestimmt.

$$\sum_{unit \in UNIT_{Reg}} R_{pr(sr/tr),unit,seas,t} \geq Rcap_{pr(sr/tr),reg,seas,t} \qquad (5.13)$$
$$\forall t \in T; \ \forall seas \in Seas; \ \forall reg \in REG$$

$R_{pr(sr/tr),unit,seas,t}$ gibt die effektiv verfügbare Kraftwerkskapazität für Reserve innerhalb der für die einzelnen Reservearten maximal zulässigen Abrufzeiten an. Gleichung (5.14) stellt sicher, dass die verfügbare Kraftwerkskapazität für Reserve kleiner als die maximal mögliche Reserveleistung des entsprechenden Kraftwerktyps ist. Dabei kann die maximal mögliche Reserveleistung $R^{\max}_{pr(sr/tr),unit}$ bspw. mit Hilfe der Laständerungsgeschwindigkeiten bestimmt werden[100].

$$R_{pr(sr/tr),unit,seas,t} \leq R^{\max}_{pr(sr/tr),unit}; \qquad \forall t \in T; \forall seas \in Seas \qquad (5.14)$$

Gleichung (5.15) verhindert für jedes Kraftwerk, dass die insgesamt abrufbare Kraftwerkskapazität die Summe aus Produktions- und gesamter Reserveleistung ($R_{ges,unit,seas,t}$; Summe über alle Reservearten) übersteigt.

$$Cap_{unit,t} \cdot Avai_{unit,t} \cdot h_{seas} \geq \sum_{proc \in PROC_{unit}} \left(PL_{proc,seas,t} \cdot \Omega_{proc,t} \right) + R_{ges,unit,seas,t} \cdot h_{seas} \qquad (5.15)$$
$$\forall t \in T; \quad \forall unit \in UNIT; \quad \forall seas \in SEAS$$

[99] Folgende Reserven sind vorgesehen (vgl. [UCPTE 1998], [UCTE 2004a] und [VDN 2003c]):

- Primärreserve: $\pm$ 3000 MW innerhalb des UCTE Netzes und innerhalb von 30 Sekunden automatisch abrufbar. Die einzelnen Regelzonen tragen entsprechend der regionalen Stromproduktion zur Deckung der Primärreserve bei.
- Sekundärreserve ist innerhalb von 15 Minuten automatisch abrufbar (vgl. [Dany 2004]): die Höhe der empfohlenen Sekundärreserve R_{sr} ist ein Anteil der Spitzennachfrage, die nach folgender Formel bestimmt wird: $R_{sr} = \sqrt{10 \cdot L_{\max} + 150^2} - 150$ mit Spitzenlast L_{max} [MW].
- Tertiärreserve: die gesamte unter Sekundärregelung und manuell verfügbare Minutenreserve muss mindestens so groß sein wie die größte Kraftwerksblockleistung in der Regelzone.

[100] Hat ein 500 MW Block bspw. eine Laständerungsgeschwindigkeit von 5%/Minute, so kann dieser seine Leistung innerhalb einer Minute um 25 MW ändern.

5.8.3.7 Abbildung des politisch motivierten Ausbaus erneuerbarer Energien

Die Europäische Kommission hat mit ihrer Direktive 2001/77/EC [EC 2001] für die einzelnen EU-Mitgliedsstaaten Ausbauziele für die Nutzung regenerativer Energieträger in der Stromerzeugung festgelegt.

Um dieses Ziel im Modell zu integrieren, ist im Modell eine Restriktion hinzugefügt, die den Ausbau der erneuerbaren Energien bis zum geforderten Ziel sicherstellt. Dieses Produktionsziel kann als prozentualer Anteil der Stromerzeugung oder – wie im Falle der EU-Direktive – der Bruttoinlandsstromnachfrage festgelegt werden. Im Modell werden im Hinblick auf die anschließend diskutierte Handelsoption absolute Werte vorgegeben, die aus den prozentualen Vorgaben abgeleitet sind.

Die Restriktion (5.16) stellt sicher, dass die Gesamtstromerzeugung aus regenerativen Energiequellen in einer Region reg mindestens der dieser Region für das Jahr t vorgegebenen Menge $RenewTarget_{reg,t}$ entspricht.

$$\sum_{ec \in RENEW} \sum_{proc \in GENPROC_{reg,ec}} PL_{proc,t} \cdot \lambda_{proc,t} \geq RenewTarget_{reg,t} \qquad \forall reg \in REG, \quad \forall t \in T \tag{5.16}$$

5.8.3.8 Abbildung von Wasserkraftwerken

Die Abbildung eines hydro-thermischen Kraftwerkssystems mit einem hohen Anteil an Wasserkraft (wie in der Schweiz) erfordert eine detaillierte Abbildung der Wasserkraft. Einzelne Zentralen können häufig nicht voneinander getrennt betrieben werden, da dazwischen liegende Speicher- und Ausgleichsbecken den Einsatz der Gesamtkraftwerkskaskade mitbestimmen. Daher werden die Zentralen und Speicherseen im Modell als Knoten des Graphen abgebildet. Die Zentralen und Speicherseen sind somit auf der Ebene der Produzenten abgebildet (vgl. Abbildung 5.2, Kap. 5.7). Die Vernetzung der Knoten durch Wasserflüsse kann grundsätzlich auf zwei Arten erfolgen: auf den Flüssen können entweder die Wassermengen oder der Energieinhalt des Wassers abgebildet werden. Die zweite Variante wurde aufgrund der besseren Datenlage für das entwickelte Modell bevorzugt. Die potenzielle Energie eines Kubikmeter Wassers richtet sich demnach nach der entsprechenden Fallhöhe der zugehörigen Zentrale. Für die nachgeschaltete Zentrale berechnet sich die Energie aus dem gleichen Kubikmeter Wasser allerdings mit der Fallhöhe der nachgeschalteten Zentrale. Somit kann für das Verhältnis aus einfließender Energie zu ausfließender Energie des Wassers eines Knotens (einer Zentrale), das Verhältnis der Fallhöhen der entsprechenden Zentralen herangezogen werden. Dieses in Gleichung (5.17) beschriebene Verhältnis wird über die saisonale Bilanzgleichung (5.4), durch den Energieträger ec (Wasser) und dessen Anteil am Gesamtoutput des entsprechenden Prozesses $proc$, bezogen auf den Gesamtinput, modelliert und gewährleistet.

$$\sum_{prod \in PROD} FL_{prod,prod',"water",t,seas} = \sum_{prod" \in PROD} FL_{prod',prod","water",t,seas} \cdot \delta_{prod',"water"}$$

$$\text{mit } \delta_{prod',"water"} = \frac{BFH_{prod',prod"}}{BFH_{prod,prod'}} \qquad (5.17)$$

$$\forall seas \in SEAS;\ \forall t \in T; \forall prod' \in PROD_{hydro}$$

Vereinfachend wird in dem beschriebenen Fall angenommen, dass sich das Verhältnis der Bruttofallhöhen nicht verändert. Dies bedeutet, das Wasserspiegelschwankungen in dem Modell nicht berücksichtigt werden. Somit wird stets mit einem mittleren Wasserspiegel und mit einer mittleren Fallhöhe gerechnet[101]. Die Vereinfachung führt außerdem dazu, dass im Falle eines Speichersees, der mehrere Zentralen bedient, der Energieinhalt über die entsprechende Produktion der gespeisten Zentralen zu ermitteln ist.

Bei der Abbildung von natürlichen Zuflüssen zu Speicherseen und Laufwasserkraftwerken ist die zugeflossene Jahresenergiemenge aus der mittleren Produktionserwartung mit Hilfe von Pardé-Koeffizienten auf die entsprechenden Zeitscheiben aufzuteilen. Während der entsprechenden Typtage einer Saison ist die ermittelte Monatsmenge über den Tag gleich zu verteilen. Der ermittelte Wert ist dann den entsprechenden Flüssen im Modell zuzuweisen, wie dies in Gleichung (5.18) für die Jahreszeit Frühjahr dargestellt ist. Für die anderen Jahreszeiten existieren analoge Zuweisungen.

$$FL_{prod,prod',"water",t,seas} \leq \frac{h_{seas}}{\sum_{seas' \in SPRING} h_{seas'}} \cdot \sum_{month \in SPRING} Pardé_{month,prod'} \cdot EP_{prod,prod',water,t} \qquad (5.18)$$

$$\forall seas \in SEAS;\ \forall t \in T; \forall (prod, prod') \in PROD_{hydro}$$

5.8.3.9 Abbildung von Speicherseen

Speicherseen und Ausgleichsbecken sind als Knoten des Energiesystems abgebildet. Die Speicherfunktion wird durch die erweiterte Bilanzgleichung für saisonale Energieträger (vgl. Kap. 5.8.3.2) ermöglicht, allerdings nur für Knoten, die als Speicherknoten gekennzeichnet sind. Gleichung (5.19) stellt sicher, dass der Speicherstand (Füllhöhe des Sees) kleiner gleich der maximalen Kapazität des Speichers $FHmax_{prod,t}$ ist. Wie bei der Modellierung der Wasserflüsse wird die maximale

[101] Eine detailliertere Abbildung von Wasserkraftwerken, bei welcher z. B. der nichtlineare Zusammenhang durch Fallhöhenabhängigkeit, Durchflussabhängigkeit und Speicherfüllstandskennlinien sowie die stochastische Natur der Zuflussraten zu berücksichtigen wären, ist in einem Modell zur langfristigen Ausbauplanung nicht zielführend. Diese sind in erster Linie für die Betriebsoptimierung von Wasserkraftwerken und Staustufen und nicht zur Ausbauplanung relevant.

Kapazität eines Speichersees in Energieeinheiten angegeben und nicht in Wassermengen.

$$FHmax_{prod,t} \geq ST_{prod,t,seas} \quad (5.19)$$
$$\forall prod \in PROD_{ST};\ \forall t \in T;\ \forall seas \in SEAS$$

Die Modellierung einer Kapazitätserweiterung der Speicher kann analog zur Kapazitätserweiterung der Anlagen integriert werden (siehe Gleichung (5.20)). Die im Jahre t installierte Kapazität eines Speichers ($FHmax_{prod,t}$) ergibt sich dann aus der Summe der Kapazität des Speichers $ResFHmax_{prod,t}$ und allen Kapazitätserweiterungen $NewFHmax_{prod,t}$, die im Rahmen der Optimierung innerhalb des Betrachtungszeitraums und vor dem betrachteten Jahr vorgenommen wurden. Da aber im Rahmen der Modellanwendung keine Kapazitätserweiterungen der Speicher betrachtet wurden, wurde die Gleichung (5.20) vorerst nicht verwendet.

$$FHmax_{prod,t} = ResFHmax_{prod,t} + \sum_{t' \leq t} NewFHmax_{prod,t'} \quad (5.20)$$
$$\forall prod \in PROD_{ST};\ \forall t \in T$$

5.8.3.10 Anlagenfahrweise von Pumpspeicherzentralen

Pumpspeicherkraftwerke spielen in der beschriebenen Modellstruktur wie auch im realen Versorgungssystem eine Doppelrolle. Sie können sowohl als Stromerzeuger als auch als Nachfrager auftreten. Stromerzeugung und Nachfrage stehen über die Speicherfunktion dieser Anlagen in direktem Zusammenhang. Ziel des Pumpspeicherkraftwerkeinsatzes ist die „Veredelung" kostengünstig bezogenen Grundlaststroms zu höherwertigem Spitzenlaststrom sowie die Möglichkeit, mit diesen schnell regelbaren Kraftwerken wichtige Systemdienstleistungen bereitzustellen. Bei den bisher entwickelten Modellen sind die Pumpspeichereinheiten als zwei fiktive Anlagenteile in aggregierter Form abgebildet und es wurde gefordert, dass die Jahreswerte für die Stromerzeugung und Stromnachfrage der beiden Pumpspeichereinheiten übereinstimmen[102]. Im Rahmen der vorliegenden Arbeit ist die Abbildung derart verbessert, dass eine Pumpspeicheranlage mit Hilfe von zwei unterschiedlichen Betriebsmodi abgebildet wird. Der Turbinier-Prozess nutzt dabei Wasser der höher gelegenen Speichereinheit, um dieses zu verstromen, während der Pump-Prozess unter Bezug von Energie aus dem Netz Wasser in die höher gelegene Speichereinheit pumpt. Die detaillierte Abbildung der Wasserströme und Speichereinheiten ermöglicht somit auch die direkte Abbildung von Pumpspeicherkraftwerken mit den zwei Betriebsmodi.

[102] Vgl. [Göbelt 2001, S. 33]

5.8.3.11 Konzessionsverlängerungen und Restwassermengen

Konzessionserneuerungen werden wie die Modellierung des Zubaus von Neuanlagen abgebildet. Zentralen, deren Konzessionen ablaufen, werden ab dem Jahr des Konzessionsendes als stillgelegt betrachtet. Eine entsprechende zweite Anlage steht dem Optimiersystem ab diesem Jahr als Zubaumöglichkeit mit vorgegebenen Investitionen für eine Konzessionserneuerung zur Verfügung. Im Rahmen der Gesamtsystemoptimierung wird somit entschieden, ob eine Konzessionserneuerung aus ökonomischen Gründen durchgeführt werden soll.

Dabei muss bei Konzessionserneuerungen ferner die geltende Restwassermengenregelung beachtet werden. Die Produktionseinbußen können auf die hydrologischen Halbjahre geschätzt und im Modell mitberücksichtigt werden. Die Produktionseinbuße wird über einen erhöhten Verbrauch der Wassermenge, d.h. des Primärenergieträgers, abgebildet. Somit wird mehr Wasser benötigt, um die gleiche Energiemenge wie ohne Einbuße, bereitstellen zu können. Dieser Zusammenhang wird in der Bilanzgleichung (5.4) durch den Parameter p_{proc} bei der Aktivität des Prozesses berücksichtigt.

5.9 Systemgrenzkosten der Stromversorgung

Die Systemgrenzkosten[103] umfassen die Kosten, die durch eine marginale Erhöhung der Nachfrage in einem bestimmten Zeitpunkt im ganzen System entstehen. Effekte auf die Kosten in folgenden und vorangehenden Perioden werden hierbei berücksichtigt. Einfluss auf die Systemgrenzkosten haben insbesondere die variablen Kosten der Kraftwerke, bestehend aus den Brennstoffkosten und den variablen Kosten der Prozesse. Darüber hinaus können durch zusätzliche Restriktionen die Grenzkosten beeinflusst werden. Im Folgenden werden relevante Charakteristika der Kraftwerkstypen mit Einfluss auf die Preisbildung beschrieben und im Anschluss die Ableitung von Preisinformationen an einem einfachen fundamentalen Modell veranschaulicht. Für eine kritische Reflexion zur Ableitung von Preisinformationen aus Systemgrenzkosten wird auf Kapitel 6.11 verwiesen.

5.9.1 Relevante Charakteristika der Kraftwerkstypen mit Einfluss auf die Preisbildung

Kernkraftwerke

Da die Erzeugungsleistung für Kernkraftwerke über das ganze Jahr praktisch kaum variiert, mit Ausnahme der Zeit in der Revisionen stattfinden, wird für diese ein

[103] Das im Rahmen dieser Arbeit entwickelte Modell betrachtet ausschließlich Ausgaben. Grenzkosten ist ein in der Energiewirtschaft feststehender Ausdruck, dem häufig keine exakte Unterscheidung zwischen Ausgaben und Kosten zugrunde liegt. Die aus wissenschaftlicher Sicht unkorrekte Verwendung des Begriffs Kosten bzw. Grenzkosten wird an dieser Stelle gewählt, da Grenzkosten in der Energiewirtschaft einen feststehenden Ausdruck darstellen.

ganzjähriger Grundlastbetrieb angenommen. D.h. das Kernkraftwerk kann im Modell über das ganze Jahr nur mit der gleichen Erzeugungsleistung betrieben werden.

Laufwasserkraftwerke

Laufwasserkraftwerke haben nur geringe Möglichkeiten zur Änderung der Produktionsmenge. Schwankungen der Erzeugungsleistung über den Tag sind sehr gering, zwischen einzelnen Jahreszeiten können sie jedoch erheblich variieren. Aus diesem Grund ist für Laufwasserkraftwerke ein saisonaler Grundlastbetrieb vorgegeben. D.h. Laufwasserzentralen müssen an den typischen Tagen einer Jahreszeit (Werktag und Wochenendtag) im Modell mit der gleichen Erzeugungsleistung betrieben werden.

Speicherkraftwerke

Bei Speicherkraftwerken ist neben der Kapazitätsrestriktion auch noch die Energierestriktion relevant. In einem Speicherkraftwerk kann nur soviel Energie in einem Jahr produziert werden, wie Wasser zur Verfügung steht (unter Berücksichtigung der Zuflüsse). Ein Mehrabruf von Energie in einer Periode bedingt somit direkt eine geringere Produktion in einer anderen Periode unter der Bedingung, dass kein Wasser ungenutzt bleibt. Somit werden Speicherkraftwerke dann eingesetzt, wenn die Erlöse am höchsten sind. Dies ist in einem Modellsystem gleichzusetzen mit den Zeiten der höchsten Systemgrenzkosten. Der Einsatz der Speicherkraftwerke wird somit durch die zu vermeidenden Kosten des Systems bestimmt.

Pumpspeicherzentralen

Pumpspeicherzentralen unterscheiden sich von Speicherkraftwerken nur durch die Möglichkeit, dass Wasser von einem unteren Becken in das obere Speicherbecken gepumpt werden kann. Sie können gleichzeitig auch als Nachfrager im Stromnetz auftreten und so die Last in einer Zeitscheibe und die im Becken gespeicherte Energiemenge erhöhen.

Braunkohle-, Steinkohle und Gaskraftwerke

Bei vielen typischen Grundlastkraftwerkstechnologien wie Kernkraftwerken oder Braunkohlekraftwerken ist es in der Regel nicht möglich, die Anlagen kurzfristig und insbesondere häufiger zu drosseln. Spitzen- und Mittellastanlagen (wie bspw. Gasturbinen bzw. gasbefeuerten GuD-Anlagen, sowie mit Einschränkungen bestimmte Steinkohlekraftwerke) können dagegen über höhere Laständerungsgeschwindigkeiten verfügen. Um die Einlastung der Anlagen abzubilden, sind in dem Modell u.a. Laständerungsgeschwindigkeiten berücksichtigt, die den technischen Gegebenheiten Rechnung tragen.

5.9.2 Zur Ableitung von Preisinformationen in optimierenden Energiesystemmodellen

In einem effizient funktionierenden Markt bieten Erzeuger ihr Produkt zu Grenzkosten an. Unter der Annahme eines vollkommenen Marktes können Preisinformationen in fundamentalanalytischen Modellen aus den Schattenpreisen der zu deckenden Nachfrage abgeleitet werden.

Wird von dem entwickelten Energiesystemmodell in einer deutlich vereinfachten Form ausgegangen, ergibt sich folgende Formulierung, die zur Veranschaulichung der Systemgrenzkosten dient:

$$\min_{\substack{PL_{proc,t,seas},\\ NewCap_{unit,t}}} \sum_{t\in T} \alpha_t \cdot \left[\begin{array}{l} \sum_{seas\in S} \sum_{proc\in PROC} PL_{proc,t,seas} \cdot (Cvar_{proc,t} + Cfuel_{ec,proc,t}) \\ + \sum_{unit\in Unit} \left[\begin{array}{l} Cap_{unit,t} \cdot Cfix_{unit,t} + \\ NewCap_{unit,t} \cdot C_{inv_{unit,t}} \end{array} \right] \end{array} \right] \tag{5.21}$$

$$\sum_{proc\in PROC} PL_{proc,t,seas} \geq D_{t,seas}; \quad \forall seas \in S; \forall t \in T \tag{5.22}$$

$$\begin{array}{l} \sum_{proc\in PROC_{unit}} \left(PL_{proc,seas,t} \cdot \Omega_{proc,t} \right) \leq Cap_{unit,t} \cdot Avai_{unit,t}; \\ \forall t \in T; \quad \forall unit \in UNIT; \quad \forall seas \in SEAS \end{array} \tag{5.23}$$

$$PL_{proc,seas,t} \geq 0, \; PL_{proc,seas,t} \in \mathbb{R}^q \tag{5.24}$$

Die Gleichung (5.21) beschreibt die Zielfunktion der Minimierung der Gesamtausgaben, die sich aus den variablen Kosten der Prozesse $Cvar_{proc,t}$ und den Brennstoffkosten $Cfuel_{ec,proc,t}$ multipliziert mit der Prozessnutzung $PL_{proc,t,seas}$, den fixen Kosten der Anlagen $Cfix_{unit,t}$ und der Investitionen $C_{inv_{unit,t}}$ in neue Anlagen $NewCap_{unit,t}$ zusammensetzen. Durch Gleichung (5.22) wird sichergestellt, dass die Produktion mindestens die Nachfrage deckt. Gleichung (5.22) ist zwar als Ungleichung formuliert, allerdings wird die Produktion die Nachfrage nicht übersteigen, solange die Produktionskosten positiv sind. Mit Gleichung (5.23) wird gewährleistet, dass die Produktionsprozesse nur bis zur Kapazitätsgrenze der Anlage ausgenutzt werden können.

Zusammengefasst lässt sich das vereinfachte Energiesystemmodell als ein klassisches lineares Optimierungsproblem mit Hilfe von Vektoren $\vec{b}$, $\vec{c}$ und $\vec{x}$ und einer Matrix *A* darstellen:

$$\begin{cases} Min \quad G(\vec{x}) := \vec{c}^T \vec{x} \\ u.d.N.: \quad A\vec{x} \geq \vec{b} \\ \qquad \vec{x} \geq 0 \\ \qquad \vec{x} \in \mathbb{R}^q \end{cases} \tag{5.25}$$

Unter der Annahme, dass das primale Problem (5.25) genau eine nichtentartete Lösung besitzt, ist auch das duale Problem eindeutig lösbar (vgl. [Neumann et al. 1993, S. 81]). Das duale Problem zu (5.25) lautet:

$$\begin{cases} Max \quad F(\vec{v}) := \vec{b}^T \vec{v} \\ u.d.N.: \quad A^T \vec{v} \leq \vec{c} \\ \qquad \vec{v} \geq 0 \\ \qquad \vec{v} \in \mathbb{R}^m \end{cases} \tag{5.26}$$

Für die optimalen Lösungen $\vec{x}^*$ und $\vec{v}^*$ gilt $G(\vec{x}^*) = F(\vec{v}^*)$. Wird die Gesamtnachfrage nach Elektrizität für einen Zeitpunkt t um eine Mengeneinheit erhöht ($\hat{b}_t = b_t + 1$), gilt wegen der Gleichheit der optimalen Zielfunktionswerte[104]:

$$\sum_{\mu=1}^{m} b_\mu v_\mu^* + v_t^* = \vec{c}^T \vec{x}^* + v_t^* \tag{5.27}$$

D.h., die Gesamtkosten der Erzeugung haben sich um v_t^* erhöht. v_t^* kann somit als der Wert einer Mengeneinheit Elektrizität zum Zeitpunkt t bei optimaler Produktions- und Investitionsplanung interpretiert werden bzw. als Preis den ein Nachfrager für eine Mengeneinheit Elektrizität zum Zeitpunkt t zu zahlen bereit ist. Die Größe v_t^* wird deshalb auch als Schattenpreis[105] der Nachfrage nach Elektrizität bezeichnet.

Fall 1: Investitionen in neue Anlagen ausgeschlossen

Werden in dem vereinfachten Energiesystemmodell (5.21)-(5.24) Investitionen in neue Anlagen ausgeschlossen, ergibt sich bei genauerer Betrachtung das folgende duale Problem:

$$\max_{\substack{v_{seas,t},\\ u_{unit,t,seas}}} \quad D_{t,seas} v_{seas,t} - \sum_{unit \in Unit} (Cap_{unit,t} \cdot Avai_{unit,t}) \cdot u_{unit,t,seas} \tag{5.28}$$

$$v_{seas,t} - u_{unit,t} \leq (Cvar_{unit,t} + Cfuel_{ec,unit,t}) \qquad \forall seas \in Seas, \forall t \in T, \forall unit \in Unit \tag{5.29}$$

$$v_{seas,t}, u_{unit,t} \geq 0; \quad v_{seas,t} \in \mathbb{R}^m, u_{unit,t} \in \mathbb{R}^n \tag{5.30}$$

104 Gilt nur unter der Annahme, dass die optimale Lösung $\hat{x}_t^*$ des entsprechend modifizierten primalen Problems die gleiche Basis wie x_t^* besitzt (vgl. [Neumann et al. 1993, S. 84])

105 In der Betriebswirtschaftslehre ist statt Schattenpreis auch die Bezeichnung Opportunitätskosten üblich.

Aus Gleichung (5.28) ist ersichtlich, dass die Variablen der Elektrizitätsnachfrage (Schattenpreise der Elektrizitätsnachfrage) $v_{seas,t}$ maximiert und die Variablen der Kapazitätsrestriktionen der Anlagen (Schattenpreise der Kapazitäten) $u_{unit,t,seas}$ minimiert werden. Gleichung (5.29) fordert, dass die Variablen der Elektrizitätsnachfrage $v_{seas,t}$ und die Variablen der Kapazitätsrestriktionen der Anlagen $u_{unit,t,seas}$ im gleichen Maße ansteigen, sobald die Restriktion bindend ist. Dies ist der Fall, wenn die Schattenpreise der Elektrizitätsnachfrage $v_{seas,t}$ die variablen Erzeugungskosten der Anlage *unit* übersteigen. Sobald die Summe der Kapazität mit den niedrigsten Schattenpreisen die Nachfrage übersteigt bzw. gleicht, kann der Gesamtgewinn des dualen Problems nicht weiter erhöht werden. Im Maximum des dualen Problems entspricht der Schattenpreis der Elektrizitätsnachfrage somit den variablen Kosten der Anlage *unit* mit den niedrigsten variablen Kosten, deren Schattenpreis der Kapazität $u_{unit,t,seas}$ genau null ist (vgl. Gleichung (5.29)). Die variablen Erzeugungskosten der Anlage *unit*, um die Nachfragerestriktion zu befriedigen, entsprechen somit den Systemgrenzkosten bzw. dem Schattenpreis der Elektrizitätsnachfrage. Graphisch ist dieser Zusammenhang zwischen dem Schattenpreis der Elektrizitätsnachfrage, dem Schattenpreis der Kapazitäten und der Gesamtnachfrage in Abbildung 5.3 mit Hilfe der Merit order Kurve zusammengefasst.

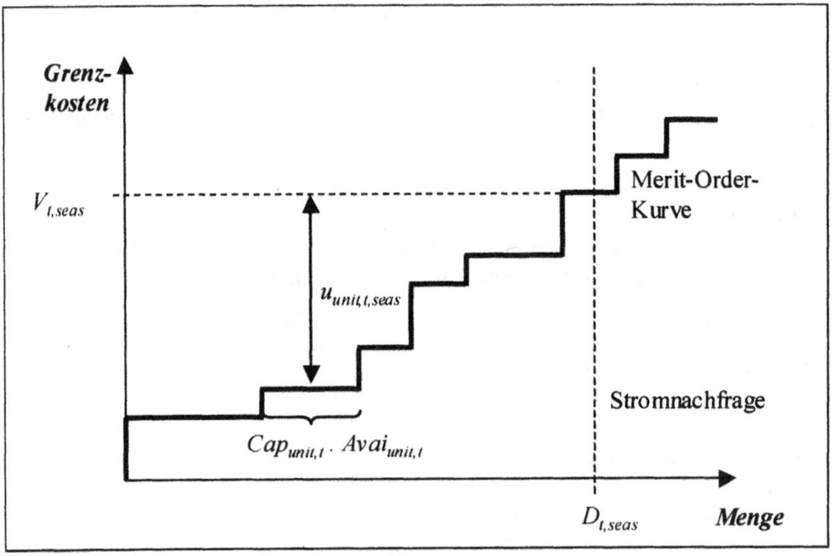

Abbildung 5.3: Merit-Order-Kurve und Schattenpreise der Stromnachfrage

Fall 2: Investitionen in neue Anlagen zugelassen

Werden in dem beschriebenen Energiesystemmodell auch Investitionen in neue Anlagen zugelassen, ergibt sich folgendes duales Problem:

$$\max_{\substack{v_{seas,t},\\ i_{unit,t,seas}}} \quad D_{t,seas} v_{seas,t} - \sum_{unit \in Unit} Inv_{unit} \cdot i_{unit} \tag{5.31}$$

$$v_{seas,t} - u_{unit,t} \leq (Cvar_{unit,t} + Cfuel_{ec,unit,t}) \qquad \forall seas \in Seas, \forall t \in T, \forall unit \in Unit \tag{5.32}$$

$$\sum_{t \in T, seas \in Seas} u_{unit,t,seas} - i_{unit} \leq Cap_{\max} \qquad \forall unit \in Unit \tag{5.33}$$

$$v_{seas,t}, u_{unit,t}, i_{unit} \geq 0; \;\; v_{seas,t} \in \mathbb{R}^m, u_{unit,t} \in \mathbb{R}^n, i_{unit,t} \in \mathbb{R}^n \tag{5.34}$$

Kritisch anzumerken ist in diesem Zusammenhang allerdings die Zuordnung der Veränderung des Zielfunktionswertes, dessen Ausgabenbestandteile bei Investitionen mehrere Perioden umfassen können, zu einer bestimmten Periode des Optimierungszeitraumes (im Falle der Strompreise sogar zu einem Zeitintervall). Selbst wenn jedes Jahr als eigene Periode repräsentiert wird, müssen die so bestimmten Grenzkosten in einem Jahr – aufgrund des intertemporalen Charakters des Optimierungsproblems – nicht den Grenzkosten entsprechend der volkswirtschaftlichen Definition (und auch nicht den Grenzausgaben) entsprechen, da zur Bestimmung der Schattenpreise in einem Jahr die in diesem Jahr entstehenden Veränderungen mit zukünftigen Veränderungen „verrechnet" werden.

Ebenfalls kritisch zu diskutieren ist die Veränderung des Zielfunktionswertes, wenn ganzzahlige Zubauvariablen verwendet werden[106]. Für die Spitzenlastzeitscheibe sind zwei Fälle zu unterscheiden:

Im ersten Fall ist mindestens ein ganzzahliger Anlagenzubau zur Befriedigung der Spitzenlastnachfrage notwendig und mindestens eine Anlage in dem betrachteten Zeitintervall (Spitzenlastzeitscheibe) ist nicht voll ausgelastet. Da noch mindestens eine Anlage nicht voll ausgelastet ist, setzt diese wie oben beschrieben die Grenzkosten der Stromerzeugung. Im Gegensatz dazu wären in dem relaxierten Problem[107] alle Anlagen voll ausgelastet und die Schattenpreise der Elektrizitäts-

[106] Die Verwendung von ganzzahligen Variablen erhöht u.a. den Lösungsaufwand deutlich und wird deshalb häufig in Energiesystemmodellen zu vermeiden versucht. Im Falle der Abbildung von Wasserkraftanlagen und von Einzelprojekten, ist die Verwendung von ganzzahligen Variablen aufgrund der „Blockscharfen" Modellierung der Anlagen notwendig.

[107] Von einem relaxierten Problem oder einer Relaxation eines Optimierproblems wird gesprochen, wenn einige Nebenbedingungen des Problems weggelassen werden, bspw. die Ganzzahligkeitsbedingung. Somit können ganzzahlige bzw. binäre Variablen alle Werte zwischen ihren Schranken annehmen, d.h. insbesondere auch nicht ganzzahlige Werte.

erzeugung würden wie oben beschrieben spezifische Investitionen für eine Mehreinheit Strom enthalten.

Im zweiten Fall sind alle Anlagen in dem betrachteten Spitzenlastzeitintervall voll ausgelastet. Eine Mehreinheit an Nachfrage erfordert theoretisch den Zubau einer ganzzahlig modellierten neuen Anlage. Dies würde theoretisch dazu führen, dass nicht nur die spezifischen Investitionen für die Mehreinheit, sondern die komplette Investition der Anlage in den Schattenpreisen der Elektrizitätsnachfrage enthalten sein müssten. Da zur Ableitung der Schattenpreise der Elektrizitätsnachfrage nur infinitesimale Erhöhungen betrachtet werden bzw. die Werte aus den dualen Variablen abgeleitet werden, entspricht auch in diesem Fall der Schattenpreis der Nachfrage den variablen Kosten der teuersten eingesetzten Anlage[108].

Wenn die Kapazitätsrestriktion bindend ist, enthalten die Schattenpreise der Elektrizitätsnachfrage die Investition der Spitzenlastanlage. Wenn mehrere Zeitsegmente bzw. Stunden mit der gleichen Höhe der Spitzenlast auftreten, teilt sich die Investition auf die einzelnen Stunden gleich auf. Im Falle einer einzigen Spitzenlastzeitscheibe werden dieser die kompletten Kapazitätskosten zugerechnet. Dies entspricht dem Konzept des „peak load pricing" im deterministischen Fall, dessen Anwendung für Energiemärkte von Boiteux entwickelt wurde (vgl. [Boiteux 1964b]). Entsprechend dieser Theorie sind zur Erzeugung von Elektrizität zwei Produktionsfaktoren notwendig, Kapazität und Energie, wobei die Bereitstellung der Energie zu jedem Zeitpunkt durch die verfügbare Kapazität beschränkt ist. Folgendes Beispiel mit zwei Zeitsegmenten wird zur Veranschaulichung betrachtet: es werden zwei Perioden unterschieden, eine mit Spitzenlast und eine mit Niedriglast. Für beide Perioden wird jeweils eine deterministische Nachfrage und die gleiche Erzeugungskapazität angenommen. Die Energie wird in beiden Perioden mit den marginalen Erzeugungskosten und in der Spitzenlastzeitscheibe zusätzlich mit einer Kapazitätszahlung, die die fixen Ausgaben (inkl. Investition) der Anlage deckt, bepreist. Dieser Ansatz zur Bepreisung von Energie ist im Kontext von regulierten Monopolen entstanden, deren primäres Ziel die Deckung der Erzeugungskosten war, die zur Förderung des Konsums beitrugen und zu Überkapazitäten führten. Spätere Entwicklungen der „peak load pricing" Theorie erweiterten diese um eine stochastische Nachfrage und um verschiedene Technologien (vgl. [Chao 1983], [Murphy et al. 1982], [Brown et al. 1969], [Visscher 1973], [Crew et al. 1976], [Carlton 1977]). Durch die Erweiterung um Unsicherheit fällt die volle Investition nicht mehr nur auf die Spitzenlastperiode, sondern verteilt sich über mehrere Perioden, da die Unterscheidung zwischen

---

108 Die Schattenpreise des primalen Problems werden in GAMS automatisch bereitgestellt. Bei Modellen mit ganzzahligen Variablen werden die Schattenpreise wie folgt bestimmt: Nachdem das gemischt-ganzzahlige Modell gelöst ist, werden die ganzzahligen Variablen fixiert und das Modell mit den fixierten Variablen nochmals gelöst, um daraus die Schattenpreise abzuleiten. Somit enthalten die Schattenpreise lediglich Komponenten von nicht ganzzahligen Variablen. Im Falle des beschriebenen Modells sind somit die spezifischen Investitionen von ganzzahlig modellierten Anlagen in den Schattenpreisen nicht enthalten.

Spitzenlast und „Nicht-Spitzenlast" eine Frage der Wahrscheinlichkeit der Lasthöhe wird. Die Investition in die Spitzenlastanlage wird dann durch die Summe über die wahrscheinlichkeitsgewichtete Kapazitätszahlung der entsprechenden Perioden wiedererlangt.

Das um die Investitionsentscheidung erweiterte Modell kann in vereinfachter Form dargestellt und graphisch gelöst werden. In Abbildung 5.4 sind auf der linken Seite verschiedene Erzeugungstechnologien, die durch fixe und variable Ausgaben pro Kapazität charakterisiert sind, in Abhängigkeit der Dauer der Einlastung dargestellt (vgl. [Oren 2003] und [Oren 2000]). Zur Minimierung der Gesamtausgaben der Erzeugung wird für jeden Zeitabschnitt die jeweils wirtschaftlichste Technologie herangezogen. Daraus resultiert eine Kurve, die die Ausgaben pro Kapazität auf Basis eines Technologiemixes als Funktion der Dauer der Einlastung beschreibt. In dem oben genannten Beispiel ist im ersten Abschnitt die Technologie 1 für eine Dauer t_1 am wirtschaftlichsten, dann Technologie 2 für eine Dauer t_2 und im letzten Abschnitt Technologie 3 für eine Dauer t_3. Die Technologie 4, die für alle möglichen Einlastungsdauern teurer als jeweils eine andere ist, wird somit in dem Produktionsportfolio nicht berücksichtigt. In dem linken oberen Teil der Abbildung 5.4 ist die Last für alle Zeitpunkte in abnehmend geordneter Reihenfolge als die so genannte Preisdauerlinie dargestellt. Mit dieser kann für jede Technologie die optimale Kapazität ermittelt werden, indem die optimale Dauer der Einlastung der jeweiligen Technologie auf die Preisdauerlinie projiziert wird. Für die Technologie 3 mit der Dauer der Einlastung $t_1+t_2+t_3$ wird somit die Kapazität $P_{inst,3}$ erhalten. Die Vergütung der installierten Technologien mit den jeweiligen Preisen, die aus der skizzierten Ausgabenkurve abgeleitet wird, entspricht dann genau der Bepreisung mit den Vollkosten der Anlage, d.h. den spezifischen Kapazitäts- und Energiekosten.

Auf der rechten Seite der Abbildung 5.4 ist die Vergütung der Energieerzeugung durch die Grenzkosten, d.h. den variablen Ausgaben der teuersten eingelasteten Anlage jedes Zeitpunktes, dargestellt. Die Summe der Grenzkosten über die gesamte Dauer entspricht dann genau dem variablen Anteil der Ausgabenkurve auf der linken Seite der Abbildung.

Wenn der Marktpreis jedes Zeitpunktes sich aus den marginalen Kosten der letzten Anlage ergibt und jeder Erzeuger mit dem Marktpreis für seine Energieerzeugung in jedem Zeitpunkt vergütet wird, fehlt den Betreibern der Betrag C_{fix1}, d.h. die fixen Ausgaben bzw. Kapazitätskosten der Spitzenlasttechnologie, pro installierter Kapazität. Ist bspw. die Lastdauerlinie im Bereich der zweiten Technologie um eine Einheit erhöht, wie dies in der oberen rechten Seite der Abbildung 5.4 dargestellt ist, dann ist anstatt der Kapazität P_{Inst2} die Kapazität P^*_{Inst2} optimal. Die Erzeugungskosten der zusätzlich installierten Kapazität P^Z_{Inst2}[109] sind $C_{fix2} + C_{var2}*t^* = C_{fix1} + C_{var1}*t_1 + C_{var2}*(t^*-t_1)$, während sich der in Summe für die Energiebereitstellung

[109] $P^Z_{Inst2} = P^*_{Inst2} - P_{Inst2}$

erhaltene Marktpreis auf $C_{var1}*t_1 + C_{var2}*(t^*-t_1)$ beläuft. Es ergibt sich somit für die zusätzliche Kapazität der Technologie 2 eine Differenz in Höhe der Kapazitätskosten C_{fix1} der Spitzenlasttechnologie (Technologie 1).

Es stellt sich somit die Frage, wie Kraftwerke in einem liberalisierten Markt ihre Investitionen erwirtschaften können. In der Theorie können hohe Outputmengen nur noch unter extrem hohem Aufwand des variablen Faktors produziert werden. Bei einem Output, der die nötigen Kapazitäten übersteigt, können die kurzfristigen Kosten gegen unendlich gehen. Da keine unendlich hohen Kosten finanziert werden können, wird damit eine Kapazitätsgrenze definiert, die in einer langfristigen Betrachtung bei Bedarf durch Investitionen in neue Anlagen erweitert werden kann (vgl. [Boiteux 1964a]). In einem langfristigen Marktgleichgewicht wird davon ausgegangen, dass Energieerzeuger die Fixkosten (und nicht mehr) erwirtschaften, auch wenn der Gleichgewichtspreis stets den Grenzkosten entspricht.

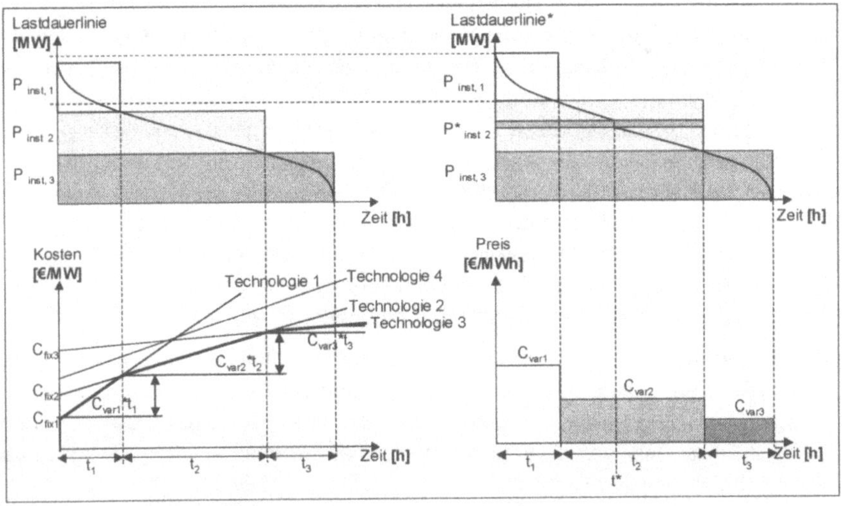

Abbildung 5.4: Graphische Lösung des Investitionsproblems und Wiedergewinnung der Erzeugungskosten (Quelle: Eigene Darstellung in Anlehnung an [Oren 2003])

Hierzu werden unterschiedliche Marktformen diskutiert, um Investitionsanreize zu geben bzw. um eine angemessene Höhe an Investitionen in Energieerzeugungsanlagen zu gewährleisten. Eine ausführliche Diskussion der verschiedenen marktlichen Ansätze würde den Rahmen dieser Arbeit sprengen. Aus diesem Grunde wird auf die Arbeiten von [Oren 2000], [Oren 2003], [Chao et al. 1997], [Chao et al. 1999a, [Chao et al. 1999b], [Burns et al. 2004], und [Stoft 2002] verwiesen.

In dem entwickelten Modellansatz wird von einer Deckung der Nachfrage ausgegangen, sodass zu jedem Zeitpunkt ausreichend Erzeugungskapazitäten zur Verfügung stehen. Die aus dem Modell abgeleiteten Preisinformationen enthalten somit die Kapazitätskosten der Anlagen.

5.10 Implementierung, Datenbasis und Analyseoptionen

Das PERSEUS-HYDRO Modell ist in der Programmiersprache GAMS (General Algebraic Modelling System) programmiert. GAMS wurde speziell für die Abbildung von großen und komplexen Modellen entwickelt und zeichnet sich vor allem durch eine Vielzahl von Möglichkeiten zur Programmstrukturierung aus. Die Sprache ähnelt der Formulierung von mathematischen Problemen. Zu den Vorteilen von GAMS gehört, dass für ein Problem verschiedene Lösungsalgorithmen (Solver) verwendet werden können, ohne dass Änderungen im Modell vorgenommen werden müssen. Bei der Bildung des mathematischen Modells im Computer kombiniert GAMS die Eingabedateien und erstellt eine von standardisierten Solvern lösbare Problembeschreibung im MPS-Format. Es stehen dann eine Reihe von kommerziellen Lösungsprogrammen (Solvern) zur Lösung des Optimierungsproblems zur Verfügung. Zur Lösung des in dieser Arbeit entwickelten Modells wurde CPLEX 9.0 eingesetzt.

Die Daten des PERSEUS-HYDRO Modells werden mit Hilfe einer in *Microsoft Access* erstellten relationalen Datenbank verwaltet (vgl. [Göbelt 2001, S. 105ff]). Die Ergebnisse werden durch GAMS als Textdateien generiert und können durch externe Excel-Module automatisiert ausgewertet werden. Im Gegensatz zum Datenverwaltungssystem stellt das Ergebnisauswertungsmodul allerdings kein einheitliches System dar, das für jedes Energiesystem, welches mit Hilfe von PERSEUS abgebildet werden kann, Verwendung finden kann. Der Grund dafür liegt in den sich stark unterscheidenden Anforderungen, die unterschiedlich strukturierte Energiesysteme und Anwendungsfälle an die auszuwertenden Ergebnisse und deren Darstellung stellen. Aufgrund der Vielzahl an Ergebnisdaten zu verschiedenen Bereichen (z.B. Anlagenkapazitäten und -auslastung, zeitliche Einlastung der Anlagen, Stoff- und Energieflüsse, Grenzkosten, Stromaustausch, Erlöse und Ausgaben) und auf verschiedenen Aggregationsebenen (Region, Sektor, Produzent, Anlage, Prozess) ist eine umfassende Ergebnisauswertung i.d.R. mit hohem Aufwand verbunden.

Die mit dem Modell zu erzielenden Modellergebnisse sind in Tabelle 5.3 zusammengefasst aufgeführt. Die aufgeführten Ergebniswerte ergeben sich bis auf die Strompreise direkt aus den einzelnen Variablen in der optimalen Lösung zugewiesenen Werten. Die Strompreise werden hingegen aus den Schattenpreisen der Elektrizitätsnachfrage abgeleitet (vgl. Kapitel 5.9.2).

Tabelle 5.3: Analyseoptionen des PERSEUS-HYDRO Modells (in Anlehnung an [Möst et al. 2005b])

Themenbereich	Modellergebnis
Kraftwerkpark-struktur	Entwicklung der Kapazitätsanteile verschiedener Energieträger am Gesamt-kraftwerksbestand
	Umfang und Zeitpunkt des Zubaus neuer Kraftwerke und optimierter Anlagen-rückbau
	Interregionale Kapazitätsverschiebungen
	Marktdurchdringungsraten neuer Technologien
Anlageneinsatz	Zeitliche Einlastung unterschiedlicher Anlagentypen
	Anteil bestimmter Anlagenklassen an der Gesamterzeugung (z.B. nach Energieträgern getrennt)
	Durchschnittliche Auslastung des Anlagenparks bzw. einzelner Anlagentypen
Stromaustausch	Zeitliche Struktur und Höhe des interregionalen Stromaustauschs
	Durchschnittliche Auslastung der Kuppelleitungen
	Strom(handels)bilanzen pro Region
Strompreise	Regional differenzierte Preisinformationen zu Strompreisen und deren zeitliche Struktur im Tagesverlauf
	Tages-, Nacht- und Jahreszeitdurchschnittspreise

5.11 Verbesserung des Lösungsprozesses

Aus wirtschaftlicher Sicht ist es nicht sinnvoll, in einem Zeitintervall zu pumpen und gleichzeitig zu turbinieren. Dies würde zudem aus technischer Sicht zu einem wasserseitigen Kurzschluss führen. Aus Gesamtsystemsicht kann es allerdings in manchen Zeitscheiben im Modell sinnvoll sein, Elektrizität in Schwachlastzeiten zu „verbrennen", wenn die Speicherbecken bereits gefüllt sind. Damit wird die Nachfrage nach Elektrizität in Schwachlastzeiten im Modell künstlich erhöht. Anlagen, die in der Realität zur Bereitstellung von Grundlast eingesetzt werden, werden im Modell i.d.R. mit Grundlastzwang modelliert. Als Konsequenz einer erhöhten Elektrizitätsnachfrage können diese Anlagen im Modell über das ganze Jahr höher ausgelastet werden. Um zu verhindern, dass beide Prozesse bei Pumpspeicheranlagen gleichzeitig betrieben werden, ist der Anlageneinsatz von Pumpspeicheranlagen mit Hilfe von ganzzahligen Variablen und einer Restriktion abgebildet, die gewährleistet, dass jeweils nur ein Prozess aktiv sein kann. Allerdings sind hierzu für jede Pumpspeicheranlage $unit_{pump}$, für jede Zeitscheibe $seas$ und für jedes Jahr t eine ganzzahlige Variable notwendig. Neben den ganzzahligen Variablen für den Einsatz der Pumpspeicheranlagen, werden die Kapazitäten der Anlagen in der Schweiz in PERSEUS-HYDRO ganzzahlig modelliert. Im Gegensatz zu den Variablen für den Anlageneinsatz sind diese jedoch nicht für jede Zeitscheibe, sondern nur für jedes

Jahr erforderlich. D.h. mit der Modellierung des ganzzahligen Anlageneinsatzes erhöht sich die Anzahl der ganzzahligen Variablen stark.

Dies führt bei der Lösung des Modells zu einem starken Anstieg der Rechenzeit und kann in manchen Fällen sogar dazu führen, dass das Modell nicht gelöst werden kann. Aus diesem Grund ist ein zweistufiger Lösungsprozess implementiert, mit dem die Rechenzeit deutlich verkürzt werden kann. In einem ersten Schritt werden nur die ganzzahligen Variablen zur Abbildung des Anlageneinsatzes relaxiert. Die restlichen ganzzahligen Variablen (Kapazitätsvariablen) werden im ersten Schritt nicht relaxiert und das Modell wird somit mit einer deutlich geringeren Anzahl an ganzzahligen Variablen gelöst. Mit Hilfe der teil-relaxierten Lösung werden Startwerte für die ganzzahligen Variablen für den zweiten Modelldurchlauf festgelegt. In der teil-relaxierten Lösung können nun Fälle auftreten, in denen Pumpspeicheranlagen gleichzeitig turbinieren und pumpen. Für diese Variablen wird der Prozess als Startwert ausgewählt, dessen Leistung (Pump- oder Turbinierleistung) im „teil-relaxierten" Modell größer ist als die Leistung des anderen Prozesses. Die Lösung aus dem ersten Modelldurchlauf, bei der entweder der eine oder der andere Prozess gleich null ist, werden direkt als Startwerte für den zweiten Modellauf übernommen. Mit den so ermittelten Startwerten wird dann das Modell (im zweiten Modelldurchlauf) noch einmal gelöst.

Obwohl zwei Optimierungsmodelle hintereinander gelöst werden müssen, ist die Rechenzeit im Vergleich zu einem Modell, bei dem die Lösung in einem Schritt bestimmt wird, um mehr als den Faktor 10 geringer. Dies ist darauf zurückzuführen, dass die Rechenzeit für den Branch and Bound Algorithmus (in CPLEX) durch entsprechende Startwerte, die auf Basis der Modellkenntnis abgeleitet sind, deutlich verkürzt werden kann.

Die Größe des zu lösenden gemischt-ganzzahligen linearen Optimierungsmodells hängt in erster Linie von der Anzahl der berücksichtigten Perioden ab. Bei sieben Perioden (d.h. einer Analyse des Betrachtungszeitraumes 2000-2030 in 5-Jahresschritten) umfasst das mathematische Modell ca. 15.000 ganzzahlige Variablen, ca. 0,9 Mio. Variablen und ca. 0,65 Mio. Restriktionen. Die Matrix des Optimierungsmodells enthält ca. 3,5 Mio. Non-Zero-Elemente. Die Rechenzeiten betragen auf einen IBM kompatiblen PC (3,0 GHz, 2 GB RAM) je nach Szenario 1-2 Stunden.

6 Modellaufbau und Datenbasis

Die im Rahmen der Modellierung getroffenen Annahmen und die verwendeten Daten werden im Folgenden aufgeführt. Hierfür wird auf die Abbildung des schweizerischen Energieversorgungssystems, der relevanten europäischen Elektrizitätsversorgungssysteme sowie der verwendeten Struktur in diesem Modellierungsansatz eingegangen. Preisangaben sind stets als reale Preise mit Bezugsjahr 2000 zu verstehen[110].

6.1 Abbildungsbereich

Die im PERSEUS-HYDRO-Modell abgebildeten Regionen sind in Abbildung 6.1 beschrieben. Der Schweizer Kraftwerkspark ist in dem Modell auf Anlagenebene abgebildet. In den angrenzenden Ländern der Schweiz (Deutschland, Frankreich, Italien, Österreich), den Benelux – Staaten und Slowenien sind die einzelnen Kraftwerke aggregiert nach Kraftwerkstypen modelliert.

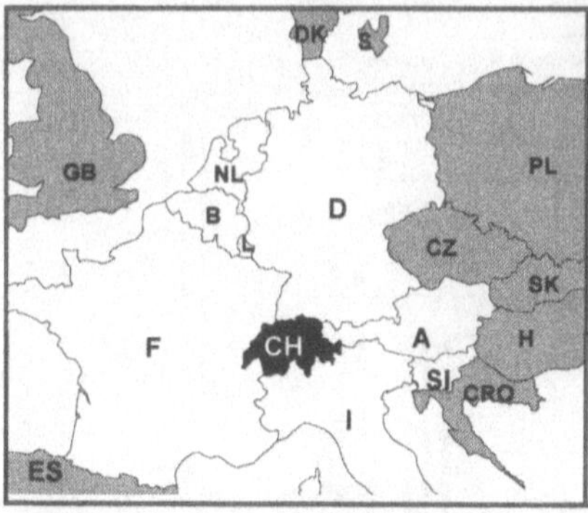

Land / Region	Endogen / Exogen	Detaillierungsgrad
Schweiz (*schwarz*)	Endogen	Einzelanlagen
Deutschland, Frankreich, Italien, Österreich, Niederlande, Belgien, Luxemburg, Slowenien (*weiß*)	Endogen	Aggregiert nach Kraftwerkstypen
Schweden, Dänemark, Polen, Tschechien, Großbritannien, Spanien, Ungarn, Griechenland, Kroatien (*grau*)	Exogen	Import / Export

Abbildung 6.1: Abgebildete Regionen

Unter Berücksichtigung der Übertragungskapazitäten[111], des konventionellen Erzeugungssystems und des erwarteten Zubaus an erneuerbaren Energien erscheint die Modellierung der genannten Länder sinnvoll. Für Länder, die an die endogen modellierten Regionen angrenzen, sind die Import- und Exportflüsse zu den endogen

[110] Der Modellaufbau wurde im Rahmen des Projektes „Analyse der Wettbewerbsfähigkeit der schweizerischen Wasserkraftwerke im Rahmen des europäischen Elektrizitätsversorgungssystems" durchgeführt. Das Projekt wurde durch den PSEL (Projekt- und Studienfonds der Elektrizitätswirtschaft), VSE (Verband der Schweizer Elektrizitätswirtschaft) Aarau; die BKW FMB AG, Bern und die KWO AG (Kraftwerke Oberhasli), Innertkirchen finanziert und gemeinsam vom CEPE (Centre for Energy Policy and Economics), ETH Zürich; dem IIP (Institut für Industriebetriebslehre und Industrielle Produktion), Universität Karlsruhe (TH); der BKW FMB AG und der ETRANS bearbeitet. Die Ergebnisse des Projektes sind in [Balmer et al. 2005] veröffentlicht.

[111] Innerhalb der endogen abgebildeten Modellregionen werden folgende Verbindungen als kritisch hinsichtlich auftretender Engpässe in [IAEW 2001] betrachtet:
Frankreich → Belgien / Deutschland ↔ Niederlande und
Frankreich / Schweiz / Österreich / Slowenien → Italien
Aus diesem Grund werden neben den Anrainerstaaten der Schweiz, auch die Energiesysteme der BeNeLux-Staaten und von Slowenien modelliert.

abgebildeten Regionen auf Basis von historischen Austauschraten festgelegt. Da lediglich der Import und Export dieser Länder zu den endogen modellierten Regionen abgebildet ist, werden diese im Folgenden als exogen abgebildete bzw. (modell-) exogene Länder bezeichnet.

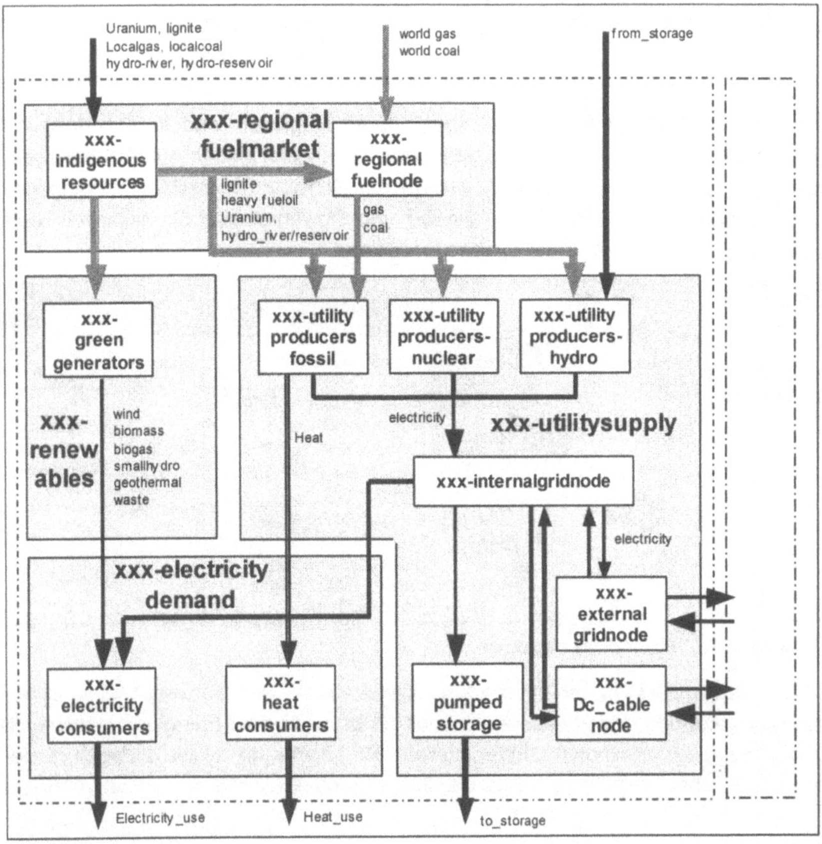

Abbildung 6.2: Grundstruktur der endogenen Modellregionen (bis auf die Schweizer Modellregion)

Die endogen abgebildeten Länder sind alle mit Ausnahme der Schweiz nach einer im Folgenden beschriebenen Struktur gegliedert (vgl. Abbildung 6.2): Jede Modellregion ist in vier Sektoren aufgeteilt. Dies sind die Brennstoffversorgung (*xxx-regional-fuelmarket*), die Energieversorgung (*xxx-utilitysupply*), die Energiebereitstellung auf Basis regenerativer Energien (*xxx-renewables*) und die Energienachfrage (*xxx-electricity-demand*).

Die Produzenten (Knoten des gerichteten Graphens) *xxx-indigenousresource* und *xxx-regionalfuelnode* des Sektors Brennstoffbereitstellung (*xxx-regionalfuelmarket*) dienen dazu, zwei Arten der Energieversorgung zu unterscheiden: einerseits die Versorgung über lokale Energiequellen und andererseits die Beschaffung über einen Weltmarkt. Von diesen Knoten des Netzwerkes werden die verschiedenen Energieerzeuger (-wandler) versorgt. Die Energieerzeugern wandeln die Brennstoffe in den modellierten Prozessen in die netzgebundenen Energieformen Strom und Wärme um. Bei Wärmeanlagen wird die bereitgestellte Wärme direkt den Nachfrageknoten zugeleitet. Strom wird dagegen in jeder Region in einen (Übertragungs-)Netzknoten (*xxx-internalgridnode*) eingespeist. Aus diesem Netzknoten wird zum einen die Stromnachfrage in den Nachfrageknoten befriedigt, zum anderen wird die benötigte Pumpenergie (*xxx-pumpedstorage*) für die Pumpspeicherkraftwerke bereitgestellt. Zudem ist jeder (Übertragungs-)Netzknoten mit den Netzknoten der angrenzenden Regionen verbunden. Mit diesen Verbindungen sind die existierenden Übertragungskapazitäten der modellierten Regionen abgebildet. Die Nutzung dieser Übertragungsleitungen ist Gegenstand der Optimierung und basiert auf bestehenden Kostenunterschieden in der Stromerzeugung zwischen zwei Regionen. Das vorgestellte Konzept der gesamte Modellstruktur entspricht somit einem gerichteten Graphen.

6.2 Betrachtungshorizont und zeitliche Differenzierung

Der Betrachtungshorizont des langfristigen Energiesystemmodells umfasst in dem für die Schweiz entwickelten Modell 30 Jahre. Um das Modell anhand von Statistiken kalibrieren zu können, beginnt der Betrachtungszeitraum mit dem Jahr 2000 und endet im Jahr 2030[112]. Aufgrund rechenzeitlichen Restriktionen ist es nicht möglich, jede einzelne Stunde innerhalb dieses Zeitraums explizit zu modellieren. Daher werden Stützjahre im Modellierungszeitraum ausgewählt, die beliebig gewählt werden können. In dem entwickelten Modellansatz repräsentieren die Stützjahre fünf Jahre. Die Lastganglinie eines (Stütz-) Jahres wird mit Hilfe von charakteristischen Tagen abgebildet. Im PERSEUS-HYDRO Modell dienen diese Typtage des Weiteren der Abbildung der zeitlichen Struktur der Speicher. Um sowohl die Lastganglinie als auch die Wasserströme, aber auch Speicherstände sinnvoll modellieren zu können, werden 36 Zeitintervalle unterschieden. Dabei ist jedes Jahr in vier Jahreszeiten (Winter, Frühjahr, Sommer, Herbst) unterteilt, um die Wasserflüsse hinreichend genau abbilden zu können. Des Weiteren ist für jede Jahreszeit zwischen Werk- und Wochenendtag unterschieden. Aufgrund der Struktur der nachfrageseitigen Lastkurve wird für die Werk- und Wochenendtage eine Einteilung in Zeitintervalle gewählt, wie sie in Abbildung 6.3 dargestellt ist. Diese Zeiteinteilung kann für alle vier

---

[112] In den meisten verfügbaren und relevanten Statistiken sind gegenwärtig die Daten bis zum Jahr 2002 tlw. bis zum Jahr 2003 veröffentlicht.

Jahreszeiten herangezogen werden. Jeder Werktag ist mit sechs Zeitscheiben und jeder Wochenendtag mit drei Zeitscheiben abgebildet.

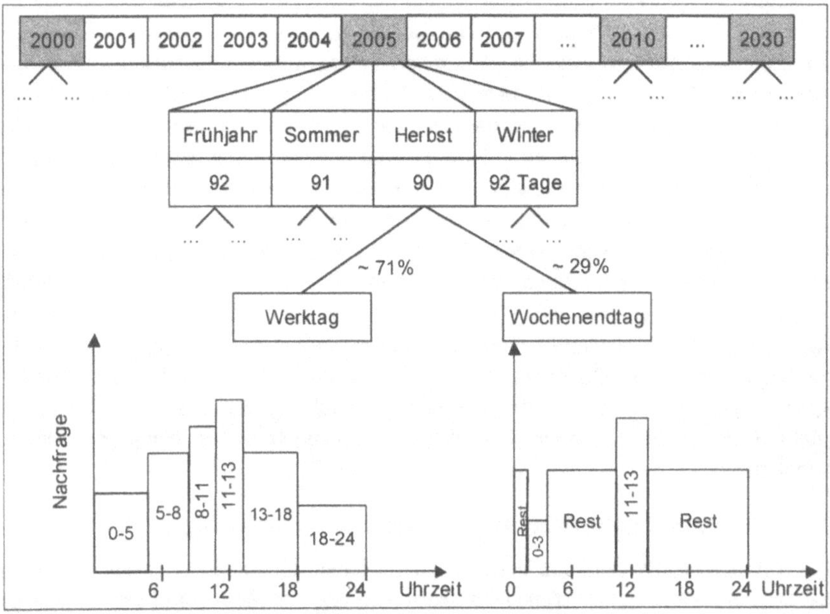

Abbildung 6.3: Zeitliche Differenzierung und Betrachtungshorizont

6.3 Abbildung des Kraftwerksparks in der Schweiz

Der im Modell hinterlegte Kraftwerksbestand, die dafür vorgegebenen Parameter, sowie die Altersstruktur des schweizerischen Energieversorgungssystems[113] werden im folgenden Abschnitt beschrieben.

Im Modell sind die schweizerischen Kernkraftwerke und größere Wasserkraftwerke, bei denen die drei Anlagentypen Laufwasser, Speicherkraft und Pumpspeicher unterschieden werden, als Einzelanlagen modelliert. Konventionelle thermische Anlagen wurden aufgrund ihrer geringen Bedeutung nicht berücksichtigt. Kleinwasserkraftanlagen und Anlagen, für die keine Daten ermittelt werden konnten, sind mit Hilfe von Technologieklassen im Modell mit Durchschnittsgrößen abgebildet. Eine Technologieklasse umfasst dabei die insgesamt installierte Leistung einer Gruppe von Einzelanlagen und wird durch jeweils charakteristische Anlagen- sowie Prozessparameter beschrieben. Jede Anlage und Technologieklasse ist durch die in Tabelle

[113] Vgl. hierzu auch Kapitel 4.2

6.1 aufgelisteten Parameter charakterisiert. Mit den Prozessparametern können unterschiedliche Betriebsmodi, in denen eine gegebene Anlage gefahren werden kann, bspw. der Turbinierbetrieb und der Pumpbetrieb einer Anlage, unterschieden werden.

Tabelle 6.1:: Techno-ökonomische Parametrisierung der Modellanlagen

	Technische Daten		Ökonomische Daten		Ökologische Daten
			Parameter	Vorgaben	
Anlage	Installierte Leistung		Investitionen	Beschränkungen des	
	Anlagenverfügbarkeit		Fixe Ausgaben	freien Zu- / Rückbaus	
	Techn. Nutzungsdauer (ND)		Wirtschaftl. ND	gesetzter Zubau	
	Verhältnis der Fallhöhen				
Prozess	Input 1	Jeweiliger	Variable	Beschränkung der	Emissions-
	Input 2	Anteil am	Brennstoff-	Betriebsweise auf	faktoren
	Input 3	Input	nebenkosten	Grundlastbetrieb	(spezifische CO_2-Emis-
	Output 1	Jeweiliger	Laständerungs-	Gesetzte Anteile	sionen)
	Output 2	Anteil am	kosten	einer Betriebsweise	
	Output 3	Output		am Gesamtoutput	
	Wirkungsgrad			Volllaststunden	Restwasser-
	Produktionseinbußen				mengen

6.3.1 Abbildung von Wasserkraftwerken

Große Wasserkraftanlagen bzw. –zentralen sind im Modell anlagenscharf, d.h. einzeln und detailliert, abgebildet, mit allen Charakteristika, die für die Modellierung ihres individuellen Betriebes notwendig sind. Hierfür sind einerseits technische, ökonomische und ökologische Parameter (vgl. Tabelle 6.1) erforderlich und andererseits Daten zur Abbildung der Zuflüsse und Kaskadenstrukturen. Diese sind:

- Zuflüsse zu Speicherseen, Ausgleichsbecken und Zentralen
- Energieinhalte der Speicherseen
- Kaskadenstrukturen inkl. Zuleitungen auf tiefer gelegenen Kraftwerksstufen und
- Fallhöhen

Aus Gründen der Datenqualität und dem Vorhandensein von entsprechenden Daten konnten für die quantitativen Analysen nicht alle Zentralen anlagenscharf abgebildet werden. In Tabelle 6.2 sind die Daten (Anzahl, Produktionserwartung, Turbinenleistung, Verbrauch der Pumpen und Leistung der Pumpen) der abgebildeten Zentralen der Statistik der Wasserkraftanlagen (WASTA) der Schweiz im Jahr 2003 gegenübergestellt.

Tabelle 6.2: Abgebildete Zentralen und Statistik der Wasserkraftanlagen (Quelle: [WASTA 2003])

	Anlagenscharf abgebildete Zentralen	Insgesamt WASTA (Zentralen > 0.3 MW)	Abdeckung
Anzahl Unternehmen	60	285	21%
Anzahl Zentralen	149	501	30%
davon LWK	72	399	18%
davon SKW und PSKW	77	102	75%
Produktionserwartung (GWh)	21'823	34'887	63%
Verbrauch Pumpen	715	779	92%
Max. Leistung Turbinen (MW)	9'868	13'253	74%
Leistung Pumpen (MW)	1'535	1'677	92%

Aus dem Vergleich der Daten aus der WASTA mit den Daten der abgebildeten Anlagen können folgende Beobachtungen gemacht werden:

- Die Anzahl der abgebildeten Zentralen entspricht ca. 30% der Anlagen, die in der Schweiz in Betrieb sind.
- Der Anteil der Laufwasserzentralen, die abgebildet sind, ist mit 18% relativ gering, wohingegen der Anteil der abgebildeten Pump- und Speicherkraftwerk-Zentralen rund 75% beträgt. Der Anteil der abgebildeten Laufwasserzentralen erscheint relativ gering. Dennoch ist der Anteil der anlagenscharf abgebildeten Laufwasserzentralen ausreichend, da der restliche Anteil der Laufwasserzentralen über Technologieklassen mit jahreszeitabhängigen Verfügbarkeiten abgebildet ist.
- Mit 30% der Anlagen werden ca. 63% der gesamten Produktionserwartung und ca. 74% der gesamten maximalen Turbinenleistung abgedeckt. Von der gesamten Pumpleistungen werden ca. 92% erfasst. Somit sind in dem Modell vor allem die großen Zentralen modelliert.

Alle Kraftwerke, die nicht in der Stichprobe enthalten sind, d.h. nicht anlagenscharf abgebildet sind, werden im Modell mit Hilfe von Technologieklassen modelliert und im Folgenden als Restkraftwerke bezeichnet. Dies betrifft hauptsächlich Laufwasserkraftwerke und kleine Wasserkraftwerke. Die Stromerzeugung von Laufwasserkraftwerken ist nur begrenzt regelbar und unterliegt zudem jahreszeitlichen Schwankungen in Abhängigkeit der Pegelstände der Flüsse. Aus diesem Grund ist eine Modellierung der Erzeugungsmöglichkeiten im Modell über Technologieklassen mit jahreszeitabhängigen Verfügbarkeiten ausreichend.

In den folgenden Abschnitten dieses Kapitels werden die Daten beschrieben, welche für die Abbildung der einzelnen Zentralen notwendig sind.

6.3.1.1 Zuflüsse zu Speicherseen und Laufwasserkraftwerken

Die monatlichen Unterschiede der Zuflüsse zu einem Speichersee oder einem Flusskraftwerk können über das Abflussregime des entsprechenden Einzugsgebietes oder des entsprechenden Flusses geschätzt werden (vgl [Balmer et al. 2005]). In diesem Zusammenhang kann der mittlere monatliche Abfluss MQ_i (*Monat*) im Verhältnis zum mittleren Jahresabfluss *MQ* (*Jahr*) ausgedrückt werden, dieses Verhältnis entspricht dem so genannten Pardé-Koeffizienten (*PK*):

$$PK_i = \frac{MQ_i(Monat)}{MQ(Jahr)}, \quad i = 1,2,...,12$$

Die Daten zu den Abflüssen von Einzugsgebieten und einzelner Flüsse stammen aus den Messnetzen des Bundes und der Kantone. In der Folge wurden für jedes Kraftwerk die Pardé-Koeffizienten ermittelt (vgl [Balmer et al. 2005]).

In der WASTA sind die mittleren Produktionserwartungen der einzelnen Zentralen jeweils für das Sommer- und Winterhalbjahr erfasst. Darin nicht enthalten ist die Produktion, welche durch zusätzliche Pumpspeicherung (Umwälzbetrieb) erzielt wird. D.h. die mittlere Produktionserwartung bezieht sich auf die im langjährigen Durchschnitt zufließende Wassermenge.

Mit Hilfe der Pardé-Koeffizienten kann dann die mittlere Produktionserwartung jeder Kraftwerkszentrale auf die einzelnen Monate aufgeteilt werden. Dies entspricht den monatlichen Zuflüssen ausgedrückt in Energieeinheiten.

Zuflüsse zu Stauseen: Die Pardé-Koeffizienten für die Zuflüsse zu den einzelnen Stauseen und Ausgleichsbecken auf unteren Stufen von Kraftwerkskaskaden wurden mittels der Karte zu den Abflussregimes der Schweiz [Weingartner et al. 1986] geschätzt. Die Karte enthält 16 typische Regimetypen.

Zuflüsse zu Laufwasserkraftwerken: Für die großen im Model detailliert abgebildeten Flusskraftwerke wurden die mittleren monatlichen Zuflüsse (langjährige Mittelwerte) aus den vom BWG online publizierten Daten der LHG (Landeshydrologie und –geologie)[114] bestimmt. Für jedes Kraftwerke wurde die entsprechende Messstation gesucht und deren monatliche Abflussdaten übernommen. Anschließend konnten die entsprechenden Pardé-Koeffizienten berechnet werden.

Zuflüsse zu den Restkraftwerken: Die Restkraftwerke wurden in die Kategorien Lauf-, Speicher- und Pumpspeicherkraftwerke unterteilt. Für jede dieser Kategorien wurden die anhand der Produktion gewichteten Pardé-Koeffizienten berechnet.

---

[114] http://www.bwg.admin.ch/service/hydrolog/d/index.htm

6.3.1.2 Energieinhalt der Speicherseen

Zur Bestimmung der Energieinhalte der Speicherseen und Ausgleichsbecken werden folgende Daten benötigt (vgl. [Balmer et al. 2005]):

1. Maximales nutzbares Speichervolumen in Mio. Kubikmetern
2. See- oder Beckenfläche bei maximalem Füllstand
3. Spiegelschwankung in Metern zwischen Höchst- und Tiefststand eines Jahres

Wenn im weiteren von Energieinhalt gesprochen wird, ist darunter stets diejenige Menge an Energie zu verstehen, welche mittels Turbinierung eines vollständigen Nutzinhaltes des Sees oder Ausgleichsbeckens in der direkt unterliegenden Zentrale gewonnen werden kann.

Für die benötigten Daten wurden diverse Quellen herangezogen, u.a. die Website des Schweizerischen Talsperrenkomitees[115], das digitale Gewässernetz (GEWISS) [116] und weitere Literaturquellen[117] (vgl. [Balmer et al. 2005]). Für die Berechnung der Energieinhalte der Speicherseen und -becken wurde für alle Objekte die Form eines Kegelstumpfes angenommen. Der Kegelstumpf wird im Einzelfall aufgrund der Spiegelschwankung, der maximalen Spiegelfläche und des Nutzvolumens angepasst. Dabei spielt es keine Rolle, welche spezielle Form die Fläche des Kegels besitzt. Das Integral von den Energieinhalten dieser Spiegelflächen über den Bereich der Spiegelschwankung ergibt den gesamten Energieinhalt des Speichersees. Vergleiche der Berechnungswerte mit entsprechenden Angaben von Energieinhalten von Speicherseen in der Literatur haben eine gute Übereinstimmung gezeigt (vgl. [Balmer et al. 2005]).

Aus Vergleichen der mittleren Produktionserwartung einzelner Zentralen mit den Energieinhalten der zugehörigen Speicher lassen sich z.B. auch Aussagen darüber machen, ob es sich um Saison-, Wochen- oder Tagesspeicherkraftwerke handelt.

6.3.1.3 Kraftwerksleistung, Fallhöhen und Kaskadenstruktur der Wasserkraftwerke

Im Gegensatz zu thermischen Kraftwerken hängt die Maximalleistung eines Speicherkraftwerkes in der Regel vom Füllstand des Speichersees ab. Aufgrund fehlender Daten und der erwarteten geringen Auswirkungen auf die Modellergebnisse wurde nur mit einer vom Füllstand unabhängigen Maximalleistung gerechnet. Die im

---

[115] http://www.swissdams.ch/

[116] Eine GIS-basierte Datenbank des BWG, die fließende und stehende Gewässer der Schweiz enthält.

[117] Insbesondere Ausgaben von „Wasser- und Energiewirtschaft": schweizerische Monatszeitschrift und offizielles Organ der Schweizerischen Wasserwirtschaftsverbandes und der Zentralkommission für Rheinschiffahrt, 1935-1975. Seit 1976 unter dem Titel „Wasser, Energie, Luft".

Modell hinterlegten Werte der maximalen Leistung der Wasserkraftwerke basieren auf der Statistik der Wasserkraftanlagen der Schweiz (WASTA).

Wasserkraftanlagen (Zentralen), die über Kaskaden miteinander verknüpft sind, können in der Regel nicht getrennt voneinander betrieben werden. Der Betrieb hängt dabei von der Größe der dazwischen liegenden Speicher- und Ausgleichsbecken und auch von zusätzlichen Zuleitungen auf unterschiedlichen Stufen der Kaskade ab. Aus diesem Grund ist es notwendig, Speicher- und Ausgleichsbecken, als auch Wasserzuflüsse detailliert abzubilden. Wie bereits in Kapitel 6.3.1 beschrieben, werden die Wasserflüsse als Energieflüsse abgebildet. An dieser Stelle spielt die Einheit des Flusses und des Speichers keine Rolle, da lediglich die Struktur des Graphen relevant ist. Werden nun die Zentralen einer Kaskade über Energieflüsse abgebildet, sind die Fallhöhen von entscheidender Bedeutung. Der Energieinhalt von einem Kubikmeter Wasser, der dem obersten Speicher entnommen wird, richtet sich nach der entsprechenden Fallhöhe der zugehörigen Zentrale. Die Zentralen sind hierfür als Knoten (des Graphen) im Modell abgebildet. Aufgrund der unterschiedlichen Fallhöhen unterscheidet sich die Menge der Energie, die in einen Knoten hineinfließt (Produktion auf der 1. Stufe) von der, die aus dem Knoten herausfließt (Produktion auf der 2. Stufe). Probleme bereiten in diesem Zusammenhang die teilweise vorhanden zusätzlichen Zuleitungen auf den Zwischenstufen, sowie die Bestimmung der mittleren Fallhöhen. Diese Zuleitungen können aber in der Regel aus der Differenz der mittleren Produktionserwartung und der aus der oberliegenden Produktionsstufe zugeleiteten Energiemenge abgeschätzt werden. Für jede Kraftwerkskaskade wurden die ermittelten Wasserzuflüsse zu den Becken bzw. direkt zu den Zentralen modelliert. Der unterjährige Wasserzufluss ist mit Hilfe der Pardé-Koeffizienten bestimmt und über den Tag gleichverteilt. Die Pardé-Koeffizienten beschreiben den normierten saisonalen Abflussgang durch das Verhältnis des mittleren Monatsabflusses zum Jahresabfluss. In Abbildung 6.4 ist die Anwendung der Pardé-Koeffizienten auf die Wasserzuflüsse veranschaulicht, d.h. jeder jährliche (bzw. halbjährliche) Zufluss zu Speicherseen und Ausgleichsbecken wird mit Hilfe der Pardé-Koeffizienten auf die Monate verteilt.

Die Energieproduktion einer oberliegenden Zentrale hängt von der zufließenden Menge an Wasser und der nutzbaren Fallhöhe ab, die in der WASTA erfasst ist. Gleiches gilt für die unterliegende Zentrale. Über das Verhältnis der Fallhöhen in einer Kraftwerkskaskade lassen sich nun die Energieflüsse zwischen zwei Zentralen berechnen und im Modell abbilden (vgl. Abschnitt 0). Auf diese Art wird der Zufluss zu der unterliegenden Zentrale systematisch unterschätzt, weil die Fallhöhe der oberliegenden Zentrale in der Regel stärker schwankt als diejenige der unterliegenden Zentrale. Dies ist durch die größeren Wasserspiegelschwankungen der Speicherseen im Vergleich zu den kleineren Ausgleichsbecken begründet. Diese Vereinfachung dürfte aber im Rahmen der Berechnungen einen genügend guten Ansatz für die Abschätzung der Energieflüsse darstellen.

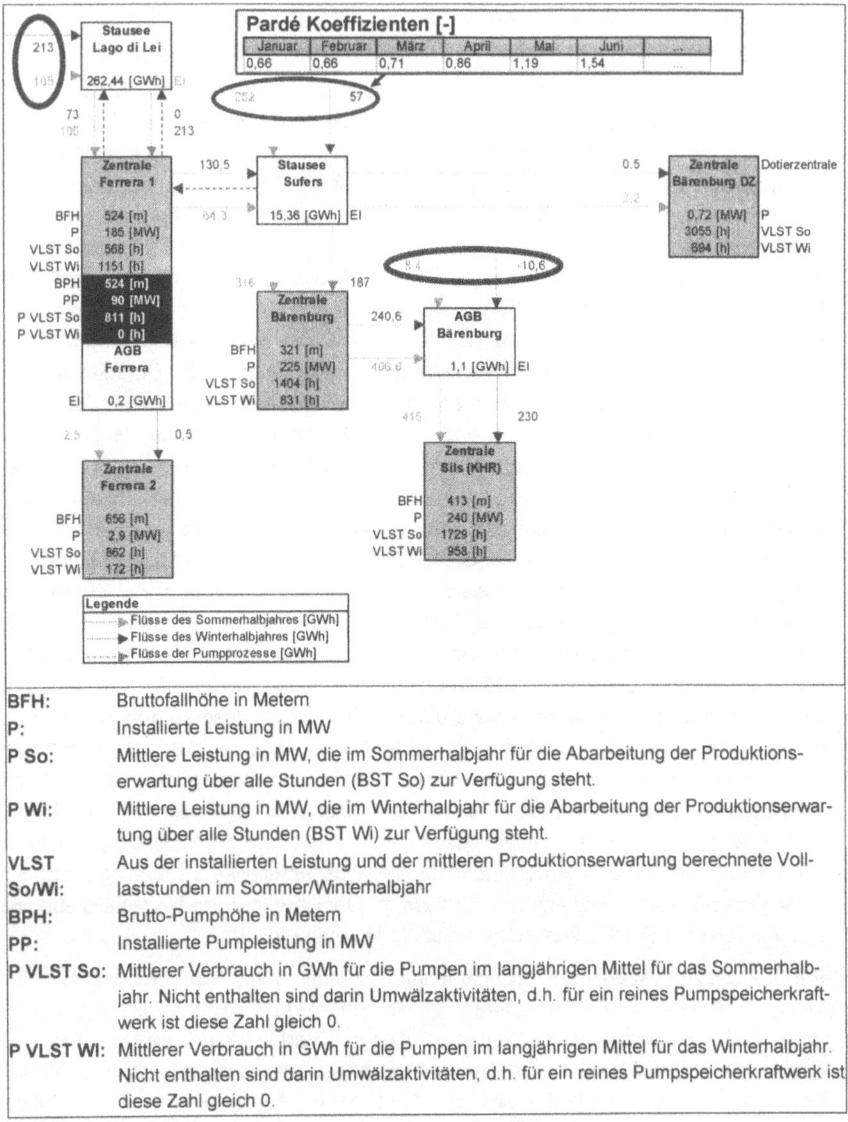

BFH:	Bruttofallhöhe in Metern
P:	Installierte Leistung in MW
P So:	Mittlere Leistung in MW, die im Sommerhalbjahr für die Abarbeitung der Produktionserwartung über alle Stunden (BST So) zur Verfügung steht.
P Wi:	Mittlere Leistung in MW, die im Winterhalbjahr für die Abarbeitung der Produktionserwartung über alle Stunden (BST Wi) zur Verfügung steht.
VLST So/Wi:	Aus der installierten Leistung und der mittleren Produktionserwartung berechnete Volllaststunden im Sommer/Winterhalbjahr
BPH:	Brutto-Pumphöhe in Metern
PP:	Installierte Pumpleistung in MW
P VLST So:	Mittlerer Verbrauch in GWh für die Pumpen im langjährigen Mittel für das Sommerhalbjahr. Nicht enthalten sind darin Umwälzaktivitäten, d.h. für ein reines Pumpspeicherkraftwerk ist diese Zahl gleich 0.
P VLST WI:	Mittlerer Verbrauch in GWh für die Pumpen im langjährigen Mittel für das Winterhalbjahr. Nicht enthalten sind darin Umwälzaktivitäten, d.h. für ein reines Pumpspeicherkraftwerk ist diese Zahl gleich 0.

Abbildung 6.4: Veranschaulichung der Pardé-Koeffizienten am Beispiel der Kraftwerke Hinterrhein

Abbildung von Speicher- und Pumpspeicherkraftwerken: Die Nutzung der in Speicherkraftwerken gespeicherten potenziellen Energie ist sowohl im realen Versorgungssystem als auch im Modell Gegenstand der Optimierung. Speicherkraftwerke stellen aufgrund ihrer schnellen Regelbarkeit wichtige Spitzenlastkraftwerke dar. Ihre Nutzung hängt von der insgesamt verfügbaren Wassermenge ab. Speicherkraftwerke dienen neben der Spitzen- und Mittellastdeckung auch der Gewährleistung wichtiger Systemdienstleistungen, wie beispielsweise der Frequenzstützung (ein Marktbereich, der in diesem Modell nicht differenziert erfasst werden kann). Durch die detaillierte Abbildung der Zuflüsse, Speicherbecken und somit der Gesamtkaskaden werden wasserwirtschaftliche Restriktionen beim Anlageneinsatz mitberücksichtigt. Die Pumpspeicherkraftwerke dienen der Speicherung von Grundlaststrom und der anschließenden Nutzung der so gespeicherten Energie zur Spitzenlastdeckung. Neben dem gepumpten Wasser in höher gelegene Speicherbecken, fließen in diese teilweise auch natürliche Zuflüsse. Die Abbildung der Wasserflüsse ist identisch zu denen der Speicherkraftwerke. D.h. die Verstromung bei Pumpspeicherkraftwerken schließt neben dem gepumpten Wasser auch Wasser aus natürlichen Zuflüssen ein. Die Energie für den Pumpprozess wird, wie in der Realität, aus dem Netz bezogen. Die Einlastung der Prozesse – turbinieren oder pumpen – basiert somit auf dem Prinzip der Stromveredelung, da in Schwachlastzeiten das Überangebot an Energie genutzt wird, um es anschließend zur Spitzenlastdeckung einzusetzen.

Für alle im Modell detailliert abgebildeten Speicher- und Pumpkraftwerke wurden Anlagenschemata ermittelt und gezeichnet, um die Abhängigkeiten bezüglich der Produktion bestimmen zu können. In Abbildung 6.4 ist ein Anlagenschema beispielhaft für die Kraftwerke Hinterrhein dargestellt. Die Pfeile charakterisieren in Energieeinheiten (GWh) ausgedrückte Wasserflüsse. Die Angaben in den Kästchen von Speicherseen und Ausgleichsbecken drücken deren Energieinhalte einer Füllung in GWh aus, dies unter der Annahme, dass das Wasser über die Fallhöhe der direkt unterliegenden Zentrale genutzt wird. Zudem sind in der Abbildung Angaben über Bruttofallhöhe, installierte Leistung, mittlere Leistung im Sommer-/Winterhalbjahr, Volllaststunden im Sommer-/Winterhalbjahr, installierte Pumpleistung und mittlerer Verbrauch der Pumpen enthalten. Die in der dargestellten Abbildung angegebenen Energieflüsse und Leistungen stellen die Modellbeschränkungen dar. D.h. sie entsprechen den zur Verfügung stehenden Kapazitäten bezüglich Leistung und Produktion. Diese Anlagenschemata bilden somit die Grundlage für die konkrete Abbildung der einzelnen Kraftwerke in der Modellstruktur.

Die Anlagenschemata sind im Modell über entsprechende Knoten und Flüsse abgebildet. Flüsse zwischen Seen und Zentralen sind Gegenstand der Optimierung, wobei bei jeder Zentrale die Umrechnung der Energiemenge mittels des beschriebenen Verhältnisses der Fallhöhen geschieht. Die Vernetzungen zwischen den Zentralen und Becken wurden als frei optimierbare Flüsse des Graphen realisiert. Da jede Kaskade eine andere Struktur aufweist, kann keine einheitliche Modellstruktur für die Abbildung der Kaskaden herangezogen werden[118]. Von den einzelnen Zentralen (im Modell Produzenten) der Kaskade müssen neben den Wasserflüssen noch Elektrizitätsflüsse zu einem einheitlichen Netzknoten abgebildet sein. Dieser Netzknoten wiederum bedient die Nachfrage nach Pumpstrom, nach Elektrizität in der Schweiz und den Export. Die Nachfrage nach Pumpstrom resultiert dabei aus dem Einsatz der einzelnen Pumpspeicheranlagen, die den zum Pumpen notwendigen Strom aus diesem Knoten beziehen. Für eine ausgewählte Kraftwerkskaskade ist diese Graphenstruktur in Abbildung 6.4 exemplarisch dargestellt.

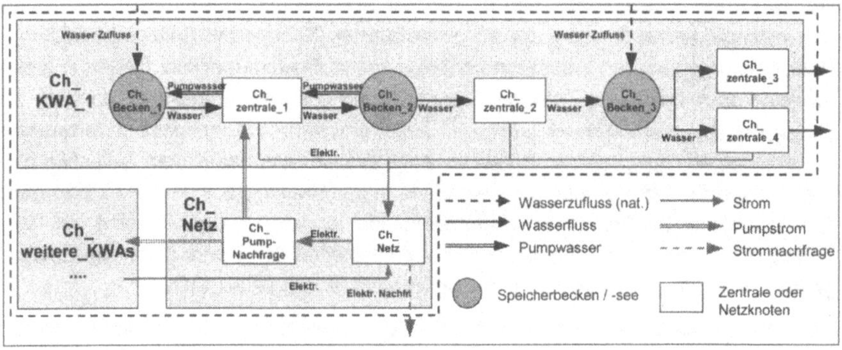

Abbildung 6.5: Struktur einer ausgewählten Kraftwerkskaskade und Grundstruktur des Netzes

Abbildung von Laufwasserkraftwerken: Laufwasserkraftwerke stellen meist Grundlast bereit. Ihre Stromerzeugung ist nur sehr begrenzt regelbar und unterliegt zudem jahreszeitlichen Schwankungen in Abhängigkeit der Pegelstände der Flüsse. Die Erzeugungsmöglichkeiten sind im Modell deshalb mit saisonalem Grundlastzwang abgebildet und hängen von den abgebildeten Zuflüssen ab. Hierfür sind die aus der mittleren Produktionserwartung und den Pardé-Koeffizienten berechneten Zuflüsse, ausgedrückt in Energieeinheiten, berücksichtigt. Diese bestimmen dann die saisonal verfügbare mittlere Leistung, mit welcher das Kraftwerk permanent arbeiten kann. Diese Abbildung ist plausibel, gibt es doch kaum Laufkraftwerke in der Schweiz, deren Ausbauwassermenge so gering ist, dass sie über die Dauer des ganzen Jahres mit maximaler Leistung turbinieren können.

Neben den Speicher-, Pumpspeicher und Laufwasserkraftwerken sind auch Zubringer-Pumpen im Modell abgebildet. Zubringer-Pumpen werden ausschließlich dafür genutzt, natürliche Zuflüsse bspw. aus Nebentälern in Speicherbecken zu

[118] Im Modell sind insgesamt 50 Anlagenschemata mit 149 Zentralen abgebildet (vgl. hierzu auch Abschnitt 6.3.1).

pumpen, um sie dann über größere Fallhöhen zu turbinieren. Im Modell sind diese Pumpen, die ihren Strom aus dem Netz beziehen und Wasser aus Auffangbecken bzw. Ausgleichsbecken in die Speicherbecken pumpen, integriert. Aufgrund der geringen Kapazität spielen sie im Energiesystem eine untergeordnete Rolle.

6.3.1.4 Typologisierung und Abbildung der restlichen Wasserkraftwerke

Die Gruppe der Restkraftwerke besteht aus allen Wasserkraftwerken der Schweiz, welche im Modell aufgrund mangelnder Daten nicht detailliert abgebildet werden. Wie in Abschnitt 6.3.1 beschrieben, fallen insbesondere Laufwasserkraftwerke in diese Kategorie. Die Gruppe der Restkraftwerke sind in folgende Typen eingeteilt (vgl. [Filippini et al. 2001]) :

- **Niederdruck-Laufkraftwerke** (theoretische Fallhöhe[119] < 25m): Diese Kategorie umfasst alle Unternehmen, die nur bzw. vorwiegend Niederdruck-Laufkraftwerke betreiben (mindestens 50% der produzierten Energie der Unternehmung wird durch Niederdruck-Laufkraftwerke erzeugt). Als Laufkraftwerke werden Wasserkraftanlagen bezeichnet, die keinen eigenen Speicher besitzen, und die somit auf die kontinuierliche Erzeugung am jeweiligen Fluss angewiesen sind. Darunter kann man sich zum Beispiel Flusskraftwerke im Mittelland vorstellen.
- **Hochdruck-Laufkraftwerke** (theoretische Fallhöhe > 25m): Diese Kategorie fasst tendenziell die Laufkraftwerke in den Berggebieten zusammen (mindestens 50% der produzierten Energie der Unternehmung wird durch Hochdruck-Laufkraftwerke erzeugt). Diese nutzen eine kleinere Wassermenge über eine größere Fallhöhe; zudem ist der Anteil der Wintererzeugung relativ niedrig.
- **Speicherkraftwerke ohne Pumpen**: In dieser Kategorie sind die „reinen" Saisonspeicherwerke, die über keine Pumpen verfügen bzw. deren Pumpenleistung vergleichsweise gering ist (mehr als 50% Speicherwerkanteil und weniger als 8% der installierten Leistung als Turbinenleistung), zusammengefasst. Speicherkraftwerke weisen die Eigenschaft auf, dass sie nur einen Teil des gefassten Wassers unverzüglich nutzen. Den anderen Teil speichern sie für die Produktion zu einem späteren Zeitpunkt.
- **Speicherkraftwerke mit Pumpen**: Unternehmen werden dieser Kategorie zugeteilt, sobald sie mehr als 50% Speicherwerkanteil haben und die Leistung der Pumpen mehr als 8% der Leistung der Turbinen ausmacht. Somit sind darin reine Umwälzwerke (ohne natürliche Zuflüsse), Pumpspeicherwerke (Speicherkraftwerke, die auch im Umwälzbetrieb eingesetzt werden können) und Speicher-

[119] Zur Berechnung der theoretischen Fallhöhe wurde folgende Formel verwendet:

Fallhöhe = 1'000*(maximale Turbinenleistung in MW)/(Ausbauwassermenge der Turbinen in m^3/s * 8). Der Faktor 8 entspricht dem Produkt des Wertes der Fallbeschleunigung mit den Wirkungsgraden von Turbine und Generator. Annahmen: Wirkungsgrad der Turbine: 85%, Wirkungsgrad des Generators: 96%, Fallbeschleunigung: 9.81 [ms^{-2}].

kraftwerke mit Zubringerpumpen (ohne Umwälzmöglichkeit) enthalten. Das Vorhandensein von Pumpzentralen, die mit höheren Investitionen verbunden sind, steht bei der Einteilung im Vordergrund (vor der Art des Betriebs, d.h. ob Umwälzbetrieb möglich ist oder nicht).

Jede diese Kategorien ist zudem unterteilt in Kraftwerke kleiner oder größer als 10 MW installierte Leistung. In den einzelnen Kategorien sind die installierten Leistungen und die mittleren Produktionserwartungen der einzelnen Zentralen aggregiert und als eine Kraftwerksklasse in dem Modell abgebildet.

6.3.1.5 Konzessionsablauf und Konzessionsverlängerungen

Von den vor 1920 in Betrieb genommenen Wasserkraftwerken wurden beinahe alle erneuert (vgl. [Ott et al. 2004, S. 47]). Von den Anlagen, die zwischen 1960 und 1980 gebaut wurden, hingegen nur ca. 10% (vgl. [Filippini et al. 2001, S. 28]). Wenn von einer durchschnittlichen Lebensdauer von 50 bis 80 Jahren einer Anlage ausgegangen wird, so ist ab 2010 mit einer starken Zunahme der Erneuerungstätigkeit zu rechnen, wenn die von 1950 bis 1970 erstellten Wasserkraftwerke sanierungsbedürftig werden. In Abbildung 6.6 sind die Anzahl der Zentralen und deren Leistung für Anlagen mit einer installierten Leistung von über 0,3 MW, bei welchen in den Jahren 2000 bis 2081 ein Konzessionsende bevorsteht, dargestellt.

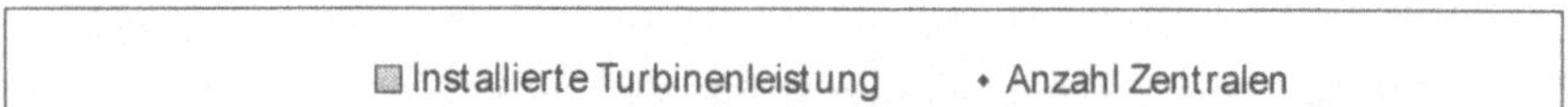

Abbildung 6.6: Konzessionsablauf aller Wasserkraftwerke mit mehr als 0,3 MW installierter Leistung (Quelle: [Balmer et al. 2005])

Der größte Teil der Zentralen läuft jedoch nach dem Jahre 2030 aus. Insgesamt laufen in den Jahren 2000 bis 2030 die Konzessionen von 22 Zentralen aus, die eine installierte Leistung von insgesamt rund 790 MW haben. Davon sind 17 Zentralen Laufkraftwerke, zwei Speicher- und drei Pump-/ Umwälzzentralen.

Die Konzessionsabläufe der Schweizer Wasserkraftwerke vor dem Ende des Betrachtungshorizontes (2030) sind in Abbildung 6.7 nach Typen über die Jahre kumuliert dargestellt. Kraftwerke, deren Konzession vor dem Ende des Betrachtungszeitraumes (2030) abläuft, können nur weiterbetrieben werden, wenn die Konzessionserneuerung, die mit einer Investition verbunden ist, realisiert wird. Als Ergebnis geht aus der Modellierung hervor, ob für ein Kraftwerk in eine Konzessionserneurung investiert wird oder ob der Betrieb der Anlage eingestellt wird. Die Verlängerung der Konzession muss nicht direkt im Anschluss an das Konzessionsende realisiert werden, sondern kann auch erst in späteren Perioden, nachdem die Anlage bereits nicht mehr betrieben wird, durchgeführt werden.

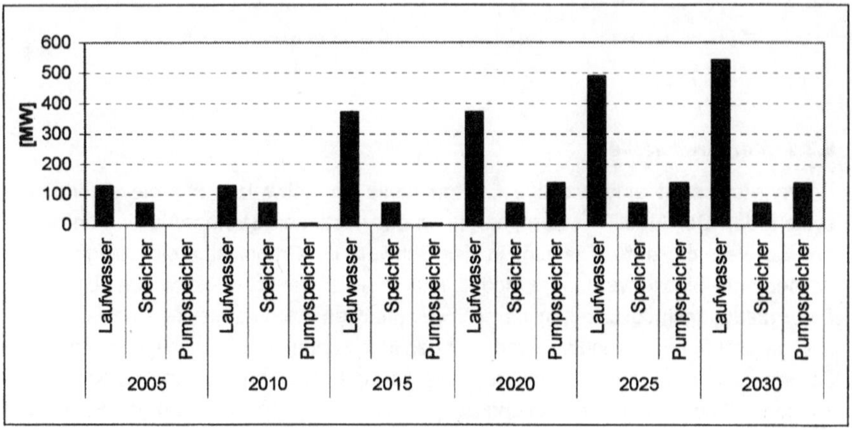

Abbildung 6.7: Konzessionsablauf der Schweizer Wasserkraftwerke kumuliert nach Typen im Betrachtungszeitraum

In Tabelle 6.3 sind die durchschnittlichen Investitionen dargestellt, die für die beiden Kraftwerkskategorien (Speicher- und Laufkraftwerke) sowie für Kleinkraftwerke (mit einer installierten Leistung von unter 10 MW) im Modell angenommen sind.

Tabelle 6.3: Spezifische Investitionen (€/kW) für Lauf- und Speicherkraftwerke (Quelle: Eigene Berechnungen basierend auf [Filippini et al. 2001])

	LKW	SKW	Kleinkraftwerke (<10MW)
Investition (€/kW[a])	1'160	830 für Pumpen 585	2'000

Bei Konzessionserneuerungen wird im Modell die geltende Restwassermengenregelung beachtet (Mindestrestwassermengenregelung nach Art. 31 des Schweizer Bundesgesetzes über den Schutz der Gewässer). Es kann erwartet werden, dass sich bei den Speicherkraftwerken die Produktionseinbußen ca. hälftig auf Winter und Sommer verteilen und bei den Laufkraftwerken die Einbussen stärker im Winter als im Sommer auftreten. Die durchschnittlich zu erwartenden Produktionseinbußen pro Jahreszeit basieren auf den Schätzungen in [Filippini et al. 2001] und sind in Tabelle 6.4 dargestellt.

Tabelle 6.4: Produktionseinbußen infolge der (minimalen) Restwasservorschriften (Quelle: [Filippini et al. 2001])

Kraftwerkstyp und Jahreszeit	Produktionseinbuße (in %)
Hochdruck-Laufkraftwerke Sommer	4%
Hochdruck-Laufkraftwerke Winter	10%
Speicherkraftwerke Sommer	7%
Speicherkraftwerke Winter	6%

6.3.2 Kernkraftwerke

Kernenergie stellt eine wichtige Energiequelle im Schweizer Energieversorgungssystem dar. Der Anteil der Kernenergie an der gesamten Stromproduktion beträgt in der Schweiz ca. 40%. Die fünf in der Schweiz im Grundlastbereich eingesetzten Kernenergie-Blöcke werden im Modell einzeln als thermische Kraftwerke abgebildet. Die Erzeugungsmöglichkeiten der schweizerischen Kernkraftwerke sind im Modell mit ganzjährigem Grundlastzwang abgebildet, unter Berücksichtigung einer im Sommer aufgrund von Revisionen etwas geringen Erzeugung. D.h. die Kraftwerke können im Modell nur zur Deckung der Grundlast eingesetzt werden, die Einlastung selbst und somit auch die Elektrizitätserzeugung aus Kernkraftwerken bleibt Gegenstand der Optimierung. Die technischen und ökonomischen Daten der Kernkraftwerke der Schweiz sind in Tabelle 6.5 dargestellt, wobei die Elektrizitätserzeugung und die Arbeitsauslastung über die Jahre 2000 bis 2004 auf Basis der Statistiken der BFE gemittelt sind.

Tabelle 6.5: Technische und ökonomische Daten der Kernkraftwerke der Schweiz (Quelle: gemittelte Erzeugung der Jahre 2000-2004 basierend auf [BFE 2004b] und eigene Berechnungen)

	Beznau I	Beznau II	Mühleberg	Gösgen	Leibstadt
Nettoleistung [MW]	365	365	355	970	1165
Produktion/ Jahr [GWh]	2940	2891	2821	7869	9066
Volllaststunden pro Jahr [h]	8053	7920	7947	8113	7782
Brennstoffkosten [€-Cent/kWh$_{therm}$]	0,4	0,4	0,4	0,4	0,4
Variable Betriebsausgaben [€-Cent/kWh$_{elec}$]	0,05	0,05	0,05	0,05	0,05
Fixe Betriebsausgaben [€/kW]	66	66	66	66	66

6.3.3 Technologiedaten der Neubauoptionen

Neben den Verlängerungen von Konzessionen, die als Zubauoptionen im Modell abgebildet sind, können auch konventionelle Stromerzeugungstechnologien im Modell zugebaut werden. Tabelle 6.6 gibt einen Überblick über die Zubauoptionen der konventionellen Stromerzeugung in der Schweiz.

Gaskraftwerke können bereits ab dem Jahr 2005 im Modell mit den in der Tabelle 6.6 angegebenen Parametern ohne eine maximale Beschränkung der Kapazität neu errichtet werden. Als Zubauoptionen werden hierfür kleine und große GuD-Kraftwerke sowie Gasturbinen unterschieden.

Des Weiteren kann ab dem Jahr 2025 ein 1,6 GW EPR-Kernkraftwerk in der Schweiz mit den in der Tabelle 6.6 angegebenen Parametern zugebaut werden.

Tabelle 6.6: Zubauoptionen der konventionellen Stromerzeugung in der Schweiz

Technologie		ab Jahr	Blockgröße	Spez. Investitionen	Fixe Betriebsausgaben	Variable Betriebsausgaben	Nettowirkungsgrad
			MW$_{install}$	€ / kW$_{install}$	€ / (kW*a)	€ - Cent / kWh$_{elektr}$	%
Erdgas	GuD-Kraftwerk (klein)	2005	300	450	14,5	0,05	55,0
	GuD-Kraftwerk (groß)	2005	750	430	14	0,05	57
	Gasturbinen (Spitzenlast)	2005	150	255	6	0,15	35
Druckwasserreaktor (EPR)		2025	1600	1260	42	0,05	36

6.4 Abbildung der Energiesysteme in den angrenzenden Regionen

Der Anlagenbestand der endogen abgebildeten Regionen (mit Ausnahme der Schweiz) ist im Modell zu Technologieklassen aggregiert abgebildet. Eine Technologieklasse umfasst dabei die insgesamt installierte Leistung einer Gruppe von Einzelanlagen und wird durch jeweils charakteristische Anlagen- sowie Prozessparameter beschrieben. Die Zuordnung von Einzelanlagen zu einer Technologieklasse basiert auf den Kriterien Anlagenstandort (Modellregion), genutzte Energieträger, Anlagentechnologie und individuell installierte Leistung (Größenklasse). Die Reduzierung der Gesamtzahl der modellierten Erzeugungsanlagen dient der Beschränkung der Modellgröße und damit der Gewährleistung einer akzeptablen Rechenzeit. Jede Anlage ist wie für die Region Schweiz durch die in Tabelle 6.5 (vgl. Kapitel 6.3) aufgelisteten Parameter beschrieben. Die Unterscheidung von Anlagen- und Prozessparametern gestattet die differenzierte Beschreibung unterschiedlicher Betriebsmodi, in denen eine gegebene Anlage gefahren werden kann.

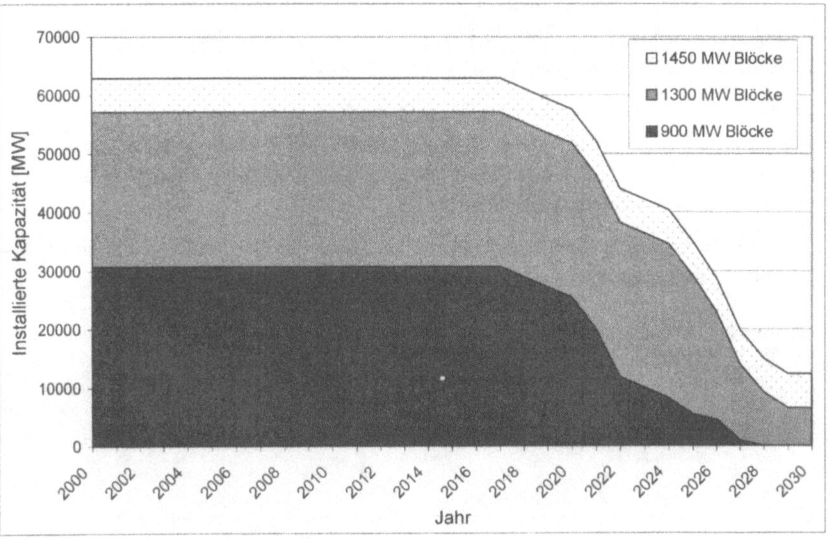

Abbildung 6.8: Sterbelinie des französischen Kernkraftwerksparks (Quelle: [Fleury 2005, S. 99])

Der im Modell hinterlegte Kraftwerksbestand, sowie die Altersstruktur der verschiedenen Technologieklassen in den einzelnen Modellregionen basiert im Wesentlichen auf Daten aus [EUROSTAT 2002] und [UCTE 2004b]. Jede Modellregion wurde darüber hinaus auf Basis nationaler Statistiken überprüft und gegebenenfalls ergänzt bzw. korrigiert. Abbildung 6.8 gibt beispielhaft die für das französische Versorgungssystem hinterlegte Kapazitätsentwicklung des Kernkraftwerksbestandes nach Blockgröße gegliedert wieder[120]. Für jede Modellregion und die dort heute verfügbaren Technologien sind entsprechende Sterbelinien, nach Technologiegruppen gegliedert, in dem Modell integriert.

Neben den Bestandsanlagen sind im Modell auch relevante Zubauoptionen für zukünftige Kraftwerkstechnologien modelliert. In Tabelle 6.7 sind die Daten ersichtlich, durch die die Anlagen beschrieben sind, die ab dem Jahr 2005 im Modell zugebaut werden können. Um technologische Entwicklungen zu berücksichtigen, sind die hinterlegten Parameter der Anlagen in späteren Perioden teilweise mit geringeren Investitionen und höheren Wirkungsgraden angesetzt. Die angenommen Wirkungsgrade sowie die zeitliche Technikverfügbarkeit basieren auf Expertenschätzungen aus unterschiedlichen Quellen (vgl. u.a. [Cooretec 2003], [Riedle et al. 2001] und [Enquete 2002])

Tabelle 6.7: Zubauoptionen der konventionellen Stromerzeugung (Quelle: IIP-Technologiedatenbank und [Enzensberger 2003, S. 110])

Technologie		ab Jahr	Blockgröße	Spez. Investitionen	Fixe Betriebsausgaben	Variable Betriebsausgaben	Nettowirkungsgrad
			$MW_{install}$	€/ $kW_{install}$	€ / (kW*a)	Cent / kWh_{elektr}	%
Erdgas	GuD-Kraftwerk (klein)	2005	300	450	14,5	0,05	55,0
Erdgas	GuD-Kraftwerk (groß)	2005	750	430	14	0,05	57
Erdgas	Gasturbinen (Spitzenlast)	2005	150	255	6	0,15	35
Steinkohle	Staubfeuerung, unterkritischer Dampferzeuger	2005	700	750	36	0,15	42,5
Steinkohle	Staubfeuerung, überkritischer Dampferzeuger	2005	700	825	36	0,15	46
Braunkohle	Staubfeuerung, überkritischer Dampferzeuger	2005	900	1000	38,5	0,2	43,5
Druckwasserreaktor (EPR)		2005	1260	1250	42	0,05	36

[120] Hierbei ist von einer Lebensdauer der Anlagen von 40 Jahren ab dem Jahr der Inbetriebnahme ausgegangen.

6.5 Brennstoffpreise

Brennstoffkosten stellen einen erheblichen Anteil der Stromgestehungskosten dar. Somit kommt der Ermittlung der realen Brennstoffbezugssituation und insbesondere der zukünftigen Entwicklung der Brennstoffkosten eine besondere Bedeutung zu.

Bis in die 70er-Jahre stellten die fossilen Energieträger Steinkohle, Braunkohle, Ölschiefer, Torf, Erdöl und Erdgas neben der Wasserkraft den wichtigsten Pfeiler der großtechnischen Stromerzeugung dar. Der anschließend einsetzende massive Ausbau der Kernenergie führte zu einer zusätzlichen, neuen Technologiegruppe.

Tabelle 6.8: Studien zur Prognose der Entwicklung der Weltenergiemärkte und Primärenergieträgerpreise (Quelle: in Anlehnung an [RWE 2003])

Institution	Beschreibung	Quelle
Energy Information Administration des US-Department of Energy (EIA/DOE)	Der "International Energy Outlook" prognostiziert den weltweiten Energieverbrauch bis 2025 differenziert nach Regionen und nach Energieträger.	[EIA/DOE 2004] www.eia.doe.gov
International Energy Agency (IEA)	Im „World Energy Outlook" werden Perspektiven der Weltenergieversorgung bis 2030 präsentiert. Im beschriebenen Referenzszenario wird politischen Weichenstellungen und den Maßnahmen der OECD-Staaten zur Begrenzung der Treibhausgase Rechnung getragen.	[IEA 2002c] www.worldenergyoutlook.org
Europäische Kommission (EC)	Im „World Energy, Technology and Climate Policy Outlook 2030 – WETO" wird die weltweite Angebots- und Nachfragesituation differenziert nach Regionen und Energieträgern beschrieben. Bestehende Unsicherheiten bei technologischen Entwicklungen im Kraftwerksbereich werden bewertet und mögliche Auswirkungen einer verstärkten Klimavorsorge-Politik aufgezeigt.	[EC 2003b]
Shell	In der Studie „Energy Needs, Choices and Possibilities" werden zwei Szenarien zur globalen Energieversorgung bis 2050 präsentiert.	Shell www.shell.com
RWE	Im „Weltenergiereport 2003" werden u.a. die wesentlichen aktuellen Studien zur Prognose der Energieversorgung mit einander verglichen.	[RWE 2003]

Eine der zentralen Herausforderungen für langfristig ausgerichtete Analysen von Energiesystemen ist die Ermittlung geeigneter Annahmen bezüglich der Preisentwicklungen auf den Weltmärkten für Erdöl, Erdgas und Steinkohle. Hierzu werden in regelmäßigen Abständen Prognosen sowie Marktszenarios von einer Vielzahl von Institutionen veröffentlicht. Die International Energy Agency (IEA), das US-Department of Energy, der Weltenergierat, die Europäische Kommission sowie international agierende Energieunternehmen, wie bspw. Royal/Dutch Shell, erarbeiten in unterschiedlichen Abständen umfassende Prognosen und Szenarien. Die aktuell wichtigsten Studien sind in Tabelle 6.8 aufgeführt. Jedoch weichen diese Prognosen sowohl untereinander als auch über die einzelnen Jahrgänge hinweg deutlich voneinander ab[121]. [Enzensberger 2003, S. 100] leitet angesichts der großen Schwankungsbreiten einen relevanten Preiskorridor ab.

Die im Basisszenario unterstellten Preisentwicklungen sind für die am Weltmarkt gehandelten Energieträger Steinkohle, Erdöl und Erdgas in Tabelle 6.9 zusammengestellt. Da insbesondere die zukünftige Entwicklung der Gaspreise mit großen Unsicherheiten behaftet ist, wird diesen mit Hilfe von Gaspreis-Szenarien Rechnung getragen. Zusätzlich zu den Weltmarktpreisen wurden in Abhängigkeit der Standorte der Kraftwerke entsprechende Brennstoffpreiszuschläge im Modell hinterlegt, die sich hauptsächlich aus Transportzuschlägen und Steuern zusammensetzen. Die im Modell hinterlegten Werte liegen für Steinkohle zwischen 0 und 0,2 Cent/kWh$_{therm}$ und für Erdgas zwischen 0 Cent/kWh$_{therm}$ (bspw. Niederlande) und 0,3 Cent/kWh$_{therm}$ (bspw. Italien)[122].

Tabelle 6.9: Trendentwicklung der Weltmarktpreise für fossile Energieträger (Quelle: vgl. hierzu auch [Enzensberger 2003, S. 100]).

Weltmarktpreise [in € - Cent$_{2000}$/kWh$_{therm}$]		(2000) Daten	2005	2010	2015	2020	2025	2030
Erdöl	Referenzentwicklung	(1,73)	1,50	1,32	1,42	1,53	1,65	1,78
Erdgas	Referenzentwicklung	(1,11)	1,10	1,12	1,21	1,31	1,42	1,55
Weltmarktkohle	Referenzentwicklung	(0,42)	0,47	0,47	0,48	0,49	0,51	0,53

6.6 Abbildung der Übertragungsnetze und Parametrisierung

Die Übertragungskapazität der Kuppelleitungen ist im Modell in Form von Flussobergrenzen für die einzelnen Zeitintervalle vorgegeben. In Abbildung 6.9 sind die in dem Modell hinterlegten Werte der Übertragungskapazitäten für die jeweiligen Kuppelleitungen für Sommer und Winter im Jahr 2002 dargestellt[123]. Die hinterlegten Werte basieren auf Daten von [ETSO 2002], Online-Statistiken der UCTE (www.ucte.org) und Informationen von Übertragungsnetzbetreibern. Geplante bzw. angekündigte Netzerweiterungen sind in den Flussobergrenzen für zukünftige Perioden im Modell berücksichtigt. Die Kapazitäten der folgende Austauschleitungen werden im Modell

[121] Siehe hierzu auch die Gegenüberstellung unterschiedlicher Ölpreisprognosen in [IEA 2002c, S. 39].

[122] Vgl. [Grobbel 1999] und [Enzensberger 2003, S. 98f].

[123] Die hinterlegten Werte für Frühjahr und Herbst sind als Mittelwert aus den beiden Werten der Jahreszeiten Winter und Sommer angenommen.

entsprechend den geplanten Erweiterungen in zukünftigen Perioden erhöht:[124]: Schweiz ↔ Italien, Frankreich ↔ Schweiz, Frankreich ↔ Belgien, Frankreich ↔ Italien, Belgien ↔ Niederlande und Deutschland ↔ Niederlande. Im Modell ist insbesondere die Erhöhung der Austauschkapazität der 380kV Hochspannungsleitung zwischen Robbia (Schweiz) und dem italienischen San Fiorano ab dem Jahr 2005 um rd. 1300 MW berücksichtigt (vgl. [ZfK 2005]).

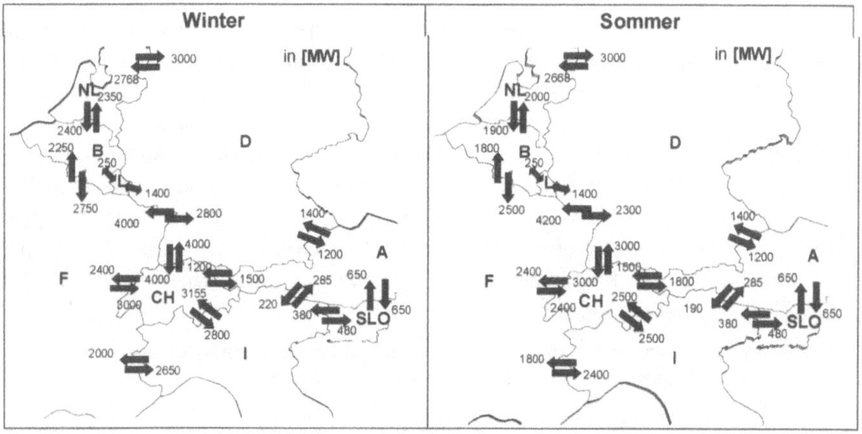

Abbildung 6.9: Übertragungskapazitäten der Kuppelleitungen im PERSEUS-HYDRO Modell im Jahr 2000
(Quelle: Eigene Berechnungen auf Basis von [ETSO 2002], Online-Daten der UCTE und Information von Übertragungsnetzbetreibern)

Die Übertragungskapazitäten stellen im Modell exogene Größen dar und sind damit nicht Gegenstand der Optimierung. Modelltechnisch lässt sich ein frei optimierter Zubau an Übertragungskapazität leicht realisieren. In den entsprechenden Netzknoten lassen sich Durchleitungsanlagen mit beschränkter Kapazität zwischenschalten. Die mit einer Kapazitätserweiterung dieser Anlagen verbundenen Investitionen und Fixkosten sind dann in der Zielfunktion mit zu berücksichtigen. Allerdings muss bei dieser Vorgehensweise beachtet werden, dass die Erweiterung von Stromaustauschleitungen bzw. Übertragungsleitungen zwischen Ländern nicht nur eine ökonomische, sondern auch eine politische Entscheidung ist. Des Weiteren müssten für konkrete Ausbauprojekte auf Einzelbasis Investitionen abgeschätzt werden, da eine Überschlagskalkulation nicht zielführend ist[125]. Im Rahmen des Modellansatzes

[124] Auf politischer sowie auf einzelwirtschaftlicher Ebene existieren zahlreiche Pläne für einen Ausbau des europäischen Höchstspannungsübertragungsnetzes. Von Seiten der Europäischen Kommission ist hier das Projekt „Trans-European Energy Networks" zu nennen (vgl. [EC 1997b] und [EC 2000d]).

[125] Ein Ausbau der Übertragungskapazität einer Kuppelleitung bzw. der Neubau einer Kuppelleitung erfordert in vielen Fällen einen Ausbau der vor- und nachgelagerten Netzteile.

werden alternativ Szenarien berücksichtigt, die verschiedene Netzausbaustrategien berücksichtigen.

Neben der installierten Kapazität der Kuppelleitungen sind bei einem interregionalen Stromaustausch auch die mit einem Stromaustausch verbundenen Übertragungsverluste zu berücksichtigen. Die Übertragungsverluste des Stromaustausches im 380kV-Hochspannungsnetz werden mit 10% auf 1000 km angesetzt[126]. Die durchschnittlich zu überbrückende Distanz zwischen zwei Regionen bestimmt sich durch die Lage der regionalen Erzeugungs- und Verbrauchszentren. Es wird daher ein entfernungsabhängiger Verlust auf Basis der ermittelten Distanzen angenommen.

Innerhalb jeder abgebildeten Region sind Verluste in den Übertragungs- und Verteilnetzen zu berücksichtigen. Die Verluste sind im Wesentlichen auf die notwendigen Umspannungen zwischen den verschiedenen Spannungsebenen zurückzuführen. Die im Modell hinterlegten Werte sind aus nationalen Energiebilanzen abgeleitet, um so die tatsächliche Situation in den einzelnen Ländern besser zu erfassen (vgl. [EUROSTAT 2002] und [BFE 2002]). Die für das Basisjahr ermittelten Werte (in Prozent der Inlandsstromerzeugung plus Handelssaldo) sind in Tabelle 6.10 zusammengefasst.

Tabelle 6.10: Netzverluste der Stromversorgung der Modellregionen (Quelle: Eigene Berechnung auf Basis von [EUROSTAT 2002] und [BFE 2002])

Region	A	B	CH	D	F	I	LUX	NL	SLO
Verlust	5,5 %	4,5 %	7 %	5 %	7 %	6 %	3 %	4 %	6 %

Bei der Parametrisierung der Stromaustauschoptionen zwischen Modellregionen können neben Übertragungskapazitäten und -verlusten auch Durchleitungsentgelte berücksichtigt werden. Der europäische Strommarkt war von sehr unterschiedlichen Tarifen auf Basis von heterogenen Berechnungsmethoden gekennzeichnet (vgl. [ETSO 2003a]), die aber in der Zwischenzeit zu großen Teilen harmonisiert wurden. Obwohl sich vor 2003 die Methoden und Tarife teilweise noch unterschieden, werden für den gesamten Modellhorizont einheitliche Netznutzungsgebühren und ein so genanntes Briefmarkensystem verwendet, um die angestrebten Betrachtungen transparent und realitätsnah zu halten. Ein Briefmarkensystem bedeutet, dass jede Stromeinspeisung in das interregionale Transportnetz mit einer Zahlung proportional zur eingespeisten Menge verbunden ist. Diese Netznutzungsgebühr wird für den

[126] In der Literatur lassen sich unterschiedliche Angaben für Verluste im Übertragungsbereich finden. In [Pfaffenberger et al. 1990] wird ein Verlust von 9%/1000km, in [Enzensberger 2003, S. 92], [Hoster 1996, S. 42] und [Perner 2002, S. 270] ein Verlust von 10%/1000km in Energiesystemmodellen angenommen. Die Wirkverluste pro Längeneinheit von Übertragungsleitungen unterscheiden sich bei verschiedenen Spannungsebenen und steigen quadratisch mit der Auslastung an (siehe hierzu auch [Oeding et al. 2004, S. 311]). Bei Messungen von einzelnen Leitungen (Höchstspannung) durch Übertragungsnetzbetreiber lassen sich Verluste in Höhe von 20-25%/1000km unter Vollauslastung erkennen.

Betrachtungszeitraum einheitlich mit 0,05 Cent/kWh angenommen (vgl. [ETSO 2003b]). Die Transportdistanz ist im Gegensatz zu den Übertragungsverlusten dabei unerheblich.

6.7 Stromnachfrageentwicklung und Laststruktur

Die jährliche Stromnachfrage ist in vielen europäischen Ländern in den letzten Jahren nur gering angestiegen. Dennoch weisen die Zuwachsraten verschiedener europäischer Länder deutliche Unterschiede auf (vgl. Kapitel 2.4.2). Insbesondere bei langfristigen Betrachtungen müssen Unsicherheiten beim Anstieg der Stromnachfrage berücksichtigt werden. In der Regel werden hierfür Szenarioanalysen verwendet.

Geeignete Annahmen über die zukünftige Entwicklung der Stromnachfrage in den abgebildeten Regionen sind für das entwickelte Modell von entscheidender Bedeutung. Um der interregionalen Struktur und den Lastcharakteristika gerecht zu werden, sind dazu für jede Modellregion eine eigene Nachfrageentwicklung und eine detaillierte Lastkurve berücksichtigt. Die unterstellten Entwicklungen der Stromnachfrage in den Modellregionen basieren auf Daten von [EUROSTAT 2002], [UCTE 2004b], [Prognos 2000], [EC 1999], [IEA 2002b] and [EIA/DOE 2004]. Die hinterlegten Lastkurven wurden aus Informationen der Übertragungsnetzbetreiber und nationaler EVU abgeleitet. Zusätzlich sind Daten den Online-Statistiken der UCTE unter www.ucte.org entnommen. Sie umfassen die Jahre 1997-2003. Um jahresspezifische Lastcharakteristika zu eliminieren, sind die hinterlegten Lastkurven als Mittelwerte der Daten mehrerer Jahrgänge errechnet. Die hinterlegten Lastcharakteristika werden über den Betrachtungshorizont als unverändert angenommen. Die zukünftige Entwicklung der Stromnachfrage in den Modellregionen ist in Tabelle 6.11 zusammengefasst.

Tabelle 6.11: Entwicklung der Stromnachfrage in den Modellregionen (Quelle: Eigene Berechnungen auf Basis von [EUROSTAT 2002], [UCTE 2004b], [Prognos 2000] und [EIA/DOE 2004])

Land	Stromnachfrage [TWh]						
	2000	2005	2010	2015	2020	2025	2030
Österreich	53,2	56,9	60,5	64,0	67,5	70,0	72,4
Belgien	79,3	88,5	97,6	103,8	110,0	115,7	121,5
Schweiz	52,4	54,5	56,7	58,7	60,7	62,8	64,9
Deutschland	500,0	528,9	557,8	578,0	598,1	607,2	616,3
Frankreich	411,0	444,5	478,0	533,2	588,4	619,2	650,0
Italien	278,6	317,8	357,0	398,2	439,4	487,6	535,7
Luxemburg	5,4	5,8	6,1	6,5	6,9	7,2	7,6
Niederlande	99,7	106,6	113,4	120,6	127,8	134,5	141,2
Slowenien	10,3	11,5	12,7	14,2	15,6	16,4	17,2

6.8 Regenerative Energieträger

Die Europäische Kommission hat mit Ihrer Direktive [EC 2001] für die einzelnen EU-Mitgliedsstaaten Ausbauziele für die Nutzung regenerativer Energieträger in der Stromerzeugung festgelegt. Insbesondere aufgrund des in der Schweiz hohen vorhandenen Angebots an Spitzenlast und Regelenergie stellt sich die Frage, welche Auswirkungen ein verstärkter Ausbau der fluktuierenden Erzeugung, hauptsächlich Windkraft, auf die schweizerische Wasserkraft hat. Im Bereich regenerativer Energieträger stellt zudem die Windkraftnutzung das gegenwärtig am schnellsten wachsende Marktsegment dar. Die erwartete Entwicklung der Windkraft wird in dem entwickelten Modell mit Hilfe von Ausbaupfaden berücksichtigt, da regenerative Energieträger im Modell unter kostenminimalen Gesichtspunkten ohne die Berücksichtigung von Fördermechanismen nicht zugebaut werden.

Hinsichtlich der Entwicklung des Ausbaus der Windenergie in Europa sind in den vergangenen Jahren eine Vielzahl von Studien durchgeführt worden. Allerdings behandeln diese detailliert entweder nur eines oder wenige Länder (bspw. [DEWI 2003]) oder sie sind hinsichtlich der zeitlichen und räumlichen Auflösung zu grob. In [Ott et al. 2004] werden für einen Großteil der betrachteten Länder Ausbaupfade abgeschätzt. Aufgrund der Heterogenität der verschiedenen Prognosen wird neben dem moderaten Ausbaupfad des Referenzszenarios auch ein Szenario mit einem starken Anstieg der Windkraftnutzung berücksichtigt. Die in Tabelle 6.12 entwickelten Windenergie-Ausbaupfade für die beiden Szenarien REF und WIND MAX basieren auf den Abschätzungen in [Ott et al. 2004] und sind mit landesspezifischen Prognosen abgeglichen bzw. angepasst.

Neben der Entwicklung der Windkraftnutzung ist der Einfluss der Windkrafteinspeisung auf die notwendige Vorhaltung von Regel-/Reserveleistung in dem entwickelten Modell von Interesse. Zur Ausregelung von Ungleichgewichten aufgrund von erzeugungsseitigen und/oder verbrauchsseitigen Abweichungen von den prognostizierten Entnahme- und Einspeisewerten muss Reserve-/Regelleistung vorgehalten werden. Diese muss im Bedarfsfall für die Frequenzhaltung und zur Aufrechterhaltung einer ausgeglichenen Leistungsbilanz kurzfristig abrufbar sein, was entsprechende Anpassungsmöglichkeiten bei den zu diesem Zweck vorgehaltenen Kraftwerken voraussetzt. Insbesondere Speicherkraftwerke und Gaskraftwerke eignen sich gut zur Bereitstellung von kurzfristig abrufbarer Regelleistung. Prognosefehler der Last und ungeplante Kraftwerksausfälle führen zu Ungleichgewichten zwischen erwarteter Einspeisung und Entnahme. Aufgrund des steigenden Anteils der Windenergieeinspeisung tragen Prognosefehler der Windenergieeinspeisung zunehmend auch zu diesen Ungleichgewichten bei. Der jeweils für die Regelzone zuständige Übertragungsnetzbetreiber ist im Rahmen seiner Verantwortung für einen zuverlässigen Systembetrieb für eine ausreichende Vorhaltung von Regelleistung zuständig. Nach UCTE-Regeln werden dabei

Abweichungen sukzessive durch Primärregelleitung, Sekundärregelleistung und gegebenenfalls Minutenreserve ausgeregelt (vgl hierzu auch Kapitel 2.2.2).

Tabelle 6.12: Entwicklung der Windkraftkapazität im Referenzszenario und Szenario WIND MAX (Quelle: Eigene Berechnungen basierend auf [DEWI 2003], [Ott et al. 2004, S. 95ff], [EWEA 2004], [IEA 2002a])

Land	Szenario	2000	2005	2010	2015	2020	2025	2030
		[MW]						
Belgien	REF	14	200	400	600	800	850	900
	WIND_MAX	14	200	500	1.000	1.300	1.350	1.400
Deutschland	REF	6.095	16.550	20.000	22.500	25.000	27.500	30.000
	WIND_MAX	6.095	16.550	28.000	36.000	45.000	52.000	56.000
Frankreich	REF	62	600	3.000	6.000	9.000	12.000	15.000
	WIND_MAX	62	600	8.000	12.000	17.000	21.000	26.000
Italien	REF	363	1.800	2.500	3.000	3.500	3650	3.800
	WIND_MAX	363	1.800	4.500	7.200	8.600	9.100	9.500
Luxemburg	REF	14	50	100	150	200	250	300
	WIND_MAX	14	50	100	150	200	250	300
Niederlande	REF	442	1.200	2.000	3.500	5.000	6.000	7.000
	WIND_MAX	442	1.200	2.500	5.000	7.500	8.750	10.000
Österreich	REF	54	700	1.200	1.250	1.300	1.350	1.400
	WIND_MAX	54	700	1.200	1.300	1.400	1.450	1.500
Schweiz	REF	0	0	50	100	100	100	100
	WIND_MAX	0	0	50	100	100	100	100
Slowenien	REF	0	0	0	0	0	0	0
	WIND_MAX	0	0	0	0	0	0	0

Die dargebotsseitigen Fluktuationen der Windenergieeinspeisung im Zeitbereich der Primärregelreserve werden aufgrund des nahezu unkorrelierten Verhaltens selbst benachbarter Windenergieanlagen und der hohen Anlagenzahl so stark vergleichmäßigt, dass sie im UCTE-Verbund gegenüber dem Ausfall konventioneller Blöcke und sogar gegenüber den Leistungsfluktuationen der Gesamtnetzlast vernachlässigbar sind (vgl. [Dany 2004]). Ebenso ist der Bedarf an Sekundärregelreserve durch die Windkraftentwicklung bisher nahezu unverändert (vgl. [Ott et al. 2004, S 120f] und [dena 2005, S. 252f]). Der Ausbau der Windenergie wirkt sich hauptsächlich auf die Minutenreserve aus. Haupteinflussfaktor der Windenergieeinspeisung auf den Bedarf an Tertiärregelreserve (Minutenreserve) sind die teils erheblichen Abweichungen der aktuellen Windenergieleistungsabgabe von der Windenergieleistungsprognose des Vortags, auf den die Fahrpläne der konventionellen Kraftwerke abgestimmt sind. Die Prognosesituation verbessert sich bei Windenergieanlagen mit abnehmender Vorlaufzeit. Die Einrichtung von Intra-Day-Markten könnte somit zu einer starken Reduktion des Reserveleistungsbedarfes führen.

Der maximal vorzuhaltende Gesamtreservebedarf steigt mit zunehmend installierter Windenergieleistung an. Die durch den Ausbau der Windenergie vorzuhaltende Regelleistung wird basierend auf [dena 2005, S. 251ff] und [Ott et al. 2004, S. 118ff] abgeleitet. In diesen Arbeiten wird die notwendige Regelleistung ausgehend von den Ausbaupfaden der Windenergie und den Prognosefehlern der Windeinspeisung abgeleitet.

6.9 Emissionsfaktoren und Zertifikatspreise

Mit Beginn des Jahres 2005 wurde ein EU-weiter CO_2-Zertifikatehandel eingeführt[127]. Die politisch induzierte Verknappung des ehemals freien Gutes CO_2-Emissionsrecht und die Begrenzung der zulässigen CO_2-Emissionen erfordert die Unternehmensplanung diese Ressource als neuen Produktionsfaktor zu berücksichtigen. Als notwendige Konsequenz geht mit dieser Verknappung auch eine Preisbildung einher[128]. Aufgrund des langfristigen Charakters des Klimaproblems ist davon auszugehen, dass der für die CO_2-Emissionsminderung relevante Zeithorizont sukzessive verlängert und die Minderungsziele verschärft werden. Über die mit der Prozesstätigkeit in emissionsintensiven Kraftwerken gegebene Kuppelproduktion von Elektrizität und CO_2-Emissionen entsteht eine Interdependenz zwischen dem Strom- und dem Emissionsrechtemarkt bzw. dem Strom- und dem CO_2-Zertifikatspreis, die in der Investitions- und Produktionsplanung der Energieversorgungsunternehmen zu berücksichtigen ist. Die Bedeutung des Produktionsfaktors Emissionsrecht ist stark technologieabhängig. Für fossile Energieerzeugungsanlagen kann er im Wettbewerb zwischen den Technologien zum entscheidenden Kostenfaktor werden, während die Kostenstrukturen von Kern- und Wasserkraftwerken hiervon unberührt bleiben (vgl. [Fichtner 2004, S. 31ff] und [Enzensberger 2003, S. 21f]). Fossile Energieträger weisen bei der Verbrennung aufgrund ihres unterschiedlichen Heizwertes sowie Kohlenstoffgehaltes spezifische CO_2-Emissionen auf, die zwischen 56 t CO_2/TJ_{therm} als typischen Wert für Erdgas und einem Wert von ca. 111 t CO_2/TJ_{therm} für Braunkohle variieren. Neben den eingesetzten Energieträgern sind auch die Wirkungsgrade der zur Umwandlung genutzten Anlage für die spezifischen CO_2-Emissionen entscheidend. In der Tabelle 6.13 sind charakteristische Emissionsfaktoren der Stromerzeugung aufgeführt, die im Modell verwendet sind.

---

[127] Auf internationaler Ebene hat sich die Völkergemeinschaft mit der UN-Klimarahmenkonvention von Rio de Janeiro (1992) sowie dem auf der dritten Konferenz der Vertragsstaaten der Klimarahmenkonvention (Conference of the Parties (COP)) in Kyoto angenommenen Protokoll zur Emissionsminderung von Treibhausgasen verpflichtet.

[128] Für eine umfassende Diskussion der aus den neuen ordnungspolitischen Rahmenbedingungen des Klimaschutzes resultierenden Implikationen für die vom europäischen CO_2-Zertifikatehandel betroffenen Unternehmen und für Lösungsansätze der Entscheidungsprobleme, die durch den neuen Produktionsfaktor Emissionsrechte entstehen, wird auf [Fichtner 2004] verwiesen.

Tabelle 6.13: CO_2-Emissionsfaktoren der Stromerzeugung

Eingesetzter Energieträger	Emissionsfaktor des Energieträgers [t CO_2/TJ_{therm}]	Stand der Technik 2000	
		Wirkungsgrad [%]	Spezifische Emissionen [kt CO_2/TWh_{elektr}]
Steinkohle	98	42 – 44	800 – 840
Braunkohle	111	40 – 42	950 – 1000
Schweres Heizöl	78	41 – 44	640 – 685
Leichtes Heizöl	74	52 – 54	495 – 510
Erdgas	56	56 – 58	350 – 360

Der Zertifikatpreis und dessen Entwicklung geben den Betreibern von Anlagen ein Preissignal anhand dessen sie erkennen, ob eigene Investitionen zur Emissionsvermeidung realisiert werden sollten (vgl. [Fichtner 2004, S. 79]). Die Entscheidung, ob Emissionsrechte gekauft oder Emissionen intern gemindert werden, hängt in erster Linie von dem erwarteten CO_2-Zertifikatspreis im Vergleich zu den Minderungskosten ab. In dem entwickelten Modell wird der CO_2-Zertifikatspreis vorgegeben und mit den Emissionen im Kraftwerkssektor multipliziert. Die durch die Stromerzeugung verursachten Emissionen werden entsprechend den CO_2-Faktoren und den Wirkungsgraden der Anlage berechnet und in der Zielfunktion mit den exogen vorgegeben CO_2-Zertifikatspreisen bepreist[129]. Die exogen vorgegebenen CO_2-Zertifikatspreise müssen auf Basis der zukünftig zu erwartenden CO_2-Zertifikatspreise abgeschätzt werden. Somit wird von einer Verrechnung der Zertifikatspreise als Opportunitätskosten ausgegangen. Einerseits kann der zukünftige Zertifikatspreis aus Erfahrungen in bereits existierenden Zertifikatsmärkten, andererseits aus Simulationen des Handels und Modellrechnungen abgeleitet werden. Die Ergebnisse von zahlreich durchgeführten Studien, teilweise mit unterschiedlichen Systemgrenzen bei den Simulationen und Modellrechnungen, liegen zwischen einer großen Preisspanne von 4 bis 70 €/t CO_2[130]. Der Verlauf der Preise der gehandelten europäischen Emissionszertifikate an der European Energy Exchange (EEX) ist in Abbildung 6.10 dargestellt.

[129] Erste Analysen belegen eine Korrelation zwischen Strom- und Zertifikatspreis (vgl. hierzu [Bauer et al. 2005]).

[130] In [Fichtner 2004, S. 78ff] wird ein Überblick über die verschiedenen Simulationen und Modellrechnungen sowie deren Ergebnisse gegeben.

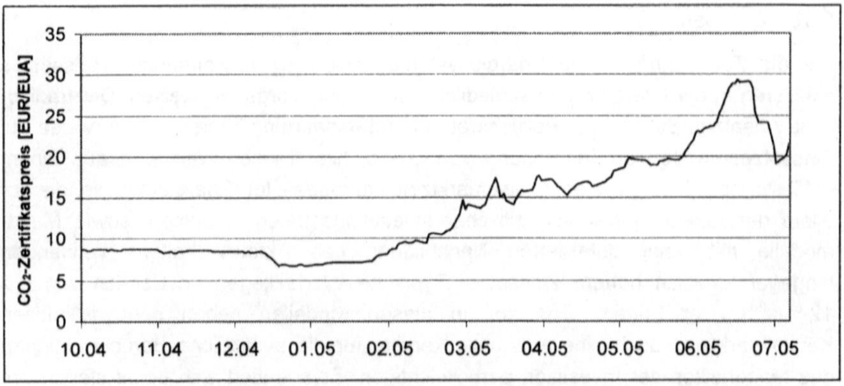

Abbildung 6.10: Preisindex für europäische Emissionszertifikate (EU allowances) an der EEX (Quelle: www.eex.de)

Zur Entwicklung der CO_2-Zertifikatspreise werden folgende Annahmen getroffen: Die CO_2-Zertifikatspreise steigen im Referenzszenario von 3 € je Tonne CO_2 im Jahr 2005, auf 10 € je Tonne CO_2 im Jahr 2015 und auf 15 € je Tonne CO_2 im Jahr 2030. Da die Unsicherheit bzgl. der sich einstellenden CO_2-Zertifikatspreise sehr hoch ist, werden diese durch die Vorgabe unterschiedlicher CO_2-Zertifikatspreise in Szenarien berücksichtigt. Durch die gegenwärtigen CO_2-Preise zwischen 15 und 30 €/t CO_2 erscheint der angenommene Preis von 3 €/t CO_2 im Referenzszenario tendenziell als zu gering. Die gegenwärtigen hohen CO_2-Preise sind fundamental nicht begründbar[131]. Für die Modellrechnungen, die einen langfristigen Zeithorizont betrachten, wird davon ausgegangen, dass die Preise nach Marktetablierung wieder zurückgehen werden. Die angenommen CO_2-Zertifikatspreise sind für die verschiedenen Szenarien in Tabelle 6.14 dargestellt.

Tabelle 6.14: Entwicklung der CO_2-Zertifikatspreise in den Szenarien

Jahr	2000	2005	2010	2015	2020	2025	2030
	CO_2-Zertifikatspreis [€/t CO_2]						
Referenzszenario	0	3,0	6,5	10,0	11,7	13,3	15,0
Plus 50	0	4,5	9,8	15,0	17,6	20,0	22,5
Plus 300	0	12,0	26,0	40,0	46,8	53,2	60,0
NO CO_2	0	0	0	0	0	0	0

131 CO_2-Emissionen können grundsätzlich schon zu geringeren Kosten gemindert werden. In [Enzensberger 2003, S. 136ff] werden CO_2-Preise aus Modellrechnungen aus einem europäischen Strom- und Zertifikatmarktmodell abgeleitet, die sich bei den gegenwärtigen Minderungsverpflichtungen für das Jahr 2005 bei ca. 2,7 €/t CO_2 einstellen.

6.10 Zinssatz

Für die Festlegung des in Energiesystemanalysen zu verwendenden Zinssatzes existieren in der Literatur unterschiedliche Sicht- und Vorgehensweisen. Der traditionelle Ansatz in Studien der Politikberatung und -bewertung basiert üblicherweise auf Zinssätzen in der Größenordnung von 3 - 5 %/a. Dieser Wert wird aus einem mittleren risikolosen, realen Kapitalmarktzinssatz abgeleitet. Energiemodelle, die vor allem der Ableitung sektorspezifischer Investitionsstrategien dienen, sowie Marktmodelle mit einer detaillierten Nachbildung des Akteurverhaltens verwenden hingegen deutlich höhere Zinssätze. Typische Werte liegen im Bereich von 6 - 12 %/a[132]. Der höhere Zins soll in diesen Modellen neben dem risikolosen Kapitalmarktzins auch eine adäquate Rendite für die zusätzliche Berücksichtigung des Marktrisikos der Investition berücksichtigen. Er orientiert sich damit stärker am realen Entscheidungsverhalten der Marktakteure sowie den höheren Marktrisiken liberalisierter Märkte. Für eine geeignete Wahl des Zinssatzes müssen die Risiken, die mit der Investition verbunden sind, analysiert, und damit eingehende Marktrisiken, wenn möglich, identifiziert werden. Dabei haben u.a. die folgenden Faktoren einen Einfluss auf die Wahl des Zinssatzes: Marktzins für risikofreie Anleihen, Kreditzins, der mit der Investition verbunden ist, Anteil des Eigenkapitals, das für die Investition benötigt wird, und dessen Verzinsung sowie das Preis- und Mengenrisiko. Die Verwendung eines einheitlichen Risikoaufschlags bezieht die Annahme ein, dass verschiedene Kraftwerkstypen vergleichbare Investitionsrisiken haben[133]. Der im Rahmen dieser Arbeit verwendete Kalkulationszinssatz orientiert sich an durchschnittlichen, langfristigen Anleihen[134] unter Berücksichtigung eines adäquaten Risikoaufschlages. Für das entwickelte Modell wird ein über den Betrachtungszeitraum konstanter Diskontierungszinssatz von 6 %/a verwendet.

6.11 Kritische Reflexion des gewählten Modellansatzes

Das entwickelte Optimierungsmodell befriedigt die Stromnachfrage unter der Zielfunktion der Kostenminimierung. Abhängig von den differenzierten Informationen über technische Optionen im Bereich der Energieangebotsseite, aber auch Nachfrageseite, wird eine kostenminimale Lösung zur Deckung der Nachfrage ermittelt. Die Ergebnisse des Optimierungsmodells liefern dem Nutzer wertvolle Hinweise, wie ein möglicher Entwicklungspfad der Stromerzeugung, der Wasserkraftkonzessionen und der Stromnachfrage sowie entsprechende Elektrizitätspreise unter den gegebenen Rahmenbedingungen jeweils aussehen würde, und zwar unter der Zielfunktion der Kostenminimierung.

---

[132] Vgl. z.B. [Hoster 1996, S. 53 f.]: 8 %/a und [Grobbel 1999, S. 220 ff.]: 12 %/a. Zur Notwendigkeit einer Berücksichtigung höherer Zinssätze in liberalisierten Märkten vgl. auch [Bunn 1997, S. 307f.].

[133] Der Bau eines Kernkraftwerkes hat einerseits aufgrund der längeren Amortisationszeit, des Umfangs der Investition ein höheres Investitionsrisiko als bspw. der Bau einer Windkraftanlage.

[134] Langfristige Bundesanleihen haben gegenwärtig einen Zins von ca. 4-5%/a.

Der Vorteil von Bottom-up-Modellen liegt in der hohen Transparenz der Annahmen, die jeder Betrachter überprüfen und diskutieren kann. Der Betrachter kann entscheiden, welche von diesen Annahmen eher für falsch oder richtig gehalten werden und welche Szenario- und Sensitivitätsläufe gewünscht sind. Dadurch kann die Frage beantwortet werden, welche Hauptannahmen denn die jeweilige Entwicklung der erwogenen Strategie erheblich beeinflussen und welche Annahmen bei einer Strategieentwicklung eher als wenig einflussreich zu bezeichnen sind. Über ständige Wiederholungen der Modellrechnungen und Verfeinerungen der Modellstruktur an den als kritisch erkannten Stellen wächst das Wissen über zukünftige Technologien, ihre möglichen Kosten und Effizienzen. In der Folge können auch neu auftauchende Fragen, Ideen und Technologien in die Modelle integriert werden.

6.11.1 Marktverständnis und Akteursverhalten

Die Zielfunktion einer Minimierung aller entscheidungsrelevanten Systemausgaben stellt gegenüber der von unterschiedlichen Strategien geprägten, realen Marktsituation eine Vereinfachung dar. Allen Marktteilnehmern wird mit dieser Zielfunktion implizit die gleiche Strategie vorgegeben. Diese Strategie besteht in der gemeinsamen Deckung der vorliegenden Last bei minimalen Ausgaben. Übertragen auf einen Wettbewerbsmarkt bedeutet dies ein streng ausgabenbasiertes Bietverhalten der Akteure in einem anonymen und diskriminierungsfrei organisierten Markt. Strategisches Verhalten einzelner Marktteilnehmer wird somit ausgeschlossen. Hierin liegt ein wesentlicher Unterschied zu anderen Strommarktmodellen, wie beispielsweise System Dynamics-Ansätze und Multi-Agenten-Ansätze. In Kapitel 8.3.2 wird ein Konzept eines Multi-Agenten-Ansatzes vorgestellt und die Unterschiede zu einem Optimierungsansatz, sowie die Vor- und Nachteile der Ansätze werden diskutiert.

Um Kraftwerksinvestitionen und Veränderungsprozesse im Versorgungssystem nachzuvollziehen, kann dennoch ein langfristig ausgerichtetes Planungsinstrument verwendet werden, welches auf einem Optimierungsansatz basiert. Die Modellierungsarbeit konzentriert sich bei diesen Modellen auf die korrekte Abbildung der existierenden (system)technischen Restriktionen, die den zulässigen Lösungsraum begrenzen. In dem entwickelten Ansatz sind u.a. die wasserwirtschaftlichen Restriktionen des hydro-geprägten Kraftwerkparks der Schweiz detailliert abgebildet. An die Stelle der vielfältigen Entscheidungsregeln der Simulationsmodelle tritt eine übergeordnete Zielfunktion, an der das System ausgerichtet wird.[135]

In Anbetracht des zunehmenden Wettbewerbs auf den Elektrizitätsmärkten kann die Annahme für die in dieser Arbeit gegebenen Analysezielsetzungen dennoch als zulässig eingestuft werden. Dies gilt insbesondere für langfristige Betrachtungen.

[135] Die in den Simulationsmodellen zu hinterlegenden Entscheidungsregeln werfen insbesondere im Falle langfristiger Betrachtungen erhebliche methodische Probleme auf.

6.11.2 Preiselastizität der Nachfrage

Die Nachfrage nach Elektrizität stellt die treibende Größe in dem entwickelten Modellansatz dar und ist vollkommen preisunelastisch modelliert. Die Preiselastizität der Nachfrage bezeichnet die Reaktion der Nachfrage auf Preisänderungen. Das bedeutet, dass Preisänderungen keinen Einfluss auf die Höhe der Nachfrage haben. Die meisten empirischen Arbeiten stimmen damit überein, dass kurzfristig die Preiselastizität vernachlässigbar ist, während langfristig von einer leicht negativen Preiselastizität ausgegangen werden kann (vgl. [Dahl et al. 1994], [Dennerlein 1990], [Wietschel et al. 1997b]). Argumente für die Preisinelastizität bzw. geringe Preiselastizität sind die geringe Substituierbarkeit elektrischer Energie und die Nicht-Speicherbarkeit.

In einem langfristigen Horizont können allerdings höhere Strompreise dazu führen, dass Energie rationeller verwendet wird und entsprechende Einsparmaßnahmen realisiert werden. Hierfür können Einsparmaßnahmen und preisabhängige Nachfragereaktionen in dem Modellansatz integriert werden (vgl. hierzu [Wietschel 1995, S. 95ff.], [Wietschel et al. 1997b]). In dem entwickelten Modellansatz sind allerdings keine preisabhängigen Nachfragereaktionen modelliert und es wird von einer preisunelastischen Nachfrage ausgegangen. Die Auswirkungen einer veränderten Höhe der Nachfrage auf die Konzessionsverlängerungen wird über die Möglichkeit, alternative Nachfrageentwicklungen in Szenarien flexibel vorzugeben, berücksichtigt.

6.11.3 Preisinformation auf Basis der Systemausgaben

Eine Zielsetzung der hier vorgestellten Modellentwicklung ist es, ein Instrument u.a. zur Prognose der langfristigen Entwicklung der Strompreise in der Schweiz und den angrenzenden Ländern bereitzustellen. Hierzu sind aus den Modellergebnissen Preisinformationen abzuleiten. Dies geschieht auf Basis der Schattenpreise der zu befriedigenden Stromnachfrage (Systemgrenzausgaben). Für die Nutzung dieser Preisinformation ist eine Diskussion der System(grenz)ausgaben notwendig. Kritisch zu reflektieren ist insbesondere im Falle der so ermittelten Strompreise die Zuordnung der Veränderung des Zielfunktionswerts. Die Ausgabenbestandteile können mehrere Perioden umfassen, während die Grenzausgaben der Stromnachfrage für eine bestimmte Zeitscheibe einer einzelnen Periode des Optimierzeitraums abgeleitet werden (vgl. hierzu auch Kapitel 5.9.2).

Im Folgenden sollen zwei Fälle unterschieden werden. Der erste Fall umfasst alle betrachteten Zeitscheiben mit Ausnahme des jeweiligen Spitzenlastsegments der verschiedenen in den Lastkurven hinterlegten charakteristischen Tage. Hier steht im System immer ein Rest freier verfügbarer Kapazität zur Verfügung, die zur Deckung dieser einen zusätzlichen Lasteinheit herangezogen werden kann. Die aus den Schattenpreisen abgeleiteten Preisinformationen lassen sich damit aus den kurzfristigen Systemgrenzkosten dieser verfügbaren Kapazitäten erklären.

Im zweiten Fall werden die Spitzenlastzeitsegmente betrachtet. Da hier eine zusätzliche Lasteinheit unter Umständen den Zubau entsprechender Kapazität bzw. eine zeitliche Verschiebung späterer Investitionen erfordern kann, treten Preisspitzen auf, die ein Vielfaches der in den anderen Zeitsegmenten zu beobachtenden Preise betragen können. Investitionen stellen zudem eine periodenübergreifende Entscheidung dar, sodass hier u.a. auch unter methodischen Aspekten Vorbehalte gegen eine volle Zurechnung dieser Kosten auf eine einzelne Zeitscheibe bestehen können.

Extreme Preisspitzen im Strommarkt müssen im Falle eines Kapazitätsengpasses nicht immer auf die zur Deckung dieser Last notwendigen Kosten der Grenzkraftwerke zurückzuführen sein. Sie können sich auch aus dem Grenznutzen des letzten zum Zuge kommenden Nachfragers ergeben. Dieser Grenznutzen kann sich z.B. aus den Kosten eines etwaigen Lastabwurfs (Produktionsausfall) ableiten. Mit einer zunehmenden Verknappung gewinnen im realen Markt zudem spekulative Einflüsse an Bedeutung. Im Rahmen der in dieser Arbeit verfolgten normativen Sichtweise werden spekulative Preiseinflüsse sowie strategisches Verhalten aus der Betrachtung ausgeschlossen. Systemgrenzkosten können damit unter der Annahme der Existenz vollkommener Märkte als ökonomisch plausible Preisinformation genutzt werden. Diese können durch gesetzte Restriktionen, wie Wasserzuflüsse, Zubau erneuerbarer Energien, beeinflusst werden.

Die Ableitung von Preisinformationen in dem Modell entspricht praktisch dem Konzept des „peak load pricing" im deterministischen Fall, dessen Anwendung für Energiemärkte von Boiteux entwickelt wurde (vgl. [Boiteux 1964b]) . Entsprechend dieser Theorie sind zur Erzeugung von Elektrizität zwei Produktionsfaktoren notwendig, Kapazität und Energie, wobei die Bereitstellung der Energie zu jedem Zeitpunkt durch die verfügbare Kapazität beschränkt ist. Folgendes Beispiel mit zwei Zeitsegmenten wird zur Veranschaulichung betrachtet: hierfür wird eine Periode mit Spitzenlast und eine mit Niedriglast, jeweils mit deterministischer Nachfrage und gleicher Erzeugungskapazität, angenommen. Die Energie wird in beiden Perioden mit den marginalen Erzeugungskosten und in der Spitzenlastzeitscheibe bei Knappheit zusätzlich mit einer Kapazitätszahlung, die die fixen Kosten (incl. Investition) der Anlage decken, bepreist.

In dem entwickelten Modellansatz wird von einer Deckung der Nachfrage ausgegangen, sodass zu jedem Zeitpunkt ausreichend Erzeugungskapazitäten zur Verfügung stehen müssen. Die aus dem Modell abgeleiteten Preisinformationen enthalten auch die Kapazitätskosten der Anlagen. Auch im realen Markt existieren Vergütungsstrukturen, die sich nicht allein über Kraftwerksgrenzkosten erklären lassen. So können Kraftwerke mit entsprechenden Vorraussetzungen auch von Zahlungen für die vorgehaltene Reservekapazität profitieren. Die Existenz einer Preisinformation im Modell, ist damit nicht per se kritisch zu bewerten. Zu überprüfen ist jedoch die Höhe der Preisspitze sowie ihr Einfluss auf die durchschnittlichen

Preise. Ein Vergleich der Modellstrompreise mit verfügbaren Marktpreisen zeigt eine gute Übereinstimmung (vgl. Kapitel 7.3.3).

6.11.4 Investitionsentscheidungen im Modell

Im Rahmen des entwickelten Modells wird davon ausgegangen, dass die betrachteten Elektrizitätsmärkte weitestgehend wettbewerblich organisiert sind und Investitionsentscheidungen unter ausgabenminimalen Gesichtspunkten getroffen werden. Staatliche Eingriffe beschränken sich auf Fragen der Nutzung von erneuerbaren Energien und Kernenergie.

Jede (Des-)Investitionsentscheidung wird im Modell rein unter dem ökonomischen Gesichtspunkt der Ausgabenminimierung getroffen. Im realen Markt werden die Entscheidungen für oder gegen Energieprojekte jedoch auch stark durch weitere Einflussfaktoren bestimmt. Hierzu zählen unternehmenspolitische Risikostreuungsstrategien (Portfoliomanagement), politische Zielvorgaben und Grundsatzentscheidungen (Kernenergieausstieg, Subventionen für bestimmte Technologien), technische Restriktionen (begrenzte Integrierbarkeit von Technologien mit fluktuierender Energiebereitstellung in existierende Versorgungssysteme) oder aber auch Aspekte wie begrenzte Fertigungskapazitäten der verschiedenen Anlagenbauer. Damit die Modellergebnisse die genannten Einflussfaktoren in adäquater Weise widerspiegeln, sind diese in geeigneter Weise in das Gleichungssystem zu integrieren. Hierfür bieten sich im Wesentlichen zwei Wege an. Die erste Möglichkeit besteht in der Formulierung zusätzlicher Restriktionen bzw. der Berücksichtigung zusätzlicher Terme in der Zielfunktion. Die andere Option besteht in der geeigneten Anpassung der Modellparameter. So lassen sich beispielsweise Subventionen mit den Investitionen für Neuanlagen verrechnen oder Steuern als zusätzliche Kosten auf die variablen Kosten von Flüssen und/oder Prozessen addieren.

Ein grundsätzliches Problem linearer Optimiermodelle ist das so genannte Penny-Switching (bzw. der so genannte Bang-Bang-Effekt). Dies bedeutet, dass kleine Variationen der Eingangsparameter extreme Veränderungen der Modellergebnisse hervorrufen können. Grund hierfür ist, dass von zwei substituierbaren Alternativen stets diejenige ausgewählt wird, die im Vergleich zur anderen Alternative zu einem niedrigeren Zielfunktionswert führt. Ein typisches Beispiel in linearen Optimiermodellen ist eine Situation, in der die Stromgestehungskosten zweier substituierbarer Technologien in einem bestimmten Lastbereich nur geringfügig voneinander abweichen. Werden nun die Energieträgerpreise derart variiert, dass sich die absoluten Kosten nur geringfügig verändern, sich die relative Vorteilhaftigkeit der beiden Technologien jedoch umkehrt, resultieren Fälle, in denen in zwei Szenarios vollkommen unterschiedliche Investitionsentscheidungen getroffen werden, obwohl sich die jeweiligen Zielfunktionswerte der Szenarios lediglich geringfügig unterscheiden. Im hier beschriebenen Modell liegen den verschiedenen nachgefragten Energieformen detaillierte und regional differenzierte Lastkurven zugrunde. Die zur Lastdeckung einsetzbaren Kraftwerksanlagen weisen Kostenstrukturen auf, die hinsichtlich ihrer absoluten Höhe und insbesondere hinsichtlich der Gewichtung zwischen fixen und variablen Kosten sowie der hinterlegten Laständerungskosten deutlich variieren. Damit entstehen verschiedene Lastbereiche, in denen nur noch eine reduzierte Zahl relevanter Anlagen miteinander im Wettbewerb stehen. Die Modellierung von Einzelanlagen, die regional differenzierte Parametrisierung der verschiedenen Technologien und die hohe Zahl getrennt modellierter Kraftwerkstechnologien führen dazu, dass Bang-Bang-Effekte, wenn sie denn auftreten, nur kleine Bereiche des Systems betreffen und so der jeweilige Einfluss auf das gesamte Modellergebnis vernachlässigbar wird.

7 Modellgestützte Bewertung des schweizerischen Kraftwerksparks

Im Folgenden wird die mit dem beschriebenen Modell ermittelte Entwicklung der Modellergebnisse des Basisszenarios für den Schweizer Energieversorgungssektor und die angrenzenden Länder dargelegt. Die wesentlichen Rahmenannahmen des Basisszenarios bzw. Referenzszenarios sind in Kapitel 7.1 zusammengefasst. Die folgenden Unterkapitel beschreiben die Ergebnisse der Modellrechnung zur zukünftigen Entwicklung des Schweizer Energiesystems im europäischen Kontext, die Entwicklung der Energiesysteme in den angrenzenden Ländern, die Entwicklung der Grenzkosten der Stromversorgung, sowie die zu erwartenden CO_2-Emissionen.

7.1 Definition des Referenzszenarios

Für die zukünftige Entwicklung des Schweizerischen Stromversorgungssektors werden im Referenzszenario folgende Annahmen getroffen:

Wasserkraftwerke, die das Konzessionsende erreichen, können nur mit einer Investition zur Erneuerung der Anlage weiterbetrieben werden. Die Konzessionsabläufe der Schweizer Wasserkraftwerke sind in Abbildung 6.7 dargestellt.

Für die Kernenergienutzung wird unterstellt, dass drei Kraftwerksblöcke mit 365 MW (bzw. 355 MW) im Jahr 2020 stillgelegt werden und durch einen EPR mit 1600 MW als Neubauoption[136] ersetzt werden können.

Für die Übertragungskapazitäten sind die momentanen NTC-Werte[137] angenommen und zukünftige absehbare Ausbauten der Übertragungsnetze berücksichtigt.

In den endogen abgebildeten Regionen neben der Schweiz ist im Falle der Kernenergienutzung ein Business-As-Usual-Ansatz unterstellt. Die nuklearen Zubauoptionen sind damit auf die Länder Frankreich und Slowenien beschränkt. In den anderen Regionen können nukleare Anlagen nicht zugebaut werden. In Deutschland findet zudem die gegenwärtig gültige Ausstiegsregelung Berücksichtigung[138]. Für konventionell-thermische Anlagen sind die in Kapitel 6.4 beschriebenen Sterbelinien und die dargestellten Zubauoptionen zu Grunde gelegt. Für die verschiedenen zur Stromerzeugung genutzten Energieträger werden die in Kapitel 6.5 ausgewiesenen Preise verwendet. Hierbei sind deren Verfügbarkeit sowie die durch Transportkosten verursachten Preisaufschläge auf die Weltmarktpreise berücksichtigt.

Für erneuerbare Energien sind die Ausbauziele der Europäischen Kommission der Direktive 2001/77/EC [EC 2001] für die einzelnen EU-Mitgliedsstaaten vorge-

---

[136] Die Zubauentscheidung der Neubauoption wird im Modell endogen ermittelt.

[137] Vgl. Kapitel 6.6

[138] Die Reststrommenge aus Kernenergieanlagen ist in Deutschland auf 2623,3 TWh ab dem Jahr 2000 begrenzt.

geben[139]. Die einzelnen Technologien werden somit unter Berücksichtigung der Ausbauziele unter kostenminimalen Gesichtspunkten zugebaut. Eine Ausnahme stellt die Entwicklung des Windenergieausbaus dar, die über mögliche Ausbaupfade in Form von verschiedenen Szenarien exogen vorgegeben ist (siehe hierzu Kapitel 6.8). Im Basisszenario wird für die Entwicklung der Windenergie von einem geringen Ausbau ausgegangen. Werden mit dem Ausbau der Windenergie und den bis dato installierten regenerativen Energieträgern die jeweiligen Ausbauziele erreicht, müssen darüber hinaus keine weiteren erneuerbaren Energien zugebaut werden, da die Ausbauziele und somit auch die mathematischen Restriktionen erfüllt sind.

Im Falle des Emissionshandels wird im Basisszenario von der in Kapitel 6.9 beschriebenen Preisentwicklung für CO_2–Emissionen ausgegangen.

7.2 Entwicklung des Schweizer Energiesystems im europäischen Kontext im Referenzszenario

7.2.1 Struktur der Stromerzeugung und des Anlagenparks

Die Entwicklung der Gesamtkapazitäten in der Schweiz verläuft bis zum Jahr 2020 zunächst relativ stabil. Nach dem Jahr 2020 werden altersbedingt drei Kernkraftwerke mit jeweils 365 MW bzw. 355 MW vom Netz genommen. Zudem laufen bei einigen Wasserkraftanlagen mit größerer Kapazität ab 2015 und 2025 die Konzessionen ab. Dem Rückgang der installierten Kapazität und dem Anstieg der Stromnachfrage wird einerseits durch Konzessionserneuerungen von Wasserkraftanlagen, andererseits ab dem Jahr 2025 durch den Zubau von einem Kernkraftwerk vom Typ EPR (European Pressurized Water Reactor) mit einer Leistung von 1,6 GW, von GuD-Blöcken mit einer Leistung von 2 GW und von Gasturbinen mit einer Leistung von ca. 0,5 GW entgegengewirkt. Die Gaskraftwerke werden in der Schweiz erst ab 2025 gebaut, weil einerseits die Inlands-Nachfrage nur moderat ansteigt und es aus Gesamtsystemsicht wirtschaftlicher ist, dass die Schweiz bis zum Jahr 2025 von Jahr zu Jahr weniger exportiert (vgl. Abschnitt 7.3.2). Der Zubau des 1,6 GW Kernkraftwerkblockes kompensiert die Stilllegung der drei Kernkraftwerke, die aufgrund des Erreichens des Endes ihrer Lebensdauer stillgelegt werden. Abbildung 7.1 zeigt die Entwicklung der Gesamtkapazitäten zwischen 2000 und 2030.

---

[139] Siehe hierzu Kapitel 5.8.3.7

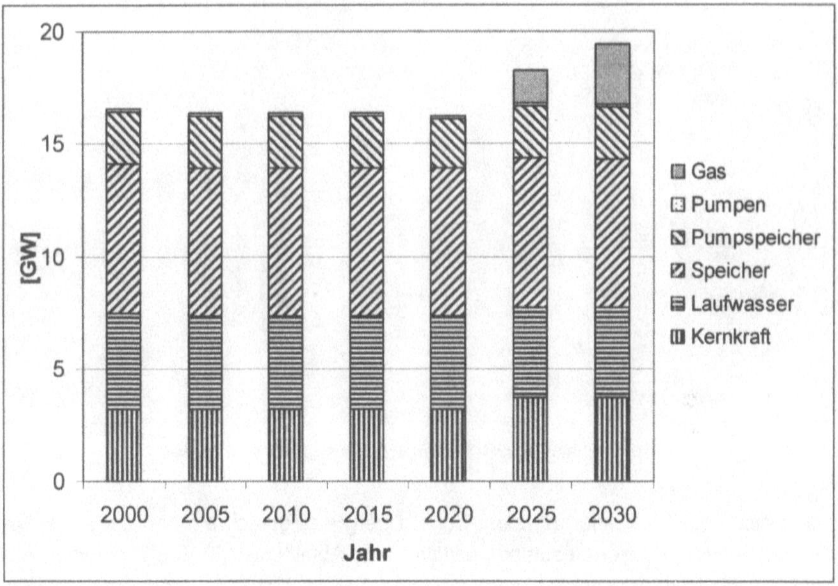

Abbildung 7.1: Struktur des schweizerischen Kraftwerksparks im Referenzszenario

Der Kapazitätsrückgang und der Anstieg der Inlandsnachfrage erfordern einen Zubau an Kraftwerkskapazität der nicht allein durch Konzessionsverlängerungen erreicht werden kann. Ein Teil der Konzessionsverlängerungen wird allerdings aus gesamtwirtschaftlicher Sicht unter Kostengesichtspunkten nicht realisiert. In Abbildung 7.2 sind die jeweiligen Konzessionsenden und -verlängerungen der Wasserkraftanlagen nach Typen über die Jahre 2005 bis 2030 dargestellt. Die Konzessionsverlängerungen von Pumpspeicheranlagen werden für alle Zentralen nach Konzessionsende durchgeführt. Bei den Laufwasserkraftwerken werden mehr als 50 % bezogen auf die Kapazität der Konzessionsverlängerungen durchgeführt. Bezogen auf die Anlagenanzahl werden 7 von 17 Konzessionen bei den Laufwasserkraftwerken verlängert. Bei den Speicherkraftwerken wird eine Konzessionsverlängerung nicht realisiert, was in diesem Fall mit den relativ hohen Investitionen für die Verlängerung zusammenhängt und das Speicherkraftwerk eher Eigenschaften eines Laufkraftwerkes aufweist. Das Speicherkraftwerk verfügt nur über ein sehr geringes Speichervolumen und ist mit ca. 4500 Volllaststunden relativ stark ausgelastet. Die nicht realisierten Verlängerungen von Konzessionen im Modell beruhen ausschließlich auf Kostengesichtspunkten aus Gesamtsystemsicht, die weitere Beschränkungen bzw. Einflüsse, im Speziellen für Betreiber (wie bspw. Heimfall), außer Acht lassen. D.h. in der Realität kann es dennoch sinnvoll eine Konzessionsverlängerung vorzunehmen, da zusätzliche Gegebenheiten zu berücksichtigen sind, die die Konzessionsverlängerung im Einzelfall positiv beeinflussen.

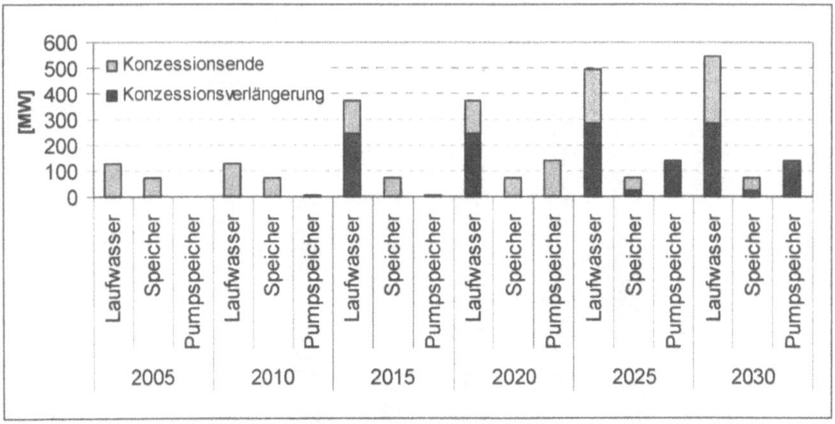

Abbildung 7.2: Konzessionsende und -verlängerung kumuliert nach Typen

Hinsichtlich der Produktion an elektrischer Energie zeigt sich ein ähnliches Bild wie bei der Entwicklung der Gesamtkapazitäten (vgl. Abbildung 7.3). Die Produktion aus Wasserkraft ist hauptsächlich vom Wasserdargebot abhängig. Lediglich die Zeitpunkte der Stromlieferung ins Ausland hängen von dem entsprechenden Angebot und der Nachfrage elektrischer Energie im benachbarten Ausland ab, wonach hauptsächlich die Speicher- und Pumpspeicherkraftwerke ihre Produktion optimieren. Aufgrund der zunehmenden Inlandsnachfrage und der gleich bleibenden Kapazitäten steht entsprechend weniger Energie für den Export zur Verfügung (vgl. auch Abbildung 7.11). Die Gesamtproduktion in der Schweiz verläuft bis in das Jahr 2020 relativ konstant und steigt ab 2025 bedingt durch den Zubau neuer Kapazitäten relativ stark an. Die steigende Inlandsnachfrage wird somit durch einen verringerten Export bis zum Jahre 2025 ausgeglichen. In Abbildung 7.3 ist die Entwicklung der Produktion und der Nachfrage im Referenzszenario dargestellt.

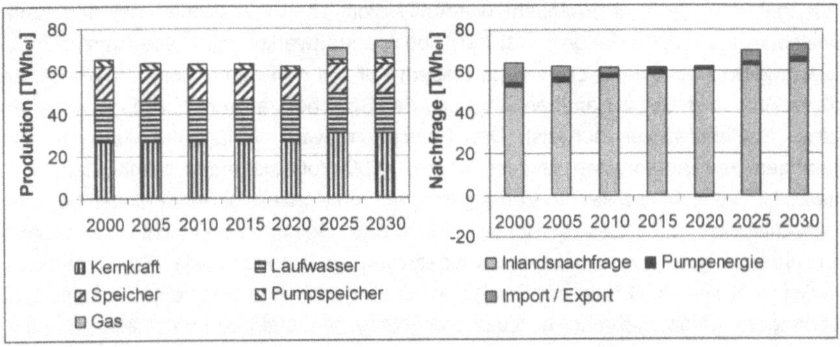

Abbildung 7.3: Elektrizitätsproduktion und Nachfrage im Referenzszenario

7.2.2 Kraftwerkseinsatz nach Energieträgern und Lastbereichen

Kraftwerksanlagen übernehmen in einem Stromversorgungssystem zum Teil unterschiedliche Aufgaben. Im Mittelpunkt stehen die verschiedenen Lastbereiche, die sich aus der Laststruktur ergeben und die mittels der installierten Anlagen abzufahren sind. Abbildung 7.4 und Abbildung 7.5 zeigen exemplarisch für einen typischen Sommer- und Winterwerktag in den Jahren 2015 und 2030 den im Modell für das Schweizer Versorgungssystem ermittelten Anlageneinsatz nach Kraftwerkstypen. Kernkraftwerke und Laufwasseranlagen dienen der Deckung der Grundlast. Zur Deckung der Mittel- und insbesondere der Spitzenlast kommen Speicher- und Pumpspeicherkraftwerke sowie im Jahr 2030 auch die zugebaute GuD-Anlage und zum Einsatz. In Schwachlastzeiten kommen die Pumpspeicheranlagen im Pumpbetrieb zum Einsatz. Des Weiteren lässt sich feststellen, dass Laufwasserkraftwerke aufgrund wasserwirtschaftlicher Restriktionen im Winter deutlich geringer betrieben werden als im Sommer. Dies wird durch verstärkte Nutzung von Speicher- und Pumpspeicherzentralen ausgeglichen. Der Einsatz der GuD-Anlagen in 2030 kann als Mittellastbetrieb charakterisiert werden, da die Anlagen außer in Schwachlastzeiten auf relativ konstantem Niveau produzieren. Ein Zubau von Anlagen, die zur Deckung der Mittellast genutzt werden können, erscheint auch vor dem Hintergrund, dass das Schweizer Energiesystem über einen großen Anteil Grund- und Spitzenlast verfügt, sinnvoll.

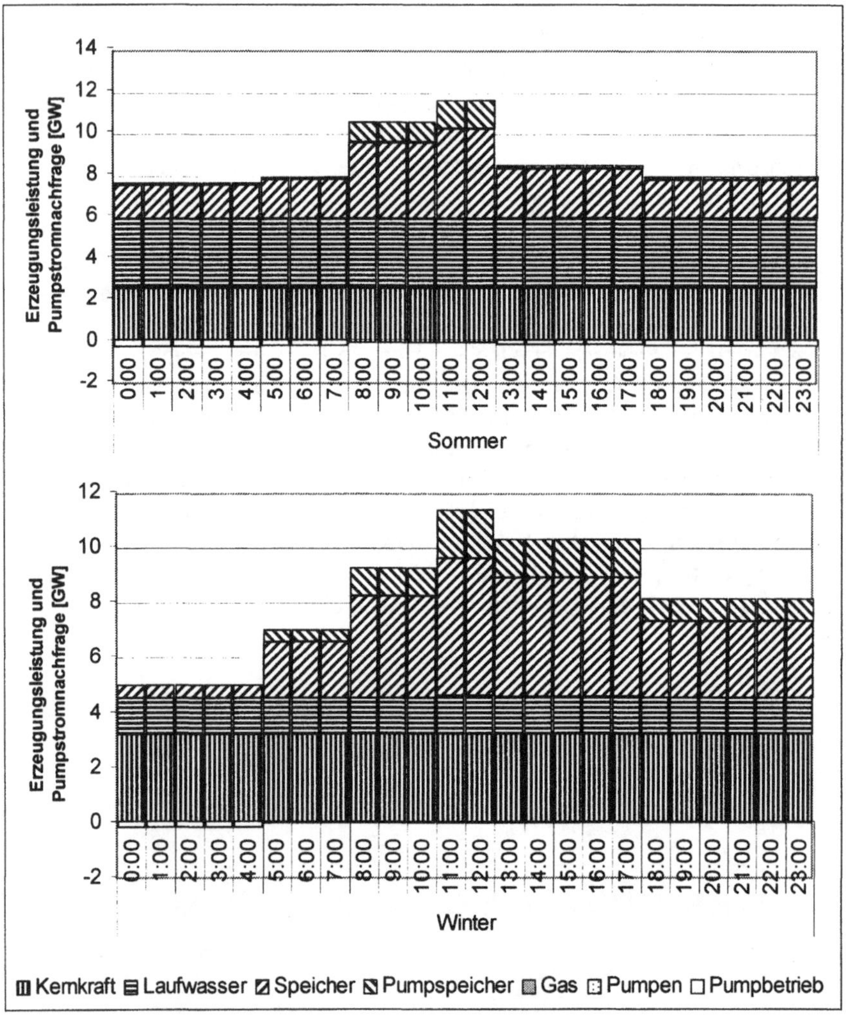

Abbildung 7.4: Kraftwerkseinsatz an einem charakteristischen Sommer- und Winterwerktag im Jahr 2015

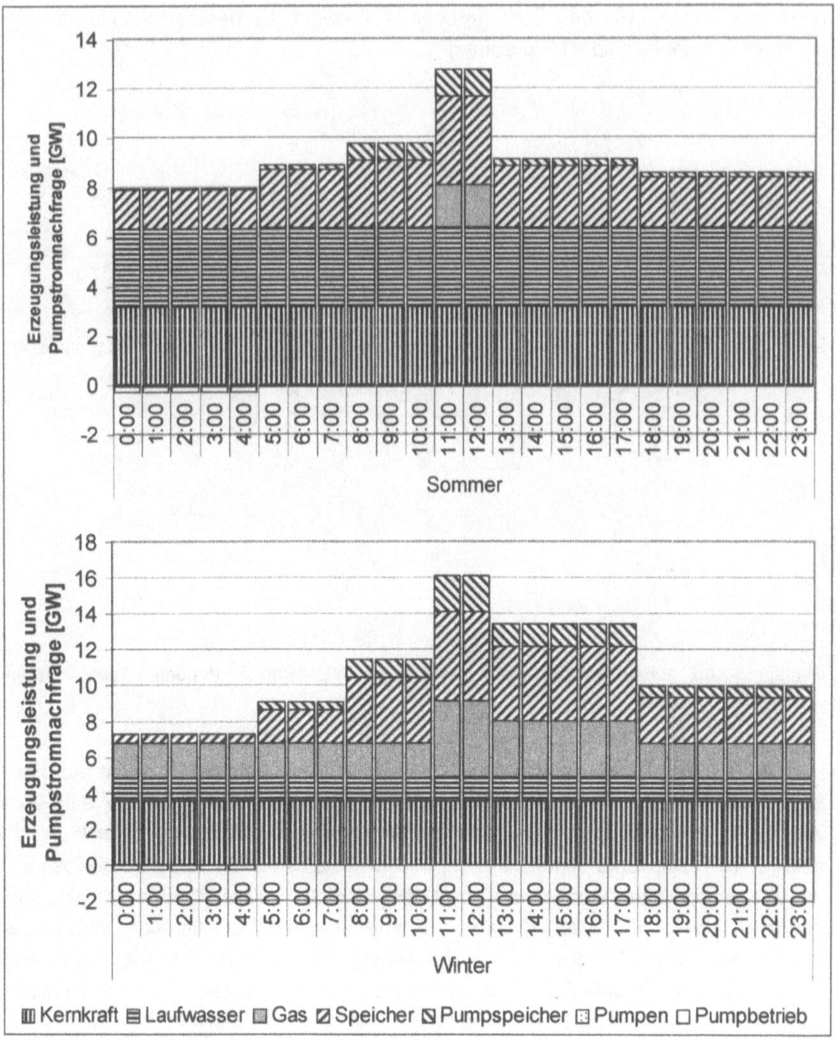

Abbildung 7.5: Kraftwerkseinsatz an einem charakteristischen Sommer- und Winterwerktag im Jahr 2030

In Abbildung 7.6 ist die Elektrizitätsproduktion für die Jahre 2000, 2015 und 2030 für jede Jahreszeit im Vergleich dargestellt. Aus dieser Abbildung wird ersichtlich, dass die gestiegene Nachfrage nach Elektrizität in 2030 durch eine Mehrproduktion aus Kernenergie und Gas befriedigt wird. Laufwasserkraftwerke kommen vermehrt im Frühjahr und Sommer zum Einsatz, während Speicher- und Pumpspeicher vermehrt im Sommer, Herbst und Winter eingesetzt werden. Aufgrund der hohen Nachfrage der Anrainerstaaten in den Sommermonaten gewinnt die Bereitstellung an Energie im Sommer zunehmend an Bedeutung.

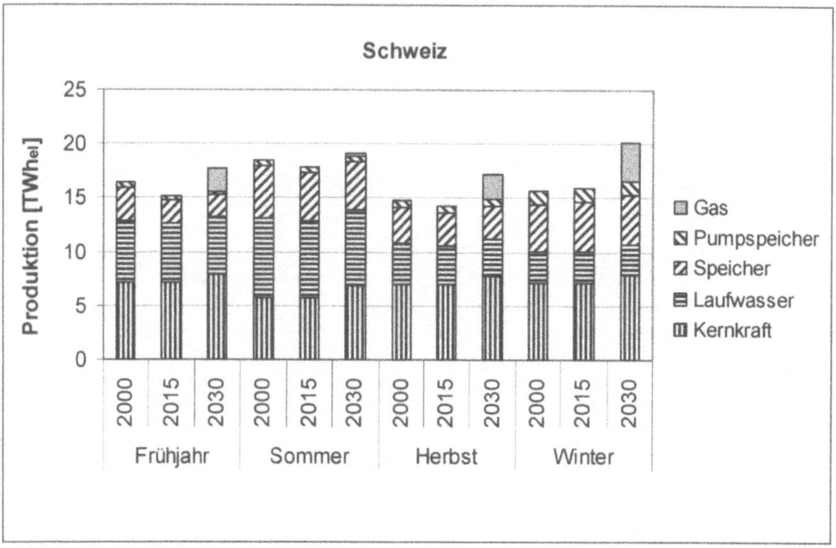

Abbildung 7.6: Elektrizitätsproduktion je Saison im Vergleich für die Jahre 2000, 2015 und 2030

In dem für diese Arbeit entwickelten PERSEUS-HYDRO Modell ist durch die detaillierte Modellierung neben der aggregierten Ergebnisauswertung auch eine Auswertung für einzelne Zentralen oder Kraftwerkskaskaden möglich. In Abbildung 7.7 sind für die Kraftwerke Hinterrhein der Kraftwerkseinsatz und die Energieflüsse für die vier Jahreszeiten veranschaulicht. Dabei sind die Volllaststunden der einzelnen Zentralen sowie die Wasserflüsse in Energieeinheiten für die vier Jahreszeiten beschrieben. Des Weiteren ist die Einlastung der Zentrale Ferrera 1 für einen Sommerwerktag im Jahr 2015 dargestellt, sowie der Speicherverlauf des Stausees Lago di Lei. Wie in Abbildung 7.7 ersichtlich ist, wird die Zentrale Ferrera 1 in den Nachtstunden im Jahr 2015 im Pumpbetrieb betrieben, während am Tag in der Spitzenlastzeitscheibe das Wasser turbiniert wird. Es lässt sich außerdem erkennen, dass die Volllaststunden im Winter der Zentrale Ferrera 1 den größten Anteil im Jahr ausmachen. Die Ergebnisse auf Einzelanlagenebene zeigen somit auch eine gute Übereinstimmung mit den Werten der Realität.

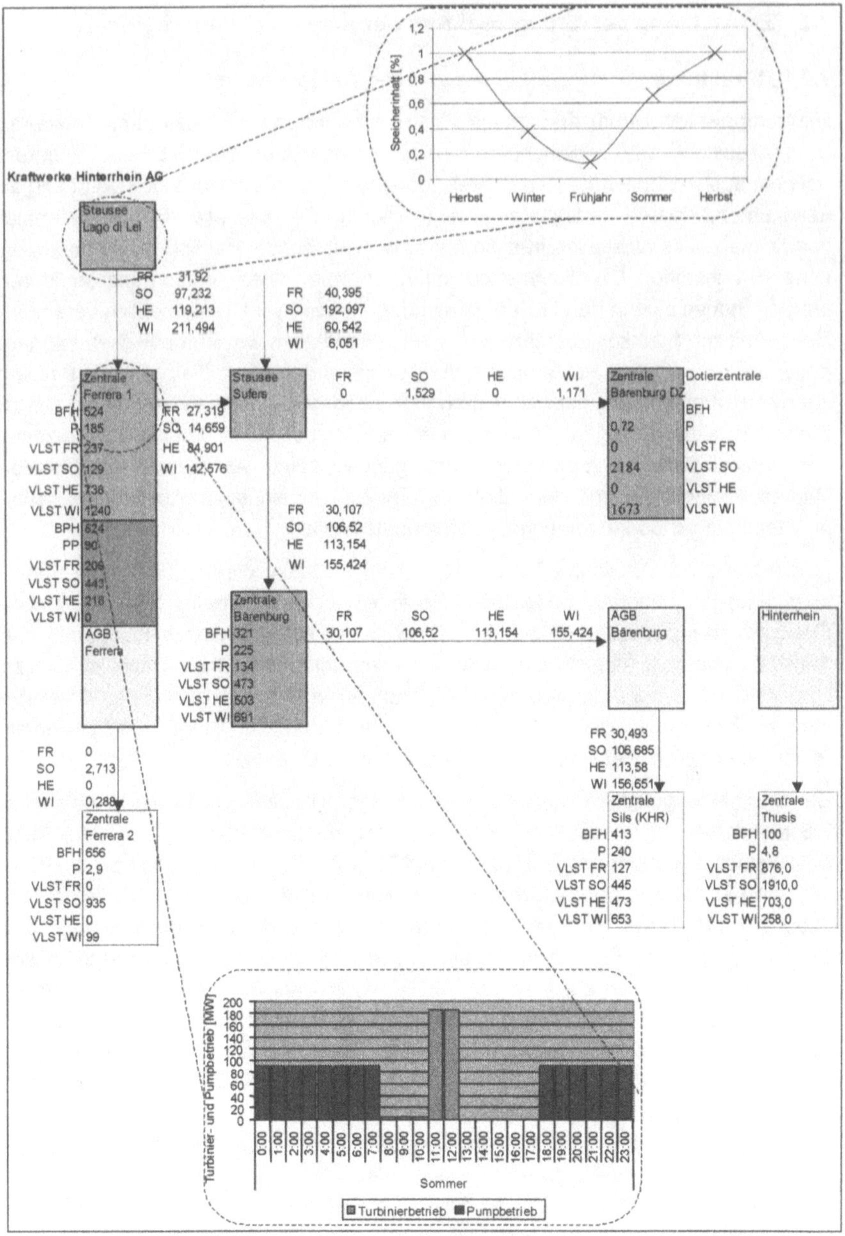

Abbildung 7.7: Veranschaulichung des Kraftwerkeinsatzes und der Energieflüsse am Beispiel der Kraftwerke Hinterrhein im Jahr 2015

7.3 Entwicklung des Energiesektors der angrenzenden Regionen

7.3.1 Struktur der Stromerzeugung und des Anlagenparks

Die europäischen Stromversorgungssysteme sind durch sehr heterogene Strukturen gekennzeichnet. Die bestehenden Strukturen resultieren zum Teil aus früheren, national ausgerichteten Politikansätzen, daneben jedoch auch aus den von Land zu Land unterschiedlich verfügbaren Energieträgerquellen wie etwa heimische Kohlevorkommen oder Wasserkraftressourcen bzw. bestehende Transportwege für importierte Brennstoffe. Die Rahmenbedingungen, die diese Versorgungsstrukturen prägten, haben sich in den letzten Jahrzehnten jedoch zum Teil erheblich verändert. Der heimische Steinkohlebergbau ist mittlerweile in allen westeuropäischen Ländern gegenüber importierter Kohle unwirtschaftlich geworden, auch die politische Position zur Kernenergienutzung hat sich in mehreren Ländern grundlegend verändert. Die im Folgenden skizzierten Strukturänderungen beschreiben damit Anpassungsprozesse der verschiedenen europäischen Versorgungssysteme an die zu erwartenden Rahmenbedingungen mit dem Ziel, für die Zukunft ein unter Ausgabengesichtspunkten optimiertes Versorgungssystem bereitzustellen.

In Abbildung 7.8, Abbildung 7.9 und Abbildung 7.10 sind die prognostizierte Stromerzeugung der endogen modellierten Regionen für den Zeitraum 2000-2030 nach Energieträgern gegliedert dargestellt. Hierin lassen sich die Verschiebungen in den Anteilen einzelner Energieträger an der Stromerzeugung erkennen. Dabei ist auch zu berücksichtigen, dass die Strukturveränderungen in den Energieversorgungssystemen zu Änderungen der Importe und Exporte führen. Zur Betrachtung des interregionalen Stromaustausches wird auf Abschnitt 7.3.2 verwiesen.

Die Stromerzeugungsstruktur nach Energieträgern in Deutschland ist in Abbildung 7.8 dargestellt. In Deutschland bleibt die Erzeugungsstruktur bis zum Jahr 2010 relativ stabil. Die Kernenergie trägt mit rund 30 % zur Stromerzeugung bei (ca. 160 – 162 TWh/a). Die Stromerzeugung aus Steinkohle steigt von ca. 130 TWh/a im Jahr 2000 auf 140 TWh/a im Jahr 2010 leicht an, während die Stromerzeugung aus Braunkohle von ca. 131 TWh/a im Jahr 2000 leicht abnimmt. Die Erzeugung aus erneuerbaren Energien steigt von ca. 20 TWh/a im Jahr 2000 auf ca. 45 TWh/a im Jahr 2010 an. Dabei ist allerdings die exogene Vorgabe des Ausbaupfades der Windenergie zu berücksichtigen, die zum größten Teil zur Stromerzeugung aus erneuerbaren Energien beiträgt. Nach dem Jahr 2010 kommt es im deutschen Stromerzeugungssystem zu starken Umstrukturierungen. Der drastische Rückgang der Stromerzeugung aus Kernenergie zum Jahr 2015 ist die Konsequenz der deutschen Kernenergieausstiegsvereinbarung, die die Reststrommenge aus Kernenergieanlagen auf 2623,3 TWh ab dem Jahr 2000 begrenzt. Der Wegfall der Kernenergieerzeugung wird hauptsächlich durch eine Strombereitstellung aus neu errichteten Steinkohle- und Gaskraftwerken ausgeglichen. Die Stromerzeugung auf Steinkohlebasis erreicht im Jahr 2020 eine Gesamthöhe von ca. 240 TWh/a, im Jahr

2030 von ca. 290 TWh gegenüber ca. 130 TWh/a im Jahr 2000. Sie trägt somit nach Stilllegung der Kernkraftwerke stärker zur Grundlastdeckung bei, was auch im deutlichen Anstieg der Volllaststundenzahl zu erkennen ist. Die Stromerzeugung aus Gaskraftwerken steigt zwischen den Jahren 2000 und 2010 von ca. 53 TWh/a auf 74 TWh/a und verstärkt sich bis ins Jahr 2030 auf ca. 177 TWh/a. Die Stromerzeugung aus Braunkohle nimmt aufgrund des exogenen Preises für CO_2-Emissionen von ca. 132 TWh/a im Jahr 2000 auf ca. 65 TWh/a im Jahr 2030 kontinuierlich ab, da Braunkohle mit die höchsten spezifischen CO_2-Emissionen der Stromerzeugung hat.

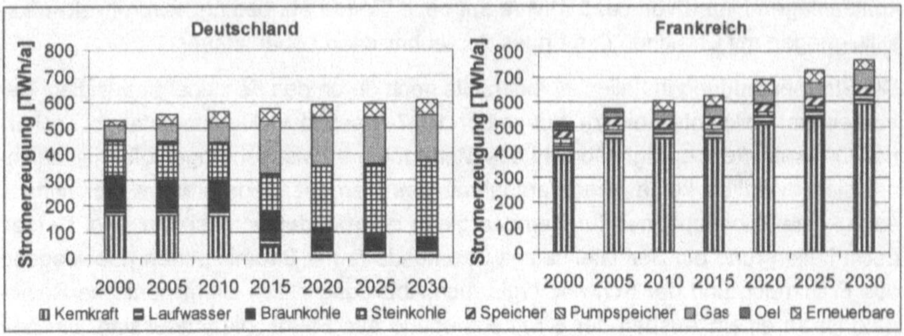

Abbildung 7.8: Stromerzeugungsstruktur nach Energieträgern in Deutschland und Frankreich

Die Stromerzeugungsstruktur nach Energieträgern in Frankreich ist für die Jahre von 2000-2030 ebenfalls in Abbildung 7.8 dargestellt. Für Frankreich wird davon ausgegangen, dass die Kernkraftnutzung auch in Zukunft keiner Beschränkung unterliegt. Im Gegensatz zu den Empfehlungen der Direction générale de l'énergie et des matières premières [DGEMP 2004], in der u.a. Ausbaupfade für Kernenergie für die Berechnungen von Energieszenarien vorgegeben sind, ist im Referenzszenario eine freie Optimierung des Zubaus von Kernkraftwerken in Frankreich erlaubt. Der Anstieg der Kernenergieerzeugung von ca. 385 TWh/a im Jahr 2000 auf ca. 440 TWh/a im Jahr 2015 wird durch eine stärkere Auslastung des bestehenden Kernkraftwerkparkes erreicht, der durch Überkapazitäten geprägt ist. Ab dem Jahr 2020 werden mit Erreichen des Endes der Lebensdauer verschiedener Kernkraftwerke neue Anlagen zugebaut, sodass die Stromerzeugung aus Kernkraft sich trotz Stilllegungen durch den Zubau von neuen Kernkraftwerken erhöht und im Jahr 2030 eine Produktion von ca. 590 TWh/a erreicht. Zudem erhöhen neu errichtete GuD-Anlagen die Stromerzeugung aus Gaskraftwerken von ca. 9 TWh/a im Jahr 2000 auf ca. 64 TWh/a im Jahr 2030. Der Anstieg der Stromerzeugung aus erneuerbaren Energien von ca. 4 TWh/a im Jahr 2000 auf ca. 49 TWh/a im Jahr 2030 ist zum größten Teil auf die exogene Vorgabe des Windenergieausbaupfades zurückzuführen.

Die Stromerzeugungsstruktur nach Energieträgern in Italien und Österreich ist in Abbildung 7.9 dargestellt. In Österreich ist die Stromerzeugung zu einem hohen

Anteil durch die Wasserkraftnutzung geprägt. Aufgrund des 1978 verabschiedeten „Atomsperrgesetzes", das noch während des Baus eines Kernkraftwerkes in Österreich entstand, sind keine Zubauoptionen für Kernenergie in dem Modell vorgesehen. Die erhöhte Nachfrage nach Strom wird einerseits durch den Zubau von GuD-Anlagen und andererseits aus erneuerbaren Energien gedeckt. Die Stromerzeugung aus Gaskraftwerken erhöht sich von ca. 6 TWh/a im Jahr 2000 auf ca. 24 TWh/a im Jahr 2030. Der Anteil der Stromerzeugung aus erneuerbaren Energien (ohne Wasserkraft) steigt von ca. 1,5 TWh/a auf 4 TWh/a. Die Stromerzeugung aus Steinkohleanlagen nimmt von ca. 5 TWh/a auf ca. 1 TWh/a ab, bedingt durch Kraftwerksstilllegungen mit Erreichen des Endes der technischen Lebensdauer.

Die Stromerzeugung in Italien ist einerseits noch durch den Kernenergieausstieg, der aus einem Volksentscheid im November 1987 (nach dem Reaktorunfall in Tschernobyl) resultierte, geprägt. Obwohl das Moratorium inzwischen abgelaufen ist, zeichnet sich in Italien keine Wiederaufnahme des Kernenergieprogramms ab, sodass auch keine Zubauoptionen für Kernenergie in dem Modell vorgesehen sind. Derzeit deckt Italien rund ein Sechstel seines Strombedarfs mit Stromimporten überwiegend aus Frankreich und der Schweiz (vgl. auch Abbildung 7.12). Die italienische Regierung ist an einem Ausbau der Stromerzeugung aus Steinkohle interessiert, um den Primärenergiemix zu differenzieren und die Abhängigkeit von Stromimporten zu senken (vgl. [IEA 2003, S. 123f]). Allerdings sind Zubauoptionen von Steinkohlekraftwerken erst ab den Jahren nach 2010 im Modell zugelassen, da angesichts lokaler Widerstände ein Zubau frühestens ab 2010 realistisch erscheint (vgl. [IEA 2003, S. 122]). Ein Großteil der Stromerzeugung in Italien wird durch Ölkraftwerke gedeckt. Nach Plänen von Energieversorgern sollen diese Anlagen hinsichtlich des Wirkungsgrades und des Emissionsausstoßes durch Brennstoffwechsel von Öl zu Gas und von Orimulsion[140] auf Steinkohle sowie durch technische Änderungen an Dampfkesseln[141] verbessert werden (vgl. [IEA 2003, S. 123]). Auch in den Modellergebnissen zeigt sich die Umstellung von Ölkraftwerken auf Gaskraftwerke. Die Stromerzeugung aus Ölkraftwerken sinkt von ca. 46 TWh/a im Jahr 2000 auf ca. 5 TWh/a im Jahr 2020. Die Stromerzeugung aus Gaskraftwerken (GuD-Anlagen) steigt von ca. 67 TWh/a im Jahr 2000 auf 170 TWh/a im Jahr 2030. Die Stromerzeugung aus Steinkohle bleibt bis ins Jahr 2010 nahezu konstant und steigt durch Kraftwerksneubauten von ca. 80 TWh/a im Jahr 2000 auf 265 TWh/a im Jahr 2030 an. Insgesamt erhöht sich somit im Betrachtungszeitraum in Italien der Anteil der Kraftwerke zur Grundlastbereitstellung.

[140] Fossiler Energieträger, eine Mischung aus 70% Bitumen und 30% Wasser

[141] Verringerung von Verlusten und Produktionskosten

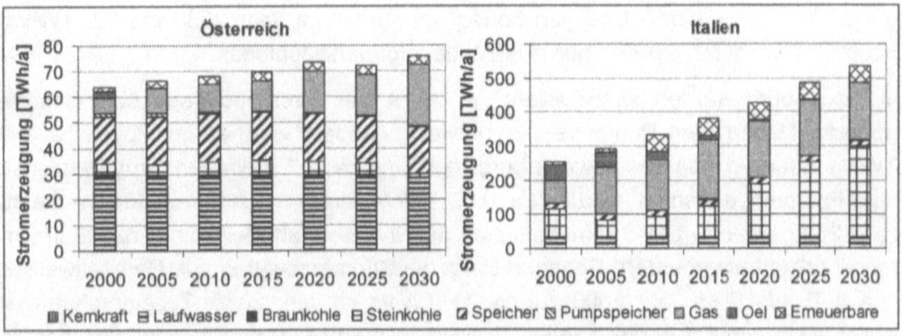

Abbildung 7.9: Stromerzeugungsstruktur nach Energieträgern in Österreich und Italien

Die Stromerzeugungsstruktur nach Energieträgern in Belgien, den Niederlanden und Luxemburg ist für die Jahre von 2000-2030 in Abbildung 7.10 unter BeNeLux zusammengefasst dargestellt. In den Niederlanden ist die Erzeugung aus Gaskraftwerken bereits im Basisjahr 2000 mit ca. 48 TWh/a und einem Anteil von 56 % an der Stromerzeugung relativ hoch. Des Weiteren werden ca. 25 TWh/a im Basisjahr 2000 aus Steinkohle und ca. 4 TWh/a aus einem Kernkraftwerk bereitgestellt. Aufgrund von politischen Entscheidungen ist der Zubau von Kernenergie in den Niederlanden unwahrscheinlich und es sind somit keine nuklearen Zubauoptionen im Modell integriert. Nach der Stilllegung des letzten Kernkraftwerkes in den Niederlanden[142] im Modell im Jahr 2010 steigt der Anteil der Stromerzeugung aus Gaskraftwerken bis ins Jahr 2030 auf 127 TWh/a weiter an. Die Stromerzeugung aus erneuerbaren Energien, hauptsächlich Windenergie, steigt von 5 TWh/a im Jahr 2000 auf ca. 20 TWh/a.

In Belgien stellt Kernenergie die wichtigste Stromerzeugungstechnologie mit ca. 45 TWh/a dar. Da Belgien sich verpflichtet hat, aus der Kernenergie ab dem Jahre 2014 auszusteigen, nimmt die Erzeugung bis ins Jahr 2030 kontinuierlich ab[143]. Neben der Kernenergie werden im Basisjahr 2000 ca. 16 TWh/a aus Gas- und ca. 13 TWh/a aus Steinkohlekraftwerken bereitgestellt. Die Stromerzeugung aus erneuerbaren Energien beträgt ca. 1,5 TWh/a. Während des Betrachtungszeitraumes werden Kernkraftwerke und Kohlekraftwerke durch GuD-Kraftwerke ersetzt. Die Stromerzeugung aus Gaskraftwerken steigt im Jahr 2030 auf ca. 125 TWh/a an, während Kernenergie und Steinkohle nicht mehr zur Stromerzeugung beitragen. Die Stromerzeu-

[142] In den Niederlanden sollte das einzige verbliebene Kernkraftwerk Borssele aufgrund eines Parlamentsbeschlusses bis Ende 2003 vom Netz gehen; das oberste Verwaltungsgericht entschied jedoch gegen Parlament und Regierung. Zurzeit wird von einem auslegungsgemäßen Betrieb bis 2013 ausgegangen (vgl. [IEA 2000b, S. 84f] und [DB 2005]).

[143] Nach aktuellem Plan sollen die existierenden Kernkraftwerke in Belgien in der Zeit von 2014 bis 2025 (nach Erreichen einer Lebensdauer der einzelnen Blöcke von 40 Jahren) abgeschaltet und nicht durch neue Kernkraftwerke ersetzt werden (vgl. [IEA 2001a, S. 85f]).

gung aus erneuerbaren Energien beträgt im Modell im Jahr 2030 ca. 6,5 TWh/a, hauptsächlich durch die Vorgabe des Windenergieausbaupfades.

In Luxemburg werden im Basisjahr ca. 95 % der Stromnachfrage über Importe gedeckt. Neben dem Pumpspeicherkraftwerk Vianden, welches im Modell ca. 0,9 TWh/a Strom in Spitzenlastzeiten bereitstellt und ca. 1,1 TWh/a in Grundlastzeiten zum Pumpen verwendet, werden ca. 0,09 TWh/a Strom durch Wasserkraftwerke im Jahr 2000 erzeugt. Die Stromerzeugung aus Wasserkraft bleibt über den Betrachtungshorizont unverändert. Dagegen steigt die Stromerzeugung aus Gaskraftwerken von 0 TWh/a[144] im Jahr 2000 auf ca. 11 TWh/a im Jahr 2030. Zusammengefasst ergibt sich somit für die Länder Belgien, Niederlande und Luxemburg das in Abbildung 7.10 dargestellte Bild. Insgesamt ist ein starker Anstieg der Stromerzeugung aus Gaskraftwerken in BeNeLux bis ins Jahr 2030 auf ca. 260 TWh/a mit einem Anteil von ca. 85 % an der Stromerzeugung zu verzeichnen.

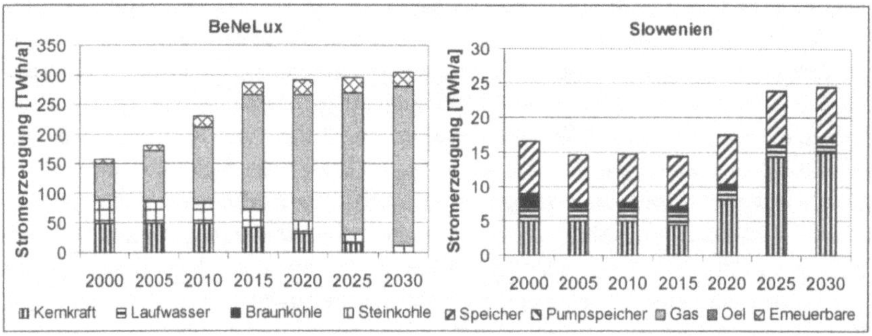

Abbildung 7.10: Stromerzeugungsstruktur nach Energieträgern in BeNeLux und Slowenien

Die Stromerzeugungsstruktur nach Energieträger ist auch für Slowenien in Abbildung 7.10 dargestellt. Wasserkraftwerke haben traditionell einen großen Anteil an der Stromerzeugung in Slowenien. Bis Ende der 60er Jahre betrug dieser mehr als 50%, wurde aber durch den steigenden Einsatz von Kohle und den Bau des Kernkraftwerkes Krško reduziert (vgl. [Lüth 1997, S. 139f]). Die Stromerzeugung aus Wasserkraft beträgt im Basisjahr 2000 im Modell ca. 3,5 TWh/a, was einem Anteil von ca. 25 % an der Stromerzeugung entspricht. Neben der Wasserkraft tragen noch Kernenergie und Kohle mit jeweils ca. 5 TWh/a zur Stromerzeugung bei. Der Kraftwerksmix bleibt bis ins Jahr 2015 relativ konstant, lediglich die Steinkohleanlagen gehen aufgrund ihres hohen Alters vom Netz. Ab dem Jahr 2020 erhöht sich die Produktion aus Kernenergie durch den Zubau von EPR-Reaktoren mit 2,5 GW

[144] Durch den Zubau von GuD-Kraftwerken ist die Stromerzeugung aus Gaskraftwerken (GuD-Anlagen) in Luxemburg im Jahr 2002 bereits auf ca. 3 TWh/a angestiegen (vgl. [EUROSTAT 2002] und [IEA 2000a, S. 74f]).

auf ca. 23 TWh/a im Jahr 2030. Insgesamt verdoppelt sich die Stromerzeugung von Slowenien im Betrachtungshorizont. Dies ist auf den Zubau der EPR-Reaktoren und des damit verbundenen Anstieges des Stromexportes zurückzuführen. Unter den vorgegebenen CO_2-Preisen im Referenzszenario stellen Kernkraftwerke unter ökonomischen Gesichtspunkten[145] eine wettbewerbsfähige Alternative zu fossil befeuerten Kraftwerksanlagen dar, die aufgrund von politischen Vorgaben (Zubaumoratorien und Ausstiegsregelungen) in den Nachbarländern nicht zugebaut werden können.

7.3.2 Interregionaler Stromaustausch

Wichtiger Analysegegenstand des entwickelten Modells ist der Stromaustausch des Schweizer Energieversorgungssystems mit den angrenzenden Regionen. Zudem ist durch die Modellierung der angrenzenden Länder auch eine Analyse des Stromaustausches der endogen modellierten Regionen untereinander möglich. Bei der Analyse des Austauschverhaltens sind zwei Aspekte zu unterscheiden. Stromimporte können zum einen eine heimische Stromerzeugung substituieren. Dies ist in der Regel der Fall, wenn eine Region über generell günstigere Erzeugungsmöglichkeiten verfügt als eine andere Region. Zum anderen kann ein interregionaler Stromaustausch auch dazu dienen, die Stärken von aneinander angrenzenden Versorgungssystemen effizienter zu nutzen. In der Schweiz wird beispielsweise die im Ausland günstige Grundlastbereitstellung (beispielsweise von Kernkraft-basierten Systemen) genutzt, um Strom zum Pumpenergieeinsatz zu beziehen und, um in Zeiten hoher Last Spitzenlaststrom bereitzustellen.

Abbildung 7.11 zeigt die zeitliche Entwicklung der Stromhandelsbilanzen der Schweiz und der angrenzenden Länder über den Betrachtungshorizont. Dabei lassen sich drei Situationen unterscheiden. Verkäuferländer, wie z.B. Frankreich, tragen in hohem Maße zur Stromversorgung anderer Regionen bei. Käuferländer, wie Italien oder auch Deutschland in späteren Perioden, sind auf umfangreiche Stromimporte angewiesen. Die dritte Gruppe umfasst alle Länder mit weitgehend ausgeglichen Handelsbilanzen.

---

[145] Externe Kosten werden dabei allerdings nicht berücksichtigt. Jede menschliche Aktivität verursacht neben dem beabsichtigten Nutzen Einflüsse auf unbeteiligte Dritte, die nicht in den Güterpreisen berücksichtigt sind, etwa die Inanspruchnahme von Natur und Umwelt. Diese Einflüsse werden in der ökonomischen Theorie als externe Effekte oder Kosten genannt. Das ExternE Projekt der Europäischen Kommission ist der erste Versuch, eine konsistente „Bottom-up-Methode" anzuwenden, um die externen Kosten zu bestimmen, die mit unterschiedlichen Kraftstoffzyklen verbunden sind. In [Fleury 2005] werden Ansätze zur Internalisierung von externen Kosten vorgestellt und ein Modell zur Analyse der Nachhaltigkeit von Energieversorgungssystemen entwickelt, welches am Beispiel des französischen Energieversorgungssystems angewandt wird.

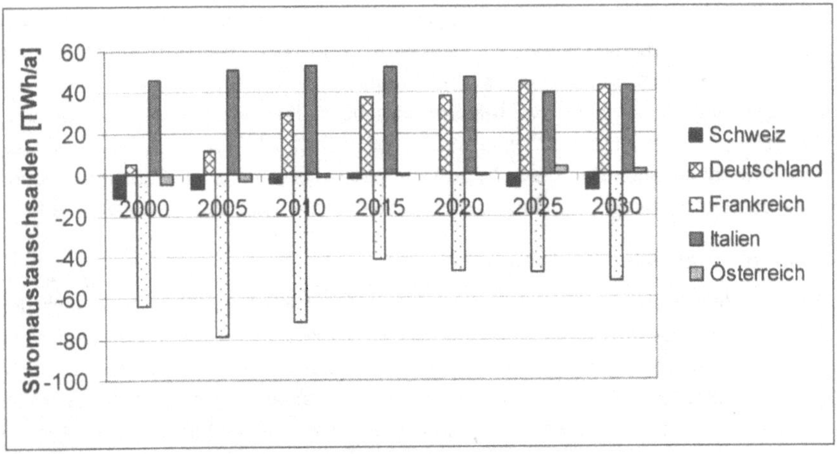

Abbildung 7.11: Entwicklung der nationalen Stromhandelsbilanzen

Die Schweiz weist im Basisjahr 2000 einen Nettostromexport in Höhe von etwa 11 TWh/a auf, was einem Anteil von ca. 20 % an der Inlandsnachfrage entspricht. Aufgrund der ansteigenden Elektrizitätsnachfrage und dem Rückgang an Kraftwerkskapazitäten (durch die Nicht-Verlängerung von Konzessionen bei Laufwasserkraftwerken) geht der Nettostromexport nahezu vollständig zurück. Durch den Ersatz der stillgelegten Kernkraftwerkskapazität mit einem neuen Kraftwerk größerer Kapazität und durch den Zubau von GuD-Anlagen ab dem Jahr 2025 steigt der Nettostromexport der Schweiz wieder auf einen Wert von ca. 8 TWh/a im Jahr 2030 an.

Abbildung 7.12 gibt die Stromimporte und -exporte zwischen der Schweiz und den angrenzenden Ländern und die Stromhandelsbilanzen der endogen modellierten Regionen für die Jahre 2015 und 2030 wieder. Die Schweiz exportiert im Basisjahr 2000 ca. 24 TWh/a nach Italien. Durch den Zubau an Leitungskapazität nach Italien steigt der Export bis ins Jahr 2015 auf 29 TWh/a an, wobei die Auslastung der Leitung im Vergleich zum Basisjahr aufgrund der zusätzlichen Leitungskapazität geringer ist. Ab dem Jahr 2015 sinkt der Export nach Italien aufgrund des verstärkten Zubaus von Kraftwerken in Italien auf einen Wert von ca. 21 TWh/a im Jahr 2030. Der Handelssaldo der Schweiz mit Frankreich ändert sich nur gering und beträgt ca. 11-19 TWh/a während des gesamten Betrachtungshorizontes. Anders verhält es sich mit der Stromhandelsbilanz zwischen der Schweiz und Deutschland. Im Basisjahr 2000 ist die Stromhandelsbilanz relativ ausgeglichen und steigt bis ins Jahr 2015 auf eine Höhe von ca. 10 TWh/a an, d.h. die Schweiz importiert netto aus Deutschland. Anschließend fällt die Handelsbilanz auf ca. –3 TWh/a, d.h. die Schweiz exportiert netto nach Deutschland. Der Anstieg der Stromexporte von Deutschland in die Schweiz bis zum Jahr 2015 ist auf den Zubau der Gaskraftwerke in Deutschland zurückzuführen. Die anschließende Umkehr des Handelssaldos zwischen der

Schweiz und Deutschland ist durch den Ersatz der Kernkraftwerke durch einen neuen Reaktor mit größerer Kapazität und den Zubau von GuD-Anlagen in der Schweiz bedingt.

Italien weist bereits im Basisjahr 2000 hohe Stromimporte in Höhe von ca. 45 TWh/a auf, die durch den Zubau an Leitungskapazität bis zum Jahr 2015 auf 53 TWh/a ansteigen. Durch den verstärkten Zubau an neuer Kraftwerkskapazität ab dem Jahr 2015, einerseits Steinkohle- und anderseits GuD-Anlagen, nimmt die Höhe der Stromimporte bis ins Jahr 2030 auf einen Wert von ca. 43 TWh/a wieder ab.

Aufgrund der Stromerzeugung aus Kernenergie in Frankreich auf hohem Niveau exportiert Frankreich im Basisjahr 2000 Strom in Höhe von ca. 65 TWh/a. Der Handelssaldo Frankreichs steigt bis ins Jahr 2005 auf 78 TWh/a und fällt dann kontinuierlich bis ins Jahr 2030 auf einen Wert von 50 TWh/a ab.

Österreich weist eine relativ ausgeglichene Handelsbilanz auf. Im Basisjahr 2000 werden ca. 4 TWh/a exportiert. Dieser Wert nimmt aufgrund der ansteigenden Inlandsnachfrage und den kostenintensiveren Zubauoptionen im Vergleich zum Ausland kontinuierlich ab, sodass sich die Handelsbilanz umkehrt und Österreich im Jahr 2030 ca. 2 TWh/a Strom importiert.

Die Niederlande stellen im Basisjahr einen wichtigen Stromimporteur im europäischen Markt dar. Aufgrund des starken Zubaus an Kraftwerkskapazität in den Niederlanden dreht sich die Stromhandelsbilanz zwischen Deutschland und den Niederlanden ab dem Jahr 2010 um, d.h. bis zum Jahr 2010 importiert die Niederlande Strom aus Deutschland. Ab dem Jahr 2010 importiert Deutschland Strom aus den Niederlanden.

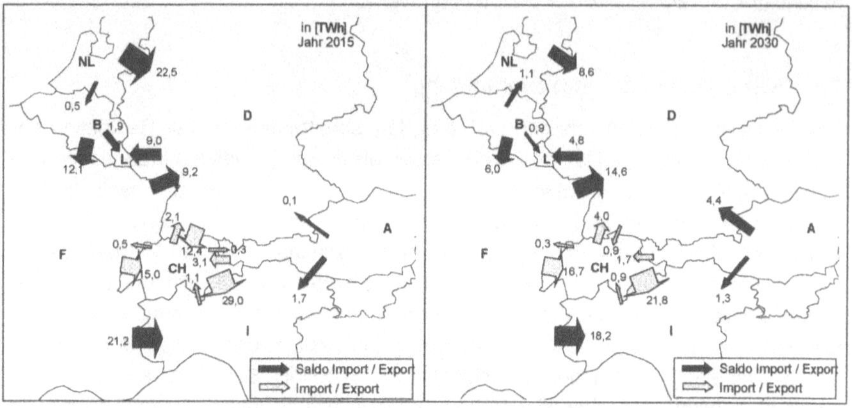

Abbildung 7.12: Stromaustausch zwischen den endogen abgebildeten Regionen

Die Entwicklung des Stromaustausches zwischen Deutschland und der Schweiz im Verlauf eines charakteristischen Winterwerktages im Jahr 2015 ist in Abbildung 7.13 dargestellt. Da die Schweiz über einen hohen Anteil an schnell regelbaren Kraftwerken (Speicher- und Pumpspeicheranlagen) verfügt, werden diese zu Spitzenlastzeiten aufgrund der Vorteilhaftigkeit unter Ausgabengesichtspunkten genutzt, um auch für Nachbarregionen Spitzenlaststrom bereitzustellen. Die Schweiz importiert in den Nacht- und Morgenstunden Strom, in erster Linie aus Frankreich und Deutschland. In den Mittagsstunden exportiert die Schweiz dann Spitzenlaststrom in die Nachbarregionen. Neben dem im Tagesverlauf schwankenden Stromaustausch stellt die Schweiz zudem einen Knotenpunkt im europäischen Energieversorgungssystem für Stromexporte aus Frankreich und Deutschland nach Italien dar. Die zentrale Rolle des schweizerischen Energiesystems im europäischen Strommarkt ist somit nicht direkt aus dem Jahreswert der Stromsalden, sondern an der Struktur im Tages- und Jahreszeitenverlaufs sowie der Durchleitungsmengen ersichtlich.

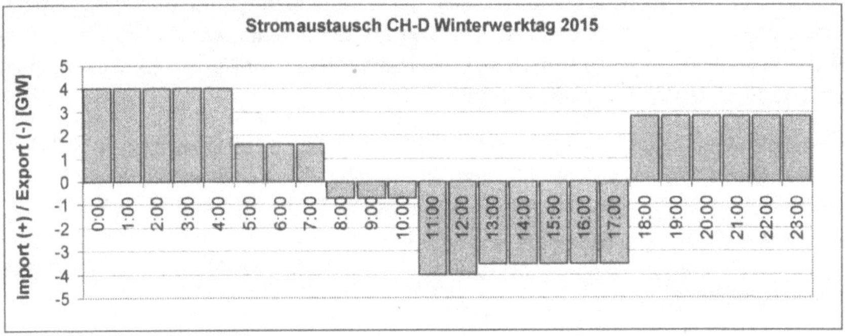

Abbildung 7.13: Stromaustausch CH-D im Tagesverlauf

7.3.3 Grenzkosten der Stromversorgung

Die Systemgrenzkosten ergeben sich aus den Schattenpreisen der Restriktion der Nachfragedeckung (vgl. Kapitel 0) und werden als Preisinformation herangezogen. In Abbildung 7.14 ist die Entwicklung der Grenzkosten für die durchschnittlichen Jahreswerte (Annual) und für Spitzenlastzeiten (Peak) für die Länder Schweiz, Frankreich, Deutschland, Italien und Österreich dargestellt. Bei den Werten handelt es sich um gewichtete Jahreswerte für Stromlieferungen in der Struktur der hinterlegten Lastkurve. Bei den durchschnittlichen Jahreswerten (Annual bzw. Base) umfasst dies alle Zeitscheiben, während die Spitzenlastwerte (Peak) sich nur aus den gewichteten Werten der Zeitscheiben von 8.00 bis 20.00 Uhr an Werktagen zusammensetzen. Ein charakteristischer Verlauf, wie er in Abbildung 7.15 für die Schweiz für jede Saison an einem Werktag im Jahre 2015 abgebildet ist, ergibt sich, wenn die Systemgrenzkosten der Stromversorgung nach einzelnen Zeitscheiben differenziert ausgegeben werden.

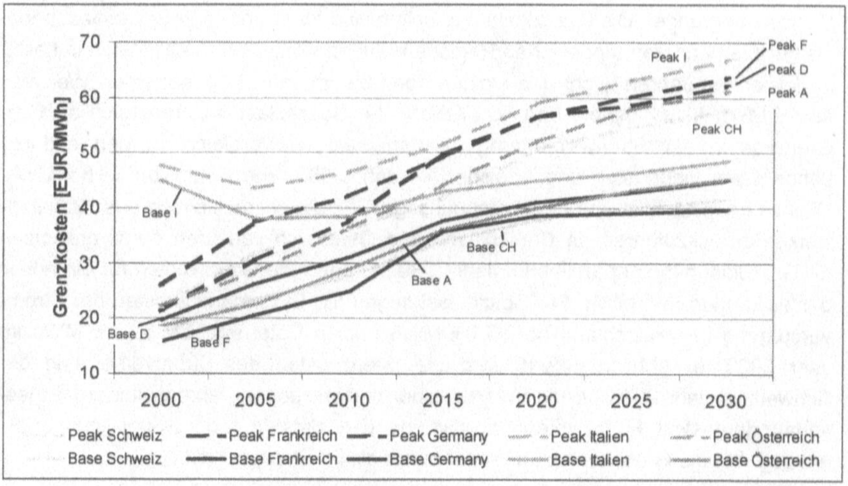

Abbildung 7.14: Grenzkosten der Stromversorgung für Spitzenlast und Grundlast in der Schweiz und den Anrainerregionen

In Spitzenlastzeiten können die Systemgrenzkosten der Stromversorgung – sobald keine Überkapazitäten mehr zur Verfügung stehen – auch nicht-variable Ausgabenbestandteile umfassen, wie etwa Investitionen und fixe Kosten. Die Systemgrenzkosten in diesen Spitzenlastsegmenten können deutlich über den Grenzausgaben desjenigen Hochlastintervalls mit den nächsthöchsten Systemgrenzkosten liegen. Solche Preisspitzen lassen sich bei Kapazitätsengpässen auch im realen Strommarkt[146] beobachten. Die Ausreißer bei den Systemgrenzkosten basieren auf einer angebotsseitigen Behebung des Kapazitätsengpasses, d.h. sie schließen Ausgabenbestandteile für zusätzlich installierte Kapazitäten ein und liegen damit deutlich über den von variablen Ausgabenbestandteilen geprägten Grenzausgaben in anderen Zeitintervallen mit geringerer Last[147].

Aus der Abbildung 7.14 lässt sich der Trend zu steigenden Grenzkosten erkennen: Der *kontinuierliche Anstieg der Grenzkosten* ist auf den Abbau bestehender Überkapazitäten im europäischen Strommarkt zurückzuführen, auf den Anstieg der Primärenergieträgerpreise, sowie auf den Anstieg der Elektrizitätsnachfrage. Im Mittel erreichen die Grenzkosten in der Schweiz im Jahr 2030 ein Niveau von 41,6 €/MWh für Grundlast und 57,5 €/MWh für Spitzenlast. Damit liegen die Grenzkosten für Spitzenlast in der Schweiz unter den Spitzenlastgrenzkosten der angrenzenden Länder. Dies ist durch den hohen Anteil an Spitzenlastkraftwerken in der

---

[146] Vgl. Preisspitzen an der EEX in 2003 mit Preisen größer 100 €/MWh am 07.01, 15.07, 22-23.07 und 07.08 (www.eex.de)

[147] Zur Diskussion der Grenzkosten siehe Kapitel 6.11

Schweiz begründet. Die Grenzkosten in Italien sind für Grund- und Spitzenlast höher als bei allen anderen modellierten Regionen. Zuerst sinken die Grenzkosten in Italien in den ersten Jahren leicht und steigen dann bis im Jahr 2030 auf einen Wert von 48,4 €/MWh für Grundlast und 66,7 €/MWh für Spitzenlast. In Frankreich sind die Grenzkosten der Stromversorgung für Grundlast im Vergleich zu den anderen Ländern am niedrigsten und erreichen im Jahr 2030 eine Höhe von 39,6 €/MWh. Dies ist hauptsächlich auf die kostengünstige Grundlastbereitstellung aus Kernkraftwerken zurückzuführen. In Deutschland und Österreich verlaufen die Grenzkosten für Grundlast nahezu parallel. Im Jahr 2030 betragen die Grenzkosten für Grundlast beider Länder 45 €/MWh. Für Spitzenlast liegen die Systemgrenzkosten der Stromversorgung in Deutschland bei 62,2 €/MWh und in Österreich bei 61,1 €/MWh im Jahr 2030. In Abbildung 7.15 sind die Grenzkosten der Stromversorgung der Schweiz im Jahr 2015 für die Werktage der verschiedenen Jahreszeiten im Tagesverlauf dargestellt. Es ist erkennbar, dass die Grenzkosten in der Nacht geringer als am Tag und die Grenzkosten im Winter höher als im Sommer sind.

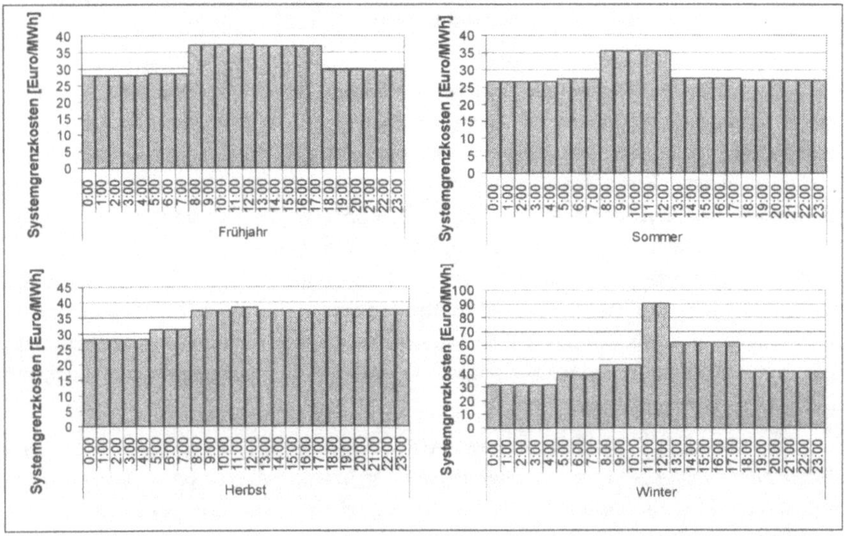

Abbildung 7.15: Grenzkosten der Stromversorgung im Jahr 2015 werktags je Saison

In Abbildung 7.16 sind für die Region Deutschland die Preisdauerlinien, die aus den Modellergebnissen des Jahres 2004 und aus den Börsenmarktdaten der EEX 2004 abgeleitet sind, gegenübergestellt. Es zeigt sich eine gute Übereinstimmung der Modellergebnisse mit den Börsenmarktdaten, insbesondere vor dem Hintergrund, dass die Zielsetzung der Modellentwicklung nicht die Prognose kurzfristiger Preise ist. Der mittlere absolute Fehler[148] (MAE) liegt bei 6,3 €/MWh und ist auf Basis der Preisdauerlinien berechnet. Die Wurzel der Quadratfehlersumme (RMSE) beträgt 8,42 €/MWh und ist somit deutlich höher, da diese stärker durch am Markt beobachtete Preisausreißer beeinflusst ist, die durch fundamentale Modelle schwer zu erklären sind. Bei der Berechnung der Bewertungsmaße ist zu beachten, dass bereits durch die Bildung der charakteristischen Tage ein Fehler entsteht, da nicht jede einzelne Stunde im Jahr modelliert ist. Werden die Börsenmarktdaten entsprechend den Zeitsegmenten gemittelt und den Börsenmarktdaten der einzelnen Stunde gegenübergestellt, ergibt sich bereits durch die Bildung der gemittelten Werte ein Fehler von 2,2 €/MWh.

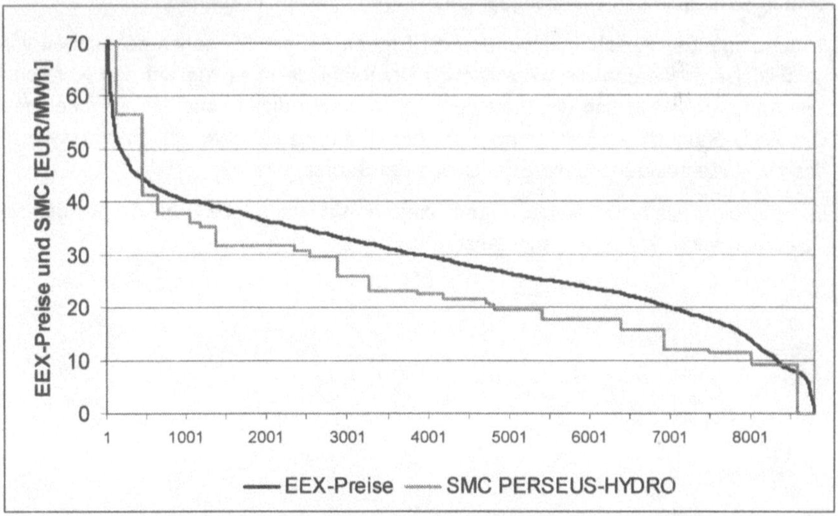

Abbildung 7.16: Vergleich der Preisdauerlinien aus Börsenmarktdaten (EEX 2004) und Modellergebnissen im Jahr 2005

[148] Bewertungskriterium für die Modellergebnisse ist der bei der Prognose entstehende Fehler, d.h. der Unterschied zwischen den prognostizierten Werten $\widetilde{x}_t$ und den beobachteten Werten $\widehat{x}_t$. Für die beobachteten Werte wurden Börsenmarktdaten der EEX im Jahr 2004 herangezogen. Um die Qualität von Modellen zu messen, können verschiedene Bewertungsmaße verwendet werden. Im Folgenden werden der mittlere absolute Fehler (**m**ean **a**bsolute **e**rror) und die Wurzel der Quadratfehlersumme (**r**oot **m**ean **s**quared **e**rror) herangezogen: $MAE = \frac{1}{T}\sum_{t=1}^{T}\left|\widetilde{x}_t - \widehat{x}_t\right|$ und $RMSE = \frac{1}{T}\sqrt{\sum_{t=1}^{T}\left(\widetilde{x}_t - \widehat{x}_t\right)^2}$

7.4 Szenariodefinitionen

Die Annahmen hinsichtlich der Rahmenbedingungen des Energieversorgungssystems und der in das Modell eingehenden Daten unterliegen einer Reihe von Unsicherheiten. Um zu belastbaren Aussagen zu kommen, werden im folgenden Szenarien definiert, mit deren Hilfe die Auswirkungen von unterschiedlichen Rahmenbedingungen auf das Schweizer Energiesystem analysiert werden. Die verschieden Szenarien decken eine Bandbreite an möglichen Rahmenbedingungen ab. Die Anwendung der realisierten Szenario- und Sensitivitätsanalysen dient dazu, Sensitivitäten der Ergebnisse zu identifizieren und Auswirkungen aufzuzeigen, um daraus Strategien und Handlungsempfehlungen ableiten zu können.

In den folgenden Abschnitten werden die Ergebnisse der Szenarienrechnungen vorgestellt. Dabei werden die wesentlichen Unterschiede in Bezug auf das Referenzszenario dargestellt, und die Ursachen diskutiert, die diese Unterschiede bedingen. Die Auswertungen konzentrieren sich dabei auf das Schweizer Energiesystem, dessen Außenhandel und die Entwicklung der Strompreise.

In Tabelle 7.1 sind die verschiedenen Szenario-Varianten, sowie die grundlegenden Szenariomerkmale zusammengefasst.

Tabelle 7.1: Szenario-Varianten

Merkmal	Szenario	Beschreibung	Motivation
Gaspreis	Referenz (REF)	Gaspreisentwicklung gemäß Tabelle 6.9	Analyse der Preissensitivität der Ergebnisse hinsichtlich unterschiedlicher Erdgaspreise
	Plus 10 (GAS + 10)	Preisaufschlag auf den Erdgasweltmarktpreis: zwischen 2000 und 2015 von 0 % auf 10% ansteigend, nach 2015 konstant + 10%	
	Plus 20 (GAS + 20)	Preisaufschlag auf den Erdgasweltmarktpreis: zwischen 2000 und 2015 von 0 % auf 20 % ansteigend, nach 2015 konstant + 20 %	
	Plus 100 (GAS + 100)	Preisaufschlag auf den Erdgasweltmarktpreis: zwischen 2000 und 2015 von 0 % auf 100 % ansteigend, nach 2015 konstant + 100 %	
CO_2-Preis	Referenz (REF)	Für CO_2 wird von folgender Preisentwicklung im Referenzszenario ausgegangen: 2005: 3 €/t - 2015: 10 €/t - 2030: 15 €/t	Analyse der Auswirkungen verschiedener CO_2-Preise auf die Grenzkosten der Stromversorgung und den Kraftwerksmix der einzelnen Länder
	Keine CO_2-Preise (NO CO_2)	CO_2 – Ausstoß wird als nicht begrenzt angenommen und es werden somit CO_2-Preise von 0 €/t angenommen.	
	Plus 50 (CO_2 + 50)	Die CO_2- Preise werden mit einem Aufschlag von 50 % im Vergleich zum Referenzszenario angenommen	
	Plus 50 (CO_2 + 300)	Die CO_2- Preise werden mit einem Aufschlag von 300 % im Vergleich zum Referenzszenario angenommen	
Kernkraftnutzung	Referenz (REF)	Kernenergieausstieg in Deutschland gemäß Ausstiegsvereinbarung (Obergrenze KKW-Produktion, Stilllegung optimiert), Stilllegung dreier Kernkraftwerksblöcke in der Schweiz ab dem Jahr 2025, Zubauoption eines 1,6 GW EPR-Kernkraftwerkes in der Schweiz	Analyse der Bedeutung der Kernenergie im Energiemix der betrachteten Länder
	Nicht-Ausstieg KKW (KKW-ZUBAU)	Zubaumöglichkeit für neue Kernkraftwerke in allen endogen modellierten Staaten, die gegenwärtig bereits über KKW verfügen (inkl. Schweiz und Deutschland)	
	Kein Zubau KKW Schweiz (KKW-STOP)	Kernenergieausstieg in Deutschland gemäß Ausstiegsvereinbarung (Obergrenze KKW-Produktion, Stilllegung optimiert), Stilllegung dreier Kernkraftwerksblöcke in der Schweiz ab dem Jahr 2025, keine Kernkraftwerk-Zubauoption	

Tabelle 7.1: Szenario-Varianten (Fortsetzung)

Merkmal	Szenario	Beschreibung	Motivation
Übertragungs-kapazitäten	Referenz (REF)	Netzkapazitäten gemäß den aktuellen NTC-Werten (siehe Abbildung 6.9) mit Berücksichtigung zukünftiger absehbarer Erweiterungen	Analyse der Auswirkungen eines Ausbaus der Netzkapazitäten auf das Energiesystem
	Netzausbau (I-CH 5000 MW)	Erhöhung ausgewählter Netzkapazitäten: Italien- Schweiz (von 3500/3800 MW auf 5000 MW)	
	Plus 25 (NETZ + 20)	Erhöhung der Übertragungskapazität zwischen 2000 und 2020 von 0 % auf +25 % ansteigend, nach 2020 konstant + 25 % (Hypothetisches Szenario)	
Konzessionen	Referenz (REF)	Es werden keine Vorgaben/Restriktionen für die Verlängerung von Konzessionen gesetzt, d.h. Entscheidungen zu Verlängerungen von Konzessionen werden endogen im Modell bestimmt, d.h. im Gesamtsystem optimiert.	Analyse der Auswirkungen der Verlängerungen aller Wasserkraft-Konzessionen in der Schweiz auf das Energiesystem
	Verlängerung aller Konzessionen (KONZ-VERL)	Im Gegensatz zum Referenzszenario, müssen in diesem Szenario alle anstehenden Konzessionsverlängerungen durchgeführt werden.	
Nachfrage	Referenz (REF)	Entwicklung der Nachfrage gemäß Tabelle 6.11	Analyse der Auswirkungen unterschiedlicher Nachfragen in den abgebildeten Regionen auf das Energiesystem
	Plus 20 (NACHFRAGE + 20)	Die Nachfrage des Referenzszenarios wird um 20% im Jahr 2030 erhöht. In den Jahren bis 2030 wird die Nachfrage um einen von 0% (in 2000) auf 20% (in 2030) linear ansteigenden Aufschlag erhöht.	
	Homogenes Wachstum (NACHFRAGE HOMOGEN)	Die Zuwachsraten der Nachfrage sind in allen Länder mit 1.3%/a angenommen;. Szenario mit „homogenem Wachstum"	

Tabelle 7.1: Szenario-Varianten (Fortsetzung)

Merkmal	Szenario	Beschreibung	Motivation
Windenergieausbau in europäischen Nachbarländern	Referenz (REF)	Gegenwärtiger Ausbau wird mit Stand 12/2004 berücksichtigt, Wind wird bis 2030 mit Prognosen für minimalen Windzubau fortgeschrieben; Verbindliche EU-Ausbauziele sind gemäß [IEA 2001b] für alle endogen abgebildeten Länder vorgegeben.	Analyse der Auswirkungen eines verstärkten Windenergieausbaus auf die Schweizer Wasserkraft und den Energiemix
	Verstärkter Windenergieausbau (WIND_MAX)	Verstärkter Windenergieausbau in europäischen Nachbarländern der Schweiz gemäß Tabelle 6.12	
Regelenergie	Referenz (REF)	Im Referenzszenario wird von keinem Mehrbedarf an Regelleistung ausgegangen	Analyse der Auswirkungen erhöhter Anforderungen an Reserveleistung durch den Ausbau fluktuierender Erzeugung (Wind)
	Anstieg (RESERVE+)	Aufgrund des verstärkten Windenergiezubaus in Deutschland wird von einem erhöhten Bedarf an Reserveleistung ausgegangen. Es wird von einem Anstieg der erforderlichen Reserve auf Basis der Ergebnisse der DENA-Studie [dena 2005] ausgegangen	
Erneuerbare Energien in der Schweiz	Referenz (REF)	In der Schweiz sind regenerative Energieträger mit entsprechenden Ausbaupotenzialen berücksichtigt, die nutzbar sind. Keine Politikziele und keine Fördermechanismen.	Analyse der Bedeutung regenerativer Energieträger für das schweizerische Energiesystem und Bewertung des politischen Ausbauzieles
	StromVG-Ausbauziele (RE 77%)	Berücksichtigung des geplanten Ausbauzieles von 77% der Elektrizitätserzeugung aus erneuerbaren Energien am Endverbrauch gemäß dem Entwurf des Bundesgesetzes zur Stromversorgung.	
	StromVG-Ausbauziele und Möglichkeit zur Energieeinsparung (RE 77% +DSM)	Zusätzlich zu den Ausbaupotenzialen erneuerbarer Energien sind auch Energieeinsparmaßnahmen und Effizienzmaßnahmen über Kostenpotenzialkurven berücksichtigt, die zur Erreichung des Politikzieles (77%) beitragen können.	
Ausbauprojekte	Referenz (REF)	Keine besondere Berücksichtigung von speziellen Ausbauprojekten	Analyse konkreter Ausbauprojekte
	Ausbauprojekte	Bewertung einzelner Ausbauprojekte (zur Analyse der Ausbauprojekte wird auf [Balmer et al. 2005] verwiesen)	

7.5 Entwicklung der Energiesysteme in den Szenariorechnungen

7.5.1 Einfluss des Gaspreises

Die oben beschriebenen Anpassungsprozesse des europäischen Energiesektors, insbesondere der Zubau von neuen Anlagen, hängen direkt von den unterstellten Rahmenbedingungen ab. Aufgrund des verstärkten Zubaus an Gaskraftwerken im Referenzszenario in zukünftigen Perioden und der Unsicherheit der Primärenergieträgerpreise, insbesondere des Gaspreises, ist die für die Zukunft unterstellte Preisentwicklung für Erdgas eine zentrale Größe im Zusammenhang mit den Zubauentscheidungen. Mit Hilfe der Gaspreisszenarien soll analysiert werden, inwiefern sich höhere Gaspreise auf die Stromerzeugungsstrukturen der modellierten Länder, insbesondere der Schweiz, und auf die Grenzkosten der Stromversorgung auswirken. Die „GAS + x %" - Szenarien unterscheiden sich hierbei vom Referenzszenario REF durch einen ab 2015 um x % höheren Gaspreis. In den Jahren von 2000 bis 2015 ist der Gaspreis um einen von 0 % (in 2000) auf x % (in 2015) linear ansteigenden Aufschlag erhöht.

Aufgrund der hohen Flexibilität von Gaskraftwerken stehen diese in Konkurrenz mit Speicher- und Pumpspeicherkraftwerken, die durch die schnell abrufbare Leistung zur Bereitstellung von Spitzenlaststrom und Regelenergie gut geeignet sind. Bei höheren Gaspreisen erhöht sich die Vorteilhaftigkeit von Gas-Konkurrenztechnologien, wie bspw. Wasserkraftanlagen. In Abbildung 7.17 sind die Konzessionsverlängerungen für die Szenarien mit unterschiedlichen Gaspreisen dargestellt. Bei Pumpspeicherkraftwerken werden bereits im Referenzszenario wie oben beschrieben alle Konzessionen verlängert, sodass bei höheren Gaspreisen prinzipiell keine Veränderungen zu erwarten sind. Lediglich der Zeitpunkt der Realisation der Konzessionsverlängerung wird bei höheren Gaspreisen, allerdings erst im Szenario GAS +100, bei einer Anlage um 5 Jahre in das Jahr 2020 vorgezogen. Bei den Speicherkraftwerken werden auch bei erhöhtem Gaspreis nicht mehr Konzessionsverlängerungen realisiert als im Referenzszenario. Allerdings muss angemerkt werden, dass bei den Speicherkraftwerken lediglich eine Konzession nicht verlängert wird. Der geringe Einfluss des Gaspreises auf die Konzessionsverlängerung des Speicherkraftwerkes kann darauf zurückgeführt werden, dass dieses eher Eigenschaften eines Laufkraftwerkes aufweist. Das Speicherkraftwerk verfügt nur über ein sehr geringes Speichervolumen und ist mit ca. 4500 Volllaststunden relativ stark ausgelastet, sodass sich die erhöhten Grenzkosten in Spitzenlastzeiten nur auf wenige der gesamten Betriebsstunden der Anlage auswirken. Bei Laufwasserkraftwerken ist der Einfluss der erhöhten Gaspreise relativ gering. Im Szenario GAS +20% werden im Jahr 2030 ca. 40 MW der Kapazität von auslaufenden Konzessionen mehr verlängert als im Referenzszenario.

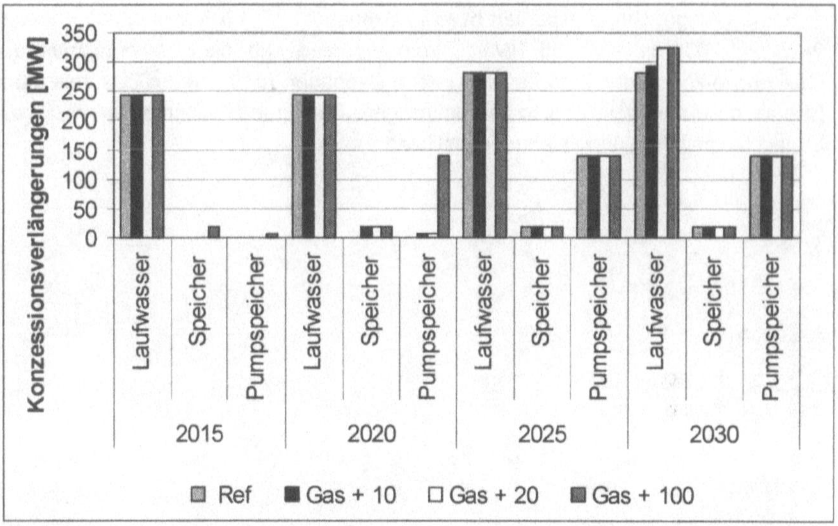

Abbildung 7.17: Vergleich der Konzessionsverlängerungen für die Szenarien mit unterschiedlichen Gaspreisen

Neben den Auswirkungen auf die Verlängerung von Konzessionen beeinflussen höhere Gaspreise auch die Grenzkosten der Stromversorgung. In Abbildung 7.18 sind die durchschnittlichen Grenzkosten der Stromversorgung für Grundlast- (Base) und für Spitzenlastzeiten (Peak) der Schweiz für die Szenarien mit unterschiedlichen Gaspreisen verglichen. Der Einfluss der höheren Gaspreise auf die durchschnittlichen Grenzkosten für Grundlast (Base) fällt relativ gering aus. Im Jahr 2030 sind die Grenzkosten der Stromversorgung der Jahreswerte in der Schweiz im Szenario GAS +100 lediglich um ca. 4 % höher als im Referenzszenario. Die durchschnittlichen Grenzkosten für Spitzenlastzeiten (Peak) sind im Szenario GAS +10, GAS +20 und GAS +100 im Jahr 2030 um ca. 4 %, ca. 8 % und ca. 24 % gegenüber dem Referenzszenario erhöht. Der unterschiedliche Anstieg der Grenzkosten in den Gaspreisszenarien basiert auf unterschiedlichen Veränderungen des europäischen Kraftwerksparks sowie der darin geleisteten Stromerzeugung, die direkt von den unterstellten Rahmenbedingungen, d.h. eines erwarteten höheren Gaspreises, abhängen.

In den angrenzenden Ländern der Schweiz, hauptsächlich in Deutschland und Italien, wird die Stromerzeugung aus Gaskraftwerken bei höheren Gaspreisen in zunehmenden Maße durch Steinkohlekraftwerke substituiert. Auch bei den zugebauten Kapazitäten lassen sich diese Auswirkungen erkennen. Im schweizerischen Energieversorgungssystem nehmen in den Gaspreisszenarien die Kapazitäten und die Stromerzeugung aus Gaskraftwerken mit höherem Gaspreis ab. Im Szenario GAS +100 werden in der Schweiz keine Gaskraftwerke zugebaut. Um die Nachfrage in den späteren Perioden decken zu können, wird im Gegensatz zum Referenzszenario weniger Strom exportiert bzw. im Szenario GAS +100 wird in den Perioden 2025 und 2030 ca. 1 bis 1,5 TWh/a Strom importiert. D.h. die Stromerzeugung aus Gaskraftwerken in der Schweiz wird in den Szenarien mit höherem Gaspreis durch Stromimporte aus dem Ausland, wo günstigere Erzeugungstechnologien, wie bspw. Steinkohle zur Verfügung stehen, substituiert.

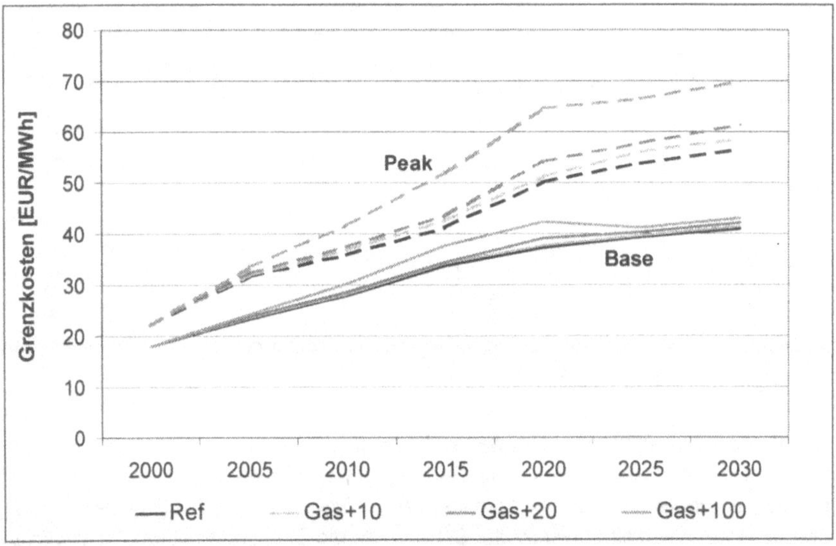

Abbildung 7.18: Vergleich der Grenzkosten der Stromversorgung in der Schweiz für die Szenarien mit unterschiedlichen Gaspreisen

7.5.2 Einfluss der CO_2-Zertifikatspreise

Durch die Verknappung des bisher freien Gutes CO_2-Emission[149] entsteht ein unter ökonomischen Gesichtspunkten zu bewirtschaftender Produktionsfaktor mit dem eine Preisbildung einhergeht. Da der Energieversorgungssektor in Europa einen Großteil der gesamten CO_2-Emissionen verursacht, ist dieser durch Veränderungen, die aus der Einführung eines Emissionshandels resultieren, besonders betroffen. Da die Unsicherheiten bzgl. der sich einstellenden CO_2-Zertifikatspreise sehr hoch ist, werden diese durch Vorgabe unterschiedlicher CO_2-Zertifikatspreise in Szenarien

[149] Aufgrund der möglichen Folgen eines globalen Temperaturanstiegs, der auf anthropogene Emissionen klimarelevanter Spurengase zurückgeführt wird, steht der Klimaschutz gegenwärtig im Mittelpunkt umweltpolitischer Diskussionen. Auch wenn das Ausmaß und die Geschwindigkeit, mit der die Veränderungen des Klimas eintreten werden, wissenschaftlich noch nicht geklärt sind, so besteht doch weitestgehend Konsens, dass Maßnahmen zur Minderung der anthropogenen Treibhausgasemissionen zu ergreifen sind. Im Rahmen der Konferenzen der Vertragstaaten der Klimarahmenkonventionen hat sich deshalb die Völkergemeinschaft zur Emissionsminderung von Treibhausgasen verpflichtet (vgl. [UNFCCC 1997]).

berücksichtigt. Die „CO_2 + x %" - Szenarien unterscheiden sich hierbei vom Referenzszenario REF durch einen um x % höheren CO_2-Zertifikatspreis (vgl. hierzu Tabelle 6.14). Im Szenario NO CO_2 sind im Gegensatz zum Referenzszenario keine CO_2-Zertifikatspreise vorgegeben.

Die Vorgabe höherer CO_2-Zertifikatspreise führt zu umfangreichen Veränderungen in der Struktur der modellierten Regionen sowie der darin geleisteten Stromerzeugung. Die Gasnutzung zur Stromerzeugung gewinnt bereits im Referenzszenario kontinuierlich an Bedeutung. Durch die geringeren Emissionsfaktoren im Vergleich zu den anderen fossilen Kraftwerken, gewinnt die Nutzung des Energieträgers Gas mit steigenden CO_2-Zertifikatspreisen noch stärker an Bedeutung als im Referenzszenario. Mit steigendem CO_2-Zertifikatspreis nimmt die Stromerzeugung aus Braun- und Steinkohlekraftwerken ab. GuD-Kraftwerke verdrängen damit Stein- und Braunkohlekraftwerke sukzessive aus der Mittel- sowie teilweise auch aus der Grundlast. Die Substitution von Kohlekraftwerken durch neue GuD-Anlagen lässt sich in den meisten der betrachteten Regionen beobachten. Sie stellt eine der wichtigsten Klimaschutzmaßnahmen im Energiesektor dar.

Während Heizöl bereits im Referenzszenario in der Stromerzeugung kontinuierlich durch Erdgas ersetzt wird (Brennstoffswitch und Ersatzinvestitionen), beschleunigt sich dieser Trend bei höheren CO_2-Zertifikatspreisen und führt dazu, dass ab dem Jahr 2010 Erdöl in der Stromerzeugung nur noch eine marginale Bedeutung besitzt. Der deutliche Rückgang der Stromerzeugung in Kohlekraftwerken betrifft Steinkohleanlagen stärker als Braunkohleanlagen, da diese bereits im Referenzszenario durch die Vorgabe eines CO_2-Zertifikatspreises praktisch nicht mehr zugebaut werden. Im Referenzszenario stellen Steinkohlekraftwerke noch eine attraktive Zubauoption für den Grund- und zum Teil auch Mittellastbereich dar.

Unterschiede zeigen sich auch in der Kernenergienutzung. Im Szenario NO CO_2 kommt es in keiner der betrachteten Regionen zu einem Zubau an Kernkraftwerken. Stein- und Braunkohlekraftwerke stellen hier unter ökonomischen Gesichtspunkten attraktivere Strombereitstellungsoptionen dar. Allerdings ändert sich dies bereits im Referenzszenario. Dort werden Kernkraftwerke für die Bereitstellung der Grundlast zugebaut. In Abbildung 7.19 sind die Stromerzeugung nach Energieträgern in der Schweiz und in Deutschland für die Szenarien mit unterschiedlichen CO_2-Zertifikatspreisen verglichen. In der Abbildung 7.19 ist ersichtlich, dass im Szenario NO CO_2, d.h. CO_2-Emissionen können wie bisher kostenfrei emittiert werden, Kernkraftwerke (auch in der Schweiz) nicht zugebaut und Braun- und Steinkohleanlagen stattdessen zur Bereitstellung von Grund- und Mittellast verwendet werden. In diesem Szenario ist die Schweiz ab dem Jahr 2020 Stromimporteur, da Strom aus Braun- und Steinkohleanlagen aus den Nachbarländern, insbesondere Deutschland, bezogen wird. Bei höheren CO_2-Zertifikatspreisen (Szenarien CO_2 +50 und CO_2 +300) wird die Stromerzeugung aus Braun- und Steinkohleanlagen durch Gaskraftwerke, Wasserkraftwerke und Kernkraftwerke substituiert.

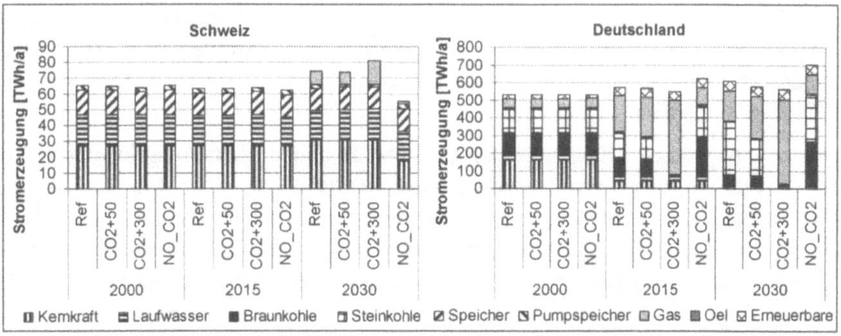

Abbildung 7.19: Vergleich der Stromerzeugung nach Energieträgern in der Schweiz und Deutschland für die Szenarien mit unterschiedlichen CO_2-Zertifikatspreisen

In Abbildung 7.20 sind die Verlängerungen der Konzessionen bei unterschiedlichen CO_2-Zertifikatspreisen dargestellt. Auf die Verlängerungen der Konzessionen von Pumpspeicherkraftwerken hat die Vorgabe unterschiedlicher CO_2-Zertifikatspreise keinen Einfluss. Unabhängig von den vorgegebenen CO_2-Zertifikatspreisen in den verschiedenen Szenarien werden deren Konzessionen unter ökonomischen Gesichtspunkten verlängert. Bei den Speicherkraftwerken wird im Referenzszenario eine Konzession nicht verlängert, wobei das Speicherkraftwerk eher Eigenschaften eines Laufkraftwerkes aufweist, wie bereits in Kapitel 7.2 angemerkt. Höhere CO_2-Zertifikatspreisen wirken sich vorteilhaft auf die Verlängerung der Konzession des Speicherkraftwerkes aus. Bereits im Szenario CO_2 +50 werden alle Konzessionen bei den Speicherkraftwerken verlängert. Ein ähnliche Auswirkung haben höhere CO_2-Zertifikatspreise auf die Konzessionsverlängerungen bei Laufwasserkraftwerken. Im Szenario CO_2 +50 werden deutlich mehr Konzessionen als im Referenzszenario verlängert. Unter ökonomischen Gesichtspunkten werden ca. 4/5 aller Laufwasserkonzessionen im Szenario CO_2 +50 verlängert. Im Szenario CO_2 +300 werden alle Konzessionen verlängert.

Die Verlängerung der Konzessionen in den Szenarien mit höheren CO_2-Preisen wirkt sich auch auf den Schweizer Stromexport aus. Der Stromexport ist im Szenario CO_2 +50 in den Jahren 2020 bis 2030 um ca. 1 - 2 TWh/a und im Szenario CO_2 +300 um ca. 2 - 3 TWh/a höher als im Referenzszenario. Im Gegensatz dazu ist Szenario NO CO_2 die Schweiz ab dem Jahr 2020 Nettostromimporteur, da kein Kernkraftwerk zugebaut wird und Strom aus den Nachbarländern, insbesondere Deutschland, bezogen wird.

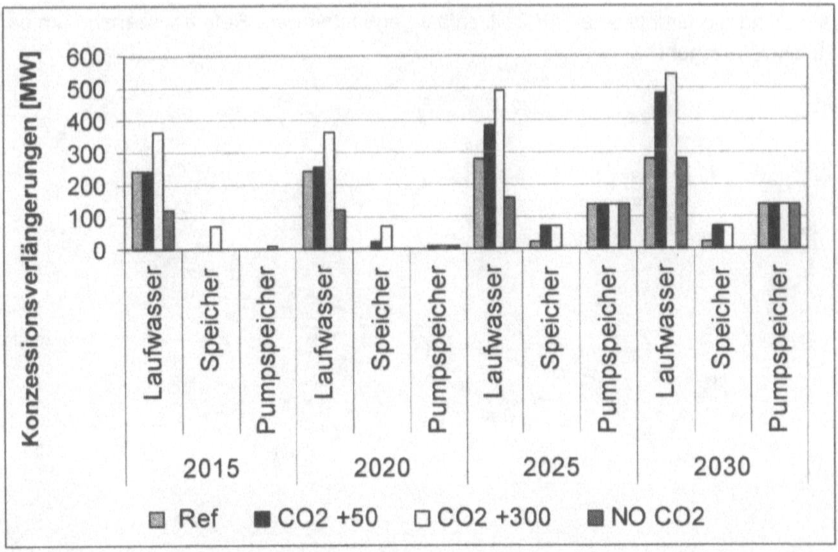

Abbildung 7.20: Vergleich der Konzessionsverlängerungen für die Szenarien mit unterschiedlichen CO_2-Zertifikatspreisen

Neben den Auswirkungen auf die Verlängerung von Konzessionen beeinflussen die unterschiedlichen CO_2-Zertifikatspreise auch die Grenzkosten der Stromversorgung. Abbildung 7.21 gibt einen Überblick über die Variation der durchschnittlichen Grenzkosten der Stromversorgung für Grundlast (Base) und für Spitzenlastzeiten (Peak) der Schweiz. Die CO_2-Zertifikatspreise haben sowohl einen Einfluss auf die Grenzkosten der Stromversorgung für Grundlast als auch für Spitzenlast. Dabei sind die Grenzkosten der Stromversorgung für Spitzenlast von den CO_2-Zertifkatspreisen weniger betroffen als die für Grundlast. Die Ursache liegt in den geringeren spezifischen CO_2-Emissionfaktoren von Gaskraftwerken, die hauptsächlich in Mittel- und Spitzenlast eingesetzt werden, im Vergleich zu Braun- und Steinkohlekraftwerken, die zur Bereitstellung der Grund- und Mittelast beitragen. Dadurch wirkt sich der höhere CO_2-Zertifikatspreis auf die Grenzkosten der Stromversorgung für Spitzenlast geringer aus als für Grundlast. Im Jahr 2030 betragen die durchschnittlichen Grenzkosten für Grundlast im Szenario CO_2 +50 ca. 46 €/MWh. In den Jahren 2010 bis 2030 liegen die Grenzkosten für Grundlast um ca. 6 bis 12% über den Grenzkosten für Grundlast im Referenzszenario. Die Grenzkosten für Spitzenlast sind im gleichen Zeitraum um ca. 4 bis 5% über den Grenzkosten im Referenzszenario. Im Szenario CO_2 +300 betragen die durchschnittlichen Grenzkosten für Grundlast im Jahr 2030 ca. 72 €/MWh. In den Jahren 2010 bis 2030 sind die Grenzkosten für Grundlast somit ca. 34 bis 45 % über den Grenzkosten im Referenzszenario. Im gleichen Zeitraum sind die Grenzkosten für Spitzenlast gegenüber dem Referenzszenario um ca. 20 bis 29% erhöht.

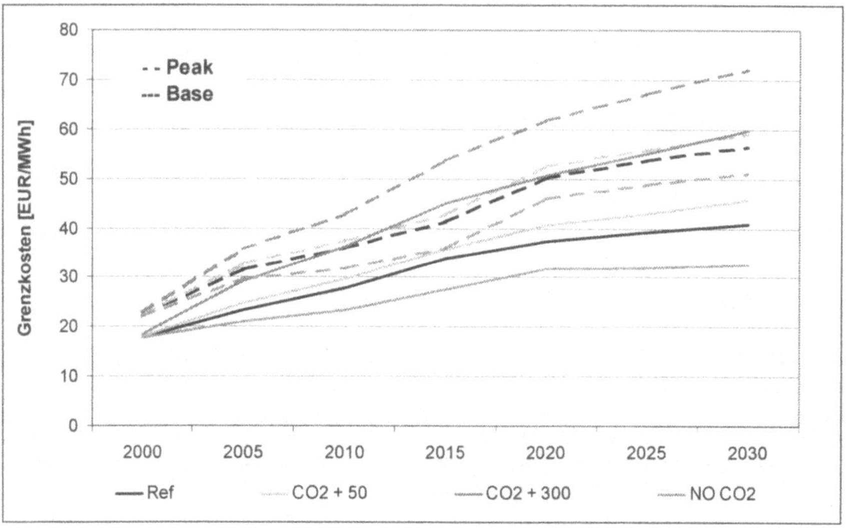

Abbildung 7.21: Vergleich der Grenzkosten der Stromversorgung in der Schweiz für die Szenarien mit unterschiedlichen CO_2-Zertifikatspreisen

Um die Auswirkungen der Vorgabe von CO_2-Zertifikatspreisen auf die Emissionsentwicklungen in den modellierten Ländern einordnen zu können, sind in Tabelle 7.2 die CO_2-Emissionen, die Modellemissionen und die Minderungsvorgaben in den abgebildeten Regionen zusammengefasst. Bei der Berechnung der Emissionsrechte wird davon ausgegangen, dass die Minderungsverpflichtungen des EU Burden Sharings und des Kyoto Protokolls [UNFCCC 1997], die auf Länder bzw. Gesamtwirtschaften abzielen, auch direkt auf den Energiesektor übertragen werden können. Die Emissionsrechte für den Energiesektor ergeben sich dann aus den Sektoremissionen des Basisjahres (1990) vermindert um die im Burden Sharing bzw. Kyoto-Protokolls festgeschriebenen Minderungsziele. Die Modellemissionen stimmen in den meisten Regionen mit den tatsächlichen Sektoremissionen relativ gut überein. Die in manchen Ländern vorhandenen Abweichungen sind auf eine zum Teil unklare Sektorabgrenzung zurückzuführen. Für die Verpflichtungsperiode 2008-2012 ergeben sich somit in Summe für die Energiesektoren der abgebildeten Regionen Emissionsrechte in Höhe von ca. 617 Mio. t/a.

Tabelle 7.2: **CO_2-Emissionen in den abgebildeten Regionen (Quelle: eigene Berechnungen auf Basis von [EEA 2004a], [EEA 2004b], [SNIR 2004a] und [SNIR 2004b])**

	CO_2-Emissionen im Energiesektor [Mio. t]		Modell-emissionen [Mio. t]	Kyoto- und EU Burden Sharing Zielvorgabe [%]	Emissionsrechte* [Mio. t]
	1990	2000	2000	=> 2008-2012	=> 2008-2012
Belgien	28,6	27,5	27,4	-7,5	26,4
Deutschland	412,9	340,0	325,5	-21	326,2
Frankreich	67,6	63,7	57,1	0	67,6
Italien	139,0	157,8	151,9	-6,5	129,9
Luxemburg	1,3	0,3	0,0	-28	0,9
Niederlande	51,3	61,2	55,5	-6	48,2
Österreich	13,2	12,2	13,1	-13	11,5
Schweiz	0,9	1,1	0,0	-8	0,8
Slowenien	6,3	5,5	6,3	-8	5,8
Summe	**721,0**	**669,4**	**636,8**		**617,4**

* Annahme: Zielvorgaben (Minderungsverpflichtungen) aus Kyoto und EU Burden Sharing direkt auf den Energiesektor übertragen

In Abbildung 7.22 sind die CO_2-Emissionen der modellierten Regionen für die Szenarien mit unterschiedlichen CO_2-Zertifikatspreisen dargestellt. Im Referenzszenario steigen die Emissionen von ca. 630 Mio. t/a im Jahr 2000 auf ca. 660 Mio. t/a im Jahr 2015 und auf ca. Mio. 790 t/a im Jahr 2030. Die Emissionen im Jahr 2015 liegen somit über den aus den Minderungsverpflichtungen ermittelten Emissionsrechten in Höhe von ca. 617 Mio. t/a für die Periode 2008-2012. Im Szenario CO_2 +50 werden ca. 620 Mio. t/a im Jahr 2015 und ca. 730 Mio. t/a im Jahr 2030 emittiert. Im Szenario CO_2 +300 nehmen die Emissionen über den Betrachtungszeitraum ab. Diese betragen ca. 420 Mio. t/a im Jahr 2015 und ca. 510 Mio. t/a im Jahr 2030. Werden keine CO_2-Zertifikatspreise (NO CO_2) vorgeben steigen die Emissionen auf ca. 780 Mio. t/a im Jahr 2015 und auf ca. 1290 Mio. t/a im Jahr 2030.

Wenn die Minderungsverpflichtungen im Energiesektor erreicht werden sollen, können die exogen vorgegebenen CO_2-Zertifikatspreise im Szenario CO +50 als untere Preisgrenze für CO_2-Zertifikate angesehen werden, da die Emissionen im Jahr 2010 und 2015 sowie in den Folgeperioden die Emissionsrechte übersteigen.

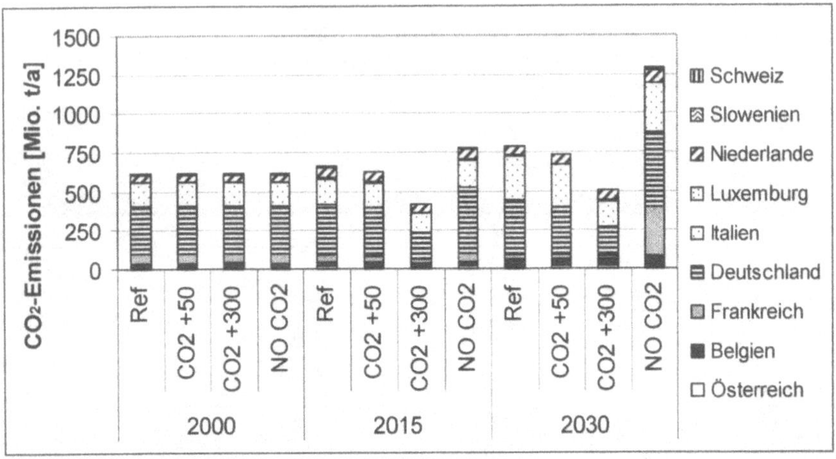

Abbildung 7.22: **Vergleich der CO_2-Emissionen der modellierten Regionen für die Szenarien mit unterschiedlichen CO_2-Zertifikatspreisen**

7.5.3 Einfluss der Kernkraftnutzung

Im Folgenden sollen die Auswirkungen der Kernkraftnutzung auf das schweizerische Energieversorgungssystem und insbesondere auf die schweizerische Wasserkraft analysiert werden. Im Rahmen dieser Arbeit soll keine allgemeine Bewertung gegen eine uneingeschränkte Nutzung dieser unter Sicherheits- sowie Entsorgungsaspekten problematischen Technologie vorgenommen werden. Vielmehr sollen die Auswirkungen eines Zubaus bzw. eines Auslaufens der Kernenergie auf das schweizerische Energieversorgungssystem analysiert werden. Hierzu werden drei Szenarien unterschieden:

- Im Referenzszenario (REF) können die bestehenden Kernkraftwerke bis zum Ende ihrer technischen Lebensdauer betrieben werden bzw. in Deutschland gilt die Ausstiegsregelung (Reststrommenge), ein Zubau neuer Anlagen ist auf Frankreich, Slowenien und die Schweiz beschränkt. In der Schweiz werden drei Kernkraftwerksblöcke ab dem Jahr 2025 stillgelegt und können durch eine Zubauoption eines 1,6 GW EPR-Kernkraftwerkes ersetzt werden.
- Im Szenario KKW-Zubau können die bestehenden Kernkraftwerke bis zum Ende ihrer technischen Lebensdauer betrieben werden, ein Zubau neuer Anlagen ist in allen modellierten Regionen, die gegenwärtig Kernkraftwerke betreiben, möglich. In der Schweiz werden wie im Referenzszenario drei Kernkraftwerksblöcke ab dem Jahr 2025 stillgelegt und können durch eine Zubauoption eines 1,6 GW EPR-Kernkraftwerkes ersetzt werden.
- Im Szenario KKW-Stop können die bestehenden Kernkraftwerke bis zum Ende ihrer technischen Lebensdauer betrieben werden bzw. in Deutschland gilt die

Ausstiegsregelung (Reststrommenge), ein Zubau neuer Anlagen ist auf Frankreich und Slowenien beschränkt. In der Schweiz werden drei Kernkraftwerksblöcke ab dem Jahr 2025 stillgelegt.

Abbildung 7.23 zeigt für die drei Ausbauszenarios die Grenzkosten der Stromversorgung in der Schweiz. Die Auswirkungen einer Beschränkung eines Kernkraftzubaus in der Schweiz auf die Grenzkosten der Stromversorgung sind sehr gering. Für Grundlast (Base) sind die Grenzkosten der Stromversorgung in diesem Szenario in den Perioden der Jahre 2025 und 2030 um ca. 0,2 €/MWh größer als im Referenzszenario. Für die Grenzkosten für Spitzenlast ergeben sich keine Unterschiede. Der Einfluss auf die Verlängerung von Konzessionen ist sehr gering. Im Szenario KKW-Stop wird im Vergleich zum Referenzszenario eine Laufwasserkonzession mit ca. 12 MW ab dem Jahr 2025 zusätzlich verlängert. Die im Szenario KKW-Stop im Vergleich zum Referenzszenario geringere Stromerzeugung aus Kernkraftwerken wird einerseits durch eine verstärkte Produktion aus Gaskraftwerken und anderseits durch einen verminderten Stromexport ausgeglichen. Ab dem Jahr 2020 werden in der Schweiz Gaskraftwerke zugebaut. Die Gesamtkapazität an Gaskraftwerken erreicht im Jahr 2030 eine Höhe von ca. 5,5 GW. Die Stromerzeugung aus den Gaskraftwerken beträgt in den Perioden der Jahre 2025 und 2030 ca. 12-14 TWh/a. Der Stromexport ist im Szenario KKW-Stop in den Jahren 2025 und 2030 um ca. 5,5 – 6,5 TWh/a geringer als im Referenzszenario.

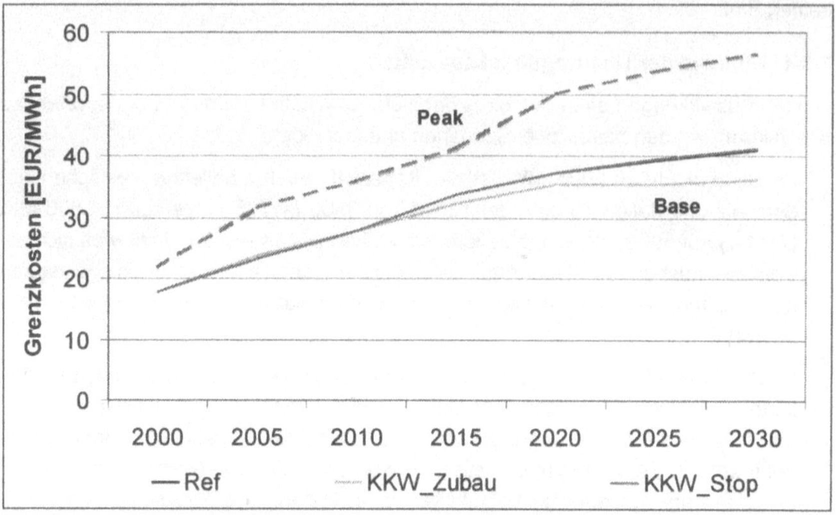

Abbildung 7.23: Vergleich der Grenzkosten der Stromversorgung in der Schweiz für die Szenarien REFERENZ, KKW-ZUBAU und KKW-STOP

Die Möglichkeit im Szenario KKW-Zubau, auch in allen modellierten Regionen, die gegenwärtig Kernkraftwerke betreiben, neue Kernkraftwerke zu errichten, sowie in Deutschland die bestehenden Anlagen bis ans Ende ihrer technischen Lebensdauer zu betreiben, führt nahezu in allen Regionen bis auf Frankreich, Slowenien und Italien zu deutlich geringeren Grenzkosten der Stromversorgung in den Jahren ab 2015 bzw. 2020. Da in Frankreich und Slowenien bereits im Referenzszenario der Zubau von Kernenergie möglich ist, ergeben sich dort keine Änderungen der Grenzkosten. In Italien ist einerseits der Zubau von Kernenergie nicht möglich und andererseits sind die Kuppelleitungen nach Italien bereits im Referenzszenario relativ stark ausgelastet, sodass sich die Grenzkosten der Stromversorgung kaum verändern. In der Schweiz sind im Szenario KKW-Zubau die Grenzkosten der Stromversorgung in den Jahren ab 2020 um ca. 2 – 4,5 €/MWh geringer als im Referenzszenario. Die Ursache hierfür ist in dem stärkeren Import von günstigerem Grundlaststrom im Vergleich zum Referenzszenario zu sehen. Der verstärkte Import wirkt sich hauptsächlich auf den Zubau von Gaskraftwerken in der Schweiz aus, der dadurch geringer ausfällt als im Referenzszenario. Die Stromerzeugung aus Gaskraftwerken nimmt im Szenario KKW-Zubau im Vergleich zum Referenzszenario in den Jahren ab 2020 um ca. 2 – 3 TWh/a ab, während im gleichen Maße der Stromimport ansteigt.

Auf die Verlängerung von Konzessionen hat der ermöglichte Zubau von Kernkraftwerken in den modellierten Regionen, die gegenwärtig Kernkraftwerke betreiben, keinen Einfluss.

7.5.4 Einfluss der Übertragungskapazitäten

Um die Auswirkungen eines Ausbaus der Netzkapazitäten auf das Energiesystem zu analysieren, werden hierzu zwei Szenarien unterschieden:

- Im Szenario I-CH 5000 MW ist die Kapazität der Kuppelleitung zwischen der Schweiz und Italien ab dem Jahr 2015 von 3500 MW (Sommer) bzw. 3800 MW (Winter) auf 5000 MW erhöht. Hierdurch soll analysiert werden, inwieweit sich ein weiterer Ausbau der Übertragungskapazitäten der relativ stark ausgelasteten Kuppelleitung zwischen Italien und der Schweiz auf die beiden Energiesysteme auswirkt.
- Im Szenario NETZ +20 sind die Übertragungskapazitäten zwischen allen modellierten Regionen nach dem Jahr 2020 um 20% erhöht. In den Jahren von 2000 bis 2020 sind die Übertragungskapazitäten zwischen 0% auf 20% linear ansteigend erhöht. Mit diesem hypothetischen Szenario sollen die Auswirkungen größerer Übertragungskapazitäten auf die abgebildeten Energiesysteme analysiert werden.

Abbildung 7.24 zeigt für das Referenzszenario und das Szenario I-CH 5000 MW den Stromaustausch der Schweiz in den Jahren 2015 und 2030. Im Szenario I-CH 5000 MW steigt der Stromexport der Schweiz nach Italien bis zum Jahr 2015 auf einen

Wert von ca. 40 TWh/a an. Im Referenzszenario steigt der Stromexport nach Italien zwar auch bis zum Jahr 2015 an, allerdings auf einen um ca. 11 TWh/a geringeren Nettostromexport. Nach dem Jahr 2015 sinkt der Export nach Italien im Szenario I-CH 5000 MW aufgrund des verstärkten Zubaus an Kraftwerken in Italien auf einen Wert von ca. 31 TWh/a im Jahr 2030. Im Vergleich zum Referenzszenario werden im Szenario mit stärkerer Kuppelleitung ca. 8 - 9 TWh/a in den Jahren nach 2015 mehr exportiert. Der höhere Export nach Italien kann prinzipiell auf zwei Faktoren zurückgeführt werden.

Einerseits sind die Durchleitungsmengen durch die Schweiz höher als im Referenzszenario, was sich am Anstieg der Importe der Schweiz, insbesondere aus Deutschland und Frankreich vor dem Jahr 2020 erkennen lässt.

Andererseits ist die Stromerzeugung in der Schweiz durch zusätzlichen Kapazitäten im Vergleich zum Referenzszenario etwas höher. Dabei sind allerdings die Auswirkungen der höheren Übertragungskapazität auf die Verlängerung von Konzessionen eher gering. Im Vergleich zum Referenzszenario wird eine Laufwasserkonzession mit einer Kapazität von 12 MW zusätzlich verlängert. Zudem wird eine Speicherkraftkonzession um 5 Jahre früher realisiert als im Referenzszenario. Die höhere Stromerzeugung in der Schweiz kann zu einem großen Anteil auf die um ca. 700 MW höhere Kapazität an Gaskraftwerken zurückgeführt werden. Der Zubau an Gaskraftwerken in der Schweiz führt dazu, dass in Italien der Zubau an Gaskraftwerken etwas geringer ausfällt und dafür mehr Strom von Italien aus der Schweiz importiert wird. Der Grund hierfür liegt hauptsächlich an den etwas günstigeren Gasbezugskosten der Schweiz, die sich aus geringeren Transportaufschlägen ergeben.

Im Szenario NETZ +20 sind im Vergleich zum Referenzszenario hauptsächlich die Stromaustauschsalden verändert. Länder mit geringeren Primärenergieträgerbezugskosten und günstigeren Erzeugungstechnologien exportieren mehr Strom als im Referenzszenario, während Länder mit höheren Primärenergieträgerbezugskosten und teureren Erzeugungstechnologien tendenziell mehr Strom importieren. Die Grenzkosten der Stromversorgung im Szenario mit höheren Netzkapazitäten (NETZ +20) sind im Vergleich zum Referenzszenario trotzdem praktisch unverändert. Geringe Abweichungen der Grenzkosten bei den Szenarien REF und NETZ + 20 ergeben sich ausschließlich in Zeitscheiben, in denen die Austauschkapazitäten zwischen Ländern voll ausgelastet sind. In Perioden ab 2015 bestimmen hauptsächlich die neu errichteten Kapazitäten die Grenzkosten, sowohl im Referenzszenario als auch im Szenario mit Netzausbau. Da die Austauschkapazitäten im Szenario NETZ + 20 erst für Perioden ab 2015 erhöht werden, ergeben sich daher kaum Unterschiede in den Grenzkosten. Der Stromaustausch zwischen Ländern kann sich zwar erhöhen, d.h. Erzeugungskapazitäten können in manchen Ländern durch Stromimporte substituiert werden, aber die Erzeugungstechnologien, die die Grenzkosten bestimmen, können nicht komplett durch Stromimporte ersetzt werden.

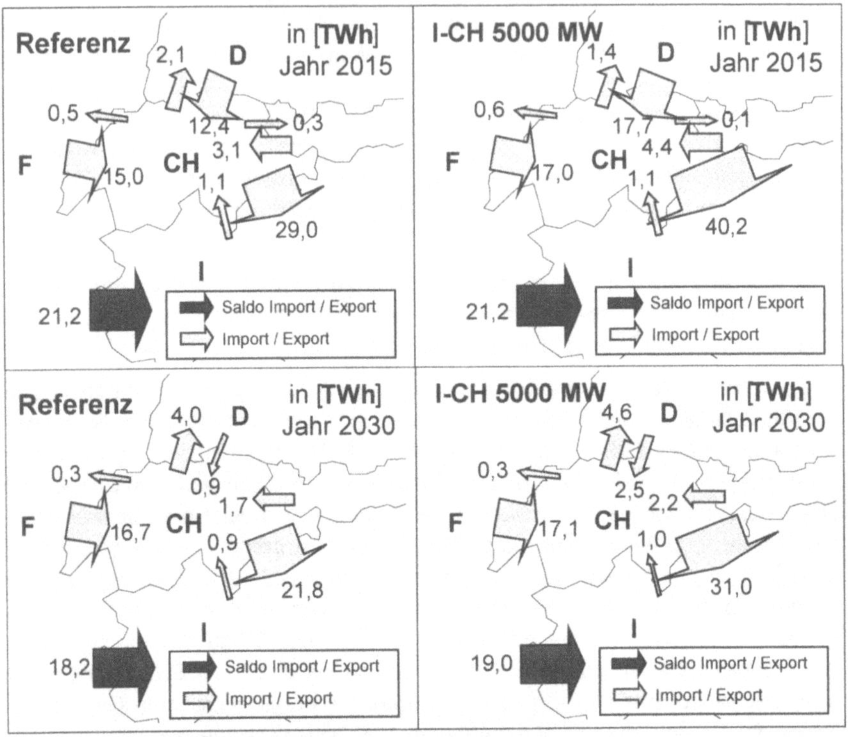

Abbildung 7.24: Vergleich des Stromaustausches der Schweiz im Jahr 2015 und 2030 für die Szenarien REFERENZ und I-CH 5000 MW

7.5.5 Einfluss der Konzessionsverlängerungen

Um die Auswirkungen der Verlängerung aller Konzessionen zu analysieren, wird das Szenario KONZ-VERL definiert. Im Gegensatz zum Referenzszenario müssen in diesem Szenario alle ablaufenden Konzessionen sofort verlängert werden.

Die Verlängerung aller Konzessionen wirkt sich primär auf den Stromexport der Schweiz aus, da die im Vergleich zum Referenzszenario zusätzlich verlängerten Konzessionen der Wasserkraftwerke die Gesamtstromerzeugung der Schweiz erhöhen. Der Stromexport ist in den Jahren von 2005 bis 2030 um ca. 0,4 – 0,9 TWh/a höher als im Referenzszenario. Zudem ist ab dem Jahr 2025 der Zubau von Gaskraftwerken etwas geringer als im Referenzszenario. D.h. die zusätzlich verlängerten Wasserkraftkonzessionen ersetzen einen Teil der Kapazitäten und der Produktion der Gaskraftwerke. Die Stromproduktion aus den Gaskraftwerken ist in den Jahren 2025 und 2030 ca. 0,5 TWh/a niedriger als im Referenzszenario. Durch die Verlängerung aller Konzessionen entstehen im Gesamtsystem Mehrausgaben von ca. 103 Mio €. Die Mehrausgaben können als relativ gering angesehen werden.

Allerdings ist dabei zu berücksichtigen, dass das gesamte Energiesystem sich an die neuen Rahmenbedingungen (die Verlängerung aller Konzessionen) unter kostenminimalen Gesichtspunkten anpasst. Aus diesem Grund reduziert sich bspw. die Kapazität an Gaskraftwerken in der Schweiz, sowie deren Produktion. D.h. die Wasserkraftwerke stellen i.d.R. keine viel teurere Stromerzeugungstechnologie im Vergleich zu den Konkurrenztechnologien dar.

7.5.6 Einfluss der Nachfrageentwicklung

Im Folgenden sollen die Auswirkungen unterschiedlicher Nachfragesteigerungen in den betrachteten Länder auf die Energiesysteme und insbesondere auf die schweizerische Wasserkraft analysiert werden. Hierzu werden zwei Szenarien unterschieden:

- Im Szenario NACHFRAGE +20 wird die Nachfrage des Referenzszenarios in allen Ländern um 20% im Jahr 2030 erhöht. In den Jahren bis 2030 wird die Nachfrage um einen von 0% (in 2000) auf 20% (in 2030) linear ansteigenden Aufschlag erhöht. Mit diesem Szenario sollen die Auswirkungen eines höheren Nachfrageanstiegs analysiert werden.
- Im Szenario NACHFRAGE HOMOGEN werden die jährlichen Zuwachsraten der Nachfrage in allen Ländern mit 1,3%/a angenommen. Hierbei soll analysiert werden, inwieweit sich unterschiedliche Nachfragesteigerungen auf die Energiesysteme auswirken.

Ein stärkerer Anstieg der Nachfrage führt dazu, dass mehr Kraftwerkskapazitäten in den Energieversorgungssystemen der verschiedenen Länder zur Befriedigung der höheren Nachfrage benötigt werden. Zur Bereitstellung der Grund-, Mittel- und Spitzenlast werden hierfür unterschiedliche Kraftwerkstechnologien im Vergleich zum Referenzszenario stärker zugebaut. In Abbildung 7.25 ist die Stromerzeugung nach Energieträgern in der Schweiz und Deutschland für das Referenzszenario und das Szenario NACHFRAGE +20 verglichen. Da Kernkraft in der Schweiz im Referenzszenario bereits bis zur maximal möglichen Kapazität[150] zugebaut wird, beschränken sich die Zubauoptionen in der Schweiz auf Gaskraftwerke und auf die Verlängerungen der Konzessionen der Wasserkraftwerke. Da die Zubauoptionen der Gaskraftwerke gegenüber der Verlängerung der Konzessionen bereits im Referenzszenario bevorzugt werden, werden diese auch im Szenario NACHFRAGE +20 unter kostenminimalen Gesichtspunkten der Wasserkraft vorgezogen. Im Szenario NACHFRAGE +20 werden ca. 2,3 GW mehr an Gaskraftwerkskapazitäten in den Jahren 2025 bis 2030 als im Referenzszenario zugebaut. Ebenso ist die Stromerzeugung aus Gaskraftwerken um ca. 7 TWh/a höher als im Referenzszenario. In Deutschland und Italien werden zur Befriedigung der höheren Nachfrage hauptsächlich Stein-

[150] Die Zubauoption für Kernkraft in der Schweiz ist auf 1,6 GW beschränkt.

kohle- und Gaskraftwerke zugebaut und in Frankreich hauptsächlich Kern- und Gaskraftwerke.

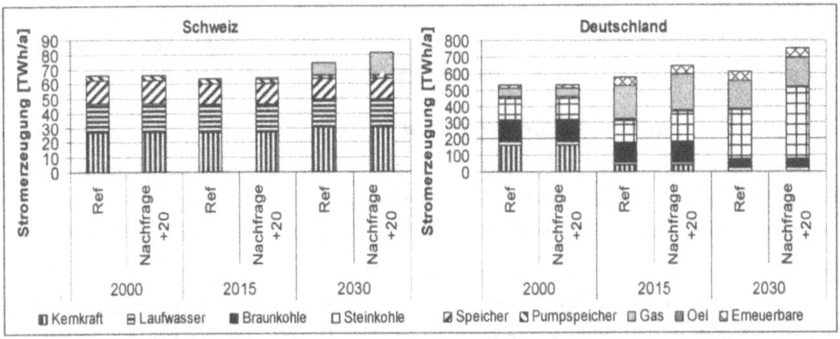

Abbildung 7.25: Vergleich der Stromerzeugung nach Energieträgern in der Schweiz und Deutschland für die Szenarien REFERENZ und NACHFRAGE + 20

Der stärkere Anstieg der Stromnachfrage hat neben den Auswirkungen auf den Kraftwerkszubau auch Einflüsse auf die Grenzkosten der Stromversorgung. In Abbildung 7.26 sind die Grenzkosten der Stromversorgung der Schweiz und von Frankreich für das Referenzszenario und das Szenario NACHFRAGE +20 dargestellt. Im Szenario NACHFRAGE +20 steigen die Grenzkosten der Stromversorgung in den Jahren 2005 bis ca. 2020 in den meisten abgebildeten Ländern stärker an als im Referenzszenario. Dies kann vor allem auf den schnelleren Abbau von Überkapazitäten zurückgeführt werden. Werden aufgrund von ausreichend vorhandener Überkapazitäten bspw. im Jahr 2005 keine zusätzlichen Kraftwerkszubauten im Szenario NACHFRAGE +20 benötigt, entsprechen sich die Grenzkosten der Stromversorgung im Referenzszenario und im Szenario NACHFRAGE +20. Falls ein Zubau an Kraftwerkskapazität notwendig ist und die Grenzkosten der Stromversorgung durch ein neu errichtetes Kraftwerk mitbestimmt werden, enthalten diese zumindest in Spitzenlastzeitscheiben auch nicht variable Ausgabenbestandteile. Sobald im Referenzszenario in einem Jahr noch ausreichend Kapazität ohne Zubau von neuen Anlagen vorhanden ist, im Szenario NACHFRAGE +20 aber nicht mehr, sind die Grenzkosten der Stromversorgung im Szenario NACHFRAGE +20 höher als im Referenzszenario. Die Grenzkosten der Stromversorgung gleichen sich in den späteren Perioden wieder an, wenn auch im Referenzszenario nur noch neu errichtete Anlagen die Grenzkosten der Stromversorgung bestimmen.

In der Schweiz sind die Grenzkosten der Stromversorgung bis ins Jahr 2005 nahezu identisch. In den Perioden der Jahre 2010 und 2015 sind die Grenzkosten für Spitzenlast im Szenario NACHFRAGE +20 um ca. 5 €/MWh höher als im Referenzszenario. Ab dem Jahr 2020 sind die Grenzkosten der Stromversorgung in beiden Szenarien wieder kaum unterschiedlich. Aus der Betrachtung der Grenzkosten lässt sich somit erkennen, dass bis zum Jahr 2015 bzw. 2020 der Bedarf an Kraftwerksneubauten in der Schweiz unter der angenommen Nachfrageentwicklung im Referenzszenario relativ gering ist. Dieses Ergebnis lässt sich auch direkt bei der Betrachtung der Gesamtkapazitäten bzw. bei der Betrachtung der neu errichtete Anlagen in der Schweiz im Referenzszenario erkennen.

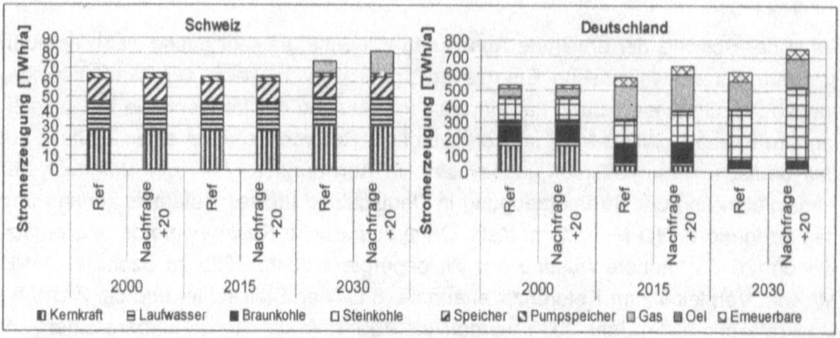

Abbildung 7.26: Vergleich der Grenzkosten der Stromversorgung in der Schweiz und Frankreich für die Szenarien REFERENZ und NACHFRAGE + 20

Im Szenario NACHFRAGE HOMOGEN sind in zukünftigen Jahren aufgrund des angenommenen homogenen Wachstums (im Gegensatz zu dem erwarteten Wachstum im Referenzszenario) in allen Ländern die Stromproduktion und die Stromaustauschsalden im Vergleich zum Referenzszenario leicht verändert. D.h. Länder, die ein höhere Nachfrage im Szenario NACHFRAGE HOMOGEN im Vergleich zum Referenzszenario aufweisen, haben tendenziell mehr Erzeugungskapazitäten als im Referenzszenario, während Länder mit einer geringeren Nachfrage im Szenario NACHFRAGE HOMOGEN im Vergleich zum Referenzszenario tendenziell weniger Erzeugungskapazitäten zubauen. Auf die Verlängerung von Wasserkraftkonzessionen hat das Szenario NACHFRAGE HOMOGEN keinen Einfluss. Auch bei den Grenzkosten der Stromerzeugung ergeben sich kaum Unterschiede. Die angenommene Entwicklung der Nachfrage hat somit prinzipiell nur einen Einfluss auf die Höhe der zukünftig installierten Erzeugungskapazitäten und ggbf. auf den Stromaustausch. In der Schweiz ist im Szenario NACHFRAGE HOMOGEN die Nachfrage höher als im Referenzszenario. Dies führt dazu, dass mehr Kapazität an Gaskraftwerken zugebaut wird, sowie der Nettostromexport etwas geringer ist als im Referenzszenario.

7.5.7 Einfluss der Windkraftentwicklung

Hinsichtlich der möglichen Entwicklung erneuerbarer Energien in Europa sind in den vergangenen Jahren eine Vielzahl von Studien durchgeführt worden, die hinsichtlich des prognostizierten Ausbaus sehr heterogen sind. Da insbesondere die Windenergie voraussichtlich einen stärkeren Beitrag zur Energieversorgung leisten wird und aufgrund der Heterogenität verschiedener Prognosen wird neben dem moderaten Ausbaupfad des Referenzszenarios auch das Szenario WIND MAX mit einem stärkeren Anstieg der Windkraftnutzung berücksichtigt. Im Szenario WIND MAX wird allerdings wie im Referenzszenario noch nicht von einer verstärkten Anforderung an Reserve-/Regelleistung durch die Integration von Windenergie in Energiesystemen ausgegangen.

Da in der Schweiz der erwartete Ausbau an Windenergie sehr gering ist[151], ergeben sich für das schweizerische Energieversorgungssystem keine signifikanten Änderungen. Im Gegensatz dazu hat ein stärkerer Ausbau der Windenergie in Deutschland im Szenario WIND MAX im Vergleich zum Referenzszenario einen Einfluss auf das deutsche Energieversorgungssystem. In Abbildung 7.27 ist der Vergleich der Kapazitäten und der Stromerzeugung in Deutschland für das Referenzszenario und das Szenario WIND MAX dargestellt. Ohne zusätzliche Reserveanforderung ersetzt der um 26 GW höhere Ausbau der Windenergie im Jahr 2030 im Szenario WIND MAX im Vergleich zum Referenzszenario ca. 8 GW an Steinkohle- und ca. 2 GW an Gaskraftwerken. Im Jahr 2030 werden ca. 160 TWh durch erneuerbare Energien, hauptsächlich Windenergie, erzeugt, was einem Anteil von ca. 26 % entspricht. Neben den Strukturveränderungen im deutschen Energieversorgungssystem erhöht sich der Nettostromexport der Schweiz im Modell ab dem Jahr 2010 um ca. 1 -1,5 TWh/a. Dies ist vor allem auf den höheren Bedarf an Spitzenlaststrom in Ländern mit stärkerem Ausbau der Windenergie zurückzuführen.

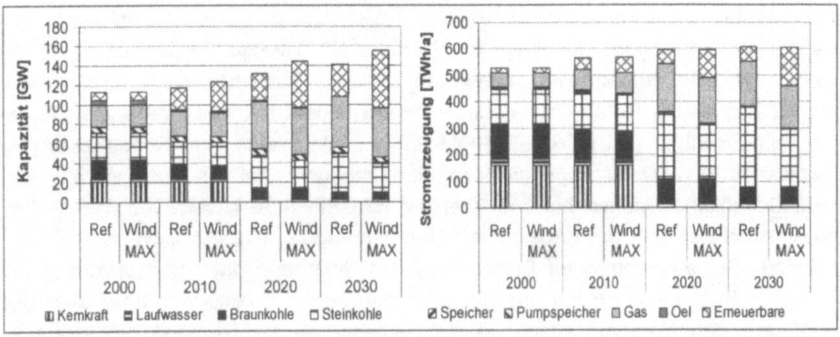

Abbildung 7.27: Vergleich der Kapazitäten und der Stromerzeugung in Deutschland für die Szenarien REFERENZ und WIND MAX

[151] Bis zum Jahr 2030 wird von einer maximalen Kapazität von 100 MW ausgegangen.

7.5.8 Einfluss der Regelenergie

Um den durch die zunehmende Windenergieleistung ansteigenden maximal vorzuhaltenden Gesamtreservebedarf[152] zu berücksichtigen, ist im Szenario RESERVE + der durch Windeinspeisung zusätzlich nötige Reserveleistungsbedarf in den betroffenen Regionen im Modell integriert. In dem Szenario RESERVE + wird von den erwarteten Windenergieausbaupfaden des Szenario WIND MAX ausgegangen.

In Abbildung 7.28 ist die Kapazität und die Stromerzeugung in Deutschland für die Szenarien WIND MAX und RESERVE + im Vergleich dargestellt. Durch den erhöhten Bedarf an Reserveleistung werden in Deutschland insbesondere Gaskraftwerke zusätzlich zugebaut. Die zusätzliche Kapazität in Gaskraftwerken im Szenario RESERVE + beträgt im Jahr 2030 bei einer installierten Windkapazität von ca. 56 GW ca. 19 GW im Vergleich zum Szenario WIND MAX. Zudem werden in Deutschland ca. 3 GW zusätzlich an Steinkohlekraftwerken neu errichtet.

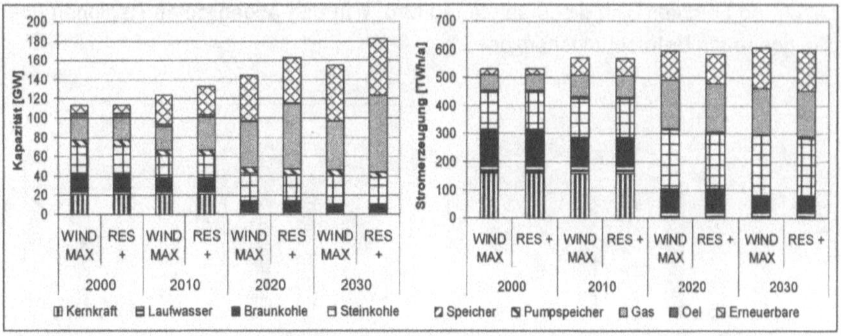

Abbildung 7.28: Vergleich der Kapazitäten und der Stromerzeugung in Deutschland für die Szenarien WIND MAX und RESERVE +

Obwohl in der Schweiz selbst praktisch keine Windenergieanlagen[153] zugebaut werden, hat der Ausbau der Windenergie und der damit verbundene höhere Bedarf an Reserveleistung Auswirkungen auf das schweizerische Energiesystem. Abbildung 7.29 stellt im Vergleich die Kapazitäten und die Stromerzeugung der Schweiz für die Szenarien WIND MAX und RESERVE + dar. Der erhöhte Bedarf an Reserveleistung im Szenario RESERVE + führt dazu, dass in der Schweiz Gaskraftwerke bereits im Jahr 2020 mit einer Kapazität von ca. 1,5 GW zugebaut werden. Im Jahr 2030 sind im Szenario RESERVE + ca. 1,5 GW an Gaskraftwerken im Vergleich zum Szenario WIND MAX zusätzlich installiert. Die zusätzliche Produktion aus Gaskraftwerken im Szenario RESERVE + ab dem Jahr 2020 bis ins Jahr 2030 von ca. 1 - 2,5 TWh/a

[152] Vgl. [dena 2005]

[153] In 2030 wird von einer Kapazität von 100 MW ausgegangen.

wirkt sich direkt auf die Stromhandelsbilanz der Schweiz aus, die sich ebenso um diese Werte erhöht. Der stärkere Ausbau der Gaskraftwerke in der Schweiz kann auf den höheren Bedarf an Reserveleistung in den angrenzenden Regionen zurückgeführt werden. Der Großteil der gestiegenen Reserveanforderungen wird zwar zum Großteil im eigenen Land gedeckt, allerdings führt dies im jeweiligen Land wiederum zu höheren Grenzkosten. Aufgrund der höheren Grenzkosten in den Nachbarregionen erhöht sich in der Schweiz der Stromexport in den Jahren von 2015 bis 2030 um ca. 1-2,5 TWh/a, der aus Gaskraftwerken gedeckt wird. Der höhere Bedarf an Reserveleistung wirkt sich allerdings nicht auf die Verlängerung von Konzessionen aus. Dies ist vor allem dadurch begründet, dass sich durch den erhöhten Reserveleistungsbedarf nichts an der relativen Vorteilhaftigkeit der Gaskraftwerke im Vergleich zu den Wasserkraftwerken mit nicht verlängerten Konzessionen im Referenzszenario unter dem Gesichtspunkt der Kostenminimierung ändert.

Vergleicht man die mit dem höheren Reserveleistungsbedarf verbundenen Mehrausgaben, so belaufen sich diese auf ca. 10 Mrd. € in den abgebildeten Regionen über den gesamten Betrachtungshorizont.

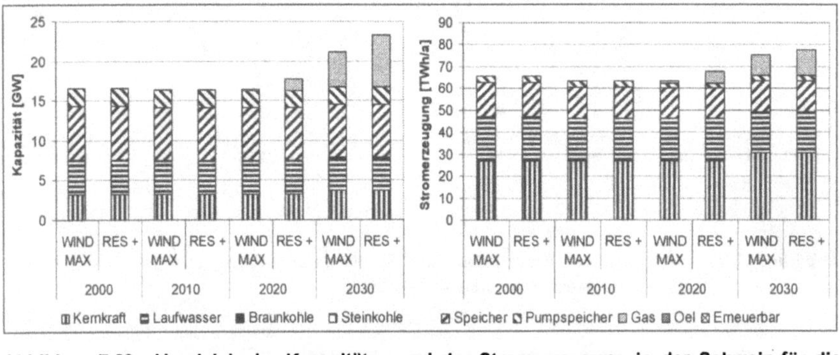

Abbildung 7.29: Vergleich der Kapazitäten und der Stromerzeugung in der Schweiz für die Szenarien WIND MAX und RESERVE +

In Abbildung 7.30 sind die Grenzkosten der Stromversorgung der Länder Schweiz, Frankreich, Deutschland und Italien für Grund- und Spitzenlast der Szenarien WIND MAX und RESERVE + dargestellt. Während die Grenzkosten in der Schweiz in beiden Szenarien bis auf im Jahr 2020 für Spitzenlast identisch sind, sind in den angrenzenden Ländern die Grenzkosten der Stromversorgung für Spitzenlast im Szenario RESERVE + höher als im Szenario WIND MAX: Insbesondere in Deutschland, wo Windenergie absolut und relativ am meisten zur Stromversorgung beiträgt, liegen die Grenzkosten der Stromversorgung für Spitzenlast im Szenario RESERVE + in den Jahren ab 2015 bis 2030 aufgrund des höheren Reserveleistungsbedarfs um ca. 1 - 2,7 €/MWh über den Grenzkosten im Szenario WIND MAX. Auch in Frankreich und Italien wirkt sich der höhere Reservebedarf bei den vorgegebenen Ausbaupfaden für Windenergie auf die Grenzkosten der Stromversorgung aus. In beiden Ländern liegen die Grenzkosten der Stromversorgung im Szenario RESERVE + in den Jahren von 2015 bis 2030 um ca. 0,5 bis 1,3 €/MWh über den Grenzkosten im Szenario WIND MAX.

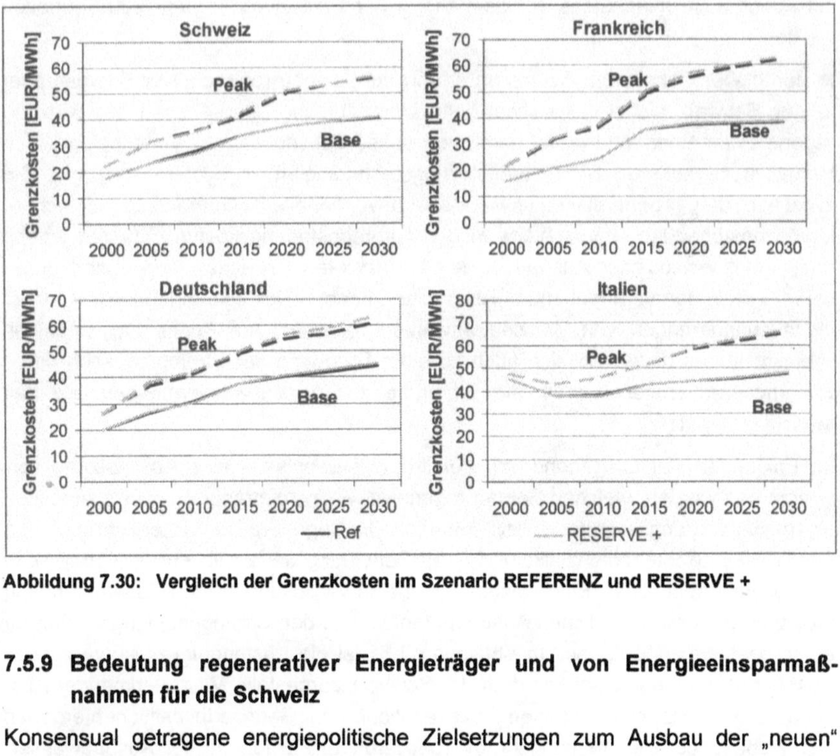

Abbildung 7.30: Vergleich der Grenzkosten im Szenario REFERENZ und RESERVE +

7.5.9 Bedeutung regenerativer Energieträger und von Energieeinsparmaßnahmen für die Schweiz

Konsensual getragene energiepolitische Zielsetzungen zum Ausbau der „neuen" erneuerbaren Energieträger fehlen bislang noch in der Schweiz. Vor dem Hintergrund eines Anteils von ca. 69% erneuerbarer Energien, nahezu ausschließlich Wasserkraft, an der Inlandsnachfrage scheint allerdings nicht wirklich viel zu fehlen. Die Diskussion hat sich insbesondere in den letzten drei bis vier Jahren vor dem Hintergrund der beginnenden Energiemarkt-Öffnung geändert. Die verstärkte umwelt- und energiepolitischen Diskussion in der Öffentlichkeit hat in der Energiewirtschaft zu einem neuen Nachdenken über die Rolle der erneuerbaren Energien und über die Rahmenbedingungen geführt. Es wurden u.a. Stimmen laut, die die Schweiz im Bereich „des gezielten und mit wirksamen Maßnahmen verbundenen Ausbaus der Stromerzeugung aus erneuerbaren Energiequellen bereits in einem erheblichen innereuropäischen Rückstand" sehen (vgl. [ADEV 2004]). Vor diesem Hintergrund soll mit dem [StromVG 2004] das Energiegesetz vom 26. Juni 1998 dahingehend geändert werden, dass „der Anteil der Elektrizitätserzeugung aus erneuerbaren Energien am Endverbrauch von Elektrizität bis zum Jahr 2030 auf 77 Prozent zu erhöhen ist“ (vgl. [StromVG 2004]). Um dieses Ziel zu erreichen, sind einerseits freiwillige Maßnahmen, Quoten und Zertifikate sowie Einspeisevergütungen in der Diskussion (vgl. [Jochum 2005]). Zudem soll die Erzeugung von Elektrizität aus bestehenden Wasserkraftwerken mit einer Leistung von mehr als 1 MW bis zum Jahr 2030 mindestens auf dem Stand der Erzeugung im Jahr 2000 gehalten werden.

In den bisher diskutierten Szenarien erfährt der Ausbau regenerativer Energieträger in der Schweiz bisher keine finanzielle Unterstützung. Der Ausbau der Nutzung regenerativer Energieträger ist damit von dessen ökonomischen Vorteilhaftigkeit im Vergleich zu anderen Strombereitstellungstechnologien im System abhängig. Die zwischen den regenerativen sowie den konventionellen Stromerzeugungstechnologien bestehenden Unterschiede in den Stromgestehungskosten[154] führen jedoch dazu, dass ein solcher Ausbau in den betrachteten Szenarien weitgehend unterbleibt. Wie in den vorangehenden Abschnitten beschrieben wird ein Teil der Konzessionsverlängerungen von Wasserkraftwerken realisiert. Auf Ebene der einzelnen Projekte führen diese teilweise auch zu einer Erhöhung der Stromproduktion durch Wirkungsgradverbesserungen, die Erhöhung von Ausbauwassermengen und den Maschinenersatz.

Im Folgenden soll ausgehend von den Modellergebnissen eine Abschätzung vorgenommen werden, welchen Beitrag regenerative Energieträger im schweizerischen Energieversorgungssystem leisten können. Die regenerativen Energieträger sind hierfür durch Kostenpotenzialkurven unter Beachtung der zeitlichen Verfügbarkeit in dem Modell abgebildet. Eine Kostenpotenzialkurve beschreibt den Zusammenhang zwischen dem wirtschaftlichen Ausbaupotenzial und den Stromgestehungskosten für einen bestimmten Zeitpunkt. In Abbildung 7.31 ist die Kostenpotenzialkurve für das Ausbaupotenzial der Wasserkraft in der Schweiz dargestellt. Mit zunehmender Ausschöpfung der Potenziale steigen die Investitionen an. Geringe Investitionen ergeben sich insbesondere für Wirkungsgradverbesserungen, Erhöhung der Ausbauwassermengen und den Ersatz der Maschinen (vgl. [BFE 2004a]). Mit steigender Ausschöpfung des Ausbaupotenzials steigen die Investitionen an, da zunehmend Umbauten bzw. Neubauten an tendenziell ungünstigeren Standorten notwendig sind. Entsprechende Kostenpotenzialkurven für die erneuerbaren Energien, d.h. Wasserkraft, Geothermie, Photovoltaik, Biomasse, Biogas und Wind, sind basierend auf unterschiedlichen Quellen[155] für die Schweiz abgeleitet und in das Modell integriert.

[154] vgl. hierzu auch Kapitel 3.4

[155] Die Daten für die Kostenpotenzialkurven der erneuerbaren Energien sind basierend auf [Pfaffenberger et al. 2001], [Kessler et al. 2005], [BFE 2004a], [Haury 2001], [Oettli et al. 2004], [Hirschberg et al. 2005], [Gantner et al. 2001] und [Hirschberg et al. 2004] berechnet.

Da das erschließbare Potenzial der „neuen" erneuerbaren Energien beschränkt ist und die Kosten zum Teil relativ hoch sind, sind zusätzlich auch Energieeinsparoptionen berücksichtigt und mit Kostenpotenzialkurven in dem Modell abgebildet. Die Kostenpotenzialkurven für Energieeinsparoptionen basieren im Wesentlichen auf [Gantner et al. 2001, S. 27].

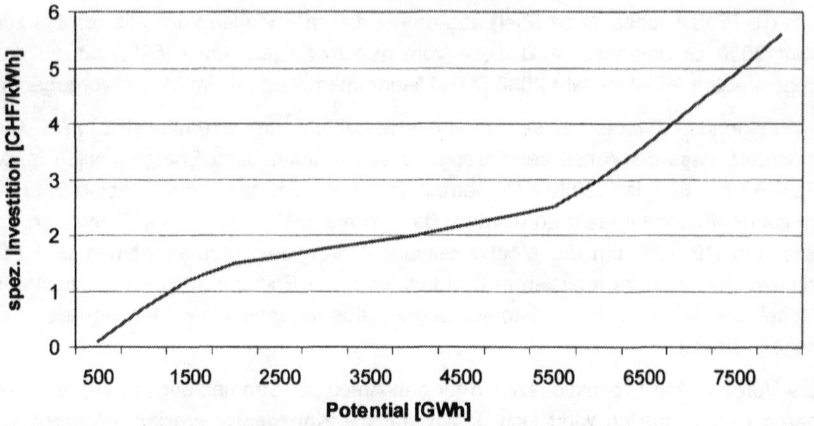

Abbildung 7.31: Spezifische Investition des Ausbaupotenzials (Quelle: basierend auf [BFE 2004a, S. 72 und 83])

Für den politisch motivierten Ausbau regenerativer Energieträger wird im Folgenden ein Quotenmodell angenommen. Wie die anderen modellierten Energiesysteme (vgl. Kapitel 6.8) wird auch der schweizerische Energiesektor verpflichtet, ein fixiertes Produktionsziel für die Nutzung regenerativer Energiequellen zu erfüllen. Das Produktionsziel für die Nutzung der erneuerbaren Energiequellen ist an dem Entwurf des Bundesgesetz zur Stromversorgung angelehnt, welches einen Anteil der Elektrizitätserzeugung aus erneuerbaren Energien am Endverbrauch von Elektrizität bis zum Jahr 2030 von 77 Prozent vorsieht.

Die in Kapitel 5.8.3.7 vorgestellte Restriktion zur Abbildung des politisch motivierten Ausbaus erneuerbarer Energien stellt sicher, dass die Gesamtstromerzeugung aus regenerativen Energiequellen in einer Region *reg* mindestens der dieser Region für das Jahr *t* vorgegebenen Menge in TWh entspricht. Da in der Schweiz zusätzlich aus Energieeinsparoptionen und Effizienzmaßnahmen berücksichtigt werden sollen, wird die Gleichung wie folgt angepasst. Die Restriktion (5.35) stellt sicher, dass die Stromerzeugung aus regenerativen Energiequellen in einer Region *reg* mindestens dem dieser Region für das Jahr *t* vorgegebenen erneuerbaren Anteil $RE\_TARGET_{reg,t}$ an der Endenergienachfrage $D_{reg,t}$, wobei diese durch Energieeinsparmaßnahmen $DSM_{reg,t}$ verringert werden kann, entspricht.

$$\sum_{\substack{ec \in \\ RENEW}} \sum_{\substack{proc \in \\ GENPROC_{reg,ec}}} PL_{proc,t} \cdot \lambda_{proc,t} \geq RE\_TARGET_{reg,t} \cdot (D_{reg,t} - DSM_{reg,t}) \qquad \forall reg \in REG, \quad \forall t \in T \tag{5.35}$$

Um die Produktionsauflage (Ziel) aus erneuerbaren Energien kontinuierlich bis zum Jahr 2030 zu erreichen, wird diese vom gegenwärtigen Anteil (69%) bis zu dem angestrebten Anteil im Jahr 2030 (77%) linear interpoliert und im Modell vorgegeben.

Im Folgenden werden zwei Szenarien betrachtet. Im Szenario RE 77% wird gefordert, dass der Anteil der Erzeugung aus regenerativen Energiequellen in der Schweiz bis zum Jahr 2030 77% beträgt. In diesem Szenario können keine Energieeinsparmaßnahmen realisiert werden. Das Szenario RE 77% + DSM[156] erweitert das Szenario RE 77% um die Möglichkeit auch Energieeinsparmaßnahmen und Effizienzmaßnahmen zu realisieren. Dadurch kann der Endverbrauch an Elektrizität im Modell und somit auch die Stromerzeugung aus regenerativen Energiequellen verringert werden.

Die Vorgabe von Produktionszielen für den Anteil der Stromerzeugung aus erneuerbaren Energiequellen wirkt sich positiv auf die **Konzessionsverlängerungen** von Wasserkraftwerken aus. In beiden erneuerbaren Szenarien werden alle Konzessionsverlängerungen sofort realisiert. D.h. die Konzessionsverlängerungen von Wasserkraftwerken leisten einen Beitrag, um das politische Produktionsziel ausgabenminimal zu erreichen. Gleichzeitig wird damit auch die zweite vorgesehene Auflage für das Energiesystem erfüllt, nämlich „die Erzeugung von Elektrizität aus bestehenden Wasserkraftwerken bis zum Jahr 2030 mindestens auf dem Stand der Erzeugung im Jahr 2000 zu halten" (vgl. [StromVG 2004]). Dieses Ziel wird alleine durch die Vorgabe des Anteils von 77% regenerativer Energien an der Inlandsnachfrage (ohne eine weitere Restriktion im Modell) erreicht.

Neben den Verlängerungen von Wasserkraftkonzessionen ist auch der Ausbau von „neuen" erneuerbaren Energien zur Erreichung des Politikziels notwendig. In Abbildung 7.32 sind die Stromerzeugung aus „neuen" erneuerbaren Energien für die Szenarien RE 77% und RE 77% +DSM dargestellt. In den ersten Perioden werden ausschließlich zusätzliche Wasserkraftpotenziale genutzt, d.h. hauptsächlich

[156] Demand Side Management (DSM): Maßnahmen zur strategischen Beeinflussung der Kundennachfrage nach Elektrizität werden unter dem Begriff des Demand-Side Management zusammengefasst. Generell können Informations- und Beratungsprogramme, Tarifgestaltung (z.B. zeitvariable, lineare oder progressive Tarife), Dienstleistungen im Umfeld der Energielieferung und direkte Förderung von Energieeinsparung unterschieden werden (vgl. [Herppich 1993] und [Fichtner 1999, S. 16]). In dem betrachteten Szenario werden Energieeinsparungen und Effizienzmaßnahmen in dem Modellansatz abgebildet.

Wirkungsgradverbesserung, Erhöhungen von Ausbauwassermengen und Umbauten von Niederdruck- und Hochdruckkraftwerken. In späteren Perioden werden zudem auch Neubauten von Nieder- und Hochdruckkraftwerken sowie von Speicherkraftwerken realisiert, sodass die Stromerzeugung aus Wasserkraft bis zum Jahr 2030 insgesamt um ca. 7900 GWh ansteigt. Neben dem Ausbau der Wasserkraft tragen auch die Energieträger Biomasse, Geothermie, Wind und Biogas zur Erhöhung der Stromerzeugung aus erneuerbaren Energien im Szenario RE 77% bei. Die zusätzliche Stromerzeugung aus Biomasse und Biogas beträgt im Jahr 2030 ca. 1050 GWh bzw. 660 GWh. Die Stromerzeugung durch Windkraft leistet im Jahr 2030 einen Beitrag von ca. 570 GWh und die aus Geothermie von ca. 730 GWh. Photovoltaik wird auch unter der Vorgabe eines Produktionsziels von 77% nicht zugebaut. Dabei ist zu berücksichtigen, dass die Restriktion zum politisch motivierten Ausbau erneuerbarer Energien mit den Technologien erfüllt wird, die zur ausgabenminimalen Lösung des Modells beitragen können. Photovoltaik weist im Vergleich zu den anderen erneuerbaren Energien deutlich höhere Stromgestehungskosten auf und wird deshalb nicht als Stromerzeugungsoption gewählt. Insgesamt werden ca. 49,5 TWh aus erneuerbaren Energien und ca. 11 TWh aus zugebauten erneuerbaren Energien im Szenario RE 77% produziert. Im Vergleich zum Referenzszenario (35,7 TWh) tragen erneuerbare Energien mit ca. 13,8 TWh mehr zur Stromerzeugung bei.

Im Szenario REG 77% +DSM kann zusätzlich zum Szenario REG 77% auch die Endenergienachfrage durch Energieeinsparmaßnahmen und Effizienzmaßnahmen verringert werden. Obwohl es schon heute zahlreiche Maßnahmen aus wirtschaftlichen Gründen zu realisieren gäbe, werden diese häufig nicht genutzt. Dies ist insbesondere auf Hemnisse und Marktimperfektionen zurückzuführen (vgl. [Gantner et al. 2001]). Der Unterschied zwischen den tatsächlichen Ausgaben der Maßnahmen und dem notwendigen Preissignal diese umzusetzen, liegt also in etwa auf der Höhe des gegenwärtigen Strompreises. Aus diesem Grund werden die entsprechenden Sparmaßnahmen mit den Grenzkosten im Jahr 2000 beaufschlagt, d.h. die Kostenpotenzialkurve wird um den Grenzkostenaufschlag verschoben (vgl. [Gantner et al. 2001]).

Im Szenario REG 77% +DSM werden ab der Periode 2015 Energieeinsparmaßnahmen in größerem Umfang realisert. Diese betragen im Jahr 2015 ca. 1 TWh und steigen bis ins Jahr 2030 auf ca. 7,3 TWh an. Der Gesamtbeitrag der „neuen" regenerativen Energiequellen zur Stromerzeugung reduziert sich im Szenario RE 77% +DSM im Vergleich zum RE 77% von ca. 11 TWh auf ca. 9 TWh, wobei sich insbesondere der Beitrag der Energieträger Biogas, Geothermie und Wasserkraft reduziert. Werden die Energieeinsparmaßnahmen zu den „neuen" erneuerbaren Energien hinzugerechnet, so trägt deren Anteil zu knapp 40% zur Erreichung des Zieles bei (vgl. Abbildung 7.32).

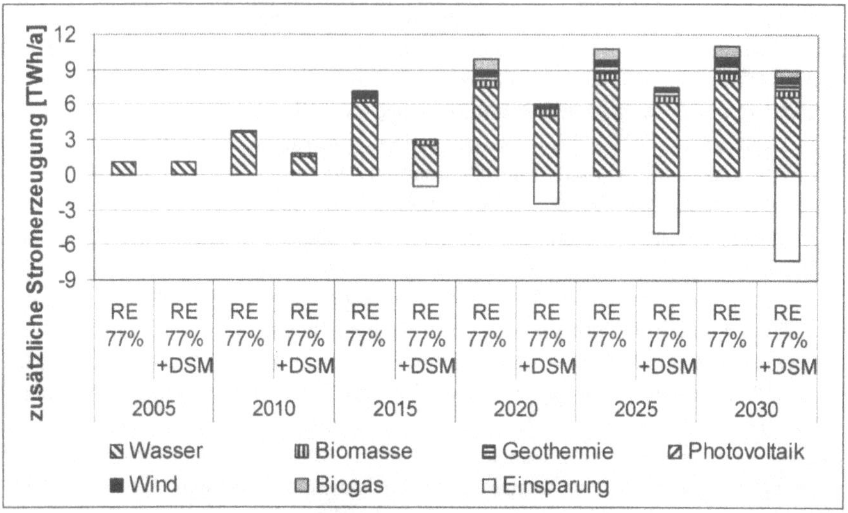

Abbildung 7.32: Vergleich der Stromerzeugung aus „neuen" Erneuerbaren für die Szenarien RE 77% und RE 77% + DSM

In Abbildung 7.33 ist die Entwicklung der Stromerzeugung für die Szenarien REF, RE 77% und RE 77% + DSM im Vergleich dargestellt. Im Vergleich zum Referenzszenario ersetzt der politisch induzierte Zubau an erneuerbaren Energien nahezu vollständig den Zubau an Gaskraftwerken. Es werden lediglich ca. 100 MW an Gaskraftwerken im Jahr 2030 in den beiden erneuerbaren Energien Szenarios zugebaut, im Gegensatz zu 2,5 GW im Referenzszenario. In allen drei Szenarien wird die Zubauoption eines 1,6 GW Kernkraftwerkes vom Typ EPR realisiert. D.h. die Kernenergie trägt auch beim Ausbau der regenerativen Energien weiterhin zur Bereitstellung der Grundlast bei. Insgesamt ist die Stromerzeugung in der Schweiz in den Szenarien RE 77% und RE 77% + DSM ab dem Jahr 2010 höher als im Referenzszenario. Dies führt zu einem höheren Nettoexport an Elektrizität. Im Jahr 2030 beträgt der Ausführüberschuss der Schweiz in den Szenarien mit politschen Zielen für die Nutzung erneuerbaren Energiequellen ca. 14,5 TWh, während dieser im Referenzszenario ca. 8 TWh beträgt.

Wie bereits erwähnt, werden in den Szenarien RE 77% und RE 77% +DSM nahezu keine Gaskraftwerke zugebaut. Im Vergleich zum Referenzszenario sind dadurch auch die CO_2-Emissionen im Energiesektor in der Schweiz deutlich geringer, insbesondere in den Perioden 2025 und 2030. In beiden erneuerbaren Energien Szenarien werden in der Schweiz in der Periode 2025 ca. 1,1 Mio t/a und in der Periode 2030 ca. 2,1 Mio t/a weniger emittiert als im Referenzszenario.

Der Barwert der mit diesem Ausbau verbundenen Mehrausgaben gegenüber der Referenzentwicklung beträgt ca. 2,5 Mrd. Euro im Szenario RE 77% und ca. 1,5 Mrd.

Euro im Szenario RE 77% +DSM. Werden diese Mehrausgaben auf die schweizerische Stromnachfrage des gesamten Betrachtungshorizontes umgerechnet, ergeben sich durchschnittliche Mehrbelastungen in Höhe von ca. 0,21 Cent/kWh bzw. 0,11 Cent/kWh. Zu Beginn des Betrachtungshorizontes sind diese Mehrbelastungen deutlich geringer. Diese steigen mit dem Anteil der Elektrizitätserzeugung aus erneuerbaren Energien am Endverbrauch stark an, insbesondere ab dem Jahr 2020. Um den politisch vorgegebenen Anteil der Elektrizitätserzeugung aus erneuerbaren Energien am Endverbrauch von Elektrizität im Jahr 2030 zu erreichen, werden im Szenario RE 77% die Erneuerbare-Energien-Potenziale bis ca. 19 Cent/kWh und im Szenario RE 77% +DSM bis ca. 16 Cent/kWh ausgeschöpft. Technologien, die höhere Stromgestehungskosten aufweisen, wie bspw. Photovoltaik mit ca. 35-55 Cent/kWh[157], leisten in beiden Szenarien somit keinen Beitrag zur Stromerzeugung.

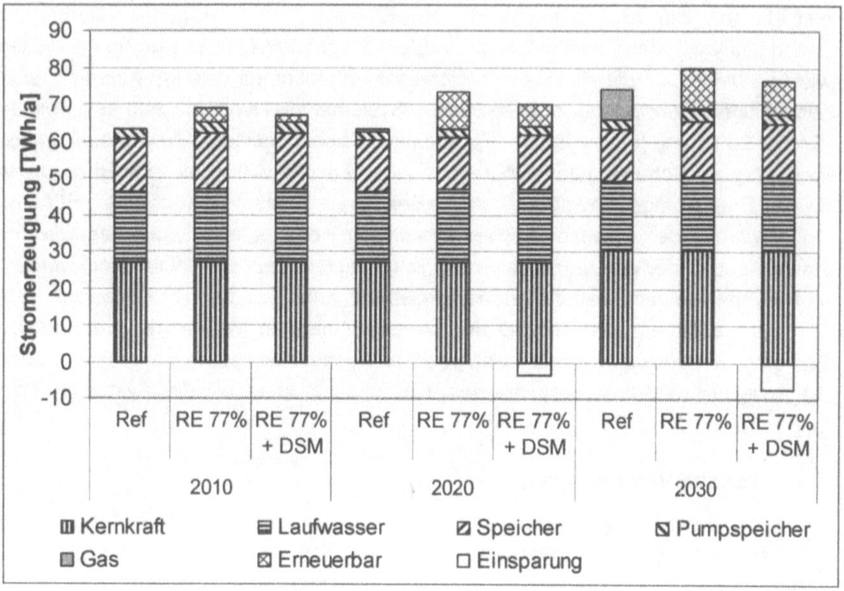

Abbildung 7.33: Vergleich der Stromerzeugung nach Energieträgern für die Szenarien REF, RE 77% und RE 77% + DSM

In beiden Szenarien zeigt sich, dass die Wasserkraft eine wichtige heimische Energiequelle beim Ausbau regenerativer Energien (auch zukünftig) darstellt und zur Erreichung des politisch vorgegebenen Zieles eine wichtige Rolle spielt. Trotz des hohen Ausbaugrades der Wasserkraft lassen sich weitere Einspeisungen aus

[157] Stromgestehungskosten regenerativer Energiequellen finden sich u.a. in [Hirschberg et al. 2005], [Kaltschmitt et al. 2003] und [VGB 2004].

regenerativen Energien unter ausgabenminimalen Gesichtspunkten zu einem Großteil durch Wasserkraft erreichen. Der Anteil der Wasserkraft an den neu zugebauten regenerativen Energien im Jahr 2030 beträgt ca. 75 % im Szenario RE 77% und ca. 73%[158] im Szenario RE 77% +DSM. Daran wird u.a. deutlich, welchen Standortvorteil die Schweiz beim Ausbau der Wasserkraft und hiermit auch beim Ausbau regenerativer Energieträger im Vergleich zu vielen anderen Ländern, wie bspw. Deutschland hat.

Für eine vollständige Bewertung der erneuerbaren Energien in der Schweiz sind diese Szenarien und diese Zahlen nicht ausreichend. Hierfür müssten u.a. die Kostenpotenzialkurven weiter differenziert und detaillierter sein. Dennoch illustrieren sie, welche Rolle die einzelnen Technologien beim Ausbau der erneuerbaren Energien in der Schweiz spielen können. An dieser Stelle ist anzumerken, dass bei der hier angestellten Betrachtung u.a. volkswirtschaftliche Aspekte, wie bspw. Arbeitsplatzeffekte, externe Kosten und der Beitrag zur Versorgungssicherheit (-unabhängigkeit) nicht berücksichtigt werden. Regenerative Energieträger besitzen wichtige Merkmale, die sie zu einer interessanten Option für eine am Kriterium einer nachhaltigen Entwicklung ausgerichteten Systementwicklung machen (vgl. hierzu [Dreher 2001] und [Fleury 2005]). Ein wichtiger Aspekt in diesem Zusammenhang ist ihr Beitrag zur Schonung der sich in absehbarer Zukunft verknappenden Ressourcen fossiler Energieträger und somit auch ihr Beitrag zur Versorgungssicherheit. Für eine Objektivierung der umweltpolitischen Diskussion ist es daher wichtig, dass die mit einem Ausbau der erneuerbaren Energien verfolgten Ziele exakt formuliert werden. Im Rahmen von verschiedenen Bewertungen u.a. analog zu der hier skizzierten lässt sich dann einerseits die Eignung der systemtechnischen Maßnahme „Erneuerbare Energien" mit alternativ denkbaren Ansätzen vergleichen, sowie andererseits auch die Rolle der einzelnen regenerativen Technologien innerhalb der Systementwicklung.

7.6 Sensitivitätsanalysen

Im vorangehenden Abschnitten wurden Szenarioanalysen durchgeführt, um die Wettbewerbsfähigkeit der Wasserkraft und die Entwicklung des schweizerischen Energiesystems unter alternativen Rahmenbedingungen zu analysieren.

Im Folgenden werden für jeweils zwei Parameter Sensitivitäten analysiert, in denen die Parameter schrittweise verändert werden. Alle anderen Parameter werden nicht verändert, d.h. es gilt die ceteris paribus Annahme. Problematisch bei der Sensitivitätsanalyse in linearen Optimierungsmodellen ist, dass nur der Einfluss der untersuchten Eingangsparameter auf das Ergebnis bestimmt wird, aber nicht notwendigerweise robuste Lösungen identifiziert werden. Bei der linearen Optimierung wird

[158] Wenn Energieeinsparmaßnahmen zu dem Anteil der erneuerbaren hinzurechnet werden, beträgt der Anteil der Wasserkraft an den „neuen" erneuerbaren Energien ca. 47%.

nur dann von Sensitivitätsanalyse gesprochen, wenn sich durch die Änderungen der Eingangsdaten keine qualitative Änderung der Lösung ergibt, d.h. wenn die Basis der optimalen Lösung gleich bleibt. Werden auch größere Änderungen der Eingangsparameter untersucht, die zu einer qualitativen Änderung der Lösung, d. h. dem Übergang zu einer anderen Basis, führen, wird der Begriff parametrische Optimierung verwendet [Neumann et al. 1993,S. 119]. Im Folgenden wird dennoch der Begriff Sensitivitätsanalyse verwendet.

Ein Nachteil bei der Sensitivitätsanalyse sind die langen Rechenzeiten. Für jede schrittweise Erhöhung der Eingangsparameter muss das Energiesystemmodell gelöst werden. Aus diesem Grund werden die Eingangsparameter schrittweise nur um 10% ihres Ausgangswertes erhöht (bzw. um 10% herabgesetzt), obwohl eine Erhöhung in kleineren Schritten sicherlich wünschenswerter wäre. Die Berechnungen beschränken sich zudem auf fünf Preisschritte nach unten und um sechs Preisschritte nach oben. Bei der Variation von jeweils zwei Parametern ergeben sich dadurch insgesamt 144 Modellrechnungen und somit gesamte Rechenzeiten von ca. 8 Tagen je Sensitivitätsanalyse.

Auf Basis der Szenarioanalysen wurden drei Parameter identifiziert für die Sensitivitätsanalysen durchgeführt werden. Aufgrund der hohen Bedeutung des Gaspreises wird dieser in der ersten Sensitivitätsanalyse gemeinsam mit dem Steinkohlepreis und in der Zweiten mit dem CO_2-Zertifikatspreis variiert.

7.6.1 Variation des Gas- und Steinkohlepreises

Im Folgenden werden die Sensitivitäten der Konzessionsverlängerungen von Wasserkraftwerken und der Strompreise in der Schweiz in Abhängigkeit des Gas[159]- und Steinkohlepreises dargestellt. Dabei ist zu berücksichtigen, dass der jeweilige Preis im Jahr 2030 (Gas bzw. Steinkohle) um x% im Vergleich zum Referenzwert (vgl. Tabelle 6.9) erhöht oder herabgesetzt ist. Die Preise von 2000 bis 2030 sind zwischen null und der entsprechenden prozentualen Erhöhung linear interpoliert. D.h. die Änderung des Primärenergieträgerpreises nimmt mit späteren Perioden im Vergleich zum Referenzszenario zu.

Des Weiteren ist bei der beschriebenen Sensitivitätsanalyse zu beachten, dass die Preise vor der Kapazitätsausbauentscheidung erhöht werden. Somit werden implizit höhere bzw. niedrigere zukünftigte Primärenergieträgerpreise erwartet. Alternativ wäre es möglich, die Kapazitätsausbauentscheidung des Referenzszenarios als gegeben zu nehmen und dann in einer Sensitivitätsanalyse die Auswirkungen der Preisänderungen zu analysieren. Dies ließe sich relativ leicht über eine Fixierung der Kapazitätsvariablen mit den Ergebnissen eines Referenzlaufes realisieren.

---

[159] Für den Ölpreis wird eine starre Kopplung zum Erdgaspreis angenommen, d.h. eine Variation des Erdgaspreises ändert auch den Ölpreis. Obwohl diese vollständige Korrelation in der Realität sicherlich nicht gegeben ist, ist diese Annahme gerechtfertigt, da u.a. die Bedeutung des Energieträgers Öl auf dem Elektrizitätsmarkt von untergeordneter Bedeutung ist.

Die Schweiz selbst verfügt über keine Steinkohlekraftwerke. Dennoch werden die Elektrizitätspreise der Schweiz auch durch den Preis des Primärenergieträgers Steinkohle beeinflusst. Dies ist darauf zurückzuführen, dass in den Nachbarländern, wie bspw. Deutschland und Italien, Steinkohleanlagen zum Einsatz kommen. Der Steinkohlepreis wirkt sich in den Nachbarländern der Schweiz direkt auf den Strompreis aus. Der Strompreis der Nachbarländer hat wiederum Auswirkungen auf die Elektrizitätspreise der Schweiz. In Abbildung 7.34 sind die Sensitivität des Preises[160] für Grund- und Spitzenlast[161] in der Schweiz im Jahr 2030 auf veränderte Brennstoffausgaben für Gas- und Steinkohle dargestellt. Die Variation der Primärenergieträgerpreise ist dabei in Prozent [%] in Bezug auf das Referenzszenario angegeben, während die Grenzkosten in absoluten Zahlen dargestellt sind. Der Preis für Grundlast nimmt bei steigendem Gas- als auch Steinkohlepreis zu. Bei einem um 50% erniedrigten Steinkohlepreis wirkt sich eine Änderung des Gaspreises[162] nur relativ gering (mit ca. 16%) auf den Preis für Grundlaststrom aus, während sich eine Änderung des Gaspreises bei einem um 50% erhöhten Steinkohlepreis stärker (mit ca. 38%) auf den Grundlastpreis auswirkt. Ebenso wirkt sich eine Änderung des Steinkohlepreises bei einem um 50% erhöhten Gaspreis stärker (mit ca. 26%) auf den Preis für Grundlaststrom aus als bei einem um 50% erniedrigten Gaspreis (mit ca. 2%). In Abbildung 7.34 lässt sich an der Krümmung der Fläche auch deutlich erkennen, dass sich die beiden Technologien bei der Stromerzeugung von Grundlast in Abhängigkeit des Verhältnisses der beiden Primärenergieträgerpreise zueinander substituieren.

Dieser Effekt lässt sich bei der Bereitstellung von Spitzenlast nur bei sehr hohen Gaspreisen beobachten. Erst bei einer Erhöhung des Gaspreises um mehr als 30% wirkt sich der Steinkohlepreis auf den Preis für Spitzenlast aus (vgl. Abbildung 7.34, Spitzenlast). Die Preise für eine Jahreslieferung Spitzenlast weisen dafür eine sehr hohe Sensitivität gegenüber dem Gaspreis aus. Dies lässt sich damit erklären, dass zur Bereitstellung von Spitzenlast vornehmlich Gaskraftwerke und nur wenige Steinkohlekraftwerke eingesetzt werden. Die Sensitivität der Jahreslieferung Spitzenlast gegenüber dem Gaspreis liegt bei niedrigem Steinkohlepreis bei 35% und bei hohem Steinkohlepreis bei 43%. Eine Veränderung des Steinkohlepreises führt bei einem um 50% erniedrigten Gaspreis zu keiner Änderung des Spitzenlastpreises. Bei einem

[160] Im Folgenden wird der Verständlichkeit wegen der Begriff Preis bzw. Strompreis verwendet, obwohl im Modell nicht Preise ausgewiesen werden, sondern Grenzkosten. Zur Ableitung von Preisinformationen aus Fundamental-Modellen vergleiche Kapitel 5.9.2.

[161] Bei den Werten für Grund- und Spitzenlast handelt es sich um gewichtete Jahreswerte für Stromlieferungen in der Struktur der hinterlegten Lastkurve. Bei den Jahreslieferungen für Grundlast umfasst dies alle Zeitscheiben, während die Spitzenlastwerte sich nur aus den gewichteten Werten der Zeitscheiben von 8.00 bis 20.00 Uhr an Werktagen zusammensetzen.

[162] Wenn im Folgenden von einer Änderung des Primärenergieträgerpreises und dessen Sensitivität auf den Strompreis gesprochen wird, wird immer von einer Änderung des Primärenergieträgerpreises von -50% bis +50% ausgegangen.

um 50% erhöhten Gaspreis wirkt sich die Veränderung des Steinkohlepreises auf den Preis für eine Jahreslieferung Spitzenlast dagegen mit ca. 12% aus.

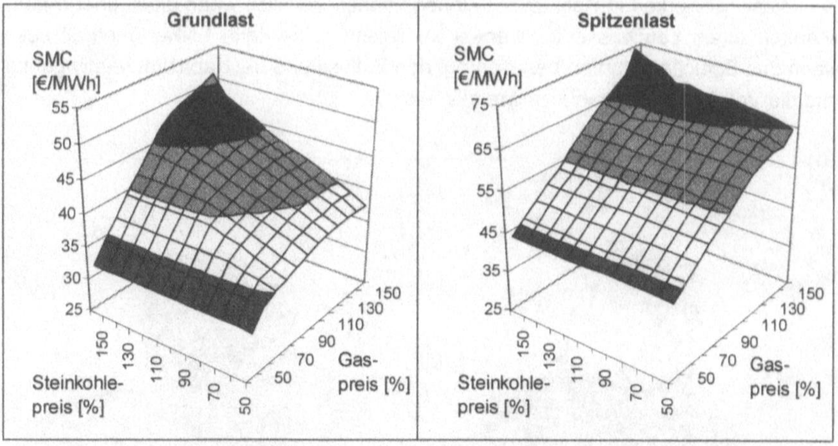

Abbildung 7.34: Sensitivität des Preises für Grund- und Spitzenlast in der Schweiz im Jahr 2030 auf Variation des Gas- und Steinkohlepreises

Nachdem die Auswirkungen von Änderungen der Primärenergieträgerpreise von Steinkohle und Erdgas auf die Jahrespreise für Grund- und Spitzenlast beschrieben wurden, sollen nun die Auswirkungen auf die Verlängerung von Wasserkraftkonzessionen in der Schweiz untersucht werden. In Abbildung 7.35 sind die Sensitivität der (kumulierten) Konzessionsverlängerungen bei Laufwasser- und Speicherkraftwerken im Jahr 2030 bei Variation des Gas- und Steinkohlepreises dargestellt. Sowohl bei um 50% erniedrigte Steinkohle- als auch bei um 50% erniedrigte Gaspreise (-50%) werden die Konzessionen von ca. 285 MW an Laufwasserkraftwerkskapazität verlängert. Mit steigenden Primärenergieträgerpreisen erhöht sich die Leistung der verlängerten Laufwasserkonzessionen. Bei einem erhöhten Gaspreis von +50% und einem erhöhten Steinkohlepreis von +50% im Vergleich zu den Werten des Referenzszenarios werden ca. 515 MW an Konzessionen von Laufwasserkraftwerken verlängert. Dies entspricht einem Anteil von ca. 95% bezogen auf die im Betrachtungszeitraum endenden Konzessionen von Laufwasserkraftwerken. Auch bei den Speicherkraftwerken werden mit höherem Gas- und Steinkohlepreisen mehr Konzessionen verlängert. Ab einem um 10% erhöhten Gaspreis und einem um 20% erhöhten Steinkohlepreis werden alle Konzessionen von Speicherkraftwerken (70 MW) verlängert (vgl. Abbildung 7.35). Bei einem um ca. 30% verringerten Gaspreis hat eine Veränderung des Steinkohlepreises keinen Einfluss auf die Verlängerung von Speicherkraftwerkskonzessionen und es wird keine Konzession verlängert. Dies ist dadurch zu begründen, dass Speicherkraftwerke meist mit Spitzenlasttechnologien im Wettbewerb stehen und somit eine Veränderung des Preises für Grundlast nur geringen Einfluss auf die Wettbewerbsfähigkeit der Speicherkraftwerke haben. Dabei ist allerdings zu berücksichtigen, dass manche Speicherkraftwerke auch mit Grundlastkraftwerken in Konkurrenz stehen können, nämlich wenn diese eher Eigenschaften eines Laufwasserkraftwerkes aufweisen. Dies kann bspw. der Fall sein, wenn das Speichervolumen bezogen auf den Zufluss und die Kapazität relativ gering und die Volllaststundenzahl somit relativ hoch ist.

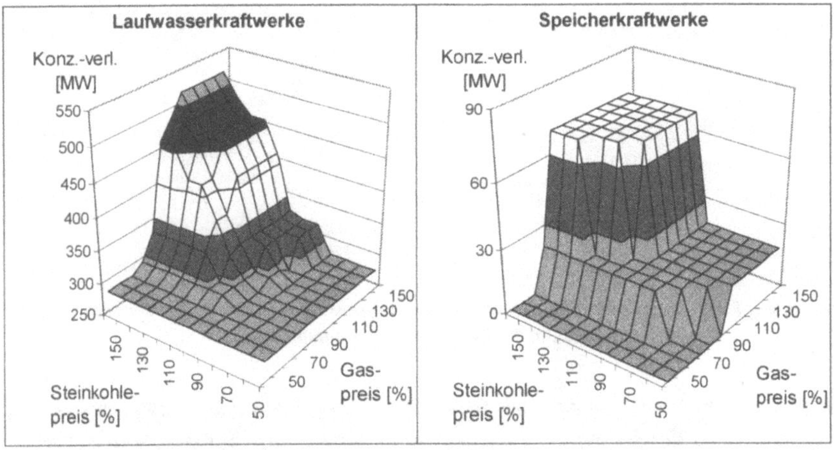

Abbildung 7.35: Sensitivität der (kumulierten) Konzessionsverlängerungen bei Laufwasser- und Speicherkraftwerken im Jahr 2030 bei Variation des Gas- und Steinkohlepreises

Bei den Pumpspeicherkraftwerken wirken sich die erhöhten und erniedrigten Primärenergieträgerpreise nicht auf die Verlängerung der Konzessionen aus. Bei allen Preiskombinationen werden sämtliche Konzessionen verlängert.

Wird die (für die Konzessionsverlängerung notwendige) spezifische Investition solange erhöht, bis die Pumpspeicherkonzessionen nicht mehr bei allen Preiskombinationen verlängert werden, ergibt sich folgender Zusammenhang zwischen den Konzessionsverlängerungen und den Primärenergieträgerpreisen: Mit höherem Gaspreis werden dann wie bei den Laufwasser- und Speicherkraftwerken mehr Pumpspeicherkonzessionen verlängert. Dagegen werden mit höherem Steinkohlepreis im Gegensatz zu den Laufwasser- und Speicherkraftwerken weniger Konzessionen verlängert. Dies ist dadurch zu begründen, dass die Differenz zwischen den Preisen für eine Jahreslieferung Grundlast und eine Jahreslieferung Spitzenlast mit höherem Steinkohlepreis geringer wird. Da Pumpspeicherkraftwerke gerade diese Differenz ausnutzen, verringert sich in diesem Fall ihre Rentabilität.

7.6.2 Variation des Gas- und CO_2-Zertifikatspreises

Neben den Primärenergieträgerpreisen für Steinkohle und Erdgas ist auch der CO_2-Zertifikatspreis mit hohen Unsicherheiten behaftet. Zudem stellt der CO_2-Zertifikatspeis nach Einführung von CO_2-Minderungsvorgaben eine wichtige Einflussgröße bei Entscheidungen im Energiesektor dar. In den Szenarioanalysen hat sich die hohe Bedeutung der Gaskraftwerke als Zubauoption und somit als Konkurrenztechnologie zu Wasserkraftwerken gezeigt. Zudem erscheint die Substitution von Braun- und Steinkohlekraftwerken durch Gaskraftwerke eine effiziente CO_2-Minderungsmaßnahme zu sein. Vor diesem Hintergrund erscheint eine Sensitivitätsanalyse von Gas- und CO_2-Zertifikatspreis sinnvoll. Dabei steht in dieser Arbeit der Einfluss der beiden Parameter auf die Investitionsentscheidungen bei Wasserkraftwerken, auf die Entwicklung der Elektrizitätspreise und auf den Ausstoß von CO_2-Emissionen im Vordergrund.

Die Sensitivitäten des Preises für eine Jahreslieferung Grund- und Spitzenlast in der Schweiz für das Jahr 2030 sind in Abbildung 7.36 auf Variation des Gas- und CO_2-Zertifikatspreises dargestellt[163]. Die Sensitivität bzgl. der Änderung der beiden Parametern ist sehr ähnlich zu der bei der Variation der Primärenergieträgerpreise von Steinkohle und Erdgas (siehe Abbildung 7.36 im Vergleich zu Abbildung 7.34). Bei der Erzeugung von Elektrizität entsteht u.a. bei Gas-, Steinkohle-, Braunkohle- und Ölkraftwerken das Kuppelprodukt CO_2.

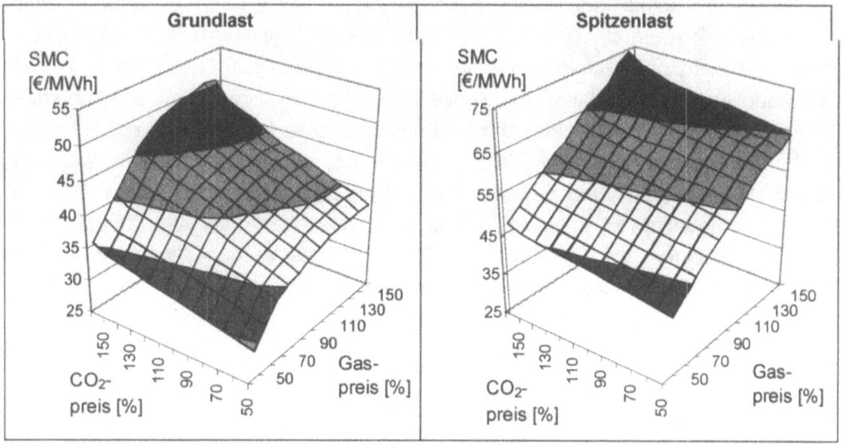

Abbildung 7.36: Sensitivität des Preises für Grund- und Spitzenlast in der Schweiz im Jahr 2030 auf Variation des Gas- und CO_2-Zertifikatspreises

---

[163] Für die Länder Deutschland, Frankreich und Italien werden die Sensitivitäten der Grenzkosten und der CO_2-Emissionen bei Variation des Gas- und Zertifikatspreises in [Möst et al. 2005c] analysiert.

Durch die Bepreisung des Kuppelproduktes CO_2-Emission erhöhen sich dadurch bei diesen Technologien die variablen Ausgaben der Stromerzeugung. Braun- und Steinkohlekraftwerke sind aufgrund höherer spezifischer Emissionsfaktoren von dem Preisaufschlag stärker betroffen als Gaskraftwerke. Dadurch sind die Flächen in Abbildung 7.36, die die Sensitivitäten des Strompreises gegenüber den beiden Parametern darstellen, im Vergleich zu Abbildung 7.34 geneigt, da mit der Änderung der CO_2-Preise auch die Gestehungskosten von Gaskraftwerken betroffen sind.

Auch die Sensitivität der Konzessionsverlängerungen von Wasserkraftwerken auf Variation des CO_2-Zertifikatspreises und des Gaspreises ist ähnlich zu der bei der Variation der beiden Primärenergieträgerpreise. In Abbildung 7.37 ist die Sensitivität der Konzessionsverlängerungen von Laufwasser- und Speicherkraftwerken kumuliert für das Jahr 2030 in Abhängigkeit des CO_2-Zertifikatspreises und des Gaspreises dargestellt. Bei den Laufwasserkraftwerken werden bei einem um 50% verringerten Gas- und CO_2-Zertifikatspreises nur ca. 160 MW an Konzessionen verlängert, während bei einem Anstieg um 10% bereits 280 MW an Verlängerungen realisiert werden. Ab einem um 30% erhöhten Zertifikatspreis und einem Gaspreis entsprechend dem Referenzszenario werden bereits 480 MW an Konzessionsverlängerungen realisiert. Bei einem um 30% erhöhten Gaspreis und einem um 50% erhöhten CO_2-Zertifikatspreis werden ca. 99% (535 MW) der anstehenden Konzessionsverlängerungen unter ausgabenminimalen Gesichtspunkten realisiert.

Bei den Speicherkraftwerken werden bei einem um 20% erniedrigten Gas- und CO_2-Zertifikatspreis keine Konzessionsverlängerungen realisiert. Allerdings werden bereits bei einem um ca. 10% erhöhten Gas- und CO_2-Zertifikatspreis alle Konzessionen bei den Speicherkraftwerken verlängert (vgl. Abbildung 7.37). Damit zeigen die Modellergebnisse, dass die Konzessionsverlängerungen von Speicherkraftwerken in der Regel nicht gefährdet sind, insbesondere vor dem Hintergrund eines mit hohen Unsicherheiten behafteten Gaspreises, die in dem Modellansatz nur indirekt über Szenario- und Sensitivitätsanalysen Berücksichtigung finden. Bei den Pumpspeicherwerken ist dieses Ergebnis noch deutlicher: unter allen betrachteten Preiskombinationen von Gas- und CO_2-Zertifikatspreis werden alle bis zum Jahr 2030 anstehenden Konzessionsverlängerungen realisiert.

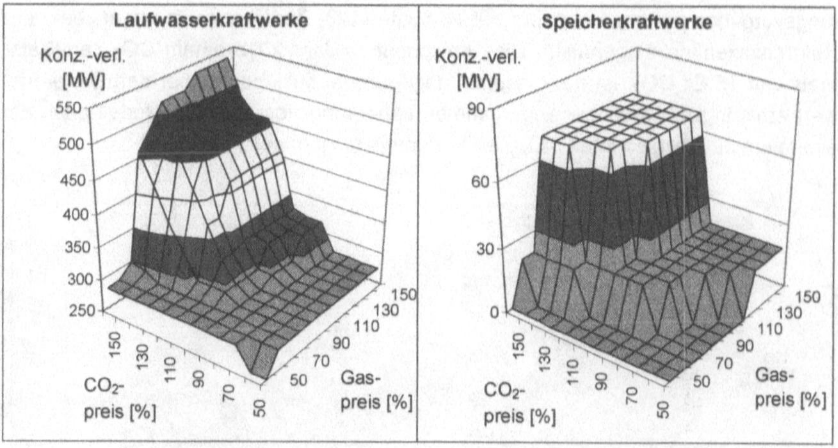

Abbildung 7.37: Sensitivität der (kumulierten) Konzessionsverlängerungen bei Laufwasser- und Speicherkraftwerken im Jahr 2030 bei Variation des Gas- und CO_2-Zertifikatspreises

Auf der linken Seite der Abbildung 7.38 ist die Sensitivität der CO_2-Emissionen der modellierten Regionen im Jahr 2015 auf Variation des Gas- und CO_2-Zertifikatspreises dargestellt. Mit steigendem Gaspreis nehmen die CO_2-Emissionen in den modellierten Regionen zu. Dies ist darauf zurückzuführen, dass bei höherem Gaspreis tendenziell mehr Stein- und Braunkohleanlagen, die höhere spezifische Emissionsfaktoren aufweisen, zur Stromerzeugung eingesetzt werden und sich somit im Gesamtsystem die Emissionen erhöhen. Bei einem um 50% erhöhten CO_2-Zertifikatspreis nehmen die CO_2-Emissionen der modellierten Regionen im Jahr 2015 bei einer Erhöhung des Gaspreises von -50% auf +50% des Referenzwertes um ca. 40% zu, während sich bei einem um 50% erniedrigten CO_2-Zertifikatspreis die Variation des Gaspreises nur mit ca. 20% auswirkt. Dies ist darauf zurückzuführen, dass mit steigendem CO_2-Zertifikatspreis, Gaskraftwerke zur Minderung von Emissionen bei der Stromerzeugung durch Ersatz von Stein- und Braunkohleanlagen rentabler werden. Dies lässt sich auch dadurch erkennen, dass mit steigendem CO_2-Zertifikatspreis (von -50% auf +50%) bei einem um 50% erhöhten Gaspreis die CO_2-Emissionsminderungen (-10%) deutlich geringer ausfallen als bei einem um 50% erniedrigten Gaspreis (-29%).

Wird für das Jahr 2015 von den selben Minderungszielen wie für die Verpflichtungsperiode 2008-2012 ausgegangen[164], stehen im Jahr 2015 ca. 620 Mio. t an CO_2-Emissionsrechten in den modellierten Regionen zur Verfügung. Bei einer Entwicklung des Gaspreises entsprechend der Referenzentwicklung werden diese Minde-

[164] Zu den Annahmen bei der Berechnung der Emissionsrechte wird auf Kapitel 7.5.2 verwiesen.

rungsvorgaben nur bei einem um 50% erhöhten CO_2-Zertifikatspreis gegenüber dem Referenzszenario eingehalten. Dies entspricht im Jahr 2015 einem CO_2-Zertifikatspreis von 15 €/t CO_2. Ist der Gaspreis dagegen um 50% gegenüber dem Referenzwert erniedrigt, werden die angenommen Minderungsvorgaben im Modell auch bei einem um 20% erniedrigten CO_2-Zertifikatspreis eingehalten.

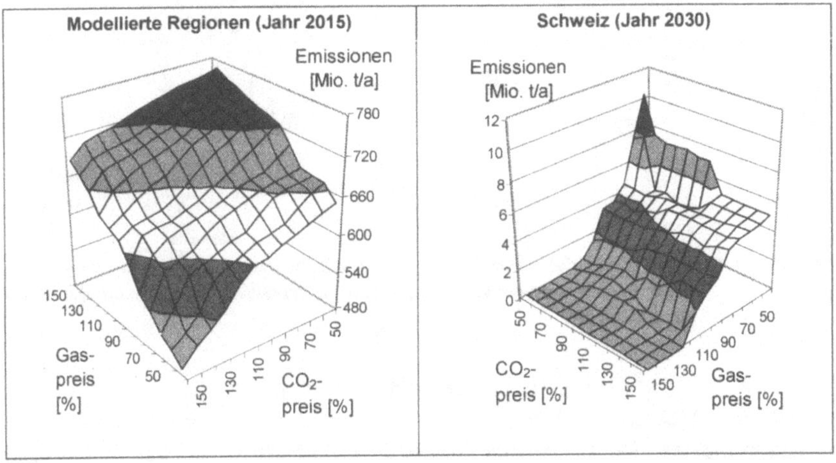

Abbildung 7.38: Sensitivität der CO_2-Emissionen in den modellierten Regionen im Jahr 2015 und in der Schweiz im Jahr 2030

Auf der rechten Seite der Abbildung 7.38 ist die Sensitivität der CO_2-Emissionen in der Schweiz im Jahr 2030 auf Variation des Gas- und CO_2-Zertifikatspreises dargestellt. Im schweizerischen Energiesektor ist auffällig, dass die Modellemissionen mit steigendem CO_2-Zertifikatspreis in der Regel zunehmen. Dies ist darauf zurückzuführen, dass mit höherem CO_2-Zertifikatspreis Gaskraftwerke bei der Minderung von Emissionen an Bedeutung gewinnen. Der Strompreis in den Nachbarregionen, die einen hohen Anteil an Braun- und Steinkohleanlagen bei der Stromerzeugung einsetzen, steigt mit zunehmenden CO_2-Zertifikatspreis an. Da die Schweiz über keine Braun- und Steinkohleanlagen verfügen, substituieren die zugebauten Gaskraftwerke den mit steigendem CO_2-Zertifikatspreis teureren Stromimport. Dadurch erhöhen sich die CO_2-Emissionen in der Schweiz mit steigendem CO_2-Zertifikatspreis im Gegensatz zu der allgemeinen Entwicklung. Bei diesen Betrachtungen ist allerdings zu berücksichtigen, dass von einem vollkommenen CO_2-Zertifikatsmarkt mit unbeschränktem Handel ausgegangen wird, d.h. schweizerische Minderungsverpflichtungen können durch Zukauf von Zertifikaten aus dem Ausland eingehalten werden. Auffällig in Abbildung 7.38 ist zudem, dass bei einem stark erniedrigten Gas- und CO_2-Zertifikatspreis die Modellemissionen deutlich zunehmen. Dies steht im Gegensatz zu dem beschriebenen Zusammenhang. Dieser Anstieg der CO_2-Emissionen ist darauf zurückzuführen, dass bei einem um 50% erniedrigten Gas- und CO_2-Zertifikatspreis, Gaskraftwerke auch gegenüber einem Großteil an Wasserkraftwerken unter ausgabenminimalen Gesichtspunkten vorteilhaft sind. D.h. bei sehr niedrigem Gas- und CO_2-Zertifikatspreis werden weniger Konzessionen von Wasserkraftwerken verlängert und dafür deutlich mehr Gaskraftwerke in der Schweiz zugebaut. Dabei stellt sich allerdings insbesondere vor dem Hintergrund gegenwärtiger Entwicklungen auf dem Öl- und Gasmarkt die Frage, inwiefern eine um 50% erniedrigte Gaspreisentwicklung gegenüber der Referenzentwicklung als realistisch erscheint.

8 Schlussfolgerung und Ausblick

Bevor Schlussfolgerungen zur Wettbewerbsfähigkeit der Wasserkraft mit Hilfe der im Rahmen dieser Arbeiten durchgeführten Analysen getroffen werden, sollen nochmals kurz die wichtigsten Spezifika des weiterentwickelten PERSEUS-HYDRO Modells dargelegt werden, um die Eignung des Modells zur Analyse der ausgewählten Fragestellungen aufzuzeigen.

8.1 Das entwickelte Modell zur Analyse der Wettbewerbsfähigkeit der schweizerischen Wasserkraft

Aufbauend auf Erfahrungen mit den Modellen PERSEUS-EVU[165] und PERSEUS-CERT[166] bei der Analyse von Fragestellungen in liberalisierten Märkten wird im Rahmen dieser Arbeit das Energie- und Stoffflussmodell PERSEUS-HYDRO entwickelt, mit dem Wasserkraftwerke und Wasserkraftkaskaden detailliert abgebildet werden können. Die Modellierung der Wasserkraftwerke in dem in dieser Arbeit weiterentwickelten Modell stellt eine wesentliche Verbesserung für die Analyse der Wettbewerbsfähigkeit der Wasserkraft in liberalisierten Märkten dar.

Das in dieser Arbeit entwickelte Modell ist ein multiregionales Energie- und Stoffflussmodell zur Abbildung des Schweizer Elektrizitätsversorgungssystems und der angrenzenden europäischen Länder. Es unterstützt in erster Linie die Kraftwerksausbauplanung (bzw. Kraftwerksrückbauplanung), eignet sich aber auch zur langfristigen Einsatzplanung, wobei Fragestellungen unter Berücksichtung verschiedener technischer, ökologischer und ressourcenbezogener Restriktionen analysiert werden können. Die Methodik des Modells basiert auf einer mehrperiodigen, gemischt-ganzzahligen linearen Optimierung. Die technologiebasierte Abbildung des bestehenden Energieversorgungssystems gestattet die Ableitung langfristig ausgerichteter Systementwicklungsstrategien unter Berücksichtigung alternativ unterstellter Rahmenbedingungen. Im Rahmen der Optimierung werden die drei Planungsprobleme Systemausbauplanung, Kraftwerkseinsatzplanung und Stromaustausch berücksichtigt.

Mit dem PERSEUS-HYDRO-Modell wird erstmals eine Methodik zur detailiierten Abbildung von Wasserkraftwerken auf Basis von Stoff- und Energieflüssen entwickelt. Eine wesentliche Besonderheit des in dieser Arbeit entwickelten Modells liegt darin, dass zusammenhängende Wasserkraftwerke, so genannte Wasserkraftkaskaden, abgebildet werden und somit Restriktionen für den Kraftwerksbetrieb, die aus den hydrologischen Verknüpfungen resultieren, mitberücksichtigt werden. Sowohl die Abbildung der Wasserkraftwerke als auch die Abbildung des realen Energieversorgungssystems basiert auf einer Graphenstruktur, die die wesentlichen

---

165 Vgl. [Fichtner 1999] und [Göbelt 2001].

166 Vgl. [Enzensberger 2003].

Charakteristika einerseits der hydrologischen Verknüpfungen von Wasserkraftwerkskaskaden und anderseits der Versorgungstrukturen leitungsgebundener Medien widerspiegelt. Zur Abbildung der Wasserkraftwerke werden die Speicherseen und Wasserkraftanlagen als Knoten (entspricht der Ebene der Produzenten) in dem entwickelten Energie- und Stoffflussmodell abgebildet. Die Wasserflüsse zwischen Speicherseen und Anlagen werden als Kanten des gerichteten Graphen modelliert. Sowohl der Inhalt der Speicherseen als auch die Wasserflüsse zwischen Zentralen und Seen werden in Energieeinheiten und nicht in Volumeneinheiten des Wassers modelliert. Wasserzuflüsse in Speicherseen und Ausgleichsbecken werden im Modell mit Hilfe von Pardé-Koeffizienten abgebildet. Pardé-Koeffizienten beschreiben das Verhältnis von mittlerem monatlichem Abfluss zu mittlerem Jahresabfluss. Die Zuflüsse zu Laufwasserkraftwerken werden ebenfalls mit den Pardé-Koeffizienten modelliert. Durch die detaillierte Abbildung der Zuflüsse, Speicherbecken und somit der Gesamtkaskaden werden wasserwirtschaftliche Restriktionen beim Anlageneinsatz mitberücksichtigt. Bei Pumpspeicheranlagen wird die Energie für den Pumpprozess, wie in der Realität, aus dem Elektrizitätsnetz bezogen. Durch die detaillierte Modellierung der Wasserkraftanlagen werden die Anlagen endogen entsprechend der modellierten Charakteristika eingelastet. Die in dieser Arbeit entwickelte Modellierung der Wasserkraftwerke und Wasserkraftwerkskaskaden gestattet somit eine integrierte Betrachtung der Wettbewerbsfähigkeit der Wasserkraft in liberalisierten Märkten. In den Modellergebnissen lassen sich die Wechselwirkungen zwischen der Entwicklung des Elektrizitätsmarktes und dem Erhalt bzw. dem Ausbau der Wasserkraft nachvollziehen. Im Rahmen von Szenarioanalysen können unterschiedliche energiewirtschaftliche Rahmenannahmen variiert und deren Auswirkungen auf die Entwicklung des Elektrizitätsmarktes und den Ausbau der Wasserkraft analysiert werden.

Dem Modell liegt eine aufwendig erhobene Datenbasis für die schweizerischen Wasserkraftwerke zugrunde. Die Wasserkraftwerke der Schweiz sind als Einzelanlagen unter Berücksichtung der Kaskadenstrukturen abgebildet. Das Modell umfasst ca. 200 einzeln modellierte Wasserkraftwerke in der Schweiz und ca. 800 weitere Modellanlagen, mit denen der restliche Kraftwerkpark der angrenzenden europäischen Länder mit Hilfe von Technologieklassen abgebildet ist. Neben der Modellierung der Anlagen umfasst die Datenbasis somit auch Informationen zu den Vernetzungen und Zuflüssen der Wasserkraftwerke. Des Weiteren enthält die Datenbasis auch Informationen zu den bestehenden Strukturen der Übertragungsnetze, der Nachfragestruktur und -entwicklung sowie Informationen zu energiewirtschaftlichen Rahmenannahmen, wie z.B. Brennstoffbezugsoptionen.

Neben den Einsatzmöglichkeiten sind jedoch auch die Grenzen eines solchen technologie-fokussierten Energiemodells kritisch zu diskutieren. Aufgrund der gewählten Systemgrenzen bildet das Modell nur einen Teil der Problemfelder ab, welche bei einer Entscheidung über die Erneuerung oder den Ausbau der Wasserkraftwerke in Realität bedacht werden müssen. Zudem sind die auf den Einzelfall bezogenen Projektausgaben nur bei wenigen Projekten ermittelt. Stattdessen werden unspezifische Erneuerungsausgaben verwendet. Die Annahme eines „Perfect Foresight“ stellt eine Vereinfachung dar, die dazu führt, dass Kapazitätszubauten immer genau dann realisiert werden, wenn sie nötig sind. Mit dem gewählten Optimierungsansatz einer Ausgabenminimierung stehen die Wasserkraftwerke in einem Kostenwettbewerb gegenüber konventionellen Kraftwerken und Zubauoptionen. Die Investitionsentscheidungen orientieren sich primär an systemtechnischen Restriktionen. Von strategischem Verhalten, sozialen und nicht-technischen Barrieren wird hierbei abstrahiert. Für eine Analyse von bestehenden oder möglichen zukünftigen Marktimperfektionen ist das Modell nicht geeignet. Der Wert der Wasserkraft bemisst sich im Modell durch die vermiedenen Kosten im konventionellen Kraftwerkspark ohne Berücksichtigung von Marktimperfektionen. Daher kann grundsätzlich davon ausgegangen werden, dass der Werte der Wasserkraft und somit die Anzahl der Konzessionsverlängerungen tendenziell unterschätzt werden.

8.2 Schlussfolgerungen aus den Modellrechnungen

In dem in dieser Arbeit entwickelten Modell wird neben der Investitionsplanung auch die Anlageneinlastung der Kraftwerke endogen bestimmt. Die Modellergebnisse zur Anlageneinlastung von ausgewählten Wasserkraftwerken für verschiedene Jahreszeiten und Lastsegmente zeigen eine gute Übereinstimmung mit der typischen Einlastung der ausgewählten Zentralen. Dies gilt für Speicher, Pumpspeicher- und auch Laufwasserkraftwerke in der Schweizer Modellregion: die Speicher- und Pumpspeicherkraftwerke werden größtenteils in Spitzenlastzeitscheiben eingesetzt, während die Pumpprozesse insbesondere in den Nachtzeitscheiben betrieben werden. Bei den Laufwasserkraftwerken zeigt der saisonale Verlauf der Produktion eine gute Übereinstimmung mit den Werten der Realität. Neben der Einlastung der Anlagen stellen auch die Modellergebnisse zum Verlauf der Speicherstände der Speicher- und Ausgleichsbecken ein realistisches Bild dar. Durch die realitätsnahe Einlastung der Zentralen im Modell, die durch die detaillierte Modellierung der Wasserkraftwerke und Wasserkraftkaskaden ermöglicht wird, ist die Grundlage für eine endogene Investitionsplanung der Wasserkraftwerke sichergestellt. Die langfristige Wettbewerbsfähigkeit der schweizerischen Wasserkraft in dem europäischen Elektrizitätssystem kann somit mit dem in dieser Arbeit entwickelten Modell analysiert werden.

Die modellgestützte Analyse der langfristigen Wettbewerbsfähigkeit der Wasserkraft zeigt, dass Erneuerungen bzw. Verlängerungen der Konzessionen aus betriebswirtschaftlicher Sicht nicht generell unter allen Rahmenbedingungen in den verschiedenen Szenarien realisiert werden. Im Referenzszenario wird ein Großteil der Konzessionsverlängerungen der Wasserkraftwerke in der Schweiz im Betrachtungshorizont realisiert. In keinem der betrachteten Ländern erhöht sich der Wasserkraftanteil an der Elektrizitätserzeugung. In der Schweiz werden einige Konzessionen bestehender Laufwasser- und Speicherkraftwerke zunächst nicht erneuert. Dabei sind spezifische Investitionen in Höhe von 1150 €/kW bzw. 820 €/kW für die Erneuerungen angenommen. Im europäischen Versorgungssystem mit seinen Überkapazitäten ist es für die Schweiz zunächst günstiger die Exporte zu drosseln, gegebenenfalls auch Strom zu importieren und dann Konzessionsverlängerungen, Erneuerungen und Ausbauprojekte zu realisieren. Neben den Verlängerungen der Wasserkraftkonzessionen werden zudem in späteren Perioden im Referenzszenario auch Gaskraftwerke zugebaut und drei Kernkraftwerke, die das Ende ihrer technischen Lebensdauer erreichen, durch ein Kernkraftwerk ersetzt.

Eine wichtige Einflussgröße auf die Verlängerungen der Konzessionen ist die Annahme über die zukünftige Entwicklung der CO_2-Zertifikatspreise. Dabei ist zu beachten, dass dem Referenzszenario bereits moderate CO_2-Zertifikatspreise unterstellt sind. In den Szenarien mit höheren CO_2-Zertifikatspreisen werden deutlich mehr Erneuerungen durchgeführt und Konzessionen verlängert. Im Szenario mit hohen angenommen CO_2-Zertifikatspreisen werden ca. 98% der Konzessionsverlängerungen durchgeführt. D.h. in Abhängigkeit des Marktpreises für CO_2-Emissionsrechte steigt der Anteil der verlängerten Konzessionen von Wasserkraftanlagen. Auch bei den Pumpspeicherkraftwerken werden bei höheren CO_2-Zertifikatspreisen alle Verlängerungen der Konzessionen realisiert, obwohl höhere CO_2-Zertifikatspreise zu einem stärkeren Anstieg des Preises für Grundlast als für Spitzenlast führen und somit das Marktumfeld für Pumpspeicherkraftwerke tendenziell verschlechtern wird. Ohne die Vorgabe von CO_2-Zertifikatspreisen verschlechtert sich kaum die Situation bei den Wasserkraftwerken im Vergleich zum Referenzszenario. Allerdings ergeben sich ohne CO_2-Zertifikatspreise Änderungen in der Struktur des Erzeugungssystems. Im Referenzszenario werden nukleare Anlagen in den Modellregionen zugebaut, in denen die Nutzung dieser nicht beschränkt ist. Im Gegensatz dazu werden ohne CO_2-Zertifikatspreise auch in diesen Modellregionen keine Kernkraftwerke zugebaut. In diesem Fall stellen Stein- und Braunkohleanlagen die wirtschaftlichste Variante zur Deckung der Grundlast in den modellierten Regionen dar. Auch in der Schweiz werden somit in diesem Szenario keine Kernkraftwerke zugebaut. Im Vergleich zum Referenzszenario führt dies zu deutlich erhöhten Stromimporten aus den Nachbarregionen, da Braunkohlekraftwerke als Zubauoptionen in der Schweiz nicht zur Verfügung stehen und Steinkohlekraftwerke aufgrund der höheren Primärenergieträgerpreise, bedingt durch höhere Transportkosten, nicht zugebaut werden.

Gasbefeuerte GuD-Kraftwerke stellen die dominierende Kapazitätserweiterungs- bzw. Ersatzinvestition in den meisten modellierten Regionen dar. Da der Erdgaspreis die Stromgestehungskosten von Gaskraftwerken stark beeinflusst, wird dieser im Rahmen von Szenariorechnungen variiert. Die Variation ermöglicht die Analyse der Einflüsse einerseits auf die Wettbewerbsfähigkeit der Wasserkraft und andererseits auf die Strompreise. Falls zukünftig mit einem starken Anstieg der Gaspreise zu rechnen ist, schlägt sich dies besonders auf die Preise für Spitzenlast nieder. Eine

Verdopplung des Gaspreises hat einen Preisaufschlag im Spitzenlastsegment von fast 15 €/MWh zur Folge, wovon alle Wasserkraftwerke profitieren. Allerdings werden bei höheren Gaspreisen nur wenige zusätzliche Erneuerungsprojekte realisiert. Dies ist insbesondere darauf zurückzuführen, dass Konzessionsverlängerungen von Speicher- und Pumpspeicherkraftwerken bereits zu einem Großteil unter den Rahmenbedingungen des Referenzszenarios realisiert werden. Bei Laufwasserkraftwerken ist der Einfluss erhöhter Gaspreise auf die Verlängerung von Konzessionen relativ gering. Die Laufwasserkraftwerke profitieren zwar auch von den höheren Preisen für Spitzenlast, jedoch ist der Preisvorteil bezogen auf den gesamten Tagesverlauf relativ gering.

In der Schweiz wird die Nutzung der Kernenergie, wie in den meisten europäischen Ländern, kontrovers diskutiert. Aus diesem Grunde werden neben dem Referenzszenario auch die Auswirkungen eines Zubaustopps von Kernkraftwerken in der Schweiz auf die Verlängerung von Wasserkraftkonzessionen analysiert. Im Modell kann in diesem Szenario nach der Stilllegung dreier Kernkraftwerksblöcke kein weiteres Kernkraftwerk in der Schweiz zugebaut werden. Auf die Verlängerung von Wasserkraftkonzessionen hat der Zubaustopp nur einen geringen Einfluss. Es werden lediglich ca. 15 MW an Laufwasserkraftkonzessionen zusätzlich verlängert. Die geringere Stromproduktion wird hauptsächlich durch einen erhöhten Import bzw. einen verringerten Export und einen verstärkten Zubau an Gaskraftwerken ausgeglichen.

Sowohl höhere Übertragungskapazitäten als auch höhere Elektrizitätsnachfragen wirken sich nur geringfügig auf die Verlängerung von Wasserkraftkonzessionen aus. Der Grund hierfür ist darin zu sehen, dass durch die unbeschränkten Ausbaumöglichkeiten der Konkurrenztechnologien der Wasserkraft, diese stärker zugebaut werden. Kritisch zu betrachten ist, dass eine höheren Stromerzeugung aus Gaskraftwerken (mit der auch eine höhere Nachfrage nach Gas einhergeht), keine Auswirkungen auf den Gaspreis hat. Hierfür wäre es entweder notwendig den Gasversorgungssektor im Modell mit zu berücksichtigen oder nachfrageabhängige Gaspreise zu integrieren.

Die Analyse bezüglich eines wachsenden Regelenergiemarktes aufgrund des Zubaus von Windenergie (insbesondere in Deutschland) lassen keine großen Auswirkungen auf die Wasserkraft in der Schweiz erkennen. Der erhöhte Bedarf an Regelleistung führt zu etwas höheren Grenzkosten der Stromproduktion in späteren Perioden in Deutschland und Frankreich im Vergleich zum Referenzszenario. Dabei ist allerdings zu berücksichtigen, dass der Regelenergiemarkt selbst nicht direkt modelliert ist, d.h. es werden keine Aussagen zur Angebotserstellung an und zur Preisentwicklung auf Regelenergiemärkten getroffen. Durch die erhöhten Preise für Spitzenlast in den Anrainerstaaten kann auch die Schweiz durch eine höhere Exportmenge profitieren. Insgesamt können durch die Regelenergiemärkte zwar zusätzliche Einnahmen für Wasserkraftwerke resultieren, dennoch stehen auch hier die Wasserkraftwerke in Konkurrenz zu den konventionellen Erzeugungsanlagen, die zur Bereitstellung von Regelenergie geeignet sind. Vor diesem Hintergrund wirkt sich der erhöhte Bedarf an Regelreserve nur relativ gering auf die Verlängerung der Konzessionen aus.

In einer Situation mit langfristig tiefen Strommarktpreisen ist eine Energiepolitik, die eine Internalisierung der externen Kosten zum Ziel hat, besonders geeignet, um die Wettbewerbsfähigkeit der Wasserkraft zu verbessern. Solange keine vollständige Internalisierung der externen Kosten für die anderen Energieträger vorliegt, kann es aus ökologischen Gründen und Aspekten der Versorgungssicherheit wünschenswert sein, die vergleichsweise saubere und heimische Wasserkraft zu unterstützen. Im Entwurf des Bundesgesetzes zur Stromversorgung werden Ziele für den Anteil der Stromerzeugung aus regenerativen Energien am Endverbrauch von Elektrizität formuliert. Zudem wird festgehalten, dass die Erzeugung aus bestehenden Wasserkraftwerken bis zum Jahr 2030 mindestens auf dem Stand des Jahres 2000 zu halten ist. Werden diese Zielvorgaben und die Ziele für den Ausbau der Erneuerbaren Energien im Modell berücksichtigt, werden alle Wasserkraftkonzessionen im Betrachtungszeitraum verlängert. Zudem erhöht sich die Stromerzeugung aus Wasserkraft im Betrachtungszeitraum um ca. 7,5 TWh. Der Anteil der Stromerzeugung aus Wasserkraft an der aus „neu“ zugebauten erneuerbaren Energien beträgt im Jahr 2030 ca. 70%. Somit kann und sollte der Ausbau der Wasserkraft einen wichtigen Beitrag zur Erreichung der Ziele für die Stromerzeugung aus erneuerbaren Energien leisten.

In der Schweiz wird ein Großteil der Konzessionen von Wasserkraftanlagen erst nach dem Betrachtungshorizont zwischen den Jahren 2035 bis 2050 auslaufen. Eine noch längerfristige Aussage zur Rentabilität der Wasserkraftwerke kann nicht aus den Modellrechnungen abgelesen werden. Steigende Gaspreise, die Bepreisung von CO_2-Emissionen sowie die Förderung von heimischen erneuerbaren Energien werden sich jedoch positiv auf die Realisierung von Investitionen in Erneuerungs- und Ausbauprojekte auswirken.

8.3 Weiterführende Überlegungen und Ausblick

Im Folgenden werden weitere Anwendungsgebiete und methodische Erweiterungen des entwickelten Modells aufgezeigt. Bei den weiteren Anwendungsfeldern ist es teilweise notwendig die zugrunde liegende Datenbasis zu ergänzen.

8.3.1 Ergänzung der Datenbasis und weitere Anwendungsgebiete für das bestehende Modell

Das entwickelte Modell zur Analyse der Wettbewerbsfähigkeit der schweizerischen Wasserkraft in einem liberalisierten europäischen Strommarkt lässt sich neben den beschriebenen Analysezielen auch auf weitere energie- und umweltökonomische Fragestellungen anwenden.

Detaillierungsgrad der Abbildung von regenerativen Energien

In Kapitel 7.5.9 wird die Bedeutung regenerativer Energieträger für die Schweiz analysiert. Allerdings sind für eine vollständige Bewertung der erneuerbaren Energien in der Schweiz die beschriebenen Szenarien nicht ausreichend. Hierfür ist es nötig die Ist-Aufnahme heute als auch die zukünftigen Potenziale der regenerativen Energien zu detaillieren. Zudem ist es notwendig systemtechnische Charakteristika, wie die fluktuierende Einspeisung regenerativer Energiequellen (Wind, Photovoltaik) stärker zu berücksichtigen. Die Auswirkungen regenerativer Energiequellen können bspw. mit kurzfristigen Simulationen bestimmt werden (siehe hierzu bspw. [Rosen et al. 2005]). Diese Auswirkungen können dann mit zusätzlichen Restriktionen in dem entwickelten Modellansatz integriert werden.

Für eine Objektivierung der umweltpolitischen Diskussion ist es dann wichtig, dass die mit einem Ausbau der erneuerbaren Energien verfolgten Ziele exakt formuliert werden. Nachdem die Ziele gefasst worden sind und der Ist-Zustand eruiert wurde, ist ein Pathway vom Ist-Zustand zum gewünschten Zustand zu entwickeln. Dies umfasst die Entwicklung einer Energiepolitik, die als Folge von Entscheidungen zu verstehen ist. Bei der Erarbeitung der Energiepolitik ist eine adäquate Modellierung und eine anlagenscharfe Abbildung von Technologien notwendig. Das entwickelte Modell kann in diesem Zusammenhang zur quantitativen Analyse und Bewertung alternativer Ausgestaltungsformen der Maßnahmenkataloge und Förderinstrumente genutzt werden. Hierbei könnte u.a. auch analysiert werden, wie der Preis (Wasserzins) für die Nutzung der Wasserkraft in der Schweiz aufgrund ökonomischer Überlegungen festgelegt werden kann und welche Einflüsse sich hierdurch sowohl für die Nutzung der Wasserkraft als auch für Einnahmen der öffentlichen Hand ergeben. Bei der Implementierung in einem Modell werden auch die Wechselwirkungen zwischen dem Ausbaupfad der erneuerbaren Energien und dem existierenden Kraftwerkspark analysiert.

Berücksichtigung von Nachhaltigkeitsstrategien

Energieversorgungsunternehmen müssen aufgrund des Wettbewerbs auf den Energiemärkten zunehmend Strategien für eine Energieversorgung erarbeiten, die gleichermaßen effizient wie umweltfreundlich ist. Um das Leitbild der nachhaltigen Entwicklung in die Praxis umsetzen und eine nachhaltige Energieversorgung gestalten zu können, sind konkrete, umsetzbare Handlungsanweisungen abzuleiten. Hierbei kann die oben genannte Diskussion zur Berücksichtigung erneuerbarer Energien Verwendung finden. Um die Diskussion zu erweitern, ist es auch notwendig, neue Arten von Zielfunktionen bzw. Restriktionen, wie bspw. Externalitäten zu berücksichtigen. Vor diesem Hintergrund ist das Leitbild einer nachhaltigen Energieversorgung anhand von Handlungsanweisungen und einem geeigneten Indikatorsystem zu konkretisieren. Aufgrund der hohen Komplexität des Problems bedarf es dazu des Einsatzes von geeigneten Werkzeugen zur Entscheidungsunterstützung, da nur auf der Grundlage einer modellgestützten Analyse und

Bewertung die vorhandenen Optimierungspotenziale ausschöpfbar erscheinen. In [Fleury 2005] wird ein solcher Ansatz entwickelt und auf das französische Energiesystem angewendet. Eine Entwicklung des Schweizer Energiesystems im Rahmen des Leitbildes einer nachhaltigen Energieversorgung lässt sich mit dem entwickelten Modell durch Erweiterungen mit relativ geringem zusätzlichen Aufwand umsetzen. Hierfür sind eine Ergänzung der Datenbasis um entsprechende Indikatoren, sowie Modifikationen an der mathematischen Grundstruktur (Zielfunktion und Nebenbedingungen) notwendig.

Berücksichtigung technologischer Entwicklungen

Technologien, die gegenwärtig keine Marktreife besitzen und deren weitere Entwicklung sowie voraussichtliche Einsatzfelder zum gegenwärtigen Zeitpunkt nur schwer abzuschätzen sind, wurden in der Betrachtung nicht aufgenommen. Auf der Angebotsseite können an dieser Stelle u.a. CO_2-Abscheidungstechniken, Brennstoffzellen bzw. Wasserstoff-basierte Systeme und andere dezentrale Erzeuger genannt werden. Das bestehende Modell kann hierfür leicht um weitere Technologieklassen erweitert werden. Zudem stellt die Anwendung von Lernkurven (u.a. auch in Energiemodellen) eine Möglichkeit dar, die Auswirkungen solcher Technologieentwicklungen zu berücksichtigen. Zur Abschätzung von technologischen Entwicklungen mittels Lernkurven wird auf [Barreto et al. 2002], [Mattsson et al. 1997] und [van der Zwaan et al. 2002] verwiesen. Es ist allerdings offensichtlich, dass auch bei der Berücksichtigung von Lernkurven große Unsicherheiten bestehen bleiben und deren Berücksichtigung in Energiesystemmodellen nicht die Arbeiten von zahlreichen Forschern in der Technologieentwicklung ex ante ersetzen kann. Zur Technikfolgenabschätzung werden deshalb abhängig von der Entwicklungsstufe und je nach Anwendungsfall unterschiedliche Methoden angewandt. Technikfolgenabschätzung ist nicht nur deshalb ein eigenes wachsendes Arbeitsgebiet (vgl. [Grunwald 2002]), welches nicht durch „einfache" Ansätze voll behandelt werden kann.

Neben den beschriebenen Erweiterungen wäre zudem auch eine Erweiterung um stochastische Komponenten, bspw. bei den Primärenergieträgerpreisen oder der Nachfrage, denkbar. Theoretische Ansätze werden hierfür in [Göbelt 2001] vorgestellt. Allerdings müsste die Größe des vorhandenen Modells reduziert werden, da mit der Einführung einer mehrstufigen stochastischen Programmierung die Rechenzeit stark ansteigt.

8.3.2 Modellierung wettbewerblicher Elektrizitätsmärkte mit einer multiagentenbasierten Simulation

In dem entwickelten Modell wird von einem vollkommenen Markt ausgegangen. In dem langfristigen Zeithorizont werden bei Bedarf Erzeugungsanlagen rechtzeitig bereitgestellt, d.h. es stellt sich auch langfristig ein Gleichgewicht zwischen Preisen und Investitionen ein. Im realen Markt stellt sich dagegen die Frage, ob Investitionen unter den gegebenen Marktstrukturen und Rahmenbedingungen in ausreichendem

Maße getätigt werden, um Erzeugungsengpässe bis hin zu einem Blackout zu vermeiden. Anhand der Preissignale sollten Investoren über den Bau notwendiger Anlagen entscheiden können, um die Versorgungssicherheit langfristig zu minimalen Ausgaben zu gewährleisten. Die langen Vorlaufzeiten, die durch Planung und Bau entstehen, stellen in Kombination mit den Preisunsicherheiten eine besondere Herausforderung dar. Durch die Marktausgestaltung soll sich langfristig ein Gleichgewicht zwischen Preisen und Investitionen einstellen. Allerdings wird sich der Markt in Zyklen um dieses theoretische Gleichgewicht bewegen, d.h. Phasen tiefer Preise gekennzeichnet durch Überkapazitäten werden gefolgt von sehr hohen Preisen gekennzeichnet durch Kapazitätsengpässe. Um diese Zyklen adäquat in Modellen berücksichtigen zu können, Bedarf es entsprechender Weiterentwicklungen der Analyseverfahren.

Das beschriebene Modell zur Investitions- und Produktionsplanung bei Energieversorgungsunternehmen basiert auf einer hierarchisch-zentralen Optimierung und ist von einer Systemsicht geprägt, die idealisierende Annahmen zur Marktstruktur und zum Akteursverhalten impliziert. Für alle Marktteilnehmer wird die gleiche eindimensionale Zielfunktion unterstellt, obwohl bei den Akteuren durchaus alternative Ziele existieren, z. B. die Sicherung bzw. der Ausbau von Marktanteilen, die Realisierung einer Produktdifferenzierung über den Umweltschutz oder die Gestaltung von kunden- bzw. segmentspezifischen Verträgen mit Differenzierungen beispielsweise in der Laufzeit. In dem entwickelten Modellansatz wird von Handelshemmnissen, nicht-technischen Barrieren und strategischen Verhalten u.a. aufgrund der unterstellten Bestreitbarkeit des Marktes abstrahiert. Strategisches Verhalten kann die Strompreise beeinflussen, da Großerzeuger versuchen könnten, durch das gezielte Heraushalten von eigenen Kraftwerkskapazitäten den Marktpreis zu beeinflussen bzw. durch Preisdumping gezielt Wettbewerber zu verdrängen.

Für eine Analyse bestehender oder möglicher zukünftiger Imperfektionen realer Märkte sowie für eine Ableitung kurz- bis mittelfristig ausgerichteter Strategien auf Basis einer Maximierung des Unternehmenswertes ist das Modell daher nur begrenzt geeignet. Zur Abbildung von strategischem Verhalten werden dagegen unterschiedliche spieltheoretische Modellansätze herangezogen (vgl. Kapitel 5.4.3), die auf unterschiedlichen Methodiken basieren. Multi-Agenten-Systeme stellen dabei einen Ansatz dar, mit dem sich einerseits fundamentale Faktoren und andererseits spieltheoretische Konzepte verwirklichen lassen. In Multi-Agenten-Systemen existiert keine für alle geltende, übergreifende Zielfunktion und die Agenten können über eine rein reaktive, d.h. auf Veränderung ihrer Umwelt ausgerichtete Verhaltensweise hinaus selbständig und zielgerichtet die Initiative (Proaktivität) übernehmen (vgl. [Urban 2000] und [Urban 2001]).

Zur Simulation von Elektrizitätsmärkten existieren bereits zahlreiche Modellansätze auf Basis von Multi-Agenten-Systemen. Diese lassen zwei unterschiedliche Schwerpunkte erkennen. Die meisten Ansätze befassen sich mit Fragen von Marktmacht und der Ausgestaltung von Märkten[167]. Die Frage, ob Marktteilnehmer Marktmacht ausüben können, hängt stark von der Ausgestaltung des Marktes ab. Da Oligopol- und Supply function equilibrium Modelle nur schwer die Effekte von strategischem Verhalten der Marktteilnehmer berücksichtigen können, sind Multi-Agenten-Systeme hierfür sehr gut geeignet. Der andere Großteil der Arbeiten befasst sich mit Lernverfahren der Agenten auf Elektrizitätsmärkten[168]. Da die Auswahl der Lernverfahren und der dafür notwendigen Parameter die Ergebnisse stark beeinflusst, stellt dies ein zentrales Element der Forschungsarbeiten dar.

Die meisten Ansätze befassen sich ausschließlich mit dem kurzfristigen Bereich. Mittel- bis langfristige Entscheidungen werden i.d.R. nicht berücksichtigt. Aus diesem Grunde soll im Folgenden ein agentenbasiertes Marksimulationsmodell skizziert werden, bei dem strategische Entscheidungen in Form von langfristigen Investitionsentscheidungen mitberücksichtigt werden können (vgl. hierzu [Göbelt 2001], [Weinhardt et al. 2000] und [Fichtner et al. 2003]). Das Marktsimulationsmodell soll wiederum entsprechend dem entwickelten Modellansatz den schweizerischen Elektrizitätsmarkt sowie die Anrainerregionen umfassen. Die Zielsetzung des Modells ist es, die Entscheidungsprozesse bei den betroffenen Akteuren nachzubilden, um so den europäischen Elektrizitätsmarkt zu simulieren. Dazu werden im Modell ein kurzfristiger und ein längerfristiger Zeitbereich unterschieden, wobei das Zusammenspiel dieser unterschiedlichen Bereiche berücksichtigt wird. Die Ergebnisse des längerfristigen Bereiches liefern Input in Form von in den nächsten Jahren vorhandenen Kraftwerkskapazitäten für die kurzfristige Planung, die sich vornehmlich mit dem Handel von Strommengen auf dem Elektrizitätsmarkt befasst. Hierbei können unterschiedliche Strategievorgaben gemacht werden und deren Auswirkungen im Rahmen von Simulationsläufen untersucht werden. Zum Beispiel können hier Vorgaben gemacht werden, dass Konzessionen von Wasserkraftwerken tendenziell verlängert werden sollten, um die Auswirkungen auf den Markt, sowie die Rentabilität dieser zu bestimmen.

Zu Beginn des Simulationslaufes wird jedem Software-Agenten eine Zielvorgabe für den gesamten Betrachtungszeitraum vorgegeben. Diese Zielvorgaben können dann während der Simulation entsprechend den Wahrnehmungen des Marktgeschehens von den einzelnen Agenten angepasst werden.

Während das zu unterstützende Unternehmen mit Hilfe verschiedener Agenten detailliert nachgebildet wird, werden die Kapazitäten der anderen EVU lediglich in Form von Energieangebotskurven modelliert. Im Folgenden soll auf die unterschied-

[167] vgl. hierzu u.a. [Atkins et al 2004], [Atkins et al. 2004], [Bower et al. 2000], [Bower et al. 2001a], [Bower et al. 2001b], [Bunn 2002], [Bunn 2003], [Bunn et al. 2002], [Bunn et al. 2005a], [Bunn et al. 2005b], [Ernst et al. 2004], [Koesrindartoto et al. 2005], [Nicolaisen et al. 2000], [Nicolaisen et al. 2001], [Roth et al 1995], [Visudhiphan et al. 2001], [Visudhiphan et al. 2002].

[168] vgl. hierzu u.a. [Bagnall 2000], [Bagnall et al. 2000a], [Bagnall et al. 2000b], [Bagnall et al. 2005], [Koesrindartoto et al. 2005], [Roop et al. 2003], [Widergreen et al. 2004].

lichen Software-Agenten, die die verschiedenen Planungsabteilungen des EVU repräsentieren, näher eingegangen werden: Unternehmensleitung, Investitionsplaner, Marktpreisprognose, kurzfristiger Planer und Finanzplaner.

Der Investitionsplaner im EVU, der einen eigenständigen Software-Agenten bildet, analysiert Zubauentscheidungen seines Unternehmens für einen längerfristigen Zeitraum (z.B. 20 Jahre). Dabei bezieht er einerseits exogen vorgegebene Faktoren ein, wie aktuelle gesetzliche Vorgaben und Informationen zu bereits bestehenden Kapazitäten der Konkurrenz. Des Weiteren werden die Werte folgender Marktparameter, die dem Investitionsplaner als endogene Faktoren und somit als Ergebnis aus den vorherigen Handlungsrunden zur Verfügung stehen, in die Entscheidungsfindung einbezogen: aktuelle Marktpreise, aktuelle Marktanteile des Unternehmens, Restlaufzeiten existierender Kraftwerke und Informationen zu bilateralen Verträgen. Ausgehend von diesen Informationen werden vom Investitionsplaner Prognosen für die Primärenergiepreise, die Energienachfrage und schließlich die Strompreise entwickelt, die für die Planung von Zubauentscheidungen notwendig sind. Hierzu kann der Investitionsplaner auf Prognoseverfahren wie univariate Zeitreihenmodelle oder ökonometrische Verfahren zurückgreifen. Zum anderen kann zur Prognose der Strompreise für einen Zeitpunkt, zu dem der Großteil der heute existierenden Kraftwerke das Ende seiner Nutzungsdauer erreicht hat, ein der Nachfrage optimal angepasster Kraftwerkspark (mit entsprechenden Kosten) unterstellt werden. Zur Bestimmung der Technologien für den Kraftwerkszubau, kann z.B. auf das in Kapitel 4.5 beschriebene Planungsmodell zurückgegriffen werden. Mit Hilfe des Modells werden mehrere Szenarios (worst case, best case, etc.) durchgespielt und die unter Modellbedingungen jeweils optimalen (De-)Investitionen ermittelt. Ergänzend werden Risiken, die in Zusammenhang mit den möglichen Zubauoptionen stehen (bspw. Entwicklung der jeweiligen Primärenergiepreise), bewertet. Diese Informationen werden an die Unternehmensleitung weitergeleitet, die dann die Entscheidung für den in den nächsten ca. zwei Jahren anstehenden Kraftwerkszubau mit Hilfe einer vorzugebenden Gewichtung der Informationen trifft. Die Gewichtung der Informationen stellt einen Teil des in dem Modell abgebildeten Risikoverhaltens dar. Ebenso wird bei der Entscheidung die finanzielle Situation des EVU berücksichtigt, die durch den Finanzplaner in die Entscheidungsfindung mit einfließt. Somit wird verhindert, dass bspw. bei Vorgabe einer zu aggressiven Strategie, ein Wettbewerber beliebig oft investieren kann.

Der kurzfristige Planer hat seinerseits die Aufgabe, Strommengen auf dem Strommarkt anzubieten. Des Weiteren gibt die Unternehmensleitung dem kurzfristigen Planer Ziele für die nächsten Wochen vor, die aus den langfristigen Zielen des Unternehmens abgeleitet werden. Weitere Informationen, die der kurzfristige Planer zur Entscheidungsfindung heranzieht, sind Informationen über die zu erwartende verfügbare Produktionskapazität, über vorherige Handelsrunden, wie bspw. Preise und abgesetzte Mengen, und über frei verfügbare Informationen anderer Teilnehmer (geplanter Kraftwerkszubau bei Konkurrenten) sowie nach Möglichkeit Annahmen über die zukünftige Marktentwicklung, die aus Vergangenheitsdaten extrapoliert werden. Der kurzfristige Planer fällt mit Hilfe der ihm vorgegebenen Strategie auf Grundlage dieser Informationen die Entscheidung darüber, welche Strommengen er zu welchen Preisen zum aktuellen Zeitpunkt auf dem Markt anbietet (Preis-Mengen-Strategie), sowie zu welchen Konditionen bilaterale Stromverträge angeboten werden.. Es wird unterstellt, dass verschiedene EVU ihre kraftwerksspezifischen Angebote zeitgleich für die nächste Handelsrunde einreichen. Der Markt wird dann unter Berücksichtigung der Nachfrage für jede Stunde durch Einlastung der Kraftwerke nach ansteigenden Angebotspreisen geräumt (vgl. hierzu auch die Ausführungen zu einem Simulationsmodell für den deutschen Markt in [Bower et al. 2001b]). Bezüglich der im deutschen Durchleitungsmodell auch weiterhin dominierenden bilateralen Transaktionen, die auf Basis von Kontrakten stattfinden, wird davon ausgegangen, dass die Preisnotierungen auf den kurzfristigen Märkten die Vertragsgestaltung wesentlich beeinflussen. Bilaterale Kontrakte werden aufgrund ihrer Laufzeiten nach einem halben bzw. einem Jahr neu verhandelt. Der Software-Agent kann aus seinen bisherigen Handlungsweisen lernen, d.h. er analysiert mit welchen Preis-/Mengenstrategien in den zurückliegenden Perioden die beste Zielerreichung realisiert werden konnte und entwickelt so neue Handelsstrategien. Diese Informationen werden wiederum an die Unternehmensleitung rückgemeldet.

Nachdem diese kurzfristigen Marktaktivitäten für einige Monate simuliert worden sind bzw. sich die Rahmenbedingungen verändert haben, greift der Investitionsplaner wieder ins Geschehen ein. Der kurzfristige Planer und Marktintermediäre stellen Informationen für den Investitionsplaner zur Verfügung, der mit diesen Informationen wiederum seine Investitionsplanung durchführt und schließlich seine Planungsergebnisse an die Unternehmensleitung rückmeldet, die ihrerseits neue Zubau- oder Rückbauentscheidungen sowie neue Vorgaben für den kurzfristigen Planer trifft.

Erste Erfahrungen bei der Umsetzung der Konzeption sowie erste Ergebnisse für den kurzfristigen Bereich zeigen (vgl. [Genoese et al. 2005]), dass die multiagentenbasierte Simulation einen interessanten und vielversprechenden Ansatz für zukünftige Forschungsarbeiten bei der Anwendung auf den Elektrizitätsmarkt darstellt.

9 Zusammenfassung

Die Öffnung der Energiemärkte hat weitreichende Folgen für die Akteure auf den Elektrizitätsmärkten. Insbesondere strategische Planungsaufgaben im Unternehmen sind in hohem Maße von den Änderungen der Rahmenbedingungen betroffen. Im Zentrum der langfristigen Planung eines Energieversorgungsunternehmens steht die Investitions- und Produktionsprogrammplanung, in deren Rahmen die zukünftige Struktur des Kraftwerksparks festgelegt wird. Die Komplexität dieser langfristigen Planungsaufgaben steigt in einem liberalisierten Markt deutlich an, da die Unsicherheiten wichtiger Einflussgrößen auf die Investitionsplanung, wie bspw. die Entwicklung der Elektrizitätspreise, stark zunehmen.

Durch die neuen Rahmen- und Marktbedingungen werden branchenweit sich schneller amortisierende Kraftwerksprojekte favorisiert. Hierunter fallen meist gasbefeuerte Gas- und Dampfturbinenkraftwerke (GuD) anstelle nuklearer und kohlebefeuerter Großkraftwerke. So wurden bspw. in England und Wales seit Beginn der Liberalisierung des Elektrizitätsmarktes ausschließlich Investitionen in Gaskraftwerke getätigt. Vor dem Hintergrund der Erfahrungen aus anderen liberalisierten Märkten wird mit der anstehenden Liberalisierung des schweizerischen Elektrizitätsmarktes befürchtet, dass der langfristige Fortbestand der schweizerischen Wasserkraft gefährdet ist. Investitionen in Wasserkraftanlagen sind durch eine hohe Kapitalintensität und lange Amortisationsdauern charakterisiert. In wettbewerblichen Märkten sind Investoren häufig nicht bereit, die damit verbundenen Risiken zu tragen. Neben der hohen Kapitalintensität zeichnen sich Wasserkraftwerke auch durch einige Vorteile aus, wie bspw. die gute Prognostizierbarkeit der CO_2-freien erneuerbaren Energiequelle. Darüber hinaus eignen sich Speicher- und Pumpspeicherkraftwerke sehr gut zur Bereitstellung von Spitzenlast- und Regelenergie.

Zielsetzung der vorliegenden Arbeit ist die Entwicklung einer Methodik zur quantitativen Analyse der langfristigen Wettbewerbsfähigkeit der Wasserkraftwerke im liberalisierten europäischen Elektrizitätsmarkt und die Anwendung dieser auf das schweizerische Energieversorgungssystem. Die eingesetzte Methodik soll im Rahmen einer strategischen Kraftwerksausbauplanung die Abbildung relevanter Wasserkraftanlagen und -kaskaden im Rahmen einer detaillierten systemtechnischen Abbildung des Versorgungssystems ermöglichen. Aufgrund der mit der Liberalisierung einhergehenden Internationalisierung der europäischen Energiemärkte und der zunehmend multiregional geprägten Marktstruktur sollen relevante europäische Anrainerstaaten der Schweiz mitbetrachtet werden, um auch Auswirkungen der interregionalen Stromaustauschoptionen adäquat berücksichtigen zu können. Dabei sind intertemporäre Wechselwirkungen zwischen Investitions- und Produktionsentscheidungen (integrierte Systemausbau- und Kraftwerkseinsatzplanung) mit einzubeziehen. In diesem Zusammenhang sollen auch Preisinformationen für Elektrizität in einem langfristigen Betrachtungshorizont bereitgestellt werden.

Das Zentrum der Arbeit bildet die Beschreibung des entwickelten PERSEUS-HYDRO-Modells, welches die Analyse der Wettbewerbsfähigkeit der Wasserkraft in einem europäischen Elektrizitätsmarkt ermöglicht. Die Methodik basiert auf einer mehrperiodigen, gemischt-ganzzahligen linearen Optimierung. In einer integrativen Betrachtung der Investitions- und Produktionsprogrammplanung wird die ausgabenminimale Entwicklung des abgebildeten Energiesystems ermittelt.

Der schweizerische Kraftwerkspark ist in dem Modell anlagenscharf abgebildet. Die angrenzenden Länder der Schweiz (Deutschland, Frankreich, Italien, Österreich), die Benelux – Staaten und Slowenien sind aggregiert nach Kraftwerkstypen modelliert. Für Länder, die an die genannten modellierten Regionen angrenzen, sind die Import- und Exportflüsse zu diesen auf Basis von historischen Austauschraten festgelegt. In der Schweiz sind einerseits die Kernkraftwerke und andererseits ca. 74% der installierten Wasserkraftkapazität als einzelne Anlagen modelliert. Die restliche Kapazität der Wasserkraftwerke ist anhand der Produktionscharakteristik nach Technologieklassen aggregiert abgebildet. Bei den anlagenscharf modellierten Wasserkraftwerken sind insbesondere auch die Kaskadenstrukturen und somit die Wasserflüsse detailliert modelliert. Für die Abbildung der Zuflüsse und Kaskadenstrukturen sind berücksichtigt:

- Zuflüsse zu Speicherseen, Ausgleichsbecken und Zentralen
- Energieinhalte der Speicherseen
- Kaskadenstrukturen inklusive Zuleitungen auf tiefer gelegenen Kraftwerksstufen und Fallhöhen der Zentralen.

Mit dem entwickelten Modellansatz wird eine Systemoptimierung realisiert, wobei das Optimierungskriterium die Minimierung der diskontierten Ausgaben ist. Der Betrachtungshorizont des langfristigen Energiesystemmodells beträgt 30 Jahre. Aufgrund rechenzeitlicher Restriktionen ist es nicht möglich, jede einzelne Stunde innerhalb dieses Zeitraums explizit zu modellieren. Daher werden Stützjahre im Modellierungszeitraum ausgewählt, die in dem entwickelten Modellansatz fünf Jahre repräsentieren. Die Lastganglinie eines (Stütz-) Jahres wird mit Hilfe von charakteristischen Tagen abgebildet. Treibende Größe des Modells ist die exogen vorgegebene Stromnachfrage in Form von Lastkurven an typischen Tagen. Technische, ökonomische und ökologische Nebenbedingungen werden in geeigneter Weise in das Modell integriert, um die maßgeblichen Systemeigenschaften realer Energieversorgungssysteme zu berücksichtigen. Um Auswirkungen eines verstärkten Ausbaus fluktuierender Energieträger (insbesondere der Windkraft) auf das Energiesystem und die schweizerische Wasserkraft zu berücksichtigen, werden Anforderungen an die Reservevorhaltung abgeleitet und in Form von Nebenbedingungen in dem Investitions- und Produktionsplanungsmodell integriert.

Durch die Weiterentwicklung der Methodik und die detaillierte Wasserkraftmodellierung können Ergebnisse auch auf Ebene einzelner Anlagen dargestellt werden. Die Modellergebnisse zur Anlageneinlastung einzelner ausgewählter Wasserkraftanlagen für verschiedene Jahreszeiten und Lastsegmente zeigen eine gute Übereinstimmung mit der typischen Einlastung der ausgewählten Zentralen. Neben der Einlastung der Anlagen stellen auch die Modellergebnisse zum Verlauf der Speicherstände der Speicher- und Ausgleichsbecken ein realistisches Bild dar. Durch die realitätsnahe Einlastung der Zentralen im Modell ist die Grundlage für eine endogene Investitionsplanung der Wasserkraftwerke sichergestellt. Mit dem entwickelten Modell wird die Wettbewerbsfähigkeit der Wasserkraft im Rahmen von verschiedenen Szenarien analysiert. Hierbei ist insbesondere von Interesse, unter welchen Rahmenbedingungen die im Betrachtungszeitraum endenden Konzessionen von Wasserkraftwerken verlängert werden. Generell kann festgehalten werden, dass die Verlängerungen von Konzessionen nicht in allen Fällen realisiert werden.

Im Referenzszenario wird ein Teil der Konzessionsverlängerungen aus gesamtwirtschaftlicher Sicht unter der Zielfunktion der Ausgabenminimierung nicht realisiert. Die Konzessionen von Pumpspeicheranlagen werden für alle Zentralen bis ins Jahr 2030 verlängert. Ebenso werden die Konzessionsverlängerungen bei Speicherkraftwerken mit Ausnahme einer Konzession realisiert. Das Speicherkraftwerk, dessen Konzession nicht verlängert wird, weist allerdings eher Eigenschaften eines Laufwasserkraftwerkes auf, d.h. eine hohe Ausnutzung bei einem geringen Speichervolumen. Bei den Laufwasserkraftwerken werden mehr als 50% bezogen auf die Kapazität der anstehenden Konzessionen bis zum Jahr 2030 verlängert. Bezogen auf die Anlagenanzahl werden nur 7 von 17 Konzessionensverlängerungen realisiert. In Szenarien mit höheren Gaspreisen und auch mit höheren CO_2-Zertifikatspreisen erhöht sich die Anzahl der verlängerten Konzessionen, insbesondere von Laufwasserkraftwerken. Bei den Pumpspeicherkraftwerken werden wie bereits erwähnt alle Konzessionen im Referenzszenario verlängert. Obwohl hohe CO_2-Zertifikatspreise sich nicht unbedingt vorteilhaft für Pumpspeicherkraftwerke auswirken, da sich die Preise für Grundlastenergie (und somit für Pumpstrom) stärker erhöhen als für Spitzenlast, werden auch bei hohen CO_2-Zertifikatspreisen alle Konzessionen bei Pumpspeicherkraftwerken verlängert. Andere Einflussfaktoren, wie bspw. höhere Übertragungskapazitäten oder eine höhere Nachfrage, haben nur einen geringen Einfluss auf die Konzessionsverlängerungen der Wasserkraftwerke in der Schweiz. Bei der Integration von Mengenzielen für die Stromproduktion aus erneuerbaren Energien in der Schweiz, zeigen die Modellergebnisse, dass alle existierenden Wasserkraftwerke weiterbetrieben werden, d.h. alle Konzession im Betrachtungszeitraum werden verlängert. Um die Ausbauziele für erneuerbare Energien zu erreichen, werden zudem die Ausbaupotenziale der Wasserkraft unter ausgabenminimalen Gesichtspunkten nahezu ausgeschöpft. Der Anteil der Wasserkraft an den neu zugebauten erneuerbaren Energien beträgt ca. 75%. Neben der Wasserkraft tragen die Energieträger Biomasse, Biogas, Wind und Geothermie zur Erreichung der erneuerbaren-Energien-Ziele bei.

Ab dem Jahr 2025 werden in der Schweiz einerseits neue Gaskraftwerke erstellt, d.h. ca. 500 MW Gasturbinen für Spitzenlast und ein 2000 MW GuD-Block für Mittel- und Spitzenlast, und andererseits ein Kernkraftwerk vom Typ EPR (European Pressurized Reactor) mit 1600 MW Leistung für die Deckung der Grundlast in Betrieb genommen. Der EPR-Reaktor ersetzt in erster Linie drei Kernkraftwerke in der Schweiz, die im Jahr 2020 augrund des Erreichens des Endes ihrer Lebensdauer stillgelegt werden. In den meisten an die Schweiz angrenzenden Ländern stellen Gaskraftwerke, trotz des ansteigenden Gaspreises im Referenzszenario, die günstigste Zubauoption für Spitzen- und teilweise auch Mittellast dar. Für Grund- und Mittellast werden einerseits Kernkraftwerke und andererseits in Ländern mit politischen Restriktionen in Bezug auf die Kernenergie Braun- und Steinkohleanlagen zugebaut. In Frankreich werden Kernkraftwerke unter kostenminimalen Gesichtspunkten erstellt und decken somit auch zukünftig die Grund- und Mittellast ab. In den Ländern Deutschland, Österreich und Italien können aufgrund politischer Vorgaben keine Kernkraftwerke zugebaut werden. Stattdessen werden Braunkohle- bzw. Steinkohleanlagen zur Bereitstellung von Grund- und Mittellast in späteren Perioden in Betrieb genommen. Erneuerbare Energien werden in dem Modell ohne die Vorgabe einer politischen Förderung unter Kostengesichtspunkten nicht zugebaut.

Die Wettbewerbsfähigkeit der Wasserkraft ist insbesondere von der Entwicklung der Strompreise abhängig. Die Preisinformationen werden aus dem fundamentalanalytischen Modell auf Basis der Systemgrenzkosten abgeleitet, d.h. aus den Schattenpreisen (jeder Zeitscheibe) der exogen vorgegebenen Nachfrage. Ein Vergleich der Modellergebnisse des Jahres 2004 mit den Börsenmarktdaten der EEX zeigt eine gute Übereinstimmung der Modellergebnisse mit den Börsenmarktdaten, insbesondere vor dem Hintergrund, dass die Zielsetzung der Modellentwicklung nicht die Prognose kurzfristiger Preise ist. Aus den Modellergebnissen lässt sich der Trend zu steigenden Grenzkosten erkennen: Der kontinuierliche Anstieg der Grenzkosten ist auf den Abbau bestehender Überkapazitäten im europäischen Strommarkt, den Anstieg der Primärenergieträgerpreise, sowie auf den Anstieg der Elektrizitätsnachfrage zurückzuführen. Im Mittel erreichen die Grenzkosten in der Schweiz im Jahr 2030 ein Niveau von 41,6 €/MWh für Grundlast und 57,5 €/MWh für Spitzenlast. Im Rahmen der Szenarioanalysen hat sich gezeigt, dass die Variation der Gas- und CO_2-Zertifikatspreise sich am stärksten auf die zukünftigen Elektrizitätspreise auswirkt, während eine höhere Nachfrage, ein stärker Zubau an Windenergie, höhere Übertragungskapazitäten und der freie Zubau an Kernkraftwerkskapazität geringere Auswirkungen auf die zukünftigen Strompreise haben.

Die Ergebnisse verdeutlichen, dass das in der vorliegenden Arbeit entwickelte gemischt-ganzzahlige Optimiersystem auf Basis eines Energie- und Stoffflußmodells ein methodisches Hilfsmittel für Energieversorgungsunternehmen und Betreiber von Wasserkraftwerken darstellt, dessen Einsatz eine fundierte Entscheidungsunterstützung bei Konzessionsverlängerungen und Ausbauvorhaben der Wasserkraft ermöglicht.

Literaturverzeichnis

[ADEV 2004] ADEV Energiegenossenschaft - Arbeitsgemeinschaft für dezentrale Energieversorgung: *Vernehmlassungsantwort der ADEV Energiegenossenschaft zum Bundesgesetz über die Stromversorgung und zur Revision des Elektrizitätsgesetzes*, 2004.

[Agnew et al. 1979] Agnew, M.; Schrattenholzer, L.; Voß, A.: *A Model for Energy Supply System Alternatives and their General Environmental Impact.* Laxenburg: IIASA, 1979.

[Amend 2000] Amend, F.: *Flexibilität und Hedging - Realoptionen in der Elektrizitätswirtschaft.* Bamberg: Dissertation Universität St. Gallen, 2000.

[Ardone 1999] Ardone, A.: *Entwicklung einzelstaatlicher und multinationaler Treibhausgasminderungsstrategien für die Bundesrepublik Deutschland mit Hilfe von optimierenden Energie- und Stoffflußmodellen.* Frankfurt a.M.: Peter Lang, 1999.

[Atkins et al 2004] Atkins, K.; Barret, C.; Homa, C. M.; Marathe, M.; Thite, S.: *Marketecture: A simulation based framework for studying experimental deregulated power markets*, 2004, http://citeseer.csail.mit.edu/atkins04marketecture.html.

[Atkins et al. 2004] Atkins, K.; Barret, C.; Homa, C. M.; Marathe, M.; Marathe, A.; Thite, S.: *Agent Based Economic Analysis of deregulated electricity markets.* 6th IAEE European Energy Conference on "Modelling in Energy Economics and Policy", Zürich, 2004.

[Averch et al. 1962] Averch, H.; Johnson, L.: *The Behavior of the Firm under Regulatory Constraint*, in: American Economic Review, 52 (1962), S. 1053-1069.

[Bacher 2004] Bacher, R.: *Engpassmanagement und Intra-Day-Energieaustausch*, in: ETG (Hrsg.): Internationale Dreiländer- Tagung D/A/CH 2004 Engpassmanagement und Intra-Day-Energieaustausch 15.-16. Juni, München. Bern: VDI Verlag, 2004, S. 13-22.

[Bagnall 2000] Bagnall, A. J.: *Modelling the UK market in electricity generation with autonomous adaptive agents.* PhD Thesis, University of East Anglia, 2000, 2000, http://www2.cmp.uea.ac.uk/~ajb/PDF/Thesis.pdf.

[Bagnall et al. 2000a] Bagnall, A. J.; Smith, G. D.: *An adaptive agent model for generator company bidding in the UK power pool*, 2000a.

[Bagnall et al. 2000b] Bagnall, A. J.; Smith, G. D.: *Game playing with autonomous adaptive agents in a simplified economic model of the UK market in electricity generation.* IEEE-PES / CSEE International conference on power system technology (Powercon 2000), Perth, Australia, 2000b, http://www.sys.uea.ac.uk/~ajb/PDF/powerCon00.pdf.

[Bagnall et al. 2005] Bagnall, A. J.; Smith, G. D.: *A Multi-Agent Model of the UK Market in Electricity Generation*, 2005, http://www2.cmp.uea.ac.uk/~ajb/PDF/IEEE_TEC05.pdf.

[Baldick et al. 2001] Baldick, R.; Hogan, W.: *Capacity Constrained Supply Function Equilibrium Models of Electricity Markets: Stability, Non-decreasing Constraints, and Function Space Iterations*, University of California Energy Institute, 2001, www.ucei.org.

[Balmer et al. 2005] Balmer, M.; Möst, D.; Spreng, D.; Banfi, S.; Doege, J.; Fetz, A.; Fichtner, W.; Filippini, M.; Luchsinger, C.; Paulus, M.; Sattinger, W.; Rentz, O.: *Schweizerische Wasserkraftwerke im Wettbewerb - Eine Analyse im Rahmen des europäischen Stromversorgungssystems.* Zürich: vdf Hochschulverlag AG, 2005.

[Banfi et al. 2004] Banfi, S.; Filippini, M.; Luchsinger, C.; Mueller, A.: *Bedeutung der Wasserzinse in der Schweiz und Möglichkeiten einer Flexibilisierung*, vdf Hochschulverlag AG an der ETH Zürich, 2004.

[Barlow 2002] Barlow, M. T.: *A diffusion model for electricity prices*, in: Mathematical Finance, 12 (2002), S. 287-298.

[Barreto et al. 2002] Barreto, L.; Kypreos, S.: *Multi-regional technological learning in the energy-systems MARKAL model* , in: International Journal of Global Energy Issues, 17 (2002), H. 3, S. 189-213.

[Bartels et al. 2005] Bartels, M.; Gatzen, C.; Peek, M.; Wissen, R.: *Auswirkungen des Windenergieausbaus auf Struktur und Kosten der Stromerzeugung in Deutschland*, in: ZfE - Zeitschrift für Energiewirtschaft, 29 (1) (2005), S. 3-10.

[Bartsch et al. 2002] Bartsch, M.; Röhling, A.; Salje, P.; Scholz, U.: *Stromwirtschaft - Ein Praxishandbuch.* Köln: Heymanns, 2002.

[Barz 1999] Barz, G. L.: *Stochastic Financial Models for Electricity Derivatives.* Stanford: Standford University, 1999.

[Bauer et al. 2005] Bauer, C.; Zink, J. C.: *Emissionshandel beeinflusst Strompreise - Analyse belegt Korrelation zwischen Strom- und Zertifikatspreis*, in: Energy, 2 (2005), S. 8-10.

[BDI 1996] Bundesverband der deutschen Industrie (BDI); Verband der Industriellen Energie- und Kraftwirtschaft (VIK); Verband der Elektrizitätswirtschaft (VDEW): *Freiwillige Vereinbarungen und Selbstverpflichtungen der Industrie im Bereich des Umweltschutzes.* Köln: BDI, 1996.

[BDI 1999] Bundesverband der deutschen Industrie (BDI); Verband der Industriellen Energie- und Kraftwirtschaft (VIK); Verband der Elektrizitätswirtschaft (VDEW): *Verbändevereinbarung über Kriterien zur Bestimmung von Netznutzungsentgelten vom 22. Mai 1998.* Köln: BDI, 1999.

[BDI 2001] Bundesverband der deutschen Industrie (BDI); Verband der Industriellen Energie- und Kraftwirtschaft (VIK); Verband der Elektrizitätswirtschaft (VDEW); Verband der Netzbetreiber (VDN); Arbeitsgemeinschaft regionaler Energieversorgungsunternehmen (ARE); Verband kommunaler Unternehmen (VKU): *Verbändevereinbarung über Kriterien zur Bestimmung von Netznutzungsentgelten für elektrische Energie und über Prinzipien der Netznutzung vom 13. Dezember 2001*. Köln: BDI, 2001.

[BFE 2002] Bundesamt für Energie (BFE): *Schweizer Elektrizitätsstatistik 2002*. Bern: Bundesamt für Energie, 2002.

[BFE 2003] Bundesamt für Energie (BFE): *Bericht über den Stromausfall in Italien am 28. September 2003*. Bern: Bundesamt für Energie, 2003.

[BFE 2004a] Bundesamt für Energie (BFE): *Ausbaupotential der Wasserkraft*. Bern: Bundesamt für Energie, 2004a.

[BFE 2004b] Bundesamt für Energie (BFE): *Schweizer Elektrizitätsstatistik 2004*. Bern: Bundesamt für Energie, 2004b.

[BFE 2005] Bundesamt für Energie (BFE): *Bundesratsvarianten zur Umsetzung des CO_2-Gesetzes Arbeitspapier zu Modellrechnungen auf der Basis der neuen Referenzentwicklung der Energieperspektiven des BFE*. Bern: Bundesamt für Energie, 2005.

[Blanco et al. 2001] Blanco, C.; Soronow, D.: *Mean Reverting Processes- Energy Price Processes Used for Derivatives Pricing and Risk Management*, in: Commodities Now (2001), S. 68-72.

[BMU 2000a] Bundesministerium für Umwelt, Naturschutz und Reaktorsicherheit BMU: *Erneuerbare Energien und Nachhaltige Entwicklung*. Berlin: BMU Referat für Öffentlichkeitsarbeit, 2000a.

[BMU 2000b] Bundesministerium für Umwelt, Wald und Landschaft: *Vereinbarung zwischen der Bundesregierung und den Energieversorgungsunternehmen vom 14. Juni 2000*. Berlin: BMU Referat für Öffentlichkeitsarbeit, 2000b.

[BMU 2005] Bundesministerium für Umwelt, Naturschutz und Reaktorsicherheit: *Leitfaden für die Vergütung von Strom aus Wasserkraft - nach dem Erneuerbare-Energien-Gesetz für die Neuerrichtung und Modernisierung von Wasserkraftanlagen*. Berlin: Bundesministerium für Umwelt,Naturschutz und Reaktorsicherheit, 2005.

[Boderke et al. 2003] Boderke, S.; Gross, J.; Neus, H.; Haubrich, H.-J.: *Portfoliooptimierung eines hydrothermischen Kraftwerksparks am Termin-, Spot- und Regelenergiemarkt*. Internationaler ETG-Kongress 2003, Energietechnik für die Zukunft, 2003.

[Bodmer et al. 2001] Bodmer, F.; Borner, S.: *Die Liberalisierung des Strommarktes in der Schweiz*. Chur/Zürich: Verlag Rüegger, 2001.

[Boiteux 1964a] Boiteux, M.: *Marginal Cost Pricing*, in: Nelson, J. R. (Hrsg.): Marginal cost pricing in practice. London: Prentice-Hall, 1964a, S. 51-59.

[Boiteux 1964b] Boiteux, M.: *Peak-Load Pricing*, in: Nelson, J. R. (Hrsg.): Marginal cost pricing in practice. London: Prentice-Hall, 1964b, S. 59-90.

[Bolle 1992] Bolle, F.: *Supply function equilibria and the danger of tacit collusion - The case of spot markets for electricity*, in: Energy Economics (1992), S. 94-102.

[Bolle 2001] Bolle, F.: *Competition with supply and demand functions*, in: Energy Economics, 23 (2001), S. 253-277.

[Borchert 2003] Borchert, J.: *Analyse von Determinanten der Großhandelspreise für Elektrizität anhand einer Systemstudie des deutschen Marktes*. Berlin: Dissertation: Universität Berlin, 2003.

[Borenstein et al. 1999a] Borenstein, S.; Bushnell, J. B.: *An Empirical Analysis of the Potential for Market Power in California's Electricity Industry*, in: The Journal of Industrial Economics, XLVII (1999a), H. No. 3, S. 285-323.

[Borenstein et al. 1999b] Borenstein, S.; Bushnell, J. B.; Knittel, C.: *Market Power in Electricity Markets: Beyond Concentration Measures*, in: The Energy Journal, Vol. 20 (1999b), H. 4, S. 65-87.

[Borenstein et al. 2002] Borenstein, S.; Bushnell, J. B.; Wolak, F.: *Measuring Market Inefficiencies in California's Restructured Wholesale Electricity Market*, in: The American Economic Review, 92 (2002), H. 5, S. 1376-1405.

[Bower et al. 2000] Bower, J.; Bunn, D.: *Model-Based Comparisons of Pool and Bilateral Markets for Electricity*, in: The Energy Journal (2000).

[Bower et al. 2001a] Bower, J.; Bunn, D.: *Experimental analysis of the efficiency of uniform-price versus discriminatory auctions in the England and Wales electricity market*, in: Journal of Economics Dynamics & Control (2001a).

[Bower et al. 2001b] Bower, J.; Bunn, D.; Wattendrup, C.: *A model- based analysis of strategic consolidation in the German electricity industry*, in: Energy Policy, 29 (2001b), S. 987-1005.

[Brabeck et al. 1999] Brabeck, A.; Hilligweg, G.: *Steinkohle in Deutschland*, in: Brennstoff Wärme Kraft, 51 (1999), H. 4, S. 35-39.

[Bratrich et al. 2001] Bratrich, C.; Truffer, B.: *Ökostrom-Zertifizierung für Wasserkraftanlagen - Konzepte, Verfahren, Kriterien*, Ökostrom Publikationen, Band 6, 2001.

[Brooke et al. 1998] Brooke, A.; Kendrick, D.; Meeraus, A.; Raman, R.: *GAMS - A User's Guide (Edition December 1998)*. Washington: GAMS Development Corporation, 1998.

[Brown et al. 1969] Brown, G.; Johnson, M. B.: *Public Utility Pricing and Output under Risk*, in: American Economic Review (1969), H. 59, S. 119-128.

[Bunge et al. 2003] Bunge, T.; Dirbach, D.; Dreher, B.; Fritz, K.; Lell, O.; Rechenberg, B.; Rechenberg, J.; Schmitz, E.; Schwermer, S.; Seidel, W.; Steinhauer, M.; Steudte, C.; Voigt, T.: *Hydroelectric Power Plants as a Source of Renewable Energy - legal and ecological aspects -*. Berlin: Federal Environmental Agency (Umweltbundesamt), Texte 73 - 03, 2003, www.umweltbundesamt.de.

[Bunn 1997] Bunn, D. W.; Larsen, E. R.: *Systems Modelling for Energy Policy*, John Wiley & Sons Ltd., England, 1997.

[Bunn 2002] Bunn, D.; Oliveira, F.: *Agent- based Simulation: An Application to the New Electricity Trading Arrangements of England and Wales*, in: IEEE-TEC (2002), H. special issue: Agent Based Computational Economics.

[Bunn 2003] Bunn, D.; Oliveira, F.: *Evaluating Individual Market Power in Electricity Markets via Agent- Based Simulation*, in: Annals of Operations Research (2003), H. 121, S. 57-77.

[Bunn 2004] Bunn, D.: *Modelling Prices in Competitive Electricity Markets*. John Wiley & Sons, Ltd: 2004.

[Bunn et al. 2002] Bunn, D. W.; Day, C. J.: *Computational Modelling of price-formation in the electricity pool of England and Wales*, 2002, http://www.london.edu/assets/documents/PDF/2.3.4.12.1_Bunn_and_Day_2003_pdf6.pdf.

[Bunn et al. 2005a] Bunn, D.; Martoccia, M.: *Unilateral and collusive market power in the electricity pool of England and Wales*, in: Energy Economics, 27 (2005a), H. 2.

[Bunn et al. 2005b] Bunn, D. W.; Micola, A. R.: *Agent-based Models for Electricity Policy Design*. ACEPOL05, 30.Juni - 2.Juli 2005, Bielefeld, 2005b, http://www.wiwi.uni-bielefeld.de/~dawid/acepol/Downloads/Presentation/Bunn.pdf.

[Burns et al. 2004] Burns, Phil; Riechmann, C.: *Regulatory instruments and investment behaviour*, in: Utilities Policy, 12 (2004), H. 4, S. 211-219.

[Bushnell et al. 1999] Bushnell, J. B.; Day, C.; Duckworth, M.; Green, R.; Halseth, A.; Read, E. G.; Rogers, J. S.; Rudkevich, A.; Scott, T.; Smeers, Y.; Huntington, H.: *An International Comparison of Models for Measuring Market Power in Electricity*. Stanford: Stanford Universtity, 1999.

[BUWAL 2000] Bundesministerium für Umwelt, Wald und Landschaft (Hrsg.): *Angemessene Restwassermengen - Wie könnten sie bestimmt werden?* Bern, 2000.

[BUWAL 2003] Bundesamt für Umwelt, Wald und Landschaft: *Gewässerökologische Auswirkungen des Schwallbetriebes*, in: Mitteilungen zur Fischerei (2003), H. Nr. 75.

[BUWAL 2005] Bundesamt für Umwelt, Wald und Landschaft: *Treibhausgasemissionen nach Kyoto-Protokoll - Emissionsperspektiven 2010*, 2005, http://www.umwelt-schweiz.ch/imperia/md/content/buwalcontent/folder/05-06-14emissionen/d.pdf.

[BWE 2004] Bundesverband WindEnergie e.V.: *Stellungnahme des Bundesverband WindEnergie e.V. zu dem Gutachten im Auftrag des BMWA "Gesamtwirtschaftliche, sektorale und ökologische Auswirkungen des Erneurbare Energieen Gesetzes (EEG)"*, 2004.

[BWG 2002a] Bundesamt für Wasser und Geologie (BWG): *Der Wasserzins - die wichtigste Abgabe auf der Wasserkraftnutzung in der Schweiz*, 2002a, www.bwg.admin.ch.

[BWG 2002b] Bundesamt für Wasser und Geologie (BWG): *Wasserkraftnutzung: Zahlen und Fakten*, Bundesamt für Wasser und Geologie, 2002b, http://www.bwg.admin.ch/themen/wkraft/d/pdf/wknfaza4.pdf, 15.08.04.

[Capros et al. 2000] Capros, P.; Mantzos, L.: *The Economic Effects of EU-Wide Industry-Level Emission trading to reduce Greenhouse Gases: Results from PRIMES Energy Systems Model.* Paper, 2000, http://europa.eu.int/comm/environment/enveco/climate_change.htm.

[Carlton 1977] Carlton, D. W.: *Peak Load Pricing with Stochastic Demand*, in: American Economic Review (1977), H. 67, S. 1006-1010.

[Celan 2002] Celan, A.: *Simulationswerkzeuge zur Bewirtschaftung von Staustufenketten.* Karlsruhe: Diss., Mitteilung des Institutes für Wasserwirtschaft und Kulturtechnik, Universität Karlsruhe (TH), 2002.

[Chao 1983] Chao, H.-P.: *Peak load pricing and capacity planning with demand and supply uncertainty*, in: Bell Journal of Economics, 14 (1983), S. 179-190.

[Chao et al. 1997] Chao, H.; Huntington, H. G. (Hrsg.): *Designing competitive electricity markets.* Stanford: Kluwer Academic Publishers, 1997.

[Chao et al. 1999a] Chao, H.-P.; Wilson, R.: *Design of Wholesale Electricity Markets*, Electric Power Research Institute, 1999a, http://faculty-gsb.stanford.edu/wilson/archive/E542/classmaterial.htm.

[Chao et al. 1999b] Chao, H.-P.; Wilson, R.: *Incentive-Compatible Evaluation and Settlement Rules: Multi-Dimensional Auctions for Procurement of Ancillary Services in Power Markets*, in: Journal of Regulatory Economics (1999b).

[Clark 1940] Clark, J. M.: *Toward a Concept of Workable Competition*, in: The American Economic Review, Vol.30 (1940), S. 241-256.

[Columberg 2004] Columberg, G.: *Intra- Day- Handel aus Sicht eines Schweizer Unternehmens*, in: ETG (Hrsg.): Internationale Dreiländer- Tagung D/A/CH 2004 Engpassmanagement und Intra- Day- Energieaustausch 15.- 16. Juni 2004, München VDE Verlag, 2004, S. 99-101.

[Cooretec 2003] Cooretec-Arbeitsgruppen: *Forschungs- und Entwicklungskonzept für emissionsarme fossil befeuerte Kraftwerke".* Berlin: Bericht der Cooretec-Arbeitsgruppen, BMWA-Dokumentation Nr. 527, 2003.

[Cottier et al. 1998] Cottier, T.; Nadakavukaren, S. K.: *Der Energie-Charta-Vertrag und die künftigen Verhandlungen zwischen der Schweiz und der EG über die Ordnung des Elektrizitätsmarktes.* Bern: Rechtsgutachten erstellt zu Händen des Verbands Schweizerischer Elektrizitätswerke vom 24. Juli 1998, 1998.

[Credit Suisse 2004] Credit Suisse (Hrsg.): *Kredithandbuch Schweizer Elektrizitätswerke: Ratings - Branchentrends - Marktausblick.* Zürich: Swiss Credit Research, 2004.

[Cremer 2005] Cremer, C.: *Integrating regional aspects in modelling of electricity generation - the example of CO_2 capture and storage.* Zürich: Dissertation ETH Zürich (ETH NO. 16119), 2005.

[Crew et al. 1976] Crew, M. A.; Kleindorfer, P. R.: *Peak Load Pricing with a Diverse Technology*, in: Bell Journal of Economics (1976), H. 7, S. 207-231.

[Curtius 1985] Curtius, F.: *Zum Einfluss des Revisionsplans auf die Betriebskosten im Kraftwerkssystem.* Aachen: Dissertation, RWTH Aachen, 1985.

[Czisch 2000] Czisch, G.: *Expertise zur möglichen Bedeutung einer EU überschreitenden Nutzung von Wind- und Solarenergie, ISET-Paper (Download von www.iset.uni-kassel.de).* Kassel: ISET, 2000.

[Dahl et al. 1994] Dahl, C.; Erdogan, M.: *Econometric Energy Demand and Supply Elasticities: Truth or Fiction*, in: Proceedings of the 17th Annual International Energy Conference. Cleveland: 1994.

[Dany 2004] Dany, G.: *Kraftwerksreserve in elektrischen Verbundsystemen mit hohem Windenergieanteil.* Aachen: Klinkenberg Verlag, 2004.

[Dany et al. 2003] Dany, G.; Haubrich, H.-J.; Luther, M.; Berger, F.; Sengbusch, K. v.: *Auswirkungen der zunehmenden Windenergieeinspeisung auf die Übertragungsnetzbetreiber*, in: Energiewirtschaftliche Tagesfragen, 53 (2003), H. 9, S. 562-566.

[Day et al. 2002] Day, C. J.; Hobbs, B. F.; Pang, J.-S.: *Oligopolistic Competition in Power Networks: A Conjectured Supply Function Approach*, in: IEEE Transactions on Power Systems, Vol. 17 (2002), H. 3, S. 597-607.

[DB 2005] Deutscher Bundestag: *Perspektiven der Kernenergienutzung am Standort Deutschland im Innovationsjahr 2004, Drucksache 15/4680.* Berlin: Deutscher Bundestag, DIP - Dokumentations- und Informationssystem für Parlamentarische Vorgänge, 2005, http://dip.bundestag.de/btd/15/046/1504680.pdf, abgerufen am 16.03.2005.

[dena 2005] Deutsche Energie-Agentur (dena): *Energiewirtschaftliche Planung für die Netzintegration von Windenergie in Deutschland an Land und Offshore bis zum Jahr 2020 - Endbericht -*, 2005.

[Dennerlein 1990] Dennerlein, R.: *Energieverbrauch privater Haushalte.* Augsburg: 1990.

[DEWI 2003] DEWI-Studie: *Weiterer Ausbau der Windenergienutzung im Hinblick auf den Klimaschutz, Teil 2, (im Auftrag des BMU)*, 2003.

[DGEMP 2004] Direction générale de l'énergie et des matierès premiéres, Observatoire de l'énergie; Ministére de l'économie des finances et de l'industrie: *Scénario énergétique tendanciel à 2030 pour la France DGEMP-OE (2004)*, 2004.

[Doege et al. 2005] Doege, J.; Lüthi, H.-J.; Schiltknecht, P.: *Risk Management of Power Portfolios and Valuation of Flexibility*, in: OR Spektrum (2005).

[Doorman et al. 1995] Doorman, G. L.; Gjelsvik, A.; Haugstad, A.: *Hydro power scheduling in Norway, before and after deregulation*. Stockholm Power Tech International Symposium on Electrical Power Engineering , 18 - 22 June 1995, 1995.

[Drasdo et al. 1998] Drasdo, P.; Drillisch, J.; Hensing, I.; Kreuzberg, M.; Kreuzberg, P.; Nolden, A.; Perner, J.; Riechmann, C.; Schulz, W.; Schuppe, Th.; Starrmann, F.: *Konzentration und Wettbewerb in der deutschen Energiewirtschaft*. München: Oldenbourg Verlag, 1998.

[Dreher 2001] Dreher, M.: *Analyse umweltpolitischer Instrumente zur Förderung der Stromerzeugung aus regenerativen Energieträgern im liberalisierten Strommarkt*. Karlsruhe: Dissertation, Fakultät für Wirtschaftswissenschaften, Universität Karlsruhe (TH), 2001.

[Duffie et al. 1998] Duffie, D.; Gray, S.: *Volatility in Energy Prices*, in: Jameson, R. (Hrsg.): Managing energy price risk. London: Risk Publications, 1998.

[EC 1985] Europäische Kommission: *Richtlinie des Rates vom 27. Juni 1985 über die Umweltverträglichkeitsprüfung bei bestimmten öffentlichen und privaten Objekten (85/337/EWG)*, in: Amtsblatt der Europäischen Union (1985).

[EC 1992] Europäische Kommission: *Flora-Fauna-Habitat Richtlinie vom 21. Mai 1992 (92/43/EWG)*, in: Amtsblatt der Europäischen Union (1992).

[EC 1995] European Commission - Directorate-General XII - Science, Research and Development: *ExternE - Externalities of Energy*. Brussels: 1995.

[EC 1996] Commission of the European Communities: *Directive 96/92/EC of the European Parliament and of the Council of 19 December 1996 concerning common rules for the internal market in electricity*. Brussels: Commission of the European Communities, 1996.

[EC 1997a] Europäische Kommission: *Änderung der Richtlinie 85/337/EWG über die Umweltverträglichkeitsprüfung bei bestimmten öffentlichen und privaten Projekten vom 3. März 1997*, in: Amtsblatt der Europäischen Union (1997a).

[EC 1997b] European Commission: *Trans-European Energy Networks - Policy and actions of the European Community*. Luxembourg: Office for official Publications of the European Communities, 1997b.

[EC 1999] European Commission - DG XVIII (Energy): *European Union Energy Outlook to 2020*. Luxembourg: Office for Official Publications of the European Communities, 1999.

[EC 2000a] Commission of the European Communities: *1999 annual energy rewiew. Energy in Europe special issue - January 2000.* Brussels: Directorate-General for Energy, 2000a.

[EC 2000b] Commission of the European Communities: *Green Paper on greenhouse gas emissions trading within the European Union.* Brussels: Commission of the European Communities, 2000b.

[EC 2000c] Europäische Kommission: *Richtlinie 2000/60/EG des europäischen Parlaments und des Rates vom 23. Oktober 2000 zur Schaffung eines Ordnungsrahmens für Maßnahmen der Gemeinschaft im Bereich der Wasserpolitik*, in: Amtsblatt der Europäischen Union (2000c), S. 327/1-327/72.

[EC 2000d] European Commission: *Commission decision of 16 November 2000 defining the specifications of projects of common interest identified in the sector of the trans-European energy networks by Decision No 1254/96/EC of the European Parliament and of the Council*, in: Official Journal of the European Communities (2000d), H. L305, S. 22-31.

[EC 2001] Commission of the European Communities: *Directive 2001/77/EC of the European Parliament and of the Council of 27 September 2001 on the promotion of electricity produced from renewable energy sources in the internal electricity market.* Brussels: Commission of the European Communities, 2001.

[EC 2002] Commission of the European Communities: *Second Benchmarking Report on the Implementation of the Internal Electricity and Gas Market, SEK(2002)1038.* Brussels: Commission of the European Communities, 2002.

[EC 2003a] European Commission: *Directive 2003/87/EC of the European Parlament and of the Council of 13 October 2003 establishing a scheme for greenhouse gas emmission allowance trading within the Community and amending Council Directive 96/61/EC*, in: Official Journal of the European Union (2003a), S. 275/32-275/46.

[EC 2003b] European Commission: *World energy, technology and climate policy outlook.* Brüssel: European Commission, 2003b.

[EC 2004] Commission of the European Communities: *Third Benchmarking Report on the Implementation of the Internal Electricity and Gas Market.* Brussels: Commission of the European Communities, 2004.

[EC 2005] Commission of the European Communities: *Annual Report on the Implementation of the Internal Electricity and Gas Market.* Brussels: Commission of the European Communities, 2005.

[ECONCEPT 1996] econcept, INFRAS Prognos: *Die vergessenen Milliarden. Externe Kosten im Energie- und Verkehrsbereich.* Bern: Verlag Paul Haupt, 1996.

[ECONCEPT 1997] ECONCEPT: *Nichtamortisierbare Investitionen als Folge der Marktöffnung im Elektrizitätsbereich.* Bern: Studie im Auftrag des Bundesamtes für Energie, 1997.

[ECONCEPT 1999] econcept AG; Schweizerischer Wasserwirtschaftsverband: *Ökologische Qualitäten der Wasserkraft und anderer Stromproduktionsarten.* Zürich: 1999.

[Edwards 2003] Edwards, B. K.: *The Economics of Hydroelectric Power*, Edward Elgar Publishing Limited, 2003.

[EEA 2004a] European Environment Agency: *Greenhouse gas emission trends and projections in Europe 2003.* Copenhagen: 2004a, www.eea.eu.int.

[EEA 2004b] European Topic Centre on Air and Climate Change:; Gugele, B.; Huttunen, K.; Ritter, M.; Mareèková, K.; Taylor, P.; Handley, C.; Gardiner, A.; Cames, M.; Herold, A.: *Analysis of greenhouse gas emission trends and projections in Europe 2003*, European Environment Agency (EEA), 2004b, http://reports.eea.eu.int/technical_report_2004_4/en.

[EEG 2000] Bundesgesetzblatt: *Gesetz für den Vorrang erneuerbarer Energien (Erneuerbare-Energien-Gesetz - EEG).* Bonn: Bundesrepublik Deutschland, 2000.

[EEX 2005] European Energy Exchange (EEX): *Online-Marktdaten: Strompreise 2004.* Leipzig: European Energy Exchange, 2005, www.eex.de; abgerufen am 21.03.2005.

[Egre et al. 2002] Egre, D.; Milewski, J. C.: *The diversity of hydropower projects*, in: Energy Policy (2002), H. 30, S. 1225-1230.

[EIA/DOE 2004] Energy Information Administration: *International Energy Outlook 2004.* Washington: U.S. Department of Energy, 2004.

[Elektrowatt 1987a] Elektrowatt Ingenieurunternehmung AG: *Studie über den Ausbau der Wasserkraft in der Schweiz.* Zürich: im Auftrag der Expertengruppe Energieszenarien, Arbeitsdokument 2, 1987a.

[Elektrowatt 1987b] Elektrowatt Ingenieurunternehmung AG: *Studie über die Energieeinbussen bei den Wasserkraftanlagen aufgrund Kapitel 2 "Sicherung angemessener Restwassermengen" des Revisionsentwurfes des Gewässerschutzgesetzes (Botschaft vom 29. April 1987)*, Studie im Auftrag des Schweizerischen Wasserwirtschaftsverbandes, 1987b.

[Elektrowatt 1987c] Elektrowatt Ingenieurunternehmung AG: *Studie über die Optimierung der Wasserkraft.* Zürich: im Auftrag der Expertengruppe Energieszenarien, Arbeitsdokument 6, 1987c.

[Elektrowatt 1991] Elektrowatt Ingenieurunternehmung AG: *Studie über die Energieeinbussen bei den Wasserkraftanlagen aufgrund der Restwasserempfehlungen von Bundi/Eichenberger und Hanard et al. im Zusammenhang mit der Volksinititiative "zur Rettung unserer Gewässer".* Zürich: im Auftrag des Schweizerischen Wasserwirtschaftsverbandes, 1991.

[Ellersdorfer et al. 2004] Ellersdorfer, I.; Blesl, M.; Fahl, U.; Kessler, A.: *Wettbewerb im liberalisierten europäischen Elektrizitätsmarkt*, in: Zeitschrift für Energiewirtschaft (ZfE), 28 (2004), H. 1, S. 3-18.

[EnBW 2005] EnBW Energie Baden-Württemberg AG: *Online-Daten Netzeinspeisung 2004*. Karlsruhe: EnBW Energie Baden-Württemberg AG, 2005, http://www.enbw.com/content/de/geschaeftskunden/netznutzer/strom/; abgerufen am 21.03.2005.

[Endres et al. 2000] Endres, A.; Querner, I.: *Die Ökonomie natürlicher Ressourcen*. Stuttgart: W. Kohlhammer, 2000.

[Enquete 2002] Enquete-Kommission: *Enquete-Kommission - Nachhaltige Energieversorgung unter den Bedingungen der Globalisierung und der Liberalisierung*. Berlin: Deutscher Bundestag, 2002.

[Enzensberger 2003] Enzensberger, N.: *Entwicklung und Anwendung eines Strom- und Zertifikatmodells für den europäischen Energiesektor*. Karlsruhe: Düsseldorf, VDI-Verlag, VDI Reihe 16, Nr. 159, 2003.

[EON 2005] E.ON Netz GmbH: *Online-Daten Netzeinspeisung 2004*. München: E.ON Netz GmbH, 2005, http://www.eon-netz.com/; abgerufen am 21.03.2005.

[Ernst et al. 2004] Ernst, D.; Minoia, A.; Iliæ, M. D.: *Market Dynamics Driven by the Decision-Making Power Producers* . Bulk Power System Dynamics and Control, Cortina D'Ampezzo, Italy, 2004, http://www.montefiore.ulg.ac.be/services/stochastic/pubs/2004/EMI04/.

[ETG 2004] Energietechnische Gesellschaft im VDE (ETG): *Engpassmanagement und Intra- Day- Energieaustausch*, Internationale Dreiländer- Tagung D/A/CH 2004 15.- 16. Juni 2004, München, 2004.

[ETSO 2002] European Transmission System Operators (ETSO) (Hrsg): *Indicative values for Net Transfer Capacities (NTC) in Europe Winter 2002/2003, working day, peak hours (Non binding values)*.

[ETSO 2003a] European Transmission System Operators (ETSO): *Benchmarking on transmission pricing in Europe*. Brüssel: 2003a.

[ETSO 2003b] European Transmission System Operators (ETSO): *ETSO approves a new cross-border trade system (CBT) for 2003, which reduces the fee from 1 to 0,5 €/MWH*. Pressemeldung 20.12.2003, Brüssel: ETSO, 2003b.

[EURELECTRIC 1997] EURELECTRIC: *Hydroelectricity, energy vector for progess and development*. Brussels: Union of the Electric Industry (Eurelectric), 1997.

[EUROSTAT 2002] Eurostat: *Energie: Jährliche Statistiken - 2002*, EUROSTAT - European Commission, 2002.

[EWEA 2004] European Wind Energy Association (EWEA): *Wind Power installed in Europe by end of 2004*. Brussels: European Wind Energy Association, 2004, http://www.ewea.org/documents/EWEA_2004Map_v2.pdf.

[Ewers 1994] Ewers, H.-J.: *Privatisierung und Deregulierung bei den Eisenbahnen - Das Beispiel der Deutschen Bundesbahn und der Deutschen Reichsbahn*, in: Jahrbuch für Neue Politische Ökonomie, Band 13, 1994, S. 178-208.

[Federico 2002] Federico, T: *Ökonometrische Untersuchung der Spotpreisnotierungen des liberalisierten Elektrizitätsmarktes in Deutschland*, in: Strecker, S; Göbelt, M. (Hrsg.): Liberalisierte Energiemärkte - Strategie, Prognose, Handel. Düsseldorf: VDI-Verlag, 2002, S. 53-72.

[Federico et al. 1999] Federico, G.; Whitmore, A.: *The importance of Market Structure and Incentives in Determining Energy Price Risk*, in: Risk Books (Hrsg.): Modelling and the Management of Uncertainty. London: Haymarket House, 1999, S. 101-119.

[Federico et al. 2000] Federico, G.; Riechmann, C.: *Modellgestützte Analyse des Stromgroßhandels*, in: Wirtschaftswelt Energie, Juli / August 2000 (2000), S. 4-7.

[Federico et al. 2005] Federico, T; Kozlowski, B. (Hrsg.): *Risikomanagement in der Energiewirtschaft - Modelle, Analysen, Prognosen*. Herrsching: Energie & Management, 2005.

[Fehr et al. 1998] von der Fehr, N.; Harbord, D.: *Competition in Electricity Spot Markets: Economic Theory and International Experience.*, Memoranda, Universitetet i Oslo, 1998.

[Fichtner 1999] Fichtner, W.: *Strategische Optionen der Energieversorger zur CO_2-Minderung: ein Energie-und Stoffflussmodell zur Entscheidungsunterstützung.* Berlin: Erich Schmidt, 1999.

[Fichtner 2004] Fichtner, W.: *Emissionsrechte, Energie und Produktion - Verknappung der Umweltnutzung und produktionswirtschaftliche Planung.* Berlin: Erich Schmidt Verlag, 2004.

[Fichtner et al. 2003] Fichtner, W.; Möst, D.; Wietschel, M.; Weinhard, C.; Rentz, O.: *Strategische Planung von Energieversorgern in liberalisierten Energiemärkten*, in: Wirtschaftwissenschaftliches Studium (WIST) (2003), H. 12, S. 707-712.

[Filippini et al. 2001] Filippini, M.; Banfi, S.; Luchsinger, C.; Wild, J.: *Perspektiven für die Wasserkraftwerke in der Schweiz - Langfristige Wettbewerbsfähigkeit und mögliche Verbesserungspotentiale*, Studie im Auftrag des Bundesamtes für Energie, 2001.

[Finon 1974] Finon, D.: *Optimization Model for the Energy Sector*, in: Energy Policy (1974), H. 6, S. 136-151.

[Fishbone et al. 1981] Fishbone, L. G.; Abilock, H.: *MARKAL: A linear programming model for energy systems analysis: Technical Description of the BNL version*, in: International Journal of Energy Research - 5/4 (1981), S. 353-375.

[Flechner 1995] Flechner, B.: *Die notwendige Modellierungsgenauigkeit bei der Energieeinsatzplanung in hydrothermischen Kraftwerksystemen*, Fakultät für Elektrotechnik der Rheinisch- Westfälischen Technischen Hochschule Aachen, 1995.

[Fleury 2005] Fleury, A.: *Eine Nachhaltigkeitsstrategie für den Energieversorgungssektor - dargestellt am Beispiel der Stromversorgung in Frankreich.* Karlsruhe: Dissertation, Fakultät für Wirtschaftswissenschaften, Universität Karlsruhe (TH), 2005, http://www.ubka.uni-karlsruhe.de/vvv/2005/wiwi/2/2.pdf.

[Frank 2003] Frank, M.: *Entwicklung und Anwendung einer integrierten Methode zur Analyse von betriebsübergreifenden Energieversorgungskonzepten.* Karlsruhe: Dissertation, Fakultät für Wirtschaftswissenschaften, Universität Karlsruhe (TH), 2003.

[Friedrich et al. 1997] Friedrich, R.; Krewitt, W.: *Umwelt- und Gesundheitsschäden durch die Stromerzeugung - Externe Kosten von Stromerzeugungssystemen.* Berlin: Springer, 1997.

[Fritsch et al. 2001] Fritsch, M.; Wein, T.; Ewers, H.-J.: *Marktversagen und Wirtschaftspolitik.* München: Verlag Franz Vahlen, 2001.

[Fust 2005] Fust, A.: *Neubauprojekt Kraftwerk Rheinfelden - Technik, Ökologie und Ökonomie im Einklang?*, in: Köngeter, J. (Hrsg.): Energie und Wasserkraft - zum 100. Todestag von Otto Intze - Internationales Wasserbau-Symposium Aachen 2005. Aachen: Shaker Verlag GmbH, 2005, S. 100-107.

[Gantner et al. 2001] Gantner, U.; Jakob, M.; Hirschberg, S.: *Ganzheitliche Betrachtung von Energiesystemen - Perspektiven der zukünftigen Strom- & Wärmeversorgung für die Schweiz - Ökologische und ökonomische Betrachtungen.* Villigen: Paul Scherrer Institut, 2001.

[Gattinger et al. 1999] Gattinger, M.; Voigtländer, P.: *Der globale Strommarkt*, in: Energiewirtschaftliche Tagesfragen, 49 (1999), H. 7, S. 426-431.

[Genoese et al. 2005] Genoese, M.; Sensfuß, F.; Weidlich, A.; Möst, D.: *Development of an agent-based model to analyse the effect of renewable energy on electricity markets.* Brno: Proceedings of the 19th International Conference on Informatics for Environmental Protection (EnviroInfo), 2005.

[Giesecke et al. 1993] Giesecke, J.; Horlacher, H.-B.; Förster, G.: *Forschungsvorhaben "IKARUS": Teilprojekt 4 "Uwandlungssektor", Unterbereich d: Wasserkraftwerke*, Lehrstuhl für Wasserbau und Wasserwirtschaft, Universität Stuttgart, 1993.

[Giesecke et al. 1994] Giesecke, J.; Förster, G.: *Ausbau der Wasserkraft - Arbeitsbericht -.* Stuttgart: Akademie für Technikfolgenabschätzung in Baden-Würtemberg, 1994.

[Giesecke et al. 2003] Giesecke, J.; Mosonyi, E.: *Wasserkraftanlagen.* Berlin: Springer, 2003.

[Göbelt 2001] Göbelt, M.: *Entwicklung eines Modells für die Investitions- und Produktionsprogrammplanung von Energieversorgungsunternehmen im liberalisierten Markt.* Karlsruhe: Dissertation, Fakultät für Wirtschaftswissenschaften, Universität Karlsruhe (TH), 2001.

[Göbelt et al. 2000a] Göbelt, M.; Fichtner, W.; Dreher, M.; Wietschel, M.; Rentz, O.: *A decision support tool for electric utility planning in liberalised energy markets under environmental constraints*, in: Khosrowpour, M. (Hrsg.): Challanges of Information Technology Management in the 21st Century, Proceedings of the IRMA 2000 Conference. Hershey: Idea Group Publishing, 2000a, S. 674-675.

[Göbelt et al. 2000b] Göbelt, M.; Fichtner, W.; Wietschel, M.; Rentz, O.: *Development and application of an optimising energy and material flow model for strategic planning of energy utilities*, in: APORS (Hrsg.): Conference Proceedings of the 5th Conference of Asian-Pacific Operational Research Societies within IFORS. Singapore: 2000b.

[Göbelt et al. 2001] Göbelt, M.; Fichtner, W.; Wietschel, M.; Rentz, O.: *Berücksichtigung von unsicheren energie- und umweltpolitischen Rahmenbedingungen bei der langfristigen Investitions- und Produktionsprogrammplanung von energietechnischen Anlagen*, in: VDI- Gesellschaft Energietechnik (Hrsg.): Fortschrittliche Energiewandlung und -Anwendung. Düsseldorf: VDI-Verlag, 2001.

[Graeber 2002] Graeber, B.: *Grenzübergreifende integrierte Elektrizitätsplanung im südlichen Afrika.* Stuttgart: Dissertation, Universität Stuttgart, 2002.

[Green et al. 1992] Green, R.; Newberry, D.: *Competition in the British Electricity Spot Market*, in: Journal of Political Economy, 100 (1992), H. 5, S. 929-953.

[Grobbel 1999] Grobbel, C.: *Competition in Electricity Generation in Germany and Neighboring Countries from a System Dynamics Perspective - Outlook Until 2012.* Frankfurt am Main: Peter Lang Verlag, 1999.

[Grunwald 2002] Grunwald, A.: *Technikfolgenabschätzung - eine Einführung.* Berlin: 2002.

[Gruß et al. 2002] Gruß, H.; Kantelberg, E.-O.; Schiffer, H.-W.: *Weltmarkt für Steinkohle - Ausgabe 2002.* Köln: RWE Rheinbraun AG, 2002.

[Haasis et al. 2004] *Produktion und Umwelt - Festschrift für Otto Rentz*. Heidelberg: Springer, 2004.

[Hamacher et al. 2001] Hamacher, T.; Bradshaw, A. M.: *Fusion as a future power source: recent achievements and prospects.* Buenos Aires: World Energy Council, 18th Congress, October 2001, 2001.

[Haubrich et al. 2002] Haubrich, H.-J.; Fritz, W.; Zimmer, C.; Sengbusch, K. v.; Kopp, S.; Li, F.: *Grenzüberschreitende Übertragungskapazitäten und Engpässe im europäischen Stromnetz*, in: Energiewirtschaftliche Tagesfragen, 52.Jg. (2002), H. 4, S. 232-237.

[Hauenstein et al. 1999] Hauenstein, W.; Bonvin, J. M.; Vouillamoz, J.; Wiederkehr, B.; Rey, Y.: *Externe Effekte der Wasserkraftnutzung in der Schweiz.* Baden: Schweizerischer Wasserwirtschaftsverband, 1999.

[Haupt et al. 2001] Haupt, U. W. Pfaffenberger: *Wettbewerb auf dem deutschen Strommarkt - Drei Jahre nach der Liberalisierung.* 2. Internationale Energiewirtschaftstagung an der TU-Wien, 2001.

[Haury 2001] Haury, G.: *Ausbaupotentiale für Wasserkraftwerke im Spannungsfeld zwischen ökologischer Vernunft und ökonomischen Zwängen*, in: VGB Power Tech (2001), H. 10, S. 69-72.

[Heimerl 2001] Heimerl, S.: *Systematische Beurteilung von Wasserkraftprojekten*. Stuttgart: Energieverlag des Instituts für Wasserbau, Universität Stuttgart, 2001.

[Heimerl 2005a] Heimerl, S.: *Wasserkraft in Deutschland - Bedeutung, Struktur und rechtliche Rahmenbedingungen*, in: ew, 104 (2005a), H. 16, S. 30-35.

[Heimerl 2005b] Heimerl, S.: *Wasserkraft in Deutschland - Wasserrahmenrichtlinie und Zukunftsaussichten*, in: ew, 104 (2005b), H. 17-18, S. 58-61.

[Hendler 2000] Hendler, R.: *Zur Verlängerung wasserrechtlicher Gestattungen*, in: Zeitschrift für Wasserrecht (ZfW), 39 (2000), H. 3, S. 149-164.

[Hensing et al. 1998] Hensing, I.; Pfaffenberger, W.; Ströbele, W.: *Energiewirtschaft*. München: Oldenbourg Verlag, 1998.

[Herppich 1993] Herppich, W.: *Least-Cost Planning: Grundidee und Erfahrungen in den USA*, in: Hoecker, H.; Fahl, U. (Hrsg.): Least-Cost Planning in der Energiewirtschaft: Chancen und Probleme. Köln: Verlag TÜV Rheinland, 1993, S. 5-24.

[Hirschberg et al. 2004] Hirschberg, S.; Bauer, C.; Biollaz, S.; Burgherr, P.; Durisch, W.; Meier, A.; Schenler, W.; Schulz, T.; Stucki, S.; Vogel, F.: *Electricity generation potentials and costs of new renewables*, in: Paul Scherrer Institut (PSI) (Hrsg.): Scientific Report 2004 / Volume V. Villigen: Paul Scherrer Institut, 2004, S. 15-17.

[Hirschberg et al. 2005] Hirschberg, S.; Bauer, C.; Biollaz, S.; Burgherr, P.; Durisch, W.; Foskolos, K.; Hardegger, P.; Meier, A.; Schenler, W.; Schulz, T.; Stucki, S.; Vogel, F.: *Erneuerbare Energien und neue Nuklearanlagen*. Bern: Bundesamt für Energie (BFE), 2005.

[Hobbs 2001] Hobbs, B. F.: *Linear Complementarity Models of Nash-Cournot Competition in Bilateral and POOLCO Power Markets*, in: IEEE Transactions on Power Systems, Vol. 16 (2001), H. 2, S. 194-202.

[Hobbs et al. 2001] *The next generation of electric power unit commitment models*. Norwell, Massachusetts: Kluwer Academic Publishers, 2001.

[Hobbs et al. 2004] Hobbs, F.; Helman, U.: *Complementarity-Based Equilibrium Modeling for Eletric Power Markets*, in: Bunn, D. (Hrsg.): Modelling Prices in Competitive Electricity Markets John Wiley & Sons Ltd., 2004, S. 69-99.

[Hogan 1997] Hogan, W. W.: *A Market Power Model with Strategic Interaction in Electricity Networks*, in: The Energy Journal, Vo. 18 (1997), H. 4, S. 107-141.

[Hoster 1996] Hoster, F.: *Auswirkungen des europäischen Binnenmarktes für Energie auf die deutsche Elektrizitätswirtschaft*. München: R. Oldenbourg Verlag, 1996.

[Hufschmied 2002] Hufschmied, P.: *Der deutsche Steinkohlenmarkt im Jahr 2001*, in: Glückauf, 138 (2002), H. 3, S. 99-105.

[Hull 2000] Hull, J. C.: *Options and Futures and Other Derivatives*. New Jersey: Prentice Hall, 2000.

[IAEW 2001] Institut für Elektrische Anlagen und Energiewirtschaft (IEAW) RWTH Aachen; CONSENTEC Consulting für Energiewirtschaft und Technik: *Analysis of Electricity Network Capacities and Identification of Congestion - Final Report*. Aachen: Institut für Elektrische Anlagen und Energiewirtschaft (IEAW) RWTH Aachen, 2001.

[IEA 2000a] International Energy Agency (IEA): *Energy Policies of the IEA Countries - Luxemburg*. Paris: OECD/IEA, 2000a.

[IEA 2000b] International Energy Agency (IEA): *Energy Policies of the IEA Countries - The Netherlands*. Paris: OECD/IEA, 2000b.

[IEA 2001a] International Energy Agency (IEA): *Energy Policies of the IEA Countries - Belgium*. Paris: OECD/IEA, 2001a.

[IEA 2001b] International Energy Agency (IEA): *Nuclear power in the OECD*. Paris: OECD/IEA, 2001b.

[IEA 2002a] IEA - International Energy Agency: *IEA Wind Energy Annual Report 2001*, 2002a.

[IEA 2002b] International Energy Agency (IEA): *World Energy Outlook - 2002 Edition*. Paris: OECD/IEA, 2002b.

[IEA 2002c] International Energy Agency: *World Energy Outlook 2002*, 2002c.

[IEA 2003] International Energy Agency (IEA): *Energy Policies of IEA Countries - Italy*. Paris: OECD/IEA, 2003.

[Imhof 2004] Imhof, K.: *Erkenntnisse aus den Blackouts 2002 / 2003*. Vortrag an der Fachtagung "Schutz- und Leittechnik" am 10.-11.02.2004 in Jena, 2004.

[IPTS 2000] Institute for Prospective Technological Studies (IPTS): *Preliminary Analysis of the Implementation of an EU-wide Permit Trading Scheme on CO_2 Emissions Abatement Costs: Results from the POLES model*, Paper, 2000, http://europa.eu.int/comm/environment/enveco/climate_change.htm.

[Jattke 1996] Jattke, A.: *Entwicklung von techno-ökonomischen Emissionsminderungspolitiken für die Republik Russland*. Karlsruhe: Dissertation, Fakultät für Wirtschaftswissenschaften, Universität Karlsruhe (TH), 1996.

[Jauch et al. 2003] Jauch, B.; Langbecker, J.: *Regelenergiemärkte in Deutschland und Europa*, in: Beitrag zum Internationalen ETG-Kongress Energietechnik für die Zukunft, Oktober 2003, 2003.

[Jochum 2005] Jochum, G.: *Erneuerbare Energie zwischen EEG und EeE*, in: Energie & Management (2005), H. 9, S. 29-30.

[Johannesen et al. 1989] Johannesen, A.; Flatabø, N.: *Scheduling methods in operation planning of a hydro-dominated power production system*, in: Electrical Power & Energie Systems, 11 (1989), H. 3.

[Johnson et al. 1999] Johnson, B; Barz, G.: *Selecting Stochastic Processes for Modelling Electricity Prices*, in: Risk Books (Hrsg.): Modelling and the Management of Uncertainty. London: Haymarket House, 1999, S. 3-22.

[Jürgens 1994] Jürgens, P.: *Tageseinsatzplanung in hydrothermischen Kraftwerkssystemen - ein Verfahrensvergleich.* Aachen: Aachener Beitrage zur Energieversorgung, Band 25, 1994.

[Kahn 1998] Kahn, E.: *Numerical Techniques For Analyzing Market Power in Electricity*, in: The Electricity Journal, Band 11 (1998), H. 6, S. 34-43.

[Kahn et al. 1992] Kahn, E.; Marnay, C.; Berman, D.: *Evaluating dispatchability features in competitive bidding*, in: IEEE Transactions on Power Systems; Power Engineering Society, 7 (1992) , H. 3, S. 1259-1265.

[Kaltschmitt et al. 2003] *Erneuerbare Energien - Systemtechnik, Wirtschaftlichkeit, Umweltaspekte.* Heidelberg: Springer, 2003.

[Kemfert et al. 2000] Kemfert, C.; Tol, R.: *The Liberalisation of the German Electricity Market - Modelling an Ologopolistic Structure by a Computational Game Theoretic Modelling Tool*, 2000.

[Kessler et al. 2005] Kessler, S.; Iten, R.; Vettori, A.; Haller, A.; Ochs, M.; Keller, L.: *Kosten und Nutzen von Solarenergie in energieeffizienten Bauten.* Bundesamt für Energie (BFE): 2005.

[Klemperer et al. 1989] Klemperer, P; Meyer, B.: *Supply Function Equilibria in Oligopoly under uncertainty*, in: Econometrica, 57 (1989), H. 6, S. 1243-1277.

[Koesrindartoto et al. 2005] Koesrindartoto, D.; Sun, J.; Tesfatsion, L.: *An agent-based computational laboratory for testing the economic reliability of wholesale power market designs.* IEEE Power Engineering Conference, San Francisco, 2005, http://www.wiwi.uni-bielefeld.de/~dawid/acepol/Downloads/Paper/Tesfatsion.pdf.

[KOWA 1993] Konfliktlösungsgruppe Wasserkraft: *Produktionspotenziale aus Umbauten von Wasserkraftanlagen.* Bern: Arbeitsgruppenbericht im Rahmen von Energie 2000, 1993.

[Kozlowski 2005] Kozlowski, B.: *Strompreisprognosen und deren Nutzen für das Risikomanagement*, in: Federico, T; Kozlowski, B. (Hrsg.): Risikomanagement in der Energiewirtschaft. Herrsching: Energie & Management, 2005, S. 165-191.

[Kramer 2002] Kramer, N.: *Modellierung von Preisbildungsmechanismen im liberalisierten Strommarkt.* Freiberg: Dissertation, Fakultät für Wirtschaftswissenschaften, Universität Bergakademie Freiberg, 2002.

[Kramer et al. 1999] Kramer, N.; Hufendiek, K.: *Preisprognose im liberalisierten Strommarkt*, in: VDI- Gesellschaft Energietechnik (Hrsg.): VDI- Berichte: Optimierung in der Energieversorgung 1999, 1999, S. 219-227.

[Kraus 2001] Kraus, M.: *Physische und finanzielle Konzepte zur wettbewerblichen Bewirtschaftung von Netzengpasskapazitäten*, FHD Fachhochschule Darmstadt, 2001.

[Krause 1999] Krause, F.: *The economics of cutting carbon emissions in the power sector: A review and methodological comparison of two European studies*. Paper presented at the IEA International Workshop on technologies to reduce Greenhouse Gas Emissions, 5.-7. May 1999, Washington, 1999.

[Krause et al. 2004] Krause, T.; Andersson, G.; Ernst, D.; Beck, E.; Cherkaoui, R.; Germond, A.: *Nash Equilibria and Reinforcement Learning for Active Decision Maker Modelling in Power Markets*, Swiss Federal Institute of Technology Zürich; Swiss Federal Institute of Technology Lausanne, 2004.

[Krelle 1976] Krelle, W.: *Preistheorie - Teil I und II*. Tübingen: Verlag Mohr, 1976.

[Kreuzberg 1999] Kreuzberg, M.: *Spotpreise und Handelsflüsse auf dem europäischen Strommarkt- Analyse und Simulation*, in: ZfE, 1 (1999), S. 43-63.

[Kreuzberg 2001] Kreuzberg, M.: *Spot Prices of Electricity in Germany and Other European Countries*. München: Oldenbourg Industrieverlag, München, 2001.

[Kreuzberg et al. 2001] Kreuzberg, M.; Müsgens, F.: *Der Einfluss der Speicherkraftwerke in der Alpenregion auf die Strompreise in Deutschland*. 2. Internationale Energiewirtschaftstagung IEWT 2001/ 21. bis 23. Februar 2001/ Wien, 2001.

[Kupper 2003] Kupper, P.: *Atomenergie und gespaltene Gesellschaft : die Geschichte des gescheiterten Projektes Kernkraftwerk Kaiseraugst*. Zürich: Dissertation, ETH Zürich, 2003.

[KWK-Gesetz 2002] Bundesgesetzblatt: *Gesetz für die Erhaltung, die Modernisierung und den Ausbau der Kraft-Wärme-Kopplung*. Bonn: Bundesrepublik Deutschland, 2002.

[Lehner et al. 2005] Lehner, Bernhard; Czisch, G.; Vassolo, S.: *The impact of global change on the hydropower potential of Europe: a model-based analysis*, in: Energy Policy, 33 (2005), H. 7, S. 839-855.

[Löbbe et al. 1997] Löbbe, S.; Kaliny, G.: *Herausforderungen für Elektrizitätsversorgungsunternehmen im liberalisierten Markt*, in: VIK-Mitteilungen, 47.Jg. (1997), H. 2, S. 31-36.

[Lüth 1997] Lüth, O.: *Strategien zur Energieversorgung unter Berücksichtigung von Emissionsrestriktionen - Entwicklung eines Energie-Emissions-Modells für kleine Länder bzw. Regionen*. Düsseldorf: Fortschrittsberichte VDI, Reihe 16: Technik und Wirtschaft, Nr. 93, 1997.

[Markard 1998] Markard, J.: *Green Pricing: Welchen Beitrag können freiwillige Zahlungen von Stromkunden zur Förderung regenerativer Energien leisten?*. Freiburg: Öko-Institut, 1998.

[Markard et al. 2001] Markard, J.; Peter, A.; Truffer, B.: *Ökostrom aus den Alpen: Die Wasserkraft im liberalisierten Markt*, in: Internationale Alpenschutzkommission CIPRA (Hrsg.): 2. Alpenreport. Bern: Verlag Paul Haupt, 2001, S. 317-323.

[Marx 2003] Marx, W.: *Wasserkraft, Bewässerung, Umwelt-, Planungs- und Bewertungsschwerpunkte der Wasserbewirtschaftung.* Stuttgart: Habilitationsschrift, Institut für Wasserbau, Universität Stuttgart, 2003.

[Masuhr et al. 1993] Masuhr, K. P.; Weidig, I.; Tautschnig, W.: *Die externen Kosten der Stromerzeugung aus Wasserkraft.* Basel: PROGNOS, 1993.

[Mattsson et al. 1997] Mattsson, N.; Wene, C.-O.: *Assessing new energy technologies using an energy system model with endogenized experience curves*, in: International Journal of Energy Research, 21 (1997), S. 385-393.

[McCarl et al. 1997] McCarl, B.; Spreen, T.: *Applied Mathematical Programming using Algebraic Systems*, 1997.

[Menzel et al. 2003] Menzel, H.-B.; Moser, A.: *Börsliche Regelenergiemärkte*, in: Haubrich, H.-J. (Hrsg.): FGE Tagung 2003: Markt und Netze - Rechtsrahmen, Effizienz und Qualität der Stromversorgung. Aachen: Klinkenberg Verlag, 2003, S. 56-63.

[Messner 1984] Messner, S.: *User's Guide for the Matrix Generator of Message II: Model description and implementation guide.* Laxenburg: IASA WP 84-71a, 1984.

[Messner et al. 1999] Messner, S.; Strubegger, M.: *Model-based decision support in energy plannning*, in: International Journal of Global Energy Issues, 12 (1999), H. 1 - 6, S. 196-207.

[MEX I 1999] Forum für Energiemodelle und Energiewirtschaftliche Systemanalysen in Deutschland (Hrsg.): *Energiemodelle zum Klimaschutz in Deutschland - Strukturelle und gesamtwirtschaftliche Auswirkungen aus nationaler Perspektive.* Heidelberg: Physica-Verlag, 1999.

[MEX II 2002] Forum für Energiemodelle und Energiewirtschaftliche Systemanalysen in Deutschland (Hrsg.): *Energiemodelle zum Kernenergieausstieg in Deutschland - Effekte und Wirkungen eines Verzichts auf Strom aus Kernkraftwerken.* Heidelberg: Physica-Verlag, 2002.

[MEX III 2004] Forum für Energiemodelle und Energiewirtschaftliche Systemanalysen in Deutschland (Hrsg.): *Energiemodelle zum Klimaschutz in liberalisierten Energiemärkten - Die Rolle erneuerbarer Energieträger.* Münster: Lit-Verlag, 2004.

[MEX IV 2004] Forum für Energiemodelle und Energiewirtschaftliche Systemanalysen in Deutschland (Hrsg.): *Energiemodelle zum Klimaschutz in liberalisierten Energiemärkten - Der Beitrag der deutschen Energiewirtschaft.* Münster: Lit-Verlag, 2004.

[Meyer 1997] Meyer, L.: *Defizit an Visionen*, in: EU-Magazin, Heft 5 (1997), S. 29-31.

[Morgenstern 1991] Morgenstern, T.: *Dekomposition eines linearen Energieflußmodells.* Karlsruhe: Diss. Universität Karlsruhe (TH), 1991.

[Möst et al. 2004] Möst, D.; Tietze-Stöckinger, I; Fichtner, W.; Rentz, O.: *The use of optimising energy models to derive electricity prices*, in: Fleuren, H.; den Hertog, D.; Kort, P. (Hrsg.): Operations Research Proceedings 2004, Selected Papers of the Annual International Conference of the German Operations Research Society (GOR) - Jointly Organized with the Netherlands Society for Operations Research (NGB), Tilburg. Berlin: Springer Verlag, 2004, S. 254-262.

[Möst et al. 2005a] Möst, D.; Balmer, M.; Rosen, J.; Rentz, O.: *Wettbewerbsfähigkeit der Wasserkraft in liberalisierten Märkten*. Düsseldorf: VDI-Gesellschaft Energietechnik, Optimierung in der Energieversorgung, VDI Verlag, 2005a.

[Möst et al. 2005b] Möst, D.; Fichtner, W.; Rentz, O.; Balmer, M.: *Analysis of alpine hydropower with an optimising energy system model*, in: Kjelstrup, S.; Hustad, J. E.; Gundersen, T.; Rosjorde, A.; Tsatsaronis, G. (Hrsg.): Proceedings of the 18th International Conference on Efficiency, Cost, Optimization, Simulation and Environmental Impact of Energy Systems - Shaping our future energy systems - ECOS 2005 conference, Trondheim, 2005b, S. 561-569.

[Möst et al. 2005c] Möst, D.; Genoese, M.; Rentz, O.: *Sensitivitätsanalyse der CO_2-Emissionen im Elektrizitätssektor bei Gas- und Zertifikatspreisvariationen*, in: Zeitschrift für Energiewirtschaft (2005c), H. 4, S. 301-312.

[Möst et al. 2005d] Möst, D.; Rosen, J.; Rentz, O.: *Economic evaluation of electricity production from wind energy in Germany*, in: Rentz, O.; Möst, D.; Eßer, A. (Hrsg.): Current Development of Green IIPs: Experiences, Challenges and Strategies, Workshop of the EC-ASEAN Green Independent Power Producers Network. Karlsruhe: Universitätsverlag Karlsruhe, 2005d, S. 31-41.

[Müller et al. 2002] Müller, L.; Handschin, E.: *Regelenergiemärkte in Europa und die Entwicklung in Deutschland* , in: Energiewirtschaftliche Tagesfragen, 52. Jg. (2002), H. Heft 3, S. 152-157.

[Murphy et al. 1982] Murphy, F. H.; Sen, S.; Soyster, A. L.: *Electric utility capacity expansion planning with uncertain load forecasts*, in: IIE Transactions 14 (1982), H. 1, S. 52-59.

[Müsgens 2004] Müsgens, F.: *Market Power in the German Wholesale Electricity Market- An Analysis of Marginal Costs and Prices*. 6th IAEE European Conference 2004 "Modelling in Energy Economics and Policy", ETH Zürich, 2./3. Sept. 2004, Zürich, Switzerland, 2004.

[Neumann et al. 1993] Neumann, K.; Morlock, M.: *Operations Research*. München: Carl Hanser Verlag, 1993.

[Nicolaisen et al. 2000] Nicolaisen, J.; Smith, M.; Petrov, V.; Tesfatsion, L.: *Concentration and capacity effects on electricity market power*. Congress on Evolutionary Computation, La Jolla (USA), 2000.

[Nicolaisen et al. 2001] Nicolaisen, J.; Petrov, V.; Tesfatsion, L.: *Market- Power and Efficiency in a Computational Electricity Market With Discriminatory Double-Auction Pricing*, in: IEEE Transaktions on Evolutionary Computation, Vol. 5 (2001), H. 5, S. 504-523.

[Nießen 1998] Nießen, S.: *Kraftwerkseinsatz- und Handelsplanung im liberalisierten Strommarkt.* Aachen: Aachener Beiträge zur Energieversorgung, 1998.

[NORDEL 2001] NORDEL (Hrsg.): *Statistics 2000*: NORDEL, 2001.

[NZZ 2005] Neue Zürcher Zeitung (Hrsg): *Vor dem Hürdenlauf zur Strommarktöffnung - Öffnungsmodus und erneuerbare Energie als Streitpunkte.* 14.9.2005.

[Oder 1994] Oder, C.: *Entwicklung eines auf der Theorie der unscharfen Mengen basierenden Energie-Emissions-Modells - Planung emissionsarmer Energiesysteme mittels Fuzzy Sets, dargestellt am Beispiel Litauens.* Karlsruhe: Dissertation, Fakultät für Wirtschaftswissenschaften, Universität Karlsruhe (TH), 1994.

[Oeding et al. 2004] Oeding, D.; Oswald, B. R.: *Elektrische Kraftwerke und Netze.* Berlin: Springer, 2004.

[Oettli et al. 2004] Oettli, B.; Blum, M.; Peter, M.; Schwank, O.; Bedniaguine, D.; Dauriat, A.; Gnansounou, E.; Chételat, J.; Golay, F.; Hersener, J.-L.; Meier, U.; Schleiss, K.: *Potentiale zur energetischen Nutzung von Biomasse in der Schweiz.* Bern: Bundesamt für Energie (BFE), 2004.

[Oren 2000] Oren, S. S.: *Capacity Payments and Supply Adequacy in Competitive Electricity markets.* VII Symposium of specialists in electric operational and expansion planning, 21.-26. May, Curitiba, Brasil, 2000, http://www.pserc.wisc.edu/ecow/get/publicatio/2000public/oren_capacity_payment.pdf.

[Oren 2003] Oren, S. S.: *Ensuring Generation Adequacy in Competitive Electricity markets.* Berkeley: Working Paper, 2003, http://www.ieor.berkeley.edu/~oren/workingp/adequacy.pdf, abgerufen am 19.03.05.

[Ott et al. 2004] Ott, W.; Baur, M.; Fritz, W.; Zimmer, C.; Feldmann, J.; Haubrich, H.-J.; Dany, G.; Schmöller, H.; Hartmann, T.: *Windenergie und schweizerischer Wasserkraftpark.* Bern: Bundesamt für Energie BFE, 2004.

[Parlasca 2003] Parlasca, S.: *Die Vorgaben des Bundeskartellamtes zur Beschaffung von Regelenergie*, Vortrag anlässlich der Expertenanhörung "Regelenergie" des Bundesministeriums für Wirtschaft und Arbeit, Berlin, 19. November 2003, 2003.

[Perlwitz et al. 2005] Perlwitz, H.; Möst, D.; Rentz, O.: *Integration des europäischen Erdgasmarktes in ein Modell für Strom und CO_2-Zertifikate - Modellentwicklung PERSEUS EEM.* Düsseldorf: VDI-Gesellschaft Energietechnik, Optimierung in der Energieversorgung, VDI Verlag, 2005.

[Perner 2002] Perner, J.: *Die langfristige Erdgasversorgung Europas - Analysen und Simulationen mit dem Angebotsmodell EUGAS*. München: Oldenburg Industrieverlag, 2002.

[Pfaffenberger 1993] Pfaffenberger, W.: *Elektrizitätswirtschaft*. München: Oldenbourg, 1993.

[Pfaffenberger et al. 1990] Pfaffenberger, W.; Scheele, U.: *Costs and benefits of electricity trade in Europe*. Copenhagen: International Association of Energy Economics (IAEE), Integrated Energy markets and energy systems - lessons and perspectives, Conference Proceedings, 1990.

[Pfaffenberger et al. 2000] Pfaffenberger, W.; Gerdey, H.-J.: *Bericht: Volkswirtschaftliche Auswirkungen des Ausstiegs der Schweiz aus der Kernenergie*. Bremen: Bremer Energie Institut, 2000, www.bei.uni-bremen.de.

[Pfaffenberger et al. 2001] Pfaffenberger, W.; Gerdey, H.-J.; Jahn, K.: *Bericht Teil II: Kernenergieeinsatz durch forcierten Ausbau der Photovoltaik, Wärme-Kraft-Koppling und forcierte Verbesserung der Effizienz bei der Stromnutzung*. Bremen: Bremer Energie Institut, 2001, www.bei.uni-bremen.de.

[Pilipovic 1997] Pilipovic, D.: *Energy Risk - Valuing and Managing Energy Derivatives*. New York: McGraw Hill, 1997.

[Pilipovic 1998] Pilipovic, D.: *Energy Risk*. New York: McGraw-Hill, 1998.

[Prognos 2000] Prognos AG (Hrsg.): *Die längerfristige Entwicklung der Energiemärkte im Zeichen von Wettbewerb und Umwelt*. Stuttgart: Schäffer-Poeschel, 2000.

[Prognos 2002] Prognos AG: *Standortbestimmung CO_2-Gesetz - CO_2-Perspektiven und Sensitivitäten*, 2002.

[Raabe 1986] Raabe, J.: *Hydraulische Maschinen und Anlagen*. Düsseldorf: VDI-Verlag, 1986.

[Remme et al. 1999] Remme, U.; Kemfert, C.; Weber, C.: *Verfahren zur strategischen Planung bei Unsicherheit*, in: VDI- Gesellschaft Energietechnik (Hrsg.): VDI- Berichte: Optimierung in der Energieversorgung, 1999, S. 231-245.

[Rentz et al. 1990] Rentz, O.; Haasis, H.-D.; Morgenstern, T.; Remmers, J.; Schons, G.: *Optimal Control Strategies for Reducing Emissions from Energy Conservation and Energy Use in all Countries of the European Community*. Karlsruhe: KFK-PEF Series No. 72, 1990.

[Rentz et al. 1997] Rentz, O.; Wietschel, M.; Schöttle, H.; Fichtner, W.: *Least-Cost Planning/Integrated Resource Planning - Ein Instrument zur umweltorientierten Unternehmensführung in der Energiewirtschaft*. Landsberg: ECOMED, 1997.

[Rentz et al. 1999] Rentz, O.; Wietschel, M.; Dreher, M.; Haasis, H.-D.; Höhne, J.: *Einsatz neuronaler Netze zur Bestimmung preisabhängiger Nutzenergienachfrageprojektionen für Energie-Emissions-Modelle, Endbericht eines Forschungsvorhabens gefördert durch das Bundesministerium für Bildung, Wissenschaft, Forschung und Technologie.* Karlsruhe: Institut für Industriebetriebslehre und Industrielle Produktion, Universität Karlsruhe (TH), 1999.

[Rentz et al. 2003] Rentz, O.; Fleury, A.; Fichtner, W.: *Sustainable electricity supply in France.* Karlsruhe: Deutsch-Französisches Institut für Umweltforschung (DFIU), Universität Karlsruhe (TH), 2003.

[Rentz et al. 2005] Rentz, O.; Rosen, J.; Möst, D.; Tietze-Stöckinger, I.: *Large-scale integratin of renewable energy carriers into the european electricity system.* Karlsruhe: Endbericht eines Forschungsvorhabens durch das European Institute for Energy Research (EIFER), Institut für Industriebetriebslehre und Industrielle Produktion, Universität Karlsruhe (TH), 2005.

[Riechmann 2002] Riechmann, T.: *Spieltheorie.* München: Franz Vahlen Verlag, 2002.

[Riedle et al. 2001] Riedle, K.; Traud, R.: *Research and Development in Power Plant Engineer*, in: VGB Power Tech (2001), H. 1, S. 38-45.

[Ripper 2000] Ripper, G.: *Vergleich von Steuermechanismen für den kurzfristigen Einsatz hydraulischer Jahresspeicher.* Aachen: Aachener Beiträge zur Energieversorgung, 2000.

[Ripper et al. 1999] Ripper, G.; Nießen, S.; Haubrich, H.-J.; Ottendörfer, W.: *Wasserwerte zur Steuerung des Speichereinsatzes in der Kraftwerkseinsatzplanung*, in: VDI- Gesellschaft Energietechnik (Hrsg.): VDI- Berichte: Optimierung in der Energieversorgung, 1999, S. 171-181.

[Rivera 1990] Rivera Prudencio, J. F.: *Untersuchung der Modellierungsansätze bei der langfristigen Energieeinsatzoptimierung von geographisch weit ausgedehnten hydrothermischen Kraftwerkssystemen.* Aachen: Dissertation, Fakultät für Elektrotechnik, RWTH Aachen, 1990.

[Roop et al. 2003] Roop, J. M.; Fathelrahman, E.: *Modelling Electricity Contract Choice: An agent-based approach.* Summer Study for energy efficiency in industry, New York, 2003, http://gridwise.pnl.gov/docs/pnnl38282.pdf.

[Rosen et al. 2004] Rosen, J.; Möst, D.; Fichtner, W.; Rentz, O.: *Use of the PERSEUS models to analyse the effects of large-scale renewable energy production.* Proceedings of the 17th International Conference Informatics for Environmental Protection, Cottbus, 2004.

[Rosen et al. 2005] Rosen; Tietze-Stöckinger, I; Rentz, O.: *Model-based analysis of effects from large-scale wind power production*, in: Kjelstrup, S.; Hustad, J. E.; Gundersen, T.; Rosjorde, A.; Tsatsaronis, G. (Hrsg.): Proceedings of the 18th International Conference on Efficiency, Cost, Optimization, Simulation and Environmental Impact of Energy Systems - Shaping our future energy systems - ECOS 2005 conference, Trondheim, 2005, S. 1585-1593.

[Roth et al 1995] Roth, A. E.; Erev, I.: *Learning in Extensive-Form Games: Experimental Data and Simple Dynamic Models in the Intermediate Term*, 1995, http://kuznets.fas.harvard.edu/~aroth/papers/liefg.pdf.

[Ruß 1994] Ruß, P.: *Cost-effective Strategies for an Optimal Intertemporal Allocation of Carbon Dioxide Emission Reduction Measures - Global Warming Strategies on a National Level for the Federal Republik of Germany.* Karlsruhe: Dissertation, Fakultät für Wirtschaftswissenschaften, Universität Karlsruhe (TH), 1994.

[RWE 2003] RWE AG: *Weltenergiereport 2003.* Essen: RWE AG, 2003, www.rwe.com.

[RWE 2005] RWE Transportnetz Strom GmbH: *Online-Daten Netzeinspeisung 2004.* Essen: RWE Transportnetz Strom GmbH, 2005, http://www.rwetransportnetzstrom.de/; abgerufen am 21.03.2005.

[Samuelson et al. 1995] Samuelson, P.; Nordhaus, W.: *Volkswirtschaftslehre*, Ueberreuter, 15. Auflage, 1995.

[Sander 2004] Sander, K.: *Potenziale und Perspektiven stationärer Brennstoffzellen.* Stuttgart: Dissertation, Fakultät für Maschinenbau, Universität Stuttgart, 2004.

[Schib 2003] Schib, P.: *Der schweizerische Elektrizitätsmarkt im Überblick - Rechliche Ausgangslage und weiter Entwicklung*, in: Associated European Energy Consultants EWIV (AEEC) (Hrsg.): Der Energiebinnenmarkt in Europa - Ein Rechts- und Strukturvergleich. Berlin: VWEW Energieverlag GmbH, 2003, S. 455-489.

[Schöttle 1998] Schöttle, H.: *Analyse des Least-Cost Planning Ansatzes zur rationellen Nutzung elektrischer Energie.* Karlsruhe: Dissertation, Fakultät für Wirtschaftswissenschaften, Universität Karlsruhe (TH), 1998.

[Schröder 1988] Schröder, R. W.: *Langfristige Energieeinsatzplanung in hydrothermischen Kraftwerkssystemen*, 1988.

[Schröder 1999] Schröder, W. Hrsg.: *Grundlagen des Wasserbaus.* Düsseldorf: Werner Verlag, 1999.

[Schulz 1996] Schulz, G.: *Preisbildung in der Energiewirtschaft - Eine Analyse relevanter Preisbildungskonzeptionen unter preis- und wettbewerbstheoretischen Gesichtspunkten.* Essen: etv - Energiewirtschaft und Technik Verlag, 1996.

[Schwartz 1997] Schwartz, E. S: *The Stochastic Behavior of Commodity Prices: Implications for Valuation and Hedging*, in: The Journal of Finance, Vol. LII (1997), H. No. 3, S. 923-973.

[Scott et al. 1996] Scott, T. J.; Read, E. G.: *Modelling Hydro Reservoir Operation in a Deregulated Electricity Market*, in: International transactions in operational Research, Vol. 3 (1996) , H. No. 3/4, S. 243-253.

[Seebregts et al. 2002] Seebregts, A. J.; Goldstein, G. A.; Smekens, K.: *Energy/Environmental modeling with the MARKAL family of models*, in: Chamoni, P.; Leisten, R.; Martin, A.; Minnemann, J.; Stadtler, H. (Hrsg.): Proceedings of the International Conference on Operations Research (OR 2001), Duisburg, September 3 - 5, 2001. Heidelberg: Springer, 2002, S. 75-82.

[SGS 1996] Schweizerische Greina-Stiftung: *Neue SGS-Energiestudie 1996-2070: Marktwirtschaft im Schweizer Landschafts- und Gewässerschutz, 10 Schwerpunkte*. Zürich: Schweizerische Greina-Stiftung, 1996.

[Smeers 1997] Smeers, Y.: *Computable Equilibrium Models and the Restructuring of the European Electricity and Gas Markets*, in: The Energy Journal, Vol. 18 (1997), H. No. 4, S. 1-31.

[SNIR 2004a] Slovenia's national inventory report: *Slovenia's national inventory report 2004 - Submission under the United Nations Framework Convention on Climate Change 2004*, 2004a, http://unfccc.int/.

[SNIR 2004b] Switzerland's National Inventory Report - Swiss Agency for the Environment Forests and Landscape (SAEFL): *Switzerland's Greenhouse Gas Inventory 1990-2002 - National Inventory Report 2004* , 2004b, http://unfccc.int/.

[Sontow 2000] Sontow, J.: *Energiewirtschaftliche Analyse einer großtechnischen Windstromerzeugung*, Institut für Energiewirtschaft und Rationelle Energieanwendung (IER), Universität Stuttgart, 2000.

[Spreng et al. 2001] Spreng, D.; Wüstenhagen, R.; Truffer, B.: *Perspektiven für die Wasserkraftwerke in der Schweiz - Die Chancen des Ökostrommarktes*, Studie im Auftrag des Bundesamtes für Energie, 2001.

[Sraffa 1926] Sraffa, P.: *The Laws of Return under Competitive Conditions*, in: Economic Journal, Vol.36, No.144 (1926), S. 535-550.

[Stoft 2002] Stoft, S.: *Power System Economics - Designing Markets for Electricity*. New York: John Wiley & Sons, 2002.

[StromVG 2004] Bundesversammlung der Schweizerischen Eidgenossenschaft: *Entwurf - Stromversorgungsgesetz (StromVG)*. Bern: Bundesversammlung der Schweizerischen Eidgenossenschaft, 2004.

[SWV 1987] Schweizerischer Wasserwirtschaftsverband: *Der mögliche Beitrag der Wasserkaft an die Elektrizitätsversorgung der Schweiz*, in: wasser, energie, luft - eau, énergie, air, 79 Jhg. (1987), H. 9.

[Taylor 2002] Taylor, D. M.: *Nuclear's role in Europe's energy future*. Paper presented for the SMI conference on "Nuclear Power" in London, January 2002, 2002.

[Theobald 1999] Theobald, S.: *Numerische Simulation von Staustufenketten mit automatisiertem Betrieb*. Karlsruhe: Dissertation, Fakultät für Bauingenieur- und Vermessungswesen, Universität Karlsruhe (TH), Mitteilung des Institutes für Wasserwirtschaft und Kulturtechnik, 1999.

[Theobald 2000] Theobald, S.: *Numerische Simulation zum Betrieb von Staustufenketten*, in: Wasserwirtschaft, 90 (2000), H. 9, S. 420-427.

[Theobald et al. 2002] Theobald, S.; Celan, A.; Nestmann, F.: *Optimization of river system operation fpr multi-purpose objectives.* Technical papers/ HydroVision 2002 - Issues, Solutions, New Approaches: 29 July - 02 August 2002, Portland, Oregon, USA, 2002.

[Tietenberg 2000] Tietenberg, T. H.: *Environmental and Natural Resource Economics*, Addison-Wesley, 2000.

[Tietze-Stöckinger 2005] Tietze-Stöckinger, I: *Kosteneinsparpotentiale durch Erweiterung von betrieblichen Systemgrenzen - dargestellt an Beispielen von Kooperationen aus den Bereichen Energieversorgung und Abfallentsorgung*, 2005.

[TIWAG 2005] TIWAG - Tiroler Wasserkraft AG: *Optionenbericht über mögliche Standorte künftiger Wasserkraftnutzung in Tirol.* Dornbirn, Österreich: VVA, Vorarlberger Verlagsanstalt AG, 2005.

[Tromm et al. 2005] Tromm, W.; Weßelmann, C.: *Kernenergie*, in: Brennstoff Wärme Kraft (2005), H. 4, S. 76-86.

[UBA 2001] Umweltbundesamt: *Wasserkraftanlagen als erneuerbare Energiequelle - rechtliche und ökologische Aspekte.* Berlin: 2001, www.umweltbundesamt.de.

[UBA 2004] Umweltbundesamt: *Umweltdaten Deutschland Online.* Berlin: 2004, http://www.env-it.de/umweltdaten.

[UCPTE 1998] UCPTE - Union de Coordination de la Production ed du Transport d'électricité: *Spielregeln zur primären und sekundären Wirkleistungsregeln in der UCPTE*, 1998.

[UCTE 2004a] UCTE: *Operation Handbook, Policy 1: Load-Frequency Control and Performance*, UCTE - Union for the Co-ordination of Transmission of Electricity, 2004a, www.ucte.org.

[UCTE 2004b] UCTE: *Statistical Yearbook UCTE 2002*, 2004b.

[UCTE 2005] UCTE: *Zusammenfassung der aktuellen Grundsätze für den Netzbetrieb der UCPTE*, 2005.

[UNFCCC 1997] United Nations Framework Convention on Climate Change (UNFCCC): *Kyoto Protocol to the United Nations Framework Convention on Climate Change.* Kyoto: UNFCCC, 1997.

[Urban 2000] Urban, Ch.: *Workshop 2000 - Agent-Based Simulation, Proceedings, Passau, Germany.* Ghent: SCS Europe, 2000.

[Urban 2001] Urban, Ch.: *Workshop 2001 - Agent-Based Simulation II, Proceedings, Passau, Germany.* Ghent: SCS Europe, 2001.

[Van der Voort et al. 1984] Van der Voort, E.; Donni, E.; Thonet, C.; Bois D'Enghien, E.; Dechamps, C.; Guilmot, J. F.: *Energy Supply Modelling Package, EFOM-12C Mark I, Mathematical Description.* Louvain-La-Neuve: 1984.

[van der Zwaan et al. 2002] van der Zwaan, B. C. C.; Gerlagh, R.; Klaassen, G.; Schrattenholzer, L.: *Endogeneous technological change in climate change modelling*, in: Energy Economics, 24 (2002), S. 1-19.

[Vattenfall 2005] Vattenfall Europe AG: *Online-Daten Netzeinspeisung 2004*. Berlin: Vattenfall Europe AG, 2005, http://transmission.vattenfall.de/; abgerufen am 21.03.2005.

[VDEW 1999] Vereinigung deutscher Elektriziätswerke (Hrsg.): *Auswertung der Green-Pricing Umfrage 1999*. Frankfurt a.M.: VDEW, 1999.

[VDEW 2003] Verband der Elektrizitätswirtschaft (VDEW): *VDEW - Jahresbericht 2002, Energie effizient nutzen*, 2003.

[VDI 1994] VDI- Gesellschaft Energietechnik: *Aufgaben und Chancen der Wasserkraft*. München: VDI Berichte 1127, 1994.

[VDI 1997] VDI- Gesellschaft Energietechnik: *Optimierung in der Energieversorgung*, 1997.

[VDI 2001] VDI- Gesellschaft Energietechnik: *Optimierung in der Energieversorgung*, 2001.

[VDI 2003] VDI- Gesellschaft Energietechnik: *Optimierung in der Energieversorgung*. Düsseldorf: VDI-Verlag, 2003.

[VDI 2005] VDI- Gesellschaft Energietechnik: *Optimierung in der Energiewirtschaft*. Düsseldorf: VDI-Verlag, VDI Berichte 1908, 2005.

[VDN 2003a] Verband der Netzbetreiber (VDN): *Leistungsbilanz der allgemeinen Stromversorgung in Deutschland zum Zeitpunkt der Jahreshöchstlast 2003*. Berlin: Verband der Netzbetreiber, 2003a, www.vdn-berlin.de.

[VDN 2003b] Verband der Netzbetreiber (VDN): *TransmissonCode 2003 - Netz- und Systemregeln der deutschen Übertragungsnetzbetreiber*. Berlin: Verband der Netzbetreiber VDN e.V.beim VDEW, 2003b, www.vdn-berlin.de.

[VDN 2003c] Verband der Netzbetreiber (VDN); Bouillon, H.; Frey, D.; Hermann, M.; Kreye, H. D.; Mahn, U.; Müller, W.; Neumaier, R.; Reinisch, R.; Vanzetta, J.: *TransmissionCode 2003 Netz- und Systemregeln der deutschen Übertragungsbetreiber*. Berlin: Verband der Netzbetreiber VDN e.V.beim VDEW, 2003c, www.vdn-berlin.de.

[VDN 2005] Verband der Netzbetreiber (VDN): *Netzkennzahlen der Übertragungsnetzbetreiber*. Berlin: Verband der Netzbetreiber, 2005, http://www.vdn-berlin.de/netzkennzahlen.asp; abgerufen am 21.03.2005.

[Ventosa et al. 2005] Ventosa, Mariano; Baillo, A.; Ramos, A.; Rivier, M.: *Electricity market modeling trends*, in: Energy Policy, 33 (2005), H. 7, S. 897-913.

[Verstege et al. 1997] Verstege, J.; Werner, T. G.; Schäfer, K. F.: *Liberalisierung der Energieversorgung - Auswirkungen auf Planungs- und Optimierungsaufgaben*, in: VDI- Gesellschaft Energietechnik (Hrsg.): Optimierung in der Energieversorgung. Düsseldorf: VDI-Verlag, 1997.

[VGB 1998] VGB Technische Vereinigung der Großkraftwerksbetreiber: *Technical Scientific Reports "Thermal Power Plants" - Analysis of Unavailability of Thermal Power Plants 1988-1997*, VGB Technisch-wissenschaftliche Berichte "Wärmekraftwerke", 1998.

[VGB 2000] VGB Technische Vereinigung der Großkraftwerksbetreiber: *Verfügbarkeit von Wärmekraftwerken*, VGB Technisch-wissenschaftliche Berichte "Wärmekraftwerke", 2000.

[VGB 2004] VGB Powertech: *Zahlen und Fakten zur Stromerzeugung*, 2004, www.vgb.org.

[VIK 2002] Vereinigung Industrielle Kraftwirtschaft (Hrsg): *Dow Jones/VIK Strompreisindex*. Essen: VIK, 2002, **www.vik-online.de**.

[Visscher 1973] Visscher, M. L.: *Welfare - Maximizing Price and Output with Stochastic Demand: Comment*, in: American Economic Review, 63 (1973), S. 224-229.

[Visudhiphan et al. 2001] Visudhiphan, P.; Ilic, M. D.: *An Agent-Based Approach to Modeling Electricity Spot Markets*, in: Proceedings of IFAC Modeling and Control of Economic Systems, Klagenfurt, Österreich (2001), S. 407-412.

[Visudhiphan et al. 2002] Visudhiphan, P.; Ilic, M. D.: *On the Necessity of an Agent-based Approach to Assessing Market Power in the Electricity Markets*. International Symposium on Dynamic Games and Applications, Sankt-Petersburg, 2002.

[Voigtländer et al. 1999] Voigtländer, P.; Gattinger, M.: *Potentiale: Wasserkraft*, in: Brauch, H.; Czisch, G.; Knies, G. (Hrsg.): Regenerativer Strom für Europa durch Fernübertragung elektrischer Energie. Moosbach: AFES-Press, 1999, S. 15-25.

[Vries et al. 2003] Vries, H. J.; Roos, C. J.; Beurskens, L. W. M.; Kooijman - van Dijk, A. L.; Uyterlinde, M. A.: *Renewable eletricity policies in Europe - country fact sheets 2003*. Petten: Energy research Centre of the Netherlands (ECN), 2003.

[WASTA 2003] Bundesamt für Wasser und Geologie (BWG): *Statistik der Wasserkraftanlagen der Schweiz*. Biel: Bundesamt für Wasser und Geologie, 2003.

[Weber 2001] Weber, C.: *Bewertung von Kraftwerksinvestitionen im liberalisierten Markt*, in: VDI- Gesellschaft Energietechnik (Hrsg.): Optimierung in der Energieversorgung. Düsseldorf: VDI-Verlag, 2001, S. 11-23.

[Weber 2004] Weber, C.: *Uncertainty in the electric power industry - methods and models for decision support*. New York: Springer, 2004.

[Weingartner et al. 1986] Weingartner, R.; Aschwanden, H.: *Die Abflussregimes der Schweiz, Karte*, Geographisches Institut der Universität Bern, 1986.

[Weinhardt et al. 2000] Weinhardt, C.; Zuber, P.; Göbelt, M.; Fichtner, W.; Wietschel, M.; Rentz, O.: *A Competition-Model for the Electricitiy Sector: From an OR Approach to a Multi-Agent System*, in: Urban, Ch. (Hrsg.): Workshop 2000 - Agent-Based Simulation. Ghent: SCS Europe, 2000, S. 63-68.

[Weltert 1990] Weltert: *Die Organisations- und Handlungsform in der schweizerischen Elektrizitätsversorgung*. Zürich: 1990.

[Werner 2004] Werner, O.: *Erfahrungen mit expliziten Auktionen im Rahmen des Engpassmanagements*. ETG Tagung Engpassmanagement und Intra-Day- Energieaustausch, München, 15.-16. Juni 2004, 2004.

[Widergreen et al. 2004] Widergren, S. E.; Roop, J. M.; Huang, Z.: *Simulating the dynamic coupling of market and physical system operations*. IEEE General Meeting, 06-10.06.2004, Denver, 2004, http://gridwise.pnl.gov/docs/pnnl40415.pdf.

[Wietschel 1995] Wietschel, M.: *Die Wirtschaftlichkeit klimaverträglicher Energieversorgung: Entwicklung und Bewertung von CO_2-Minderungsstrategien in der Energieversorgung und -nachfrage*. Berlin: Erich Schmidt, 1995.

[Wietschel 2000] Wietschel, M.: *Produktion und Energie: Planung und Steuerung industrieller Energie- und Stoffströme*. Frankfurt a.M.: Peter Lang, 2000.

[Wietschel et al. 1995] Wietschel, M.; Fichtner, W.; Lüth, O.; Rentz, O.: *Der Einsatz von Energie-Emissions-Modellen für Energieversorgungsunternehmen zur Entscheidungsunterstützung bei neuen Fragen der Emissionsminderung*, in: Zeitschrift für Energiewirtschaft (1995), H. 4, S. 314-320.

[Wietschel et al. 1997a] Wietschel, M.; Ardone, A.; Mollenkopf, C.; Rentz, O.: *Konzeption und Anwendung eines Stoffflußmodells zur Entwicklung ökonomisch effizienter Minderungsstrategien für Ozon-Vorläufersubstanzen*, in: Gefahrstoffe - Reinhaltung der Luft (1997a), H. 57, S. 373-378.

[Wietschel et al. 1997b] Wietschel, M.; Fichtner, W.; Rentz, O.: *Integration of price-depending demand reactions in an optimising energy emission model for the development of CO_2- mitigation strategies*, in: European Journal of Operational Research, 102 (1997b), S. 432-444.

[Wietschel et al. 1997c] Wietschel, M.; Rentz, O.; Ardone, A.; Fichtner, W.; Lüth, O.; Schöttle, H.: *PERSEUS: Modellentwicklungsstand, Anwendungsfälle und Perspektiven*, in: Hake, J.-Fr.; Markewitz, P. (Hrsg.): Modellinstrumente für CO_2-Minderungsstrategien. Jülich: Forschungszentrum Jülich, 1997c, S. 223-240.

[Wietschel et al. 1999] Wietschel, M.; Balduf, J.; Schöttle, H.; Rentz, O.: *Least-Cost Planning und Contracting im liberalisierten Markt*, in: Energiewirtschaftliche Tagesfragen (1999), H. 49, S. 318-323.

[Wietschel et al. 2002] Wietschel, M.; Fichtner, W.; Enzensberger, N.; Rentz, O.: *Zur Relevanz eines europaweiten CO_2 - Zertifikatehandels für strategische Unternehmensentscheidungen*, in: Fichtner, W.; Geldermann, J. (Hrsg.): Einsatz von OR-Verfahren zur techno-ökonomischen Analyse von Produktionssystemen, Workshop der GOR-Arbeitsgruppe "OR im Umweltschutz", 2002.

[Wüstenhagen 2000] Wüstenhagen, R.: *Ökostrom - von der Nische zum Massenmarkt - Entwicklungsperspektiven und Marketingstrategien für eine zukunftsfähige Elektrizitätsbranche*, vdf, Hochschulverlag AG an der ETH Zürich, 2000.

[Wyer 2002] Wyer, H.: *Die Nutzung der Wasserkraft im Alpenraum - Rechtliche Grundlagen und Perspektiven.* Zürich - Basel - Genf: Schulthess Juristische Medien AG, 2002.

[ZfK 2005] Zeitung für Kommunale Wirtschaft (ZfK) (Hrsg): *Schweiz/Italien: Netz enger geknüpft.* 25.1.2005, http://www.zfk.de/news/news_05jan.html.

MIX
Papier | Fördert
gute Waldnutzung
FSC® C083411

Kolibri 360 GmbH
Ferdinand-Jühlke-Straße 7
99095 Erfurt, Deutschland
produktsicherheit@kolibri360.de

Druck:
CPI Druckdienstleistungen GmbH
im Auftrag der
Kolibri 360 GmbH
Ferdinand-Jühlke-Str. 7
99095 Erfurt